普通高等教育新工科人才培养规划教材（虚拟现实技术方向）

虚拟现实（VR）模型制作项目案例教程

主　编　刘　明　牟向宇
副主编　刘　琳　杨秀杰

中国水利水电出版社
www.waterpub.com.cn
·北京·

内 容 提 要

本书以培养岗位职业能力为目标，通过实际项目案例来讲解运用 3ds Max 软件进行虚拟现实建模的知识与技巧，主要内容包括：虚拟现实（VR）基础、虚拟现实（VR）模型制作基础、虚拟现实（VR）模型 UV 拆分详解、虚拟现实（VR）模型贴图详解、虚拟现实（VR）模型烘焙与导出、虚拟现实（VR）建模规范、虚拟现实（VR）道具建模、虚拟现实（VR）植物建模、虚拟现实（VR）动物建模、虚拟现实（VR）建筑建模、虚拟现实（VR）角色建模等。

全书分为两个部分：第一部分结合岗位工作需求，提供案例分析制作，讲解虚拟现实模型制作的基础、方法和流程，UV 拆分，贴图，烘焙与导出，技术规范等知识，将知识点讲解融入到案例制作中，为第二部分案例制作做准备；第二部分提供提取虚拟现实模型典型案例，分解虚拟现实模型制作工作任务，在任务实施中详细讲解实现步骤，实现对第一部分知识点讲解的运用和强化，实现知识与技能的双重升华。

本书可作为应用型高等院校及高职院校计算机、数字媒体应用技术及其相关专业学生的教材，也可作为虚拟现实、三维模型制作从业人员的参考资料。

本书配有免费电子教案，读者可以从中国水利水电出版社网站以及万水书苑下载，网址为：http://www.waterpub.com.cn/softdown/ 或 http://www.wsbookshow.com。

图书在版编目（CIP）数据

虚拟现实（VR）模型制作项目案例教程 / 刘明，牟向宇主编. -- 北京 : 中国水利水电出版社，2018.8（2023.1 重印）
普通高等教育新工科人才培养规划教材. 虚拟现实技术方向
ISBN 978-7-5170-6754-2

Ⅰ. ①虚… Ⅱ. ①刘… ②牟… Ⅲ. ①虚拟现实－模型－制作－高等学校－教材 Ⅳ. ①TP391.98

中国版本图书馆CIP数据核字(2018)第185370号

策划编辑：寇文杰　　责任编辑：王玉梅　　封面设计：梁　燕

书　名	普通高等教育新工科人才培养规划教材（虚拟现实技术方向） 虚拟现实（VR）模型制作项目案例教程 XUNI XIANSHI（VR） MOXING ZHIZUO XIANGMU ANLI JIAOCHENG
作　者	主　编　刘　明　牟向宇 副主编　刘　琳　杨秀杰
出版发行	中国水利水电出版社 （北京市海淀区玉渊潭南路 1 号 D 座　100038） 网址：www.waterpub.com.cn E-mail：mchannel@263.net（答疑） sales@mwr.gov.cn 电话：（010）68545888（营销中心）、82562819（组稿）
经　售	北京科水图书销售有限公司 电话：（010）68545874、63202643 全国各地新华书店和相关出版物销售网点
排　版	北京万水电子信息有限公司
印　刷	雅迪云印（天津）科技有限公司
规　格	184mm×260mm　16 开本　20.25 印张　450 千字
版　次	2018 年 8 月第 1 版　2023 年 1 月第 3 次印刷
印　数	4001—5000 册
定　价	88.00 元

虚拟现实（VR）技术系列教材编委会

前　言

虚拟现实（VR）技术是继计算机、互联网和移动通信之后的又一次信息产业的革命性发展，已成为全球技术研发的热点。虚拟现实（VR）技术已被正式列为国家重点发展的战略性新兴产业之一。虚拟现实（VR）技术被公认是21世纪最具发展潜力的学科以及影响人类生活的重要技术。虚拟现实的英文是Virtual Reality，通常简称为VR。虚拟现实技术以计算机技术为核心，融合了计算机图形学、多媒体技术、传感器技术、光学技术、人机交互技术、立体显示技术、仿真技术等，其目标旨在生成逼真的视觉、听觉、触觉、嗅觉一体化的具有真实感的三维虚拟环境。用户可以借助必要的设备，与该虚拟环境中的实体对象进行交互，相互影响，产生身临其境的感觉和体验。虚拟现实技术利用三维全景软件对场景进行虚拟并与图像、文字、声音等多媒体技术的结合构建出一个生动逼真的三维虚拟环境。大多数虚拟现实场景中的模型、动画等资源都是由三维软件生成的。本书结合岗位工作需求提取虚拟现实模型典型案例，依据行业技术规范介绍实际工作过程中运用3ds Max软件制作虚拟现实场景中三维模型的知识与技能。

3ds Max是由Autodesk公司出品的一款基于PC系统的三维模型制作和渲染软件，是目前国内最主流的三维软件之一，主要应用于建筑设计、三维动画、影视制作等各种静态、动态场景的模拟制作，已成为行业虚拟现实模型制作的主要工具。

本书以培养岗位职业能力为目标。全书分为两个部分：第一部分结合岗位工作需求，提供案例分析制作，讲解虚拟现实模型制作的基础、方法和流程，UV拆分，贴图，烘焙与导出，技术规范等知识，将知识点融入到案例制作中，为第二部分案例制作做准备；第二部分提供提取虚拟现实模型典型案例，分解虚拟现实模型制作工作任务，在任务实施中详细讲解实现步骤，实现对第一部分知识点讲解的运用和强化，实现知识与技能的双重升华。

本书内容丰富、突出能力培养、图文并茂、通俗易懂，利于提高虚拟现实模型制作能力，从虚拟现实建模方法、流程与技术规范，到完成一个个虚拟现实场景中各种类别的模型，实现虚拟现实模型类别与虚拟现实建模方法类型的全面覆盖，实现虚拟现实建模知识点与建模实践操作的深度融合，适合以下读者学习使用：

- 从事虚拟现实技术初中级模型制作的工作人员
- 从事初中级三维模型设计与制作的工作人员
- 在电脑培训班中学习三维模型制作的学员
- 应用型本科院校与高职院校计算机、艺术设计、数字媒体相关专业的学生

目 录

前言

第 1 章 虚拟现实（VR）基础 1

1.1 虚拟现实（VR）/ 增强现实（AR）概述 1
- 1.1.1 虚拟现实（VR）/ 增强现实（AR）的概念 1
- 1.1.2 虚拟现实（VR）的发展历程 3
- 1.1.3 虚拟现实（VR）系统的分类 5

1.2 虚拟现实（VR）产业链概述 6
- 1.2.1 虚拟现实（VR）的应用领域 7
- 1.2.2 虚拟现实（VR）的常见硬件设备 15
- 1.2.3 虚拟现实（VR）的市场前景 17

1.3 虚拟现实（VR）技术发展趋势 17

1.4 虚拟现实（VR）项目的开发流程与工具 19
- 1.4.1 虚拟现实（VR）项目开发流程 19
- 1.4.2 虚拟现实（VR）建模工具 20

本章小结 25

第 2 章 虚拟现实（VR）模型制作基础 26

2.1 3ds Max 基本操作 26
- 2.1.1 常用菜单介绍 26
- 2.1.2 常用快捷按钮介绍 28
- 2.1.3 3ds Max 视图操作 29

2.2 3ds Max 常用快捷键 33
- 2.2.1 单字母类常用快捷键 33
- 2.2.2 F 键盘类常用快捷键 34
- 2.2.3 字母键盘类常用快捷键 34
- 2.2.4 数字键盘类常用快捷键 34
- 2.2.5 组合键盘类常用快捷键 34

2.3 3ds Max 建模基础操作 35
- 2.3.1 几何体建模 36
- 2.3.2 样条线建模 37
- 2.3.3 多边形建模 37

2.4 3ds Max 虚拟现实建模——古剑模型 42
- 2.4.1 效果展示 42
- 2.4.2 古剑剑刃部分建模 44
- 2.4.3 古剑护手部分建模 53
- 2.4.4 古剑剑柄部分建模 57
- 2.4.5 古剑剑鞘部分建模 61

2.5 拓展任务 64

本章小结 64

第 3 章 虚拟现实（VR）模型 UV 展开详解 65

3.1 UVW 展开修改器的使用 65

3.2 UVW 编辑器简介 71
- 3.2.1 菜单栏 72
- 3.2.2 工具栏 73
- 3.2.3 视图区 74
- 3.2.4 卷展栏面板 75

3.3 模型 UV 展开详解——古剑模型 UV 展开 81
- 3.3.1 古剑模型拆分前的准备 81
- 3.3.2 古剑模型 UV 展开 83
- 3.3.3 古剑模型剑刃 UV 调整 84
- 3.3.4 古剑模型护手部分 UV 调整 86
- 3.3.5 古剑模型手柄部分 UV 调整 88
- 3.3.6 古剑模型剑鞘部分 UV 调整 90

本书由重庆电子工程职业学院的刘明、牟向宇任主编。网龙华渔教育、重庆［
影像有限公司对本书编写中用到的虚拟现实三维模型的技术规范、行业技术标准纟
力支持。本书在编写过程中得到了武春岭教授的支持与帮助，值此图书出版之际，
表示衷心的感谢。

由于时间仓促，加之编者水平有限，书中疏漏甚至错误之处在所难免，敬请广ナ
批评指正。

编 者

2018 年 6 月

3.3.7 古剑模型 UV 进一步调整 93
3.4 拓展任务 95
本章小结 95

第 4 章
虚拟现实（VR）模型贴图详解 96
4.1 贴图坐标简介 96
4.2 贴图简介 99
4.2.1 贴图格式 99
4.2.2 贴图类型 100
4.2.3 贴图风格及形式 103
4.3 贴图制作软件与插件 104
4.3.1 DDS 贴图插件 104
4.3.2 无缝贴图插件 107
4.3.3 法线贴图制作插件 111
4.3.4 三维贴图绘制软件 115
4.4 古剑模型贴图绘制 117
4.4.1 古剑贴图设置前的准备 117
4.4.2 古剑贴图绘制 121
4.4.3 古剑贴图设置 126
4.5 拓展任务 129
本章小结 129

第 5 章
虚拟现实（VR）模型烘焙与导出 130
5.1 古剑模型烘焙 130
5.2 古剑模型导出 132
5.3 拓展任务 134
本章小结 134

第 6 章
虚拟现实（VR）建模规范 135
6.1 VR 建模整体规范 135
6.2 VR 模型命名规范 136
6.3 VR 模型制作规范 137
6.4 VR 模型材质贴图规范 139
6.5 VR 模型烘焙及导出规范 140
本章小结 140

第 7 章
虚拟现实（VR）道具建模 141
7.1 琵琶模型建模 142
7.1.1 琵琶背板部分建模 142
7.1.2 琵琶面板部分建模 145
7.1.3 琵琶琴头部分建模 148
7.1.4 琵琶琴相部分建模 154
7.1.5 琵琶琴品部分建模 155
7.1.6 琵琶缚手部分建模 156
7.1.7 琵琶琴轴部分建模 159
7.1.8 琵琶琴弦部分建模 161
7.1.9 琵琶背板与琴头连接部分建模 162
7.2 琵琶模型 UV 展开 166
7.3 琵琶模型贴图绘制 175
7.3.1 琵琶模型贴图绘制前的准备 175
7.3.2 琵琶模型贴图绘制 177
7.4 琵琶模型烘焙导出 185
7.5 拓展任务 187
本章小结 187

第 8 章
虚拟现实（VR）植物建模 188
8.1 Alpha 贴图详解 188
8.1.1 Alpha 贴图绘制 189
8.1.2 Alpha 贴图应用 192
8.2 植物模型制作 195
8.2.1 柳树模型建模 195
8.2.2 柳树模型 UV 展开 197
8.2.3 柳树模型贴图设置 200
8.2.4 柳树模型的导出及应用 203
8.2.5 其他植物模型制作 205
8.3 拓展任务 210
本章小结 210

第 9 章
虚拟现实（VR）动物建模 211
9.1 马模型建模 211
9.1.1 马模型头部建模 212
9.1.2 马模型身体建模 218
9.1.3 马模型四肢建模 220

9.1.4 马模型尾巴及鬃毛部分建模 223
9.1.5 马鞍和缰绳模型制作 226
9.2 马模型 UV 展开 228
9.3 马模型贴图绘制 237
9.3.1 马模型贴图绘制前的准备 237
9.3.2 马模型贴图绘制 239
9.4 拓展任务 244
本章小结 245

第 10 章
虚拟现实（VR）建筑建模 246
10.1 城门模型建模 246
10.1.1 城楼部分建模 246
10.1.2 城墙部分建模 253
10.1.3 门洞部分建模 257
10.1.4 门部分建模 262
10.1.5 城门模型调整 263
10.2 城门模型 UV 展开 265
10.3 城门模型贴图制作 270
10.3.1 城门模型贴图制作前的准备 270
10.3.2 城墙部分贴图制作 271
10.3.3 城楼部分贴图制作 276
10.4 拓展任务 282
本章小结 282

第 11 章
虚拟现实（VR）角色建模 283
11.1 使者模型建模 284
11.1.1 头部建模 284
11.1.2 发型及发饰部分建模 288
11.1.3 服饰建模 290
11.1.4 手部建模 297
11.1.5 角色模型调整 302
11.2 使者模型 UV 展开 306
11.3 使者模型贴图绘制 308
11.4 拓展任务 315
本章小结 315
参考文献 316

第 1 章 虚拟现实（VR）基础

本章要点

- 虚拟现实（VR）/增强现实（AR）的概念
- 虚拟现实（VR）/增强现实（AR）的区别
- 虚拟现实（VR）的发展历程
- 虚拟现实（VR）系统分类
- 虚拟现实（VR）应用领域
- 虚拟现实（VR）项目开发流程
- 虚拟现实（VR）建模常用工具

1.1 虚拟现实（VR）/增强现实（AR）概述

2016 年被称为 VR 元年，全球硬件、内容、资本巨头动作频频，VR 设备将成为继计算机、手机后的下一个计算平台，到 2025 年 VR 和 AR 的硬件收益将高达 1100 亿美元。从 2016 年开始，包括 Facebook、三星、索尼、HTC，甚至阿里巴巴……已全线布局 VR 战略，抢滩千亿规模市场。

那么 VR 到底是什么？

VR 是虚拟现实（Virtual Reality）的简称。虚拟现实（VR）技术是仿真技术的一个重要方向，是仿真技术与计算机图形技术、人机交互技术、多媒体技术、传感器技术、网络技术、立体显示技术等多种技术的集合，是一门富有挑战性的交叉技术前沿学科和研究领域。

虚拟现实（VR）技术利用计算机生成一种模拟环境，是一种多源信息融合的交互式三维动态视景和实体行为的系统仿真，使用户沉浸到该环境中。

1.1.1 虚拟现实（VR）/增强现实（AR）的概念

1. 虚拟现实（VR）的定义及原理

虚拟现实（VR）技术已经被公认为是 21 世纪的重要发展学科以及影响人们生活的重要技术之一。虚拟现实（VR）是利用计算机、手机或其他智能设备模拟产生一个三维空间的虚拟世界，提供使用者关于听觉、视觉、触觉等感官的模拟，让用户如同身临其境一般，可以及时无限制地观察三维空间内的事物。

虚拟现实（VR）主要包括模拟环境、感知、自然技能和传感设备等方面。

模拟环境是由计算机生成的、实时动态的三维立体逼真图像。

感知是指理想的虚拟现实（VR）应该具有一切人所具有的感知。除计算机图形技术所生成的视觉感知外，还有听觉、触觉、力觉、运动等感知，甚至还包括嗅觉和味觉等，也称为多感知。

自然技能是指人的头部转动、眼睛、手势或其他人体行为动作，由计算机来处理与参与者的动作相适应的数据，并对用户的输入作出实时响应，及时反馈到用户的五官。

传感设备是指三维交互设备。

虚拟现实（VR）的原理如图 1-1 所示，具体流程如下：

（1）通过图像输入设备将信息输入到计算与存储设备中。

（2）利用跟踪定位技术实时监测观察者的位置、视域方向、运动情况，帮助系统决定显示何种虚拟对象，其中需要利用交互技术来实现用户与物理环境中的虚拟对象之间更自然的交互。

（3）从虚拟对象数据库中读取跟踪定位技术中确定的需要显示的虚拟对象。

（4）使用虚实融合技术对虚实环境进行准确的配准，实现遮挡阴影和光照一致性，同时支持自然的交互。

（5）将上述配准的虚实环境信息输入到计算与存储设备中。

（6）利用增强现实系统设计，将虚拟信息和物理世界进行融合，并通过系统显示技术将其显示出来。

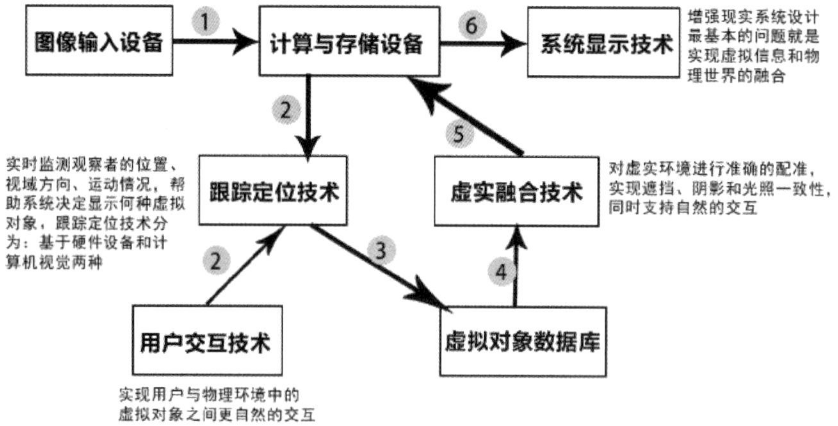

图 1-1　虚拟现实（VR）原理图

2. 增强现实（AR）的定义

AR 是增强现实（Augmented Reality）的简称，它是一种全新的人机交互技术，利用这样一种技术可以模拟真实的现场景观，它是以交互性和构想为基本特征的计算机高级人机界面。使用者不仅能够通过虚拟现实（VR）系统感受到在客观物理世界中所经历的“身临其境”的逼真性，而且能够突破空间、时间以及其他客观限制，感受到在真实世界中无法亲身经历的体验。

3. 虚拟现实（VR）/ 增强现实（AR）的区别

虚拟现实（VR）的视觉呈现方式是阻断人眼与现实世界的连接，通过设备实时渲染画面，营造出一个全新的世界，能够让人感觉进入了一个并不存在的人工制造的环境之中，是一种完全沉浸的设备，能够让用户全身心地投入其中，感受场景的变化。

增强现实的视觉呈现方式是在人眼与现实世界连接的情况下，叠加全息影像，加强其视觉呈现的方式，能够让人感觉到所处的环境中增加了一些并不存在的人工制造的实体，是一种半沉浸的设备，结合真实存在的场景并加入了某些虚拟物体，同时提供动态显示效果。

4. 虚拟现实（VR）技术的特点

虚拟现实（VR）技术有三大特点：沉浸性、交互性和构想性。

（1）沉浸性：指通过四周墙面的3D影像或封闭式眼睛、头盔等设备，利用计算机产生的三维立体图像，让人置身于一种虚拟环境中，就像在真实的客观世界中一样，能给人一种身临其境的感觉，这就要求至少超过95度的视角。

（2）交互性：在计算机生成的这种虚拟环境中人们可以利用一些传感器设备进行交互，感觉就像是在真实客观世界中一样，比如，当用户伸手去抱虚拟环境中的猫咪时，手上会有猫咪毛茸茸的感觉，而且可以感受到猫咪的重量，还可以听到猫咪喵喵的叫声。

（3）构想性：虚拟环境可使用户沉浸其中并获取新的知识，提高感性和理性认识，从而使用户深化概念和萌发联想，因此内容上需要足够的创意，启发人的创造性思维。

5. 影响虚拟现实（VR）体验感受的主要指标

最好的虚拟现实（VR）设备是用户带上头盔后感觉和现实生活一样，无论是前后移动还是旋转视角，看到的图像在经过底层算法优化和渲染后都是实时且逼真的，这种体验从视觉上欺骗大脑，配合其他的感官交互，用户完全感觉不到自己处在虚拟世界中，这就是虚拟现实（VR）的沉浸感。

目前虚拟现实（VR）设备之所以没有普及，沉浸感不足是一个很重要的原因。影响沉浸感的因素有清晰度、流畅度、视场角和交互。

清晰度由显示器的分辨率决定，在完全仿真的情况下，人眼对清晰度的要求是16K，目前主流的设备都在2K～4K之间，分辨率与显示屏的材质息息相关。

流畅度主要由刷新率来决定，合格的虚拟现实（VR）产品刷新率至少应该达到120Hz；刷新率与算法和显示屏材质好坏相关。

人眼的自然视场角大约为120度，目前主流的头显设备视场角多在100度至120度，视场角越大，对算法的要求越高。

虚拟现实（VR）设备里负责交互的设备主要是传感器，同智能手机相比，虚拟现实（VR）传感器对精度和准度的要求更高，最先进的头显设备已经包含十几个传感器。

1.1.2 虚拟现实（VR）的发展历程

20世纪以来的科学技术革命，尤其是90年代初涌现的信息革命，使得世界正在发生深刻的变化。人类为了改善自己的生存环境、提高生活质量，就必须认识和改造客观世界。虽然人类是万物之灵，但无限广阔的宇宙、错综复杂的世界，使得人类必须借助各种有力的工具来增强、延伸、扩展自己的感官、肢体和大脑功能。

然而，自计算机诞生以来，传统的信息处理环境一直是以计算机为中心，是“人适应计算机”，从而在很大程度上制约了人们以计算机为工具认识和改造世界的能力。要实现以人为本位，就要让“计算机适应人”，必须解决一系列的技术问题，形成和谐的人机环境，虚拟现实（VR）技术就是解决这一类问题的方法之一。

虚拟现实（VR）技术的演变历史大体上可以分为 4 个阶段：1963 年以前，蕴涵虚拟现实（VR）技术思想的第一阶段；1963 ～ 1972 年，虚拟现实（VR）技术的萌芽阶段；1973 ～ 1989 年，虚拟现实（VR）技术概念和理论阐述的初步阶段；1990 年至今，虚拟现实（VR）技术理论的完善和应用阶段。

1. 第一阶段（1963 年以前）：虚拟现实（VR）技术的前身

虚拟现实（VR）技术是生物在自然环境中的感官和动作等行为的一种模拟交互技术，它与仿真技术息息相关。比如中国古代的风筝，就是模拟飞行动物和人之间互动的大自然场景，风筝的拟声、拟真、互动行为就是仿真技术在中国早期的应用。西方人利用中国古代风筝的原理发明了飞机，发明家 Edwin A.Link 发明了飞行模拟器，让操作者能有乘坐真正飞机的感觉。1962 年，Morton Heilig 的“全传感仿真器”的发明就蕴涵了虚拟现实（VR）技术的思想理论。

2. 第二阶段（1963 ~ 1972 年）：虚拟现实（VR）技术的萌芽阶段

1968 年，计算机图形学之父 Ivan Sutherlan 在麻省理工学院的林肯实验室研制开发了第一个计算机图形驱动的头盔显示器 HMD 及头部位置跟踪系统。这个采用阴极射线管（CRT）作为显示器的 HMD 可以跟踪用户头部的运动，当用户移动位置或转动头部时，用户在虚拟世界中所在的位置和看到的内容也随之变化。HMD 的研制成功是虚拟现实（VR）技术发展史上一个重要的里程碑，此阶段也是虚拟现实（VR）技术的探索阶段，为虚拟现实（VR）技术的基础思想产生和理论发展奠定了基础。

3. 第三阶段（1973 ~ 1989 年）：虚拟现实（VR）技术概念和理论产生的初步阶段

这一时期出现了 VIDEOPLACE 和 VIEW 两个比较典型的虚拟现实（VR）系统。

由 M.W.Krueger 设计的 VIDEOPLACE 系统将产生一个虚拟图形环境，使参与者的图像投影能实时地响应参与者的活动。

由美国航空航天管理局基于 HMD 和 DataGlove（弯曲传感器数据手套）研制完成的一个较为完整的虚拟现实（VR）系统 VIEW，在装备了数据手套和头部跟踪器后，通过语言、手势等交互方式，形成虚拟现实（VR）系统，并将其用于空间技术、科学数据可视化和远程操作等领域。

基于从 20 世纪 60 年代以来所取得的一系列成就，美国 VPL 公司的创建人之一 Jaron Lanier 在 20 世纪 80 年代初提出了“Virtual Reality”一词，简称虚拟现实（VR），中文译为“虚拟现实”或“灵境”。

4. 第四阶段（1990 年至今）：虚拟现实（VR）技术理论的完善和应用阶段

在这一阶段，虚拟现实（VR）技术从研究型阶段转向为应用型阶段，广泛运用到了科研、航空、医学、军事等人类生活的各个领域中。如美军开发的空军任务支援系统和海军特种作战部队计划和演习系统，对虚拟的军事演习也能达到真实的军事演习效果；浙江大学开发的虚拟故宫虚拟建筑环境系统；CAD&CG 国家重点实验室开发出的桌面虚拟建筑环境实时漫游系统；北京航空航天大学开发的虚拟现实（VR）和可视化新技术研究室的虚拟环境系统等。

尽管早在数十年前，虚拟现实（VR）技术的假象甚至原型设备就已经出现，但其真正走入大众、媒体的视线，不过几年而已。2012 年 8 月，一款名为 Oculus Rift 的产品登录 Kickstarter 进行众筹，首轮融资就达到惊人的 1600 万美元。一年后，Oculus Rift 的首个开发者版本在其官网推出，2014 年 4 月，Facebook 花费约 20 亿美元收购 Oculus 的天价收购案成为引爆虚拟现实（VR）技术的导火索。

自此之后，谷歌、索尼、三星等巨头纷纷在虚拟现实（VR）领域开始布局，以育碧、EA 为代表的 3A 游戏发行商也开始涉足虚拟现实（VR）游戏；国内同样不甘寂寞，诞生了暴风魔镜、焰火工坊、蓝数工坊、乐相科技、睿悦、TVR、蚁视等多家企业，腾讯、恺英、华谊兄弟、小米、百度、苹果、完美世界、盛大、网龙等知名企业，也都在布局虚拟现实（VR）中。

1.1.3　虚拟现实（VR）系统的分类

虚拟现实（VR）系统分为桌面式虚拟现实、沉浸式虚拟现实、增强现实性的虚拟现实和分布式虚拟现实四大类。

1. 桌面式虚拟现实

桌面式虚拟现实利用个人计算机和低级工作站进行仿真，将计算机的屏幕作为用户观察虚拟世界的窗口。通过输入设备实现与虚拟现实（VR）世界的交互，这些外部设备包括鼠标、追踪球、力矩球等，它要求参与者使用输入设备，通过计算机平面观察 360 度范围内的虚拟世界，并操纵其中的物体，但参与者缺少完全沉浸，缺乏真实体验，成本相对较低，因而应用较广泛。

2. 沉浸式虚拟现实

高级虚拟现实系统提供完全沉浸的体验，使用户有一种置身于虚拟世界中的感觉。它利用头盔式显示器（如图 1-2 所示）或其他设备，把参与者的视觉、听觉和其他感觉封闭起来，并提供一个新的、虚拟的感觉空间，利用位置跟踪器、数据手套（如图 1-3 所示）、其他手控输入设备、声音等使得参与者产生一种身临其境、全心投入和沉浸其中的感觉。

图 1-2　头盔式显示器

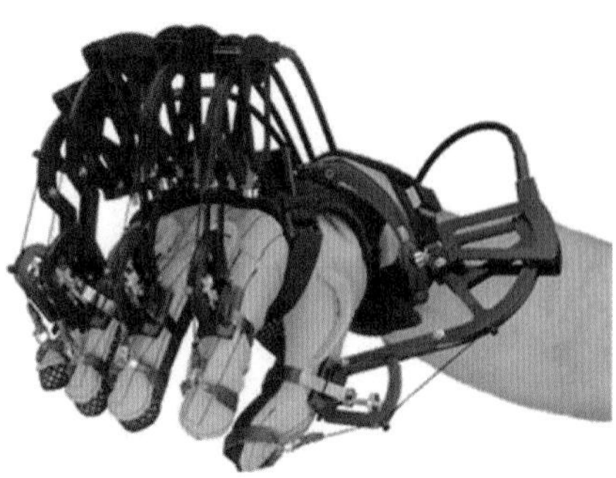

图 1-3　数据手套

常见的沉浸式系统有基于头盔式显示器的系统、投影式虚拟现实系统、远程存在系统。

3. 增强现实性的虚拟现实

增强现实性的虚拟现实不仅利用虚拟现实技术来模拟现实世界、仿真现实世界，而且要利用它来增强参与者对真实环境的感受，也就是增强现实中无法感知或不方便的感受。

典型的案例就是战机飞行员的平视显示器，它可以将仪表读数和武器瞄准数据投射到安装在飞行员面前的穿透式屏幕上，可以使飞行员不必低头读座舱中仪表的数据，从而可以集中精力盯着敌人的飞机或导航偏差。

4. 分布式虚拟现实

如果多个用户通过计算机网络连接在一起，同时参加一个虚拟空间，共同体验虚拟世界，这就是分布式虚拟现实系统。在分布式虚拟现实系统中，多个用户可以通过网络对同一虚拟世界进行观察和操作，以达到协同工作的目的。

最典型的分布式虚拟现实系统是 SIMNET，它由坦克仿真器通过网络连接而成，用于部队的联合训练。通过 SIMNET，位于德国的仿真器可以和位于美国的仿真器一样运行在同一个虚拟世界，参与同一场作战演习。

1.2 虚拟现实（VR）产业链概述

虚拟现实（VR）行业覆盖了硬件、系统、平台、开发工具、应用、消费等诸多方面，如图 1-4 所示，作为一个还未成熟的产业，虚拟现实（VR）行业的产业链还比较单薄，参与厂商比较少，投入力度不大。

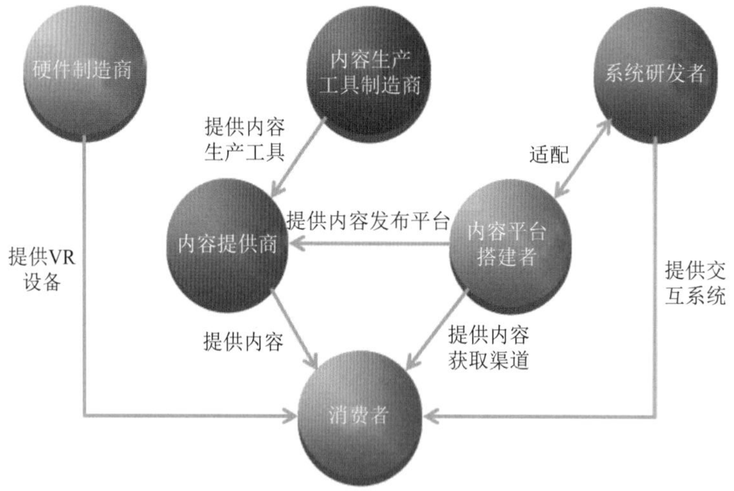

图 1-4 虚拟现实（VR）产业链

国内虚拟现实（VR）产业链的主要组成部分包括：

- 虚拟现实（VR）硬件设备研发商：灵境、3Glasses、暴风魔镜、乐蜗科技、凌感、乐相科技等。
- 虚拟现实（VR）拍摄 / 动作捕捉技术商：Noitom、Insta360、Ximmerse、完美幻境、疯景科技、微动等。
- 虚拟现实（VR）内容研发商：天舍、超凡视幻、酷炫游、指挥家、zanadu 等。
- 虚拟现实（VR）平台门户企业：87870、IM.NET、赛欧必弗等。
- 其他产业链相关企业：顺网科技、焰火工坊、齐心暴维、一点网络等。

1.2.1 虚拟现实（VR）的应用领域

目前最先与虚拟现实（VR）相结合的应用领域有虚拟现实（VR）+ 医疗、虚拟现实（VR）+ 影视娱乐、虚拟现实（VR）+ 军事演练、虚拟现实（VR）+ 房地产、虚拟现实（VR）+ 工业仿真、虚拟现实（VR）+ 旅游时尚、虚拟现实（VR）+ 游戏、虚拟现实（VR）+ 教育、虚拟现实（VR）+ 直播。

1. 虚拟现实（VR）+ 医疗

虚拟现实（VR）在医学方面的应用具有十分重要的现实意义。在虚拟环境中，可以建立虚拟的人体模型，借助于跟踪球、HMD、感觉手套，学生可以很容易了解人体内部各器官的结构，这比现有的采用教科书的方式要有效得多，如图 1-5 所示。Pieper 及 Satara 等研究者在 90 年代初基于两个 SGI 工作站建立了一个虚拟外科手术训练器，用于腿部及腹部外科手术模拟。这个虚拟的环境包括虚拟的手术台与手术灯、虚拟的外科工具（如手术刀、注射器、手术钳等）、虚拟的人体模型与器官等。借助于 HMD 及感觉手套，使用者可以对虚拟的人体模型进行手术。但该系统有待进一步改进，如需要提高环境的真实感，增加网络功能，使其能同时培训多个使用者，或可在外地专家的指导下工作等。在手术后果预测及改善残疾人生活状况，乃至新型药物的研制等方面，虚拟现实（VR）技术都有十分重要的意义。

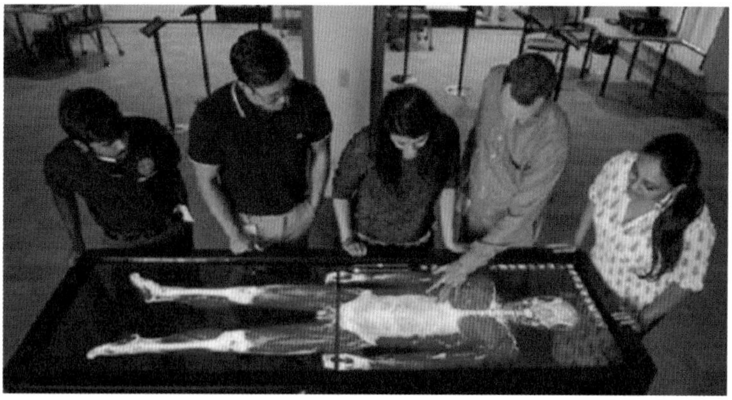

图 1-5 虚拟现实（VR）+ 医疗

在医学院校，学生可在虚拟实验室中进行“尸体”解剖和各种手术练习。采用这项技术，由于不受标本、场地等的限制，所以培训费用大大降低。一些用于医学培训、实习和研究的虚拟现实（VR）系统，仿真程度非常高，其优越性和效果是不可估量和不可比拟的。例如，导管插入动脉的模拟器，可以使学生反复实践导管插入动脉时的操作；眼睛手术模拟器，根据人眼的前眼结构创造出三维立体图像，并带有实时的触觉反馈，学生利用它可以观察模拟移去晶状体的全过程，并观察到眼睛前部结构的血管、虹膜和巩膜组织及角膜的透明度等。还有麻醉虚拟现实（VR）系统、口腔手术模拟器等。

外科医生在真正动手术之前，通过虚拟现实（VR）技术的帮助，能在显示器上重复地模拟手术，移动人体内的器官，寻找最佳手术方案并提高熟练度。在远距离遥控外科手术、复杂手术的计划安排、手术过程的信息指导、手术后果预测及改善残疾人生活状况，乃至新药研制等方面，虚拟现实（VR）技术都能发挥十分重要的作用。

2. 虚拟现实（VR）+ 影视娱乐

丰富的感觉能力与 3D 显示环境使得虚拟现实（VR）成为理想的视频游戏工具。由于在娱乐方面对虚拟现实（VR）的真实感要求不是太高，因此近些年来虚拟现实（VR）在该方面的发展最为迅猛。如芝加哥开放了世界上第一台大型可供多人使用的虚拟现实（VR）娱乐系统，其主题是关于 3025 年的一场未来战争；英国开发的称为 Virtuality 的虚拟现实（VR）游戏系统，配有 HMD，大大增强了真实感；1992 年的一台称为 Legeal Qust 的系统由于增加了人工智能功能，使计算机具备了自学习能力，大大增强了趣味性及难度，使该系统获得该年度虚拟现实（VR）产品奖。另外在家庭娱乐方面虚拟现实（VR）也显示出了很好的前景。

作为传输显示信息的媒体，虚拟现实（VR）在未来艺术领域所具有的潜在应用能力也不可低估。虚拟现实（VR）所具有的临场参与感与交互能力可以将静态的艺术（如油画、雕刻等）转化为动态的，可以使观赏者更好地欣赏作者的思想艺术。另外，虚拟现实（VR）提高了艺术表现力，如一个虚拟的音乐家可以演奏各种各样的乐器，手足不便的人或远在外地的人可以在他生活的居室中去虚拟的音乐厅欣赏音乐会等，如图 1-6 所示。

图 1-6　虚拟现实（VR）+ 影视娱乐

3. 虚拟现实（VR）+ 军事演练

模拟训练一直是军事与航天工业中的一个重要课题，这为虚拟现实（VR）提供了广阔的应用前景。美国国防部高级研究计划局 DARPA 自 80 年代起一直致力于研究称为 SIMNET 的虚拟战场系统，以提供小车协同训练，该系统可联结 200 多台模拟器。另外，利用虚拟现实（VR）技术可以模拟零重力环境。

防患于未然，是各行各业尤其是具有一定危险性的行业（消防、电力、石油、矿产等）的关注重点，如何确保在事故来临之时做到最小的损失，定期地执行应急推演是传统并有效的一种防患方式，但其弊端也相当明显，投入成本高，每一次推演都要投入大量的人力、物力，大量的投入使得其不可能获得频繁性的执行，虚拟现实（VR）的产生为应急演练提供了一种全新的开展模式，将事故现场模拟到虚拟场景中去，在这里人为地制造各种事故情况，组织参演人员做出正确响应。这样的推演大大降低了投入成本，提高了推演实训时间，从而保证了人们面对事故灾难时的应对技能，并且可以打破空间的限制方便地组织各地人员进行推演，这样的案例已有应用，必将是今后应急推演的一个趋势，如图 1-7 所示。

图 1-7　虚拟现实（VR）+ 军事演练

虚拟演练具有如下优势：

（1）仿真性。虚拟演练环境是以现实演练环境为基础进行搭建的，操作规则同样立足于现实中实际的操作规范，理想的虚拟环境甚至可以达到使受训者难辨真假的程度。

（2）开放性。虚拟演练打破了演练空间上的限制，受训者可以在任意的地理环境中进行集中演练，身处何地的人员，只要通过相关网络通信设备即可进入相同的虚拟演练场所进行实时的集中化演练。

（3）针对性。与现实中的真实演练相比，虚拟演练的一大优势就是可以方便地模拟任何培训科目，借助虚拟现实（VR）技术，受训者可以将自身置于各种复杂、突发的环境中去，从而进行针对性训练，提高自身的应变能力与相关处理技能。

（4）自主性。借助自身的虚拟演练系统，各单位可以根据自身实际需求在任何时间、任何地点组织相关培训指导、受训者等相关人员进行演练，并快速取得演练结果，进行演练评估和改进。受训人员亦可以自发地进行多次重复演练，使受训人员始终处于培训的主导地位，掌握受训主动权，大大增加演练时间和增强演练效果。

（5）安全性。作为电力培训重中之重的安全性，虚拟的演练环境远比现实中安全，培训与受训人员可以大胆地在虚拟环境中尝试各种演练方案，即使闯下“大祸”，也不会造成“恶果”，而是将这一切放入演练评定中去，作为最后演练考核的参考。这样，在确保受训人员人身安全万无一失的情况下，受训人员可以卸去事故隐患的包袱，尽可能极端地进行演练，从而大幅提高自身的技能水平，确保在今后实际操作中的人身与事故安全。

4. 虚拟现实（VR）+ 房地产

虚拟现实（VR）不仅仅是一个演示媒体，而且还是一个设计工具。它以视觉形式反映了设计者的思想，比如装修房屋之前，首先要做的事是对房屋的结构、外形作细致的构思，为了使之定量化，还需要设计许多图纸，当然这些图纸只有内行人可以读懂，虚拟现实（VR）可以把这种构思变成看得见的虚拟模型和环境，使以往只能借助传统的设计模式提升到数字化的所看即所得的完美境界，大大提高了设计和规划的质量与效率。运用虚拟现实（VR）技术，设计者可以完全按照自己的构思去构建装饰“虚拟”的房间，并可以任意变换自己在房间中的位置去观察设计的效果，直到满意为止。既节约了时间，又节省了制作模型的费用，如图 1-8 所示。

图 1-8　虚拟现实（VR）+ 房地产 1

随着房地产业竞争的加剧，传统的展示手段如平面图、表现图、沙盘、样板房等已经远远无法满足消费者的需要。因此敏锐把握市场动向，果断启用最新的技术并迅速转化为生产力，方可领先一步，击溃竞争对手。虚拟现实（VR）技术是集影视广告、动画、多媒体、网络科技于一身的最新型的房地产营销方式，在国内的广州、上海、北京等大城市，国外的加拿大、美国等经济和科技发达的国家都非常热门，是当今房地产行业一个综合实力的象征和标志，其最主要的核心是房地产销售。同时在房地产开发中的其他重要环节包括申报、审批、设计、宣传等方面都有着非常迫切的需求。

房地产项目的表现形式可大致分为：实景模式、水晶沙盘两种。

其中可对项目周边配套、红线以内建筑和总平、内部业态分布等进行详细剖析展示，由外而内表现项目的整体风格，并可通过鸟瞰、内部漫游、自动动画播放等形式对项目进行逐一表现，增强了讲解过程的完整性和趣味性，如图 1-9 所示。

图 1-9　虚拟现实（VR）+ 房地产 2

5. 虚拟现实（VR）+ 工业仿真

当今世界工业已经发生了巨大的变化，大规模人海战术早已不再适应工业的发展，先进科学技术的应用显现出巨大的威力，特别是虚拟现实（VR）技术的应用正对工业进行着一场前所未有的革命。虚拟现实（VR）已经被世界上一些大型企业广泛地应用到工业的各个环节，对企业提高开发效率，加强数据采集、分析、处理能力，减少决策失误，降低企业风险起到了重要的作用。虚拟现实（VR）技术的引入，将使工业设计的手段和思想发生质的飞跃，更加符合社会发展的需要，可以说在工业设计中应用虚拟现实（VR）技术是可行且必要的，如图 1-10 所示。

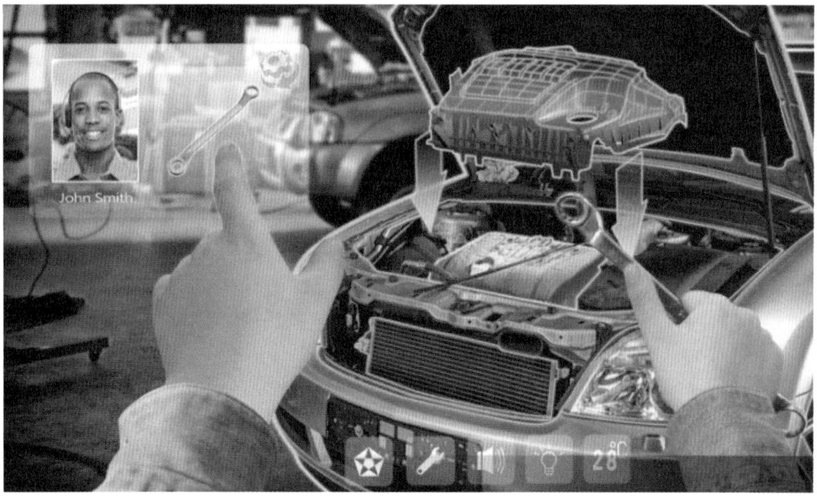

图 1-10　虚拟现实（VR）+ 工业仿真

工业仿真系统不是简单的场景漫游，是真正意义上用于指导生产的仿真系统，它结合用户业务层功能和数据库数据组建一套完全的仿真系统，可组建 B/S、C/S 两种架构的应用，可与企业 ERP、MIS 系统无缝对接，支持 SQL Server、Oracle、MySQL 等主流数据库。

工业仿真所涵盖的范围很广，从简单的单台工作站上的机械装配到多人在线协同演练系统。工业仿真常用的应用领域包括：

- 石油、电力、煤炭行业多人在线应急演练
- 市政、交通、消防应急演练
- 多人多工种协同作业（化身系统、机器人人工智能）
- 虚拟制造 / 虚拟设计 / 虚拟装配（CAM/CAD/CAE）
- 模拟驾驶、训练、演示、教学、培训等
- 军事模拟、指挥、虚拟战场、电子对抗
- 地形地貌、地理信息系统（GIS）
- 生物工程（基因 / 遗传 / 分子结构研究）
- 虚拟医学工程（虚拟手术 / 解剖 / 医学分析）
- 建筑实景与城市规划、矿产、石油
- 航空航天、科学可视化

6. 虚拟现实（VR）+ 旅游时尚

利用虚拟现实（VR）技术，结合网络技术，可以将文物的展示、保护提高到一个崭

新的阶段。首先表现在将文物实体通过影像数据采集手段，建立起实物三维或模型数据库，保存文物原有的各项形式数据和空间关系等重要资源，实现濒危文物资源的科学、高精度和永久的保存。其次利用这些技术来提高文物修复的精度和预先判断、选取将要采用的保护手段，同时可以缩短修复工期。通过计算机网络来整合统一大范围内的文物资源，并且通过网络在大范围内利用虚拟技术更加全面、生动、逼真地展示文物，从而使文物脱离地域限制，实现资源共享，真正成为全人类可以“拥有”的文化遗产。使用虚拟现实（VR）技术可以推动文博行业更快地进入信息时代，实现文物展示和保护的现代化，如图 1-11 所示。

图 1-11　虚拟现实（VR）+ 旅游时尚

7. 虚拟现实（VR）+ 游戏

三维游戏既是虚拟现实（VR）技术重要的应用方向之一，也为虚拟现实（VR）技术的快速发展产生了巨大的需求牵引作用。尽管存在众多的技术难题，虚拟现实（VR）技术在竞争激烈的游戏市场中还是得到了越来越多的重视和应用。

可以说，电脑游戏自产生以来，一直都在朝着虚拟现实（VR）的方向发展，虚拟现实（VR）技术发展的最终目标已经成为三维游戏工作者的崇高追求。从最初的文字 MUD 游戏，到二维游戏、三维游戏，再到网络三维游戏，游戏在保持其实时性和交互性的同时，逼真度和沉浸感正在一步步地提高和加强，如图 1-12 所示。

图 1-12　虚拟现实（VR）+ 游戏

随着三维技术的快速发展和软硬件技术的不断进步，在不远的将来，真正意义上的虚拟现实（VR）游戏必将为人类娱乐、教育和经济发展做出新的更大的贡献。

8. 虚拟现实（VR）+ 教育

虚拟现实（VR）应用于教育是教育技术发展的一个飞跃。它营造了“自主学习”的环境，由传统的“以教促学”的学习方式代之以学习者通过自身与信息环境的相互作用来得到知识、技能的新型学习方式，如图 1-13 和图 1-14 所示。

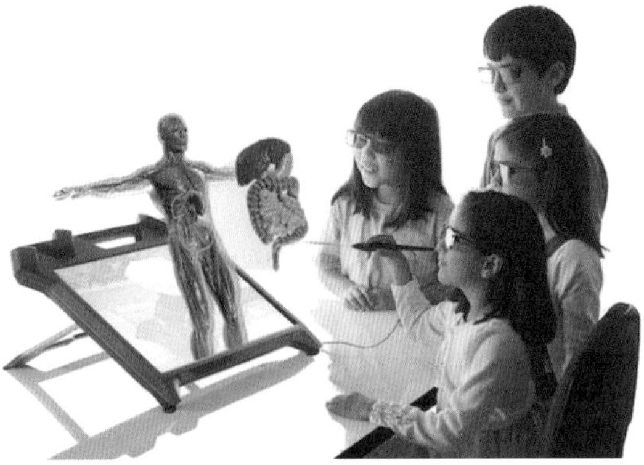

图 1-13 虚拟现实（VR）+ 教育 1

图 1-14 虚拟现实（VR）+ 教育 2

它主要具体应用在以下几个方面：

（1）科技研究。

当前许多高校都在积极研究虚拟现实（VR）技术及其应用，并相继建起了虚拟现实（VR）与系统仿真的研究室，将科研成果迅速转化为实用技术，如北京航天航空大学在分布式飞行模拟方面的应用；浙江大学在建筑方面进行虚拟规划、虚拟设计的应用；哈尔滨工业大学在人机交互方面的应用；清华大学对临场感的研究等都颇具特色。有的研究室甚至已经具备独立承接大型虚拟现实（VR）项目的实力。虚拟学习环境中虚拟现实（VR）技术能够为学生提供生动、逼真的学习环境，如建造人体模型、电脑太空旅行、化合物分子结构显示等，在广泛的科目领域提供无限的虚拟体验，从而加速和巩固学生学习知识的过程。亲身去经历、亲身去感受比空洞抽象的说教更具说服力，主动地去交互与被动的灌输有着本质的差别。虚拟实验利用虚拟现实（VR）技术，可以建立各种虚拟实验室，如地理、物理、化学、生物等实验室，拥有传统实验室难以比拟的优势：

- 节省成本。通常我们由于设备、场地、经费等硬件的限制，许多实验都无法进行。而利用虚拟现实（VR）系统，学生足不出户便可以做各种实验，获得与真实实验一样的体会。在保证教学效果的前提下，极大地节省了成本。
- 规避风险。真实实验或操作往往会带来各种危险，利用虚拟现实（VR）技术进行虚拟实验，学生在虚拟实验环境中可以放心地去做各种危险的实验。例如虚拟的飞机驾驶教学系统，可免除学员操作失误而造成飞机坠毁的严重事故。
- 打破空间、时间的限制。利用虚拟现实（VR）技术，可以彻底打破时间与空间的限制。大到宇宙天体，小至原子粒子，学生都可以进入这些模型的内部进行观察。一些需要几十年甚至上百年才能观察的变化过程，通过虚拟现实（VR）技术，可以在很短的时间内呈现给学生观察。例如，生物中的孟德尔遗传定律，用果蝇做实验往往要几个月的时间，而虚拟现实（VR）技术在一堂课内就可以实现。

（2）虚拟实训基地。

利用虚拟现实（VR）技术建立起来的虚拟实训基地，其“设备”与“部件”多是虚拟的，可以根据需要随时生成新的设备。教学内容可以不断更新，使实践训练及时跟上技术的发展。同时，虚拟现实（VR）的沉浸性和交互性，使学生能够在虚拟的学习环境中扮演一个角色，全身心地投入到学习环境中去，这非常有利于学生的技能训练。包括军事作战技能、外科手术技能、教学技能、体育技能、汽车驾驶技能、果树栽培技能、电器维修技能等各种职业技能的训练，由于虚拟的训练系统没有任何危险，学生可以不厌其烦地反复练习，直至掌握操作技能为止。例如在虚拟的飞机驾驶训练系统中，学员可以反复操作控制设备，学习在各种天气情况下驾驶飞机起飞、降落，通过反复训练，达到熟练掌握驾驶技术的目的。

（3）虚拟仿真校园。

教育部在一系列相关的文件中，多次涉及了虚拟校园，阐明了虚拟校园的地位和作用。虚拟校园也是虚拟现实（VR）技术在教育培训中最早的具体应用，它由浅至深有 3 个应用层面，分别适应学校不同程度的需求：简单地虚拟我们的校园环境供游客浏览，基于教学、教务、校园生活，功能相对完整的三维可视化虚拟校园；以学员为中心，加入一系列人性化的功能，以虚拟现实（VR）技术作为远程教育基础平台；虚拟远程教育，虚拟现实（VR）可为高校扩大招生后设置的分校和远程教育教学点提供可移动的电子教学场所，通过交互式远程教学的课程目录和网站，由局域网工具作校园网站的链接，可对各个终端提供开放性的、远距离的持续教育，还可为社会提供新技术和高等职业培训的机会，创造更大的经济效益和社会效益。

随着虚拟现实（VR）技术的不断发展和完善，以及硬件设备价格的不断降低，我们相信，虚拟现实（VR）技术以其自身强大的教学优势和潜力，将会逐渐受到教育工作者的重视和青睐，最终在教育培训领域广泛应用并发挥其重要作用。

9. 虚拟现实（VR）+ 直播

随着计算机网络和三维图形软件等先进信息技术的发展，电视节目的制作方式发生了很大变化。视觉和听觉效果以及人类的思维都可以靠虚拟现实（VR）技术来实现，它升华了人类的逻辑思维，虚拟演播室则是虚拟现实（VR）技术与人类思维相结合在电视节目制作中的具体体现。

虚拟演播系统的主要优点是它能够更有效地表达新闻信息，增强信息的感染力和交互性。传统的演播室对节目制作的限制较多。虚拟演播系统制作的布景是合乎比例的立体设计，当摄像机移动时，虚拟的布景与前景画面都会出现相应的变化，从而增加了节目的真实感。

用虚拟场景在很多方面成本效益显著，如它具有及时更换场景的能力，在演播室布景制作中节约经费；不必移动和保留景物，因此可减轻对雇员的需求压力。

对于单集片，虚拟制作不会显出很大的经济效益，但在使用背景和摄像机位置不变的系列节目中它可以节约大量的资金。另外，虚拟演播室具有制作优势。当考虑节目格局时，制作人员的选择余地大，他们不必过于受场景限制。对于同一节目可以不用同一演播室，因为背景可以存入磁盘。它可以充分发挥创作人员的艺术创造力和想象力，利用现有的多种三维动画软件创作出高质量的背景。

1.2.2 虚拟现实（VR）的常见硬件设备

虚拟现实（VR）硬件系统包括计算机、输入设备和输出设备三大部分，计算机系统是基本构成系统之一，主要作为运算端口，虚拟现实（VR）硬件系统主要关注的是输入设备和输出设备两大部分。

1. 输入设备系统

虚拟现实（VR）技术的输入设备包括三维空间跟踪器、漫游和操纵设备、手势接口。

三维空间跟踪器主要包括机械跟踪器、电磁跟踪器、超声跟踪器、光学跟踪器和惯性跟踪器。

漫游和操纵设备主要包括三维鼠标、跟踪球、三维探针，可以通过其相对位置和速度控制虚拟对象。

手势接口主要以数据手套为主，数据手套一般按功能需要可分为：虚拟现实（VR）数据手套和力反馈数据手套。

2. 输出设备系统

虚拟现实（VR）输出设备大致可以分为图形显示设备、三维声音显示设备和触觉反馈设备三大类。图形显示设备从大类上分为个人图形显示设备和大型显示设备。声音显示设备是一类计算机接口，能给虚拟世界交互的用户提供合成的声音反馈。触觉反馈设备包括触觉反馈和力反馈两种。

图形显示设备是一种计算机接口设备，它把合成的世界图像展现给虚拟世界进行交互的一个或多个用户，图形显示设备包括个人图形显示设备和大型显示设备，这里着重讲解个人图形显示设备。

个人图形显示设备指为单个用户输出虚拟场景的图形显示器。常用的设备包括头盔显示器、手持式显示器、地面支撑式显示器和桌面支撑式显示器。

目前生活中应用范围较广的是头盔式显示器，根据接入终端的不同，VR头盔式输出硬件设备主要有连接PC/主机使用的主机端头显（外接头戴式设备）、插入手机使用的移动端头显（VR眼镜）、可独立使用的VR一体机3种形态。

（1）主机端头显（VR 头盔）。

外接头戴式设备也称为主机端头显，俗称 VR 头盔，是当前体验最好价格最贵的 VR 设备，是市面上巨头大厂的主流产品，需要将其连接高端主机以及其他配件才能进行使用。目前，HTC、微软、索尼都发布有自己的主机产品，售价在六百至三千美元之间，如图 1-15 所示。

即便如此，主机端头显的技术仍在不断完善之中，分辨率、可视角度、刷新率、用户佩戴舒适度等方面依旧有很大的改进空间。

（2）移动端头显（移动端 VR 眼镜）。

移动端头显也就是通常所说的 VR 眼镜 / 盒子，只要放入手机即可使用 APP 观看 VR 视频，由于便携、低价的特点，是现在市面上销量最高、普及率最广的 VR 产品。缺点是目前基本无法实现其他诸如 VR 游戏、VR 社交等功能。代表作当属售价为 99 美元的三星 Gear VR，国内也有众多的类似 VR 产品，售价人民币两百元左右，如图 1-16 所示。

图 1-15　HTC Vive 主机端头显

图 1-16　Gear VR 眼镜

（3）VR 一体机。

VR 一体机头显具有独立 CPU、输入和输出显示功能，完全摆脱外置设备，具备单独、移动使用的特点，是介于主机与眼镜之间的产品。

但是目前的问题在于技术门槛过高，很难做到兼顾轻便与性能，售价也较为昂贵，短期内不会成为 VR 硬件的主流形态。但是随着技术进步和元件的微型化，VR 一体机在未来或许能够获得更为广泛的应用。

图 1-17 所示为 GOOVIS 高清 VR 眼镜一体机 4K 级移动影院 3D 视频眼镜智能头戴显示器，售价约为人民币四千元左右。

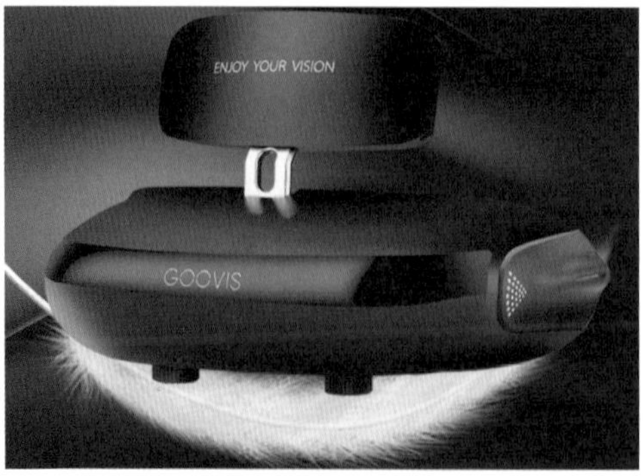

图 1-17　GOOVIS 高清虚拟现实（VR）眼镜一体机

1.2.3 虚拟现实（VR）的市场前景

据数据分析机构SuperDataresearch的一份报告显示，2017年虚拟现实（VR）市场规模已跃升至89亿美元，而2018年将达到123亿美元。

当然，消费者最关心的还是虚拟现实（VR）产品的价格。比起那些昂贵的虚拟现实（VR）设备，消费者更倾向于在相对廉价的移动设备上体验虚拟现实（VR）内容。但报告中也有提到，像PlayStationVR和OculusRift这样比较高端的产品，最终会成为推动虚拟现实（VR）产业发展的第一把手。

另外，相较于大型3A游戏公司，独立游戏工作室则更偏向于开发虚拟现实（VR）游戏，因为前者的产品依赖的是稳固而成熟的游戏IP（知识产权，系列），而后者的游戏产品则依靠创意。比如2015年创办的829 VR游戏公司，凭借独特的创意吸引了大批美国玩家关注。

我国虚拟现实（VR）技术研究起步较晚，与国外发达国家还有一定的差距，但现在已引起国家有关部门和科学家们的高度重视，并根据我国的国情制定了开展虚拟现实（VR）技术的研究计划。

早在“九五规划”期间，国家自然科学基金会、国家高技术研究发展计划等都把虚拟现实（VR）技术列入了研究项目。国内一些重点院校，已积极投入到了这一领域的研究工作中。

北京航空航天大学计算机系是国内最早进行虚拟现实（VR）研究、最有权威的单位之一，并在以下方面取得进展：着重研究了虚拟环境中模型物理特性的表示与处理；在虚拟现实（VR）中的视觉接口方面开发出部分硬件，并提出有关算法及实现方法；实现了分布式虚拟环境网络设计，可以提供实时三维动态数据库、虚拟现实（VR）演示环境、用于飞行员训练的虚拟现实（VR）系统、虚拟现实（VR）应用系统的开发平台等。

浙江大学CAD&CG国家重点实验室开发出了一套桌面型虚拟建筑环境实时漫游系统，还研制出了在虚拟环境中的一种新的快速漫游算法和一种递进网格的快速生成算法。

哈尔滨工业大学已经成功地虚拟出了人的高级行为中特定人脸图像的合成、表情的合成和唇动的合成等技术。

清华大学计算机科学和技术系对虚拟现实（VR）和临场感方面进行了研究。

西安交通大学信息工程研究所对虚拟现实（VR）中的关键技术——立体显示技术进行了研究，提出了一种基于JPEG标准的压缩编码新方案，获得了较高的压缩比、信噪比和解压速度。

北方工业大学CAD研究中心是我国最早开展计算机动画研究的单位之一，中国第一部完全用计算机动画技术制作的科教片《相似》就出自该中心。

1.3 虚拟现实（VR）技术发展趋势

虚拟现实（VR）技术是高度集成的技术，涵盖计算机软硬件技术、传感器技术、立体显示技术等。虚拟现实（VR）技术的研究内容大体上可分为虚拟现实（VR）技术本身的研究和虚拟现实（VR）技术应用的研究两大类。

虚拟现实（VR）技术的实质是构建一种人能够与之进行自由交互的“世界”，在这个“世界”中参与者可以实时地探索或移动其中的对象。沉浸式虚拟现实（VR）是最理想的追求目标，实现的主要方式是戴上特制的头盔显示器、数据手套和身体部位跟踪器，通过听觉、触觉和视觉在虚拟场景中进行体验。桌面式虚拟现实（VR）系统被称为“窗口仿真”，尽管有一定的局限性，但由于成本低廉仍然得到了广泛应用。

增强式虚拟现实（VR）系统主要用来让一群戴上立体眼镜的人观察虚拟环境，性能介于以上两者之间，也成为开发的热点之一。总体上看，纵观多年来的发展历程，虚拟现实（VR）技术的未来研究仍将遵循“低成本、高性能”这一原则，从软件、硬件上展开，并将在以下主要方向上发展：

（1）动态环境建模技术。虚拟环境的建立是虚拟现实（VR）技术的核心内容，动态环境建模技术的目的是获取实际环境的三维数据，并根据需要建立相应的虚拟环境模型，这也是本书的学习重点，即虚拟现实（VR）建模技术。

（2）实时三维图形生成和显示技术。三维图形的生成技术已经比较成熟，而关键是如何“实时生成”，在不降低图形质量和复杂程度的前提下，如何提高刷新频率将是今后重要的研究内容。此外，虚拟现实（VR）还依赖于立体显示和传感器技术的发展，现有的虚拟设备还不能满足系统的需要，有必要开发新的三维图形生成和显示技术。

（3）人机交互。新型交互设备的研制虚拟现实（VR）实现使人能够自由地与虚拟世界中的对象进行交互，犹如身临其境，借助的输入输出设备主要有头盔显示器、数据手套、数据衣服、三维位置传感器和三维声音产生器等。因此，新型、便宜、鲁棒性优良的数据手套和数据服将成为未来研究的重要方向。

（4）智能化语音虚拟现实（VR）建模。虚拟现实（VR）建模是一个比较繁复的过程，需要大量的时间和精力。如果将虚拟现实（VR）技术与智能技术、语音识别技术结合起来，可以很好地解决这个问题。

我们对模型的属性、方法和一般特点的描述通过语音识别技术转化成建模所需的数据，然后利用计算机的图形处理技术和人工智能技术进行设计、导航和评价，将基本模型用对象表示出来，并逻辑地将各种基本模型静态或动态地连接起来，最后形成系统模型。在各种模型形成后进行评价并给出结果，并由人直接通过语言来进行编辑和确认。

（5）大型网络分布式虚拟现实（Distributed Virtual Reality，D 虚拟现实）的应用。网络分布式虚拟现实（VR）将分散的虚拟现实（VR）系统或仿真器通过网络联结起来，采用协调一致的结构、标准、协议和数据库，形成一个在时间和空间上互相耦合的虚拟合成环境，参与者可自由地进行交互作用。

目前，分布式虚拟交互仿真已成为国际上的研究热点，相继推出了 DIS、MA 等相关标准。网络分布式虚拟现实（VR）在航天领域中极具应用价值，例如国际空间站的参与国分布在世界不同区域，分布式虚拟现实（VR）训练环境不需要在各国重建仿真系统，这样不仅减少了研制费用和设备费用，而且也减少了人员出差的费用和异地生活的不适。

1.4 虚拟现实（VR）项目的开发流程与工具

随着虚拟现实（VR）技术的不断发展，随之而来的各种虚拟现实（VR）行业开发工具以及各种平台开始涌现。法国达索公司的 Virtools 三维引擎是最早进入中国市场的；2012 年 Unity 开始正式进入中国；2015 年 3 月举行的 GDC 大会，其 CEO 宣布所有开发者可以免费使用 Unreal Engine 4 虚幻引擎，至此，全球顶尖商业引擎公司开始正式涉足这个领域。

1.4.1 虚拟现实（VR）项目开发流程

虚拟现实（VR）项目开发可分为两种情况：实景拍摄和 3D 建模场景制作。

3D 建模场景制作又包含了可以在虚拟现实（VR）里行走和不能在虚拟现实（VR）里行走两种情况。无论是实景拍摄还是 3D 建模，这两种情况的内容都需要设计师、程序员、拍摄团队、后期制作团队一起合作完成，工作流程示意图如图 1-18 所示。

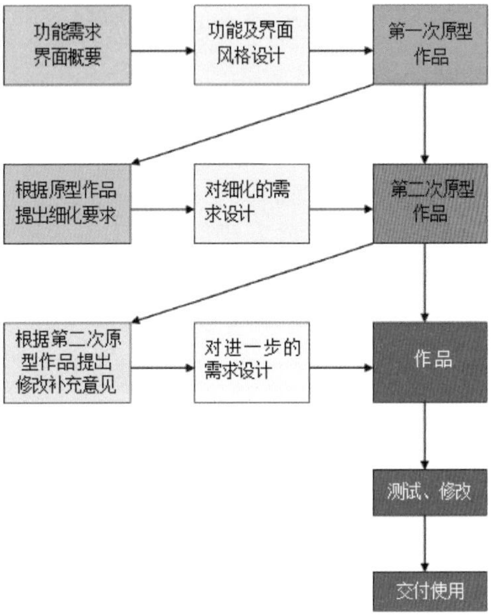

图 1-18 虚拟现实（VR）项目开发流程

1. 全景拍摄的工作流程

（1）拿到制作需求后，设计师进行头脑风暴思考场景内容、场景切换路径、界面里的文案交互逻辑，输出策划文档。这个部分的工作是非常重要的，对整个项目的构思有着决定性的作用。

（2）拍摄团队在实景中进行视频或全景拍摄，输出全景视频或全景图。

（3）设计师进行视频剪辑或全景图拼接及后期处理，输出全景视频或全景图。

（4）设计师制作交互动画及虚拟现实（VR）里的 2D 界面输出交互动画 png 序列和 2D 界面元素贴图。

（5）程序员写代码实现交互逻辑，输出可交互的虚拟现实（VR）内容。

（6）程序员和设计师进入虚拟现实（VR）场景进行逻辑测试并不断完善内容。

（7）测试完后，团队不断修改，然后无限循环，直到客户满意。

2. 3D 建模场景制作的工作流程

（1）设计师进行头脑风暴思考场景内容、场景切换路径、界面里的文案交互逻辑，输出策划文档。

（2）设计师用草图或草模表现场景，输出场景示意。

（3）制作模型，根据甲方提供的资料使用第三方建模软件，如 3ds Max、Maya、Lightwave、Softimage xsi 等。另外也可以使用三维扫描仪或者类似 Cabinetware（类似 Canoma 类的照片建模软件）的软件。

（4）引入模型到虚拟现实（VR）制作软件中：该设计软件可以合并多个模型，添加动画、声音、图片、交互编程、shader 编写、编程与其他软件的通信等，然后可以输出为单独的标准 Windows 可执行文件（EXE 文件）或在线浏览的文件格式。

（5）通过执行输出的可执行文件（EXE 文件）或浏览器播放插件把模型显示在屏幕上，使用鼠标和键盘点击设置的交互区域进行人机互动。

与此类似开发过程的虚拟现实（VR）技术工具包括 Virtools、VR platform、Quest3D、ViewPoint、Turntools 和 Cult 3D 等。

1.4.2 虚拟现实（VR）建模工具

完整的虚拟现实（VR）项目开发，需要多个平台、多种工具的配合使用，包括 3D 建模开发工具、虚拟现实（VR）开发软件及平台、语言类虚拟现实（VR）工具、视觉类虚拟现实（VR）工具和触觉类虚拟现实（VR）工具。本章着重介绍 3D 建模开发工具。

3D 虚拟世界是由场景环境及互动对象的 3D 模型所共同组成的。关于 3D 模型，网上有很多现成的免费或付费资源供初学者使用，在起步阶段使用这些素材完全没有问题，不过迟早会需要根据特定的设计需求来自己动手制作模型，也就是通过 3D 建模工具来动手创建自己的模型。

这个领域中的工具可以用琳琅满目来形容，下面就对目前市面上最为主流、最为典型的建模工具进行逐一了解。

1. Blender

Blender 是一款免费的 3D 建模工具，非常适合于虚拟现实（VR）开发学习的起步阶段，其软件界面如图 1-19 所示，相比于其他较为高级的工具，Blender 的界面相当简洁。其他 3D 建模工具确实会提供更多更强大的功能，但对初学者来说，Blender 已经足够，而且完全免费。

Blender 是一款开源的跨平台全能三维动画制作软件，提供从建模、动画、材质、渲染到音频处理、视频剪辑等一系列动画短片制作解决方案。

Blender 拥有方便在不同工作下使用的多种用户界面，内置绿屏抠像、摄像机反向跟踪、遮罩处理、后期节点合成等高级影视解决方案。同时还内置有卡通描边（FreeStyle）和基于 GPU 技术的 Cycles 渲染器。以 Python 为内建脚本，支持多种第三方渲染器。

Blender 为全世界的媒体工作者和艺术家而设计，可以被用来进行 3D 可视化，同时也可以创作广播和电影级品质的视频，另外内置的实时 3D 游戏引擎让制作独立回放的

3D 互动内容成为可能。

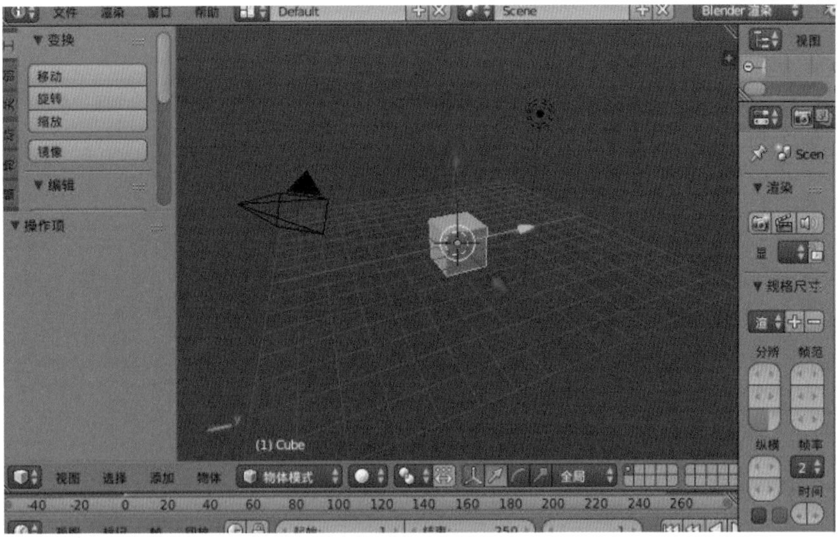

图 1-19　Blender 的工作界面

有了 Blender 后，喜欢 3D 绘图的玩家们不用花大价钱也可以制作出自己喜爱的 3D 模型了。它不仅支持各种多边形建模，还能做出动画。

2. 3ds Max

本书中所讲解的虚拟现实（VR）建模也是基于 3ds Max 建模的，因此下面着重介绍一下 3ds Max 的特点和优势。

（1）3ds Max 简介。

3D Studio Max，常简称为 3ds Max 或 MAX，是 Discreet 公司开发的（后被 Autodesk 公司合并）基于 PC 系统的三维动画渲染和制作软件。其前身是基于 DOS 操作系统的 3D Studio 系列软件。在 Windows NT 出现以前，工业级的 CG 制作被 SGI 图形工作站所垄断。3D Studio Max + Windows NT 组合的出现一下子降低了 CG 制作的门槛，首先开始运用在电脑游戏中的动画制作上，后更进一步开始参与影视片的特效制作，例如《X 战警 II》《最后的武士》等。在 Discreet 3ds Max 7 后，正式更名为 Autodesk 3ds Max，最新版本是 3ds Max 2018，其工作界面如图 1-20 所示。

（2）3ds Max 的突出特点。

- 基于 PC 系统，配置要求低。
- 可以通过安装插件使用 3D Studio Max 所没有的功能以及增强原本的功能。
- 具有强大的角色动画制作能力。
- 可堆叠的建模步骤，使制作模型有非常大的弹性。
- 提供“标准化”建模，针对建筑建模领域相较其他软件有不可比拟的优越性。

（3）3ds Max 的优势。

- 性价比高。3ds Max 有非常好的性能价格比，它所提供的强大功能远远超过了它自身低廉的价格，一般的制作公司都能承受得起，这样就可以使作品的制作成本大大降低，而且它对硬件系统的要求相对来说也很低，一般普通的配置已经可以满足学习的需要，这也是每个软件使用者所关心的问题。

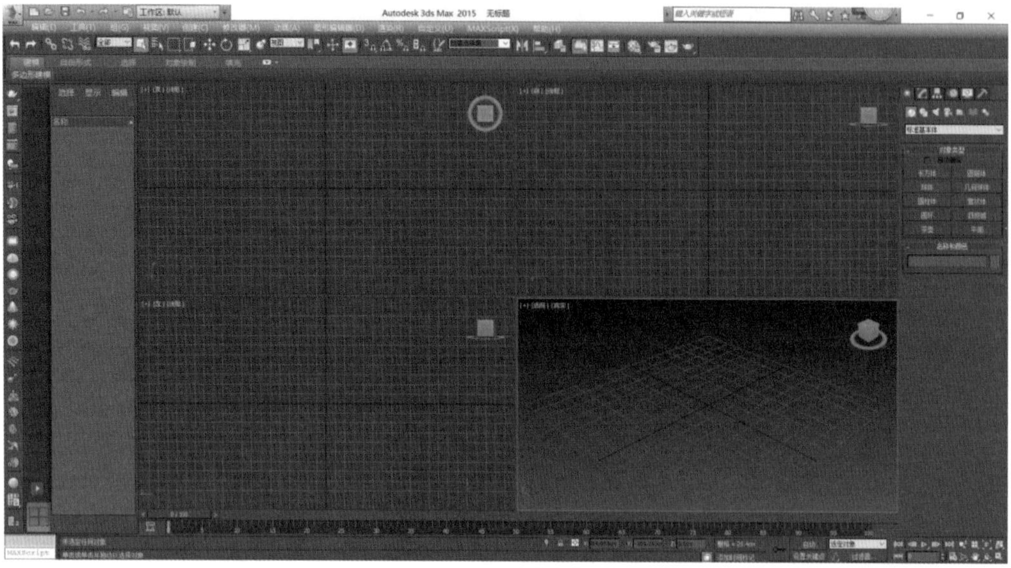

图 1-20　3ds Max 的工作界面

- 上手容易。初学者比较关心的另一个问题就是 3ds Max 是否容易上手，这一点可以完全放心，3ds Max 的制作流程十分简洁高效，可以很快上手，所以先不要被它的大堆命令所吓倒，只要操作思路清晰上手是非常容易的，后续的高版本中操作性也十分简便，操作的优化更有利于初学者学习。
- 使用者多，便于交流。国内拥有很多的使用者，便于交流，网上教程也很多，随着互联网的普及，关于 3ds Max 的论坛在国内相当火爆，如果有问题可以拿到网上大家一起讨论，非常方便。

（4）3ds Max 的功能与优点。

- Slate 材质编辑器。使用 Slate 轻松可视化和编辑材质分量关系，这个新的基于节点的编辑器可以大大改进创建和编辑复杂材质网格的工作流程和生产力。直观的结构视图框架能够处理当今苛刻的制作所需的大量材质。
- Quicksilver 硬件渲染器。使用 Quicksilver 在更短的时间内制作高保真可视化预览、动画和游戏方面的营销资料，Quicksilver 是一种新的创新硬件渲染器，可帮助以惊人的速度制作高品质的图像。这个新的多线程渲染引擎同时使用 CPU 和 GPU，支持 Alpha 和 z- 缓冲区渲染元素、景深、运动模糊、动态反射、区域、光度学、环境遮断、间接灯光效果和精度自适应阴影贴图，并能以大于屏幕的分辨率进行渲染。
- 建模与纹理改进。利用扩展 Graphite 建模和视口画布工具集的新工具，加快建模与纹理制作任务；用于在视口内进行 3D 绘画和纹理编辑的修订工具集；使用对象笔刷进行绘画以在场景内创建几何体的功能；用于编辑 UVW 坐标的新笔刷界面；用于扩展边循环的交互式工具。

- 3ds Max 材质的视口显示。利用在视口中查看大部分 3ds Max 纹理贴图与材质的新功能，在高保真交互式显示环境中开发和精调场景，而无需不断地重新渲染。建模人员和动画师可以在一个更紧密匹配最终输出的环境中作出交互式决定，从而帮助减少错误并改进创造性故事讲述过程。
- 前后关联的直接操纵用户界面。利用新的前后关联的多边形建模工具用户界面，节省建模时间，始终专注于手边的创作任务，该界面让用户不必把鼠标从模型移开。建模人员可以交互式地操纵属性，直接在视口中的兴趣点输入数值，并在提交修改之前预览结果。
- CAT 集成。使用角色动画工具包（CAT）更轻松地制作和管理角色，如分层、加载、保存、重新贴图和镜像动画。CAT 现已完全集成在 3ds Max 中，提供了一个开箱即用的高级搭建和动画系统。通过其便利、灵活的工具集，动画师可以使用 CAT 中的默认设置在更短的时间内取得高质量的结果，或者为更苛刻的角色设置完全自定义骨架，以加入任意形态、嵌入式自定义行为和程序性控制器。
- 本地实体导入 / 导出。在 3ds Max 和支持 SAT 文件的某些其他 CAD 软件之间非破坏性地传递修剪的表面、实体模型和装配。
- Autodesk 材质库。提供多达 1200 个材质模板，可以从中进行选择，以便更精确地与其他 Autodesk 软件交换材质。

3. Maya

（1）Maya 简介。

Maya 可说是 3D 建模方面的业界标准，已有十几年的发展历史，如今和 3ds Max、Mudbox 一同归属 Autodesk 旗下。Maya 是现在最为流行的顶级三维动画软件，在国外绝大多数视觉设计领域都在使用 Maya，即使在国内该软件也是越来越普及，其工作界面如图 1-21 所示。

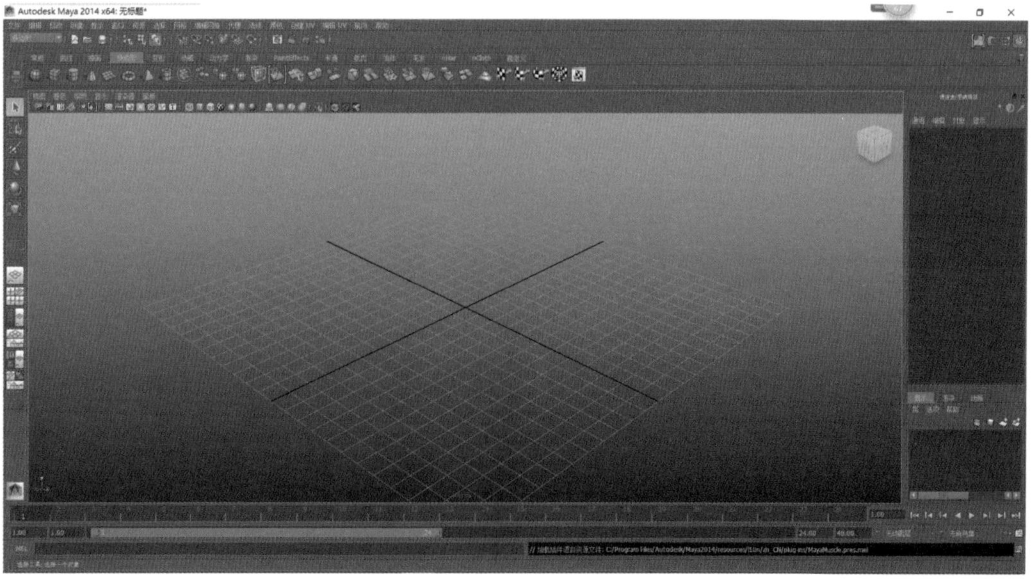

图 1-21 Maya 的工作界面

相比于 Blender，Maya 提供了更为丰富和强大的控制功能，不过相应的界面使用难度也有所提升。对于虚拟现实（VR）开发来说，Maya 适合于更加复杂的产品需求。

此外，Maya 在动画实现方面的功能也极具实力，甚至可以说是诸多工具当中做得最好的。

Maya 的应用领域极其广泛，比如《星球大战》系列、《指环王》系列、《蜘蛛侠》系列、《哈里波特》系列、《木乃伊归来》《最终幻想》《精灵鼠小弟》《马达加斯加》《金刚》等都是出自 Maya 之手，至于其他领域的应用更是不胜枚举。

（2）Maya 和 3ds Max 的比较。

Maya 是高端 3D 软件，3ds Max 是中端软件，易学易用，但在遇到一些高级要求（如角色动画 / 运动学模拟方面）时远不如 Maya 强大。

3ds Max 的工作方向主要是面向建筑动画、建筑漫游和室内设计。

Maya 软件的应用主要是动画片制作、电影制作、电视栏目包装、电视广告、游戏动画制作等。3ds Max 软件的应用主要是动画片制作、游戏动画制作、建筑效果图、建筑动画等。 Maya 的基础层次更高，3ds Max 属于普及型三维软件。

4. Cinema 4D

Cinema 4D（简称 C4D）是一套由德国 Maxon Computer 公司开发的 3D 绘图软件，以极高的运算速度和强大的渲染插件著称，其工作界面如图 1-22 所示。

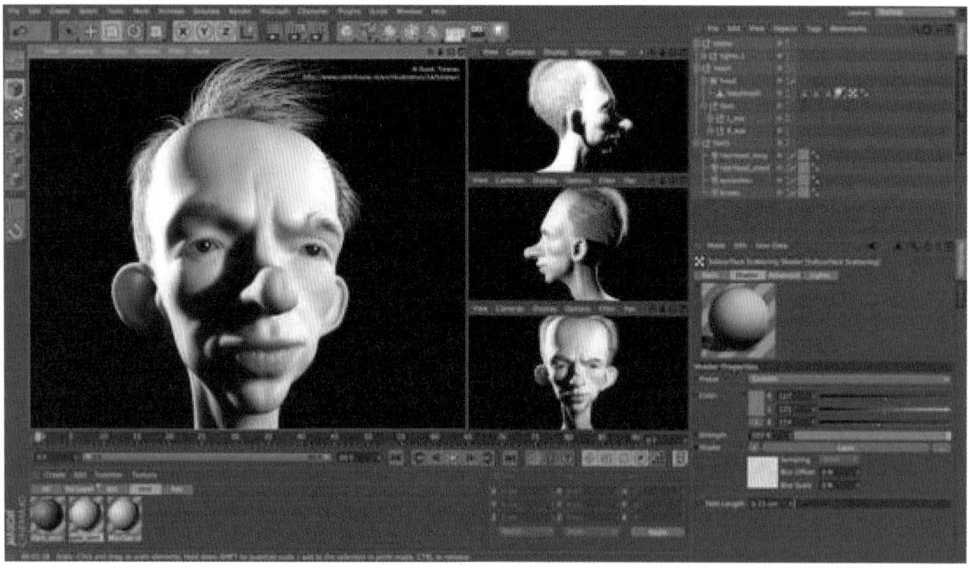

图 1-22 Cinema 4D 的工作界面

Cinema 4D 应用广泛，在广告、电影、工业设计等方面都有出色的表现，例如影片《阿凡达》由花鸦三维影动研究室中国工作人员使用 Cinema 4D 制作了部分场景，在这样的大片中看到 C4D 的表现是很优秀的。

相比于 Maya 和 3ds Max，C4D 会更加容易上手，可以更快捷轻松地完成整个 3D 建模流程。

另一方面，由于 C4D 的开发者社区规模相对较小，在业界标准方面的影响力还达不到 Maya 和 3ds Max 那样的程度。

5. ZBrush

ZBrush 是一个数字雕刻和绘画软件，它以强大的功能和直观的工作流程彻底改变了整个三维行业。在一个简洁的界面中，ZBrush 为当代数字艺术家提供了世界上最先进的工具，其工作界面如图 1-23 所示。以实用的思路开发出的功能组合，在激发艺术家创作力的同时，ZBrush 产生了一种用户感受，在操作时会感到非常顺畅。ZBrush 能够雕刻高达 10 亿多边形的模型，所以说限制只取决于艺术家自身的想象力。

图 1-23　ZBrush 的工作界面

ZBrush 软件是世界上第一个让艺术家感到无约束自由创作的 3D 设计工具，它的出现完全颠覆了过去传统三维设计工具的工作模式，解放了艺术家们的双手和思维，告别过去那种依靠鼠标和参数来笨拙创作的模式，完全尊重设计师的创作灵感和传统工作习惯。

ZBrush 提供了数量更为庞大的基础模型，同时也提供了更多笔刷，但在纹理喷涂（Texture Painting）和纹理烘焙（Texture Baking）方面的表现不如 Mudbox 优秀。

本章小结

本章通过对虚拟现实（VR）/ 增强现实（AR）概述、虚拟现实（VR）产业链概述、虚拟现实（VR）技术发展趋势、虚拟现实（VR）项目的开发流程与工具这 4 个方面的介绍，对虚拟现实技术作了简单介绍，辅助大家熟悉虚拟现实技术的相关知识，了解目前行业所处的状态，明确学习目标。

第 2 章
虚拟现实（VR）模型制作基础

本章要点

- 3ds Max 软件常用菜单及功能
- 3ds Max 软件常用快捷按钮及功能
- 3ds Max 软件常用快捷键
- 3ds Max 软件常用建模方法
- 多边形建模方法详解

对于虚拟现实场景制作来说，建模是一切工作开始的基础，只有成功地将模型创建出来，后面关于展 UV 坐标、模型贴图、烘焙导出、在 Unity 3D 或 Unreal Engine 中进一步开发等工作才能正常有序地进行。

建模的基础是对三维制作软件整体的掌握和熟练操作，想要具备出色的建模能力，必须要深入学习三维制作类软件，而 3ds Max 作为最元老级的三维设计软件，广泛应用于广告、影视、工业设计、建筑设计等领域，本书中的所有案例均通过 3ds Max 建模来实现。

上一章已对 3ds Max 软件作了基本介绍，这里不再赘述。本章主要讲解软件的建模基础以及在虚拟现实建模中常用的多边形建模。

2.1 3ds Max 基本操作

将 3ds Max 软件安装完成后，双击图标启动软件，打开的窗口就是 3ds Max 的操作主界面。3ds Max 的界面从整体来看，主要分为菜单栏、快捷按钮区、快捷工具菜单、工具命令面板区、动画与视图操作区和视图区六大部分，如图 2-1 所示。

对于虚拟现实建模来说，主界面中最为常用的是快捷按钮区、工具命令面板区和视图区。菜单栏虽然包含众多的命令，但是在建模过程中用得较少，菜单栏中常用的几个命令也基本包括在快捷按钮区中了，只有“文件”菜单（即主界面左上角的 3ds Max Logo 按钮）和“组”菜单较为常用。

2.1.1 常用菜单介绍

1. “文件”菜单

单击主界面左上角的 Logo 按钮即可打开“文件”菜单，如图 2-2 所示。“文件”菜单包括新建、重置、打开、保存、另存为、导入、导出、发送到、参考、管理和属性等命令。

其中，另存为命令可以在制作大型场景时将当前场景文件进行备存；导入和导出命令可以让模型以不同的文件格式进行导入和导出，在虚拟现实模型制作过程中，经常会用到导出命令将烘焙好的模型导出为 FBX 格式的文件，以便在 Unity 3D 或 Unreal Engine 中进一步开发。

图 2-1　3ds Max 操作主界面

图 2-2　“文件”菜单

2. “组”菜单

“组”菜单位于菜单栏的第四项，在菜单中有 8 项命令：组、解组、打开、关闭、附加、分离、炸开和集合，如图 2-3 所示。

组：选中想要编辑成组的所有模型，单击“组”命令即可将其编辑成组。所谓组，是指模型的集合，成组后的模型将变为一个整体，遵循整体命令操作。

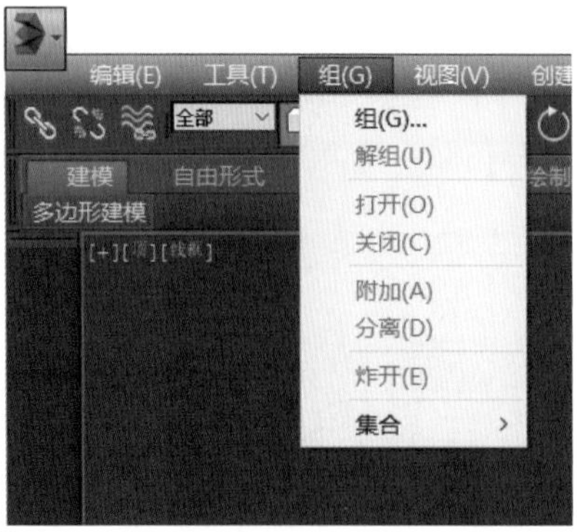

图 2-3 “组”菜单

解组：与组命令相反，是将选中的编组解散的操作命令。

打开：在模型成组后想要对其中的个体进行操作的命令，组被打开后，模型集合周围会出现一个边框，这时就可以对其中的个体模型进行编辑操作。

关闭：与打开命令相反，就是将已经打开的组关闭的操作命令。

附加：把一个模型加入已经存在的组的命令。

分离：与附加命令相反，是将模型从组中分离出来的操作命令。

2.1.2 常用快捷按钮介绍

1. 选择按钮组

选择按钮组中包括选择对象按钮、按名称选择按钮、区域选择按钮和窗口 / 交叉按钮。

“选择对象”按钮：快捷键为 O，通常鼠标为指针状态就是选择对象模式，单击为选择单个模型对象，拖动鼠标可以进行区域选择。

“按名称选择”按钮：快捷键为 H，针对复杂的场景，模型较多的情况下，可以通过输入模型的名字来找到该模型。

“区域选择”按钮：在拖动鼠标时可以进行区域选择，可以同时选择多个模型。下拉菜单中包含了不同的区域选择方式，包括矩形选择选区、圆形选择选区、围栏选择选区、套索选择选区和绘制选择选区。

“窗口 / 交叉”按钮：默认状态下为窗口模式，即与复选框接触到就可被选中；单击按钮进入交叉模式，在该模式中需要把模型全部纳入到复选框中才能被选中。

2. 基本操作按钮组

基本操作按钮组包括“移动”按钮、“旋转”按钮和“缩放”按钮，这 3 种操作是模型最基本的操作方式，也是最常用的命令，在这 3 个按钮上单击鼠标右键会弹出参数设置面板，可以通过数值修改的方式来对模型进行更为精确的移动、旋转和缩放操作。

“移动”按钮：快捷键为 W，选择模型，单击此按钮可以在 XYZ 三个轴上完成模型的移动位置操作。

“旋转”按钮：快捷键为 E，选择模型，单击此按钮可以在 XYZ 三个轴上完成模型的旋转操作。

“缩放”按钮：快捷键为 R，选择模型，单击此按钮可以在 XYZ 三个轴上完成模型的缩放操作。

3. “中心设置”按钮

单击“中心设置”按钮会出现下拉列表，分别使用轴点中心、使用选择中心和使用变换坐标中心。

如果模型重心出现偏差，可通过“层次”面板中，设置“仅影响轴”，即可调整模型重心的位置。

4. 镜像 / 对齐按钮组

“镜像”按钮：可将选择的模型进行镜像复制，选择物体，单击此按钮会弹出如图 2-4 所示的对话框，在其中可以设置“镜像轴”“偏移量”和“克隆当前选择”等。

“对齐”按钮：假如视图中有两个模型，选择其中一个单击“对齐”按钮，再选择另一个模型，即可弹出如图 2-5 所示的对话框，可以设置对齐轴向和对齐方式。

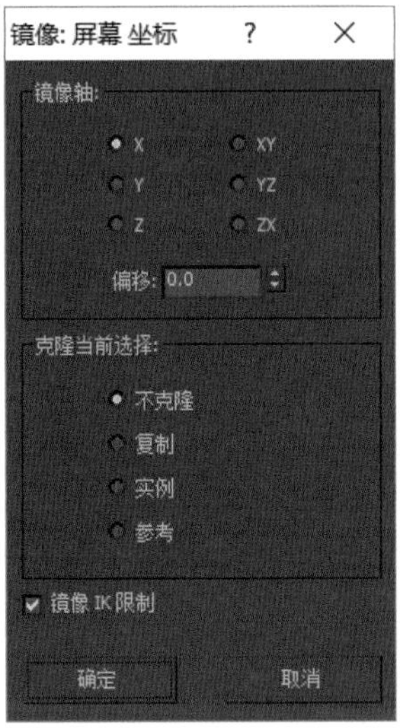

图 2-4 “镜像”对话框

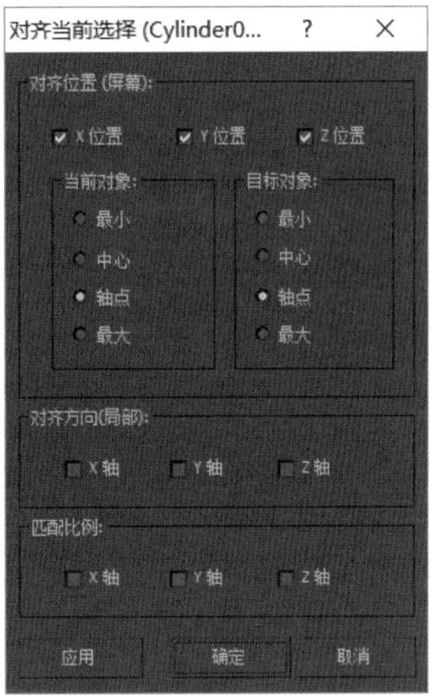

图 2-5 “对齐”对话框

5. 材质及渲染按钮组

“材质”按钮：快捷键为 M，单击此按钮可打开材质编辑器，对模型的材质和贴图进行相关设置。

渲染按钮组包括“渲染设置”按钮、“渲染帧窗口”按钮和“渲染产品”按钮，虚拟现实一般采用引擎即时渲染的方式，因此这里不对渲染作过多讲解。

2.1.3 3ds Max 视图操作

视图作为 3ds Max 软件进行可视化操作的窗口，是在建模过程中最主要的工作区域，在软件界面的右下角就是视图操作按钮，在实际建模过程中，这些按钮实用性不大，一般都是通过快捷键代替按钮来操作。

3ds Max 视图操作主要包括：视图选择与快速切换、单视图窗口的基本操作和视图中右键菜单的操作 3 个方面。

1. 视图选择与快速切换

3ds Max 软件中的视图默认的是“四视图”，即顶视图、前视图、左视图和透视图。

但这 4 个视图并不是一成不变的，在视图左上角的“+”位置单击，从弹出的菜单中选择最后一项“视口配置”，弹出“视口配置”对话框，将其切换到“布局”面板，如图 2-6 所示，即可对自己喜欢的视图样式进行选择。

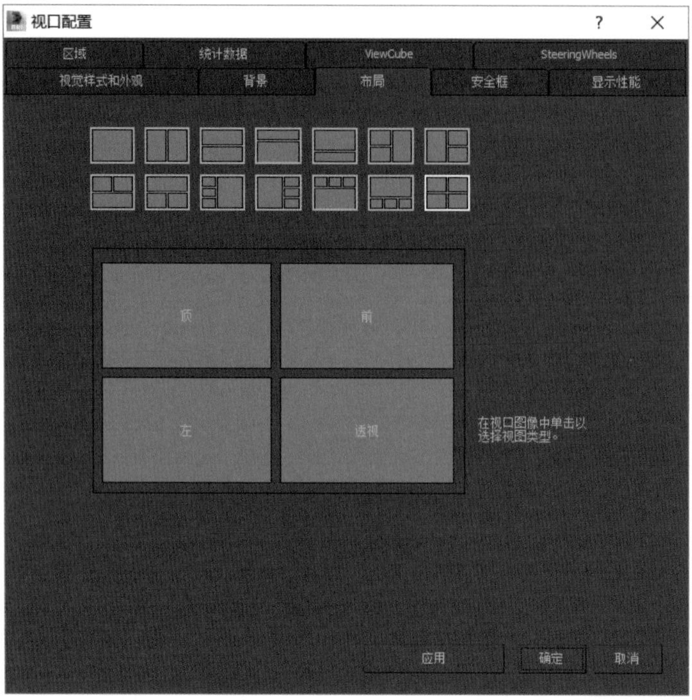

图 2-6　“布局”面板

一般虚拟现实建模过程中，最为常用的多视图格式仍为默认的四视图模式。在选定好的多视图模式中，把鼠标移动到视图框体边缘可以自由拖动调整各个视图的大小；如果想恢复原来的设置，只需将鼠标移动到所有分视图框体交接处，单击鼠标右键，选择“重置布局”选项即可。

顶视图（Top）：快捷键为 T，指从模型顶部正上方俯视的视角。

前视图（Front）：快捷键为 F，指从模型正前方观察的视角，也称为正视图。

左视图（Left）：快捷键为 L，指从模型正侧面观察的视角，也称为侧视图。

透视图（Perspective）：快捷键为 P，指以透视角度来观察模型的视角。

除此之外，常见的视图还包括底视图（Bottom）、后视图（Back）、右视图（Right）。

在实际的模型制作过程中，透视图并不是最为适合的显示视图，最为常用的是正交视图（Orthographic），它与透视图最大的区别是，正交视图中模型没有透视关系，更有利于在编辑和制作模型时对模型进行观察。

在视图左上角视图的名称上单击，弹出如图 2-7 所示的菜单，主要用来设置当前视图窗口的模式，包括摄影机视图、透视图、正交视图、顶视图、底视图、前视图、后视图、左视图和右视图等。在选择当前视图或者在单视图状态下，都可以通过快捷键来快速切换不同角度的视图。

多视图和单视图的切换快捷键为 Alt+W。

图 2-7　“视图”菜单

在多视图状态下要切换到不同角度的视图，只需用鼠标左键单击相应的视图即可，被选中的视图会显示为黄色边框。

在建模过程中，有时候会遇到在包含多个模型的文件中选择了一个模型，同时要切换视图角度，这个时候就不能用鼠标左键单击其他视图了，而是要用右键单击需要切换的视图，这样可以既不丢失模型的选择状态，又能激活想要的视图窗口。

在“线框”二字上单击鼠标右键，会弹出如图 2-8 所示的视图显示模式菜单，用于切换当前视窗模型的显示方式，包括真实、明暗处理、边面、面、线框、边界框等。“真实”模式是模型的默认标准显示方式，这种模式下模型受 3ds Max 场景中内置灯光的光影影响，如图 2-9 所示。在“真实”模式下可以同步激活“边面”模式，这样可以同时显示模型的线框，如图 2-10 所示。“线框”模式会隐藏模型实体，只显示模型边框，如图 2-11 所示。通过合理的显示模式的切换与选择，可以更加方便快捷地建立和调整模型。

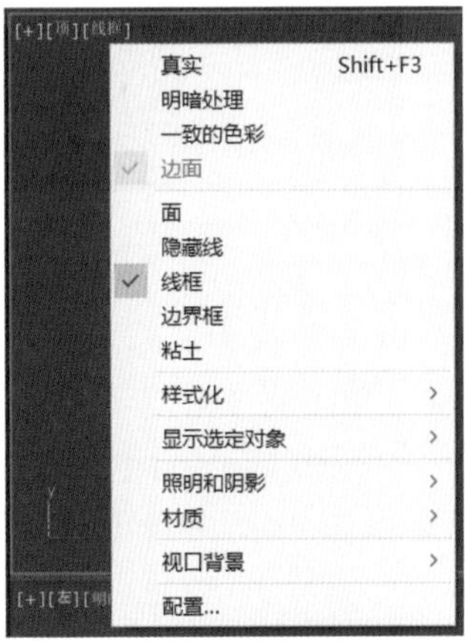

图 2-8　“视图显示模式”菜单

图 2-9　“真实”模式

2. 单视图窗口的基本操作

单视图窗口的基本操作主要包括视图焦距推拉、视图角度转变、视图平移等。

视图焦距推拉：快捷键为 Ctrl+Alt+ 单击鼠标中键或者滚动鼠标中键，主要用于视图整体操作与精确操作、宏观操作与微观操作的转变。视图推进可以进行更加精细的模型调整和制作，视图拉出可以对整体模型进行整体的调整和操作，在实际应用中，滚动鼠标中键更为快捷方便。

图 2-10 “真实 + 边面”模式

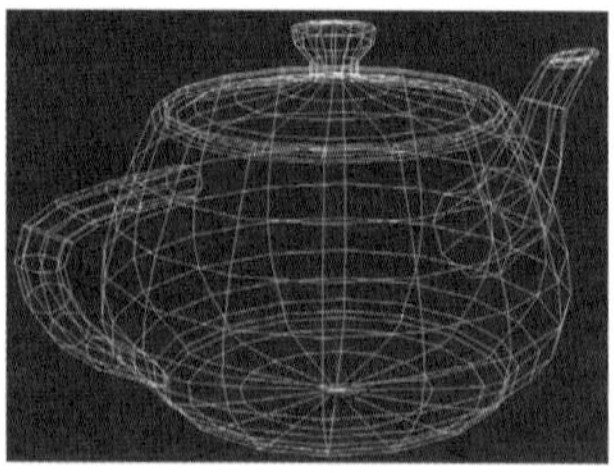

图 2-11 “线框”模式

视图角度转变：快捷键为 Alt+ 按下鼠标中键拖动，主要用于在制作模型过程中进行不同角度的视图选择，方便从各个角度和方位对模型进行操作。

视图平移：快捷键为按下鼠标中键移动，即可对上下左右不同方位进行平移操作。如果已经选择了模型进行视图平移操作，可以通过按快捷键 Z 将当前选择的模型移动到当前视图窗口的中间位置；如果当前视图中没用被选择的模型，按快捷键 Z 将会将整个场景中的所有物体作为整体显示在视图屏幕的中间位置。

3. 视图中右键菜单的操作

在 3ds Max 视图中任意一个位置上单击鼠标右键都会弹出一个菜单，如图 2-12 所示，这个菜单中的很多命令对于模型的制作都有着重要的作用。这个菜单中的命令通常都是针对被选中的模型，包括“显示”和“变换”两个部分。

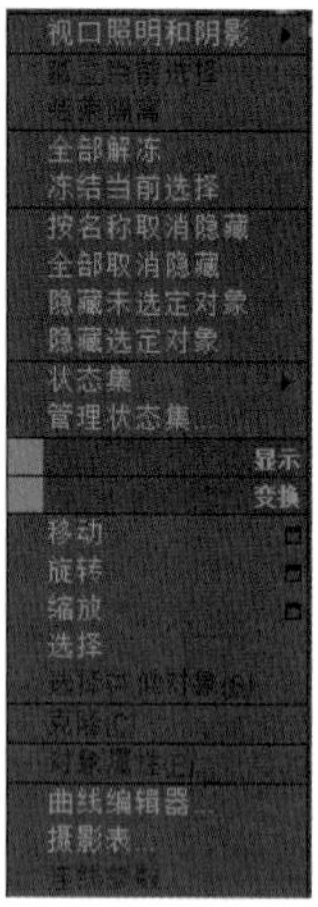

图 2-12 右键菜单

在“显示”菜单中最重要的就是“冻结”和“隐藏”。

冻结：将选中的模型锁定为不可操作状态，被冻结后的模型仍然显示在视图窗口中，但无法对其施加任何命令和操作。通常被“冻结”的模型会显示为灰色，并且隐藏贴图。“全部解冻”是指将所有被“冻结”的对象取消“冻结”状态，取消冻结状态后的模型即可进行任意操作；“冻结当前选择”是指将选定的模型进行“冻结”操作。

隐藏：将选中的模型在视图窗口中处于暂时消失不可见的状态，隐藏不等于删除，取消隐藏后可再次显示在视图窗口中。“按名称取消隐藏”是指通过模型名称选择列表将模型取消隐藏状态；“全部取消隐藏”是指将场景中的所有模型取消隐藏状态；“隐藏未选定的对象”是指将除选中模型之外的所有模型进行隐藏操作；“隐藏选定对象”是指将选中的模型进行隐藏操作。

“变换”菜单中除了包括移动、旋转、缩放、选择、克隆等基本操作外，还包括对象属性、曲线编辑器、摄影表和连线参数等一些高级命令。移动、旋转、缩放、选择命令在前面已经作了讲解，这里着重讲解“克隆”命令。

所谓克隆（快捷键为 Ctrl+V），就是将一个模型复制为多个模型的过程。对选中的模型单击“克隆”命令或者按快捷键 Ctrl+V 均为原地克隆；选中模型后按住 Shift 键并用鼠标移动、旋转和缩放该模型则是进行等单位的克隆操作。

无论是原地克隆还是等单位克隆均会弹出如图 2-13 所示的“克隆选项”对话框，克隆后的模型与被克隆的模型之间存在 3 种关系：复制、实例和参考。

复制：使用复制的方式克隆的模型与被克隆的模型之间没有任何关联关系，改变其中任何一方，对另一方都没有影响。

实例：使用实例方式克隆模型后，改变克隆模型的设置参数，被克隆模型也会随之改变，反之亦然。

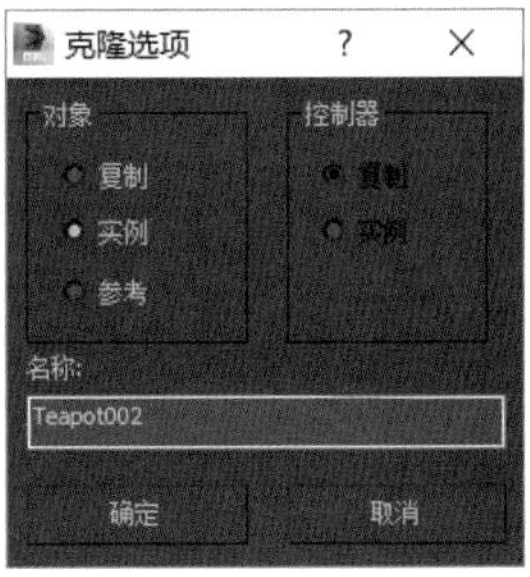

图 2-13 “克隆选项”对话框

参考：使用参考方式克隆模型后，通过改变被克隆模型的设置参数可以影响克隆模型，反之不成立，即改变克隆模型的设置参数不会影响被克隆模型。

2.2 3ds Max 常用快捷键

3ds Max 的常用快捷键可分为单字母类、F 键盘类、字母键盘类、数字键盘类和组合键类 5 个大类。

2.2.1 单字母类常用快捷键

A：角度捕捉开关。

B：切换到底视图。

C：切换到摄像机视图。

D：冻结当前视图（不刷新视图）。

E：旋转模式。

F：切换到前视图。

G：显示 / 隐藏网格视图。

H：显示“通过名称选择”对话框。

I：平移视图到鼠标中心点。

J：显示 / 隐藏所选物体的虚拟框（在透视图、摄像机视图中）。

L：切换到左视图。

M：材质编辑器。

N：打开自动（动画）关键帧模式。

O：自适应降级开关。

P：切换到透视图。

Q：选择模式（切换矩形、圆形、多边形、自定义）。

R：缩放模式。

S：捕捉开关。

T：切换到顶视图。

U：改变到等大的正交视图。

W：移动模式。

X：显示 / 隐藏物体的坐标（gizmo）。
Z：各视图最大化显示所选物体。

2.2.2　F 键盘类常用快捷键

F1：帮助文件。
F2：加亮所选模型的面。
F3：线框模式与真实模式显示切换。
F4：视图中线框显示（开关）。
F5：约束到 X 轴方向。
F6：约束到 Y 轴方向。
F7：约束到 Z 轴方向。
F8：约束 XY/YZ/ZX 平面（切换）。
F9：快速渲染。
F10：打开“渲染”对话框。
F11：打开 MAX 脚本程序编辑器。
F12：打开移动 / 缩放 / 旋转等精确数据的键盘输入对话框。

2.2.3　字母键盘类常用快捷键

Delete：删除选定物体。
Space：选择锁定切换开关。
End：进到最后一帧。
Home：进到起始帧。
Insert：循环子对象层级（等同 1、2、3、4、5 键）。
Pageup：选择父系。
Pagedown：选择子系。

2.2.4　数字键盘类常用快捷键

1：进入物体层级 1 层。
2：进入物体层级 2 层。
3：进入物体层级 3 层。
4：进入物体层级 4 层。
5：进入物体层级 5 层。
6：进入粒子视图。
7：计算选择的多边形面数（开关）。
8：打开环境、效果面板。
9：打开渲染参数设置面板。
0：打开“渲染到纹理”对话框。

2.2.5　组合键盘类常用快捷键

Ctrl+A：选择所有物体。

Ctrl+B：子对象选择开关。
Ctrl+D：取消所有选择。
Ctrl+E：切换缩放模式。
Ctrl+I：反向选择。
Ctrl+L：默认灯光开关。
Ctrl+N：新建场景。
Ctrl+O：打开文件。
Ctrl+P：平移视图。
Ctrl+R：旋转视图。
Ctrl+S：保存文件。
Ctrl+V：原地克隆选择的对象。
Ctrl+W：根据框选进行放大。
Ctrl+X：专家模式。
Ctrl+Z：撤消场景操作。
Shift+C：显示摄像机开关。
Shift+G：显示 / 隐藏所有几何体。
Shift+I：间隔放置模型。
Shift+H：显示辅助物体开关。
Shift+L：显示灯光开关。
Shift+Q：快速渲染。
Shift+Z：取消视窗操作。
Alt+A：使用对齐工具。
Alt+B：打开“视口配置”对话框。
Alt+C：在可编辑多边形对象的多边形层级进行面剪切。
Alt+N：使用法线对齐工具。
Alt+P：在边界层级下使选择的可编辑多边形对象封口。
Alt+Q：隔离选择的物体。
Alt+W：最大化当前视图（开关）。
Alt+X：半透明显示所选择的物体。
Alt+Z：对视图的拖放模式（放大镜）。
Shift+Ctrl+Z：放大各个视图中所有的物体（各视图最大化显示所有物体）。
Alt+Ctrl+Z：放大当前视图中所有的物体（最大化显示所有物体）。

2.3 3ds Max 建模基础操作

3ds Max 的建模技术有多种，内容繁杂，如几何体建模、样条线建模、复合建模、多边形建模、面片建模、NURBS 建模等。在进行虚拟现实建模过程中，没有必要面面俱到，而是有选择地学习与虚拟现实建模相关的知识，从基本操作入手，循序渐进地学习虚拟现实模型的制作。本节主要介绍在虚拟现实建模中常用的几何体建模、样条线建模和多边形建模。

2.3.1 几何体建模

在 3ds Max 软件右侧的工具命令面板中，创建面板下的第一项即为创建几何体模型的命令面板，创建几何体面板中默认的是创建标准基本体，包括长方体、圆锥体、球体、几何球体、圆柱体、管状体、圆环、四棱锥、茶壶和平面，如图 2-14 所示。

图 2-14　标准基本体面板

使用鼠标单击想要创建的几何体，在视图中用鼠标拖动即可完成模型的创建，标准基本体模型的效果如图 2-15 所示。

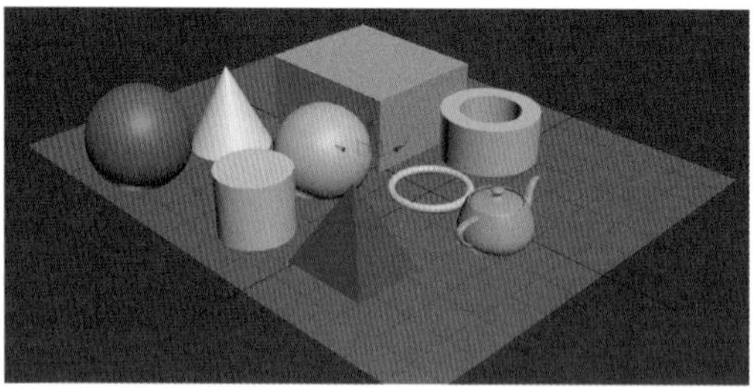

图 2-15　标准基本体效果

点开标准基本体的下拉菜单，从中选择扩展基本体可以创建更为复杂的模型，如图 2-16 所示，包括异面体、环形结、切角长方体、切角圆柱体、油罐、胶囊、纺锤、L-Ext、球棱柱、C-Ext、环形波、软管和棱柱，模型效果如图 2-17 所示。

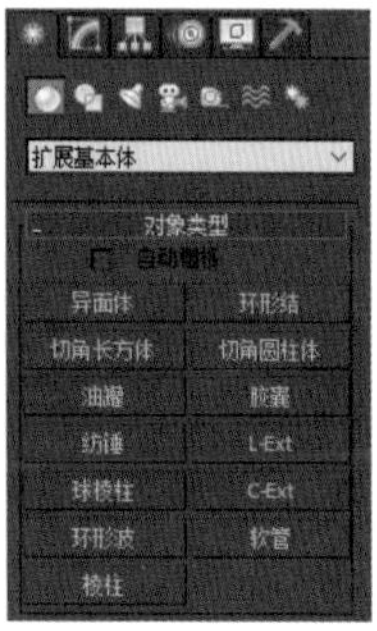

图 2-16　扩展基本体面板

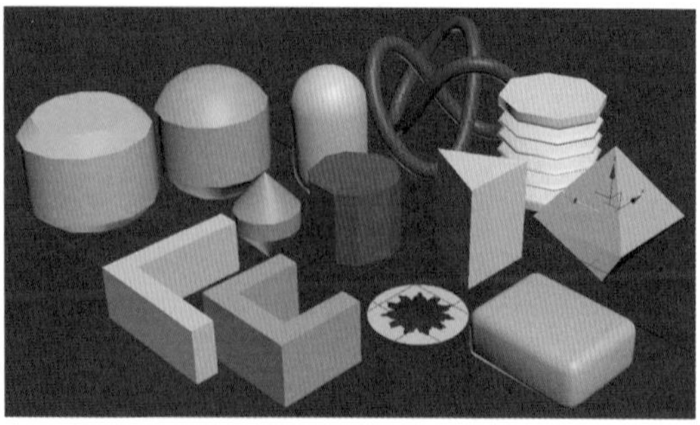

图 2-17　扩展基本体效果

在创建模型的过程中或者模型创建完成后，可单击鼠标右键取消创建或者完成创建。模型创建完成后切换到工具命令面板中的修改面板，如图 2-18 所示，可以对创建出的模型进行参数设置，包括长、宽、高、半径、角度、边数、圆角度、分段数等，还可以对模型进行名称修改和颜色修改。选择的模型不同，可以修改和设置的参数也会随之变化，扩展基本体模型中能修改的参数更多也更为复杂。

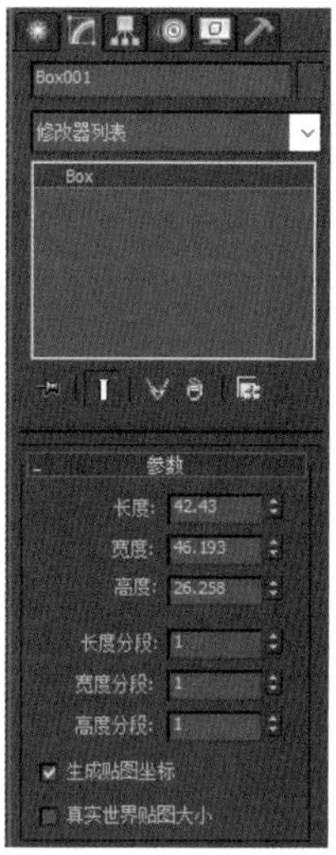

图 2-18　修改面板

在实际的应用中，直接使用扩展基本体来创建模型的机会比较少，因为这些模型都可以通过标准基本体通过多边形编辑来得到。

2.3.2　样条线建模

样条线建模是通过绘制出所需模型的二维图形，利用挤出、倒角、车削、壳等修改命令，得到所需物体的建模。样条线建模很方便，对于一些靠可编辑多边形很难调整的形状，可以通过样条线建模快速地得到想要的效果。

二维图形是由一条或多条样条线组成，而样条线又是由顶点和线段组成，所以只要调整顶点的参数及样条线的参数就可以生成复杂的二维图形，利用这些二维图形又可以生成三维模型。

在“创建”面板中单击“图形”按钮，然后设置图形类型为“样条线”，这里有 12 种样条线，如图 2-19 所示，分别是线、矩形、圆、椭圆、弧、圆环、多边形、星形、文本、螺旋线、卵形和截面，效果如图 2-20 所示。

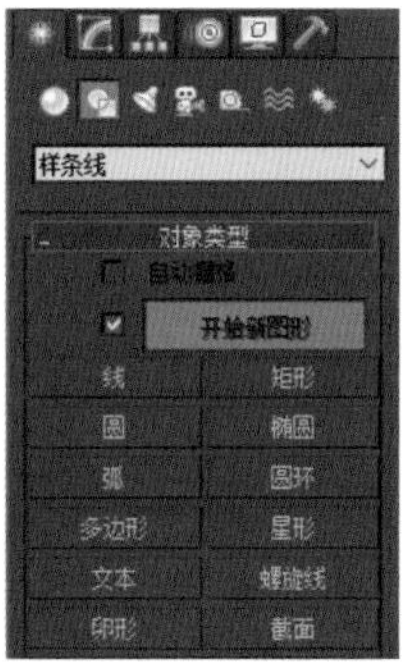

图 2-19　样条线面板

图 2-20　样条线效果

常用的样条线建模工具为线、矩形、多边形，后续案例中会详细讲解。

2.3.3　多边形建模

在 3ds Max 中使用最为广泛的是多边形建模，通过前面的几何体建模、样条线建模或者其他建模方法建立了不同形态的模型，之后要通过模型的多边形编辑才能完成对模型的最终制作，在虚拟现实建模中，规范的建模方式为多边形建模。

将模型物体转换为可编辑多边形模式，可以通过以下 3 种方法实现：

- 在视图窗口中对模型物体单击鼠标右键，在弹出的快捷菜单中选择“转换为可编辑多边形”选项。
- 在 3ds Max 界面右侧“修改”面板的堆栈窗口中对需要的模型物体单击鼠标右键，选择“可编辑多边形”选项。
- 在堆栈窗口中直接对想要编辑的模型添加“编辑多边形”命令。

使用前两种方法进入多边形编辑模型，原本的模型会变为可编辑多边形，切换到可编辑多边形编辑界面；而第三种模式只是为当前模型添加了编辑多边形命令，在编辑时还可以返回上一级的模型参数设置界面。

在多边形编辑模式下分为 5 个层级，分别为顶点、边、边界、多边形和元素。每个多边形从点、线、面到整体相互配合，共同围绕着多边形编辑服务，通过不同层级的操作最终完成模型整体的制作。

在进入每个层级后，菜单窗口会出现不同层级的专属面板，同时多个层级还共享统一的多边形编辑面板，如图 2-21 所示，包括选择、软选择、编辑几何体、细分曲面、细分置换和绘制变形。编辑几何体面板在虚拟现实建模中较为常用，如图 2-22 所示，在该面板中常用的命令有附加、分离、切割、平面化、隐藏选定对象、全部取消隐藏和隐藏未选定对象。

图 2-21　多边形编辑面板

图 2-22　编辑几何体面板

附加：将不同的多边形模型附加为一个可编辑多边形模型的操作，先单击“附加”命令，再依次单击需要附加的模型。

分离：与附加相反，将可编辑多边形模型的面或者元素分离为独立模型的操作。

切割：在可编辑多边形模型上直接切割绘制新的实线边的操作。

平面化：在可编辑多边形的顶点、边和多边形层级下通过单击这个命令可以实现模型被选中的顶点、边和多边形在 X、Y、Z 三个轴上的对齐。

隐藏选定对象、全部取消隐藏和隐藏未选定对象：和视图窗口右键菜单完全一样，不过隐藏对象不同层级下的顶点、边和多边形。

下面针对不同层级详细讲解模型编辑中常用的命令。

1. 顶点层级

顶点层级下的“选择”面板中有一个很重要的命令选项“忽略背面”，如图 2-23 所示，当勾选这个选项时，在视图中选择模型可编辑顶点的时候将会忽略带当前视图背面的点，这个选项命令在其他层级时同样适用。

“编辑顶点”命令面板是顶点层级下独有的命令面板，如图 2-24 所示，其中大多数命令都是常用的。

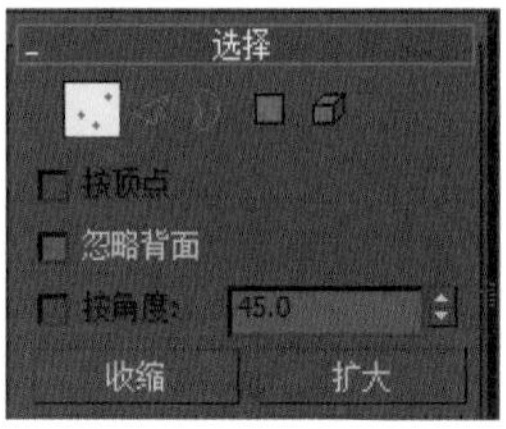

图 2-23 “忽略背面”选项

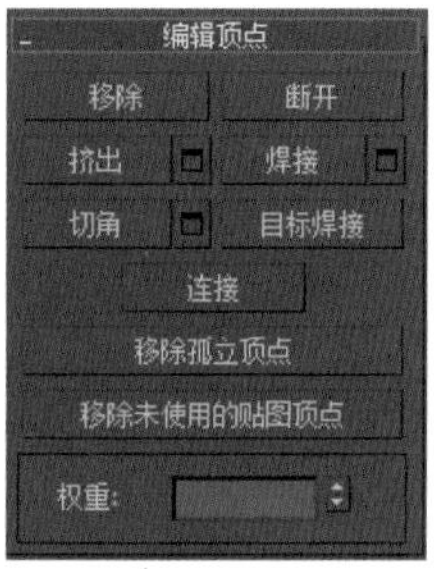

图 2-24 “编辑顶点”命令面板

移除：当模型上有需要移除的顶点时，选中顶点执行该命令。移除不等于删除，当移除顶点后模型顶点周围的面还将存在，而删除命令是将选中的顶点连同顶点周围的面一起删除，移除效果如图 2-25 所示，删除效果如图 2-26 所示。

图 2-25 移除顶点效果

图 2-26 删除顶点效果

断开：选中顶点执行该命令后顶点会被断开成为多个顶点，断开的顶点个数与断开前顶点连接的边数有关，断开效果如图 2-27 所示，其中一个顶点断开成了 4 个顶点。

挤出：顶点层级的挤出命令是将该顶点以突出的方式挤出到模型外，效果如图 2-28 所示。

图 2-27 断开顶点效果

图 2-28 挤出顶点效果

焊接：这个命令和断开命令相反，是将不同的顶点结合在一起的操作。选择需要焊接的顶点，设定焊接的范围后单击“焊接”命令，即可将多个顶点焊接为一个顶点。

目标焊接：使用目标焊接时需要先单击此命令，然后依次用鼠标点选需要焊接的顶点，即可将顶点焊接在一起。需要注意的是，焊接的顶点间必须要有边连接，否则无法焊接，焊接效果如图 2-29 所示。

切角：将该顶点沿着相应的实线边以分散的方式形成新的多边形面的操作，切角效果如图 2-30 所示。

图 2-29　焊接顶点效果

图 2-30　顶点切角效果

连接：选中两个没有边连接的顶点，单击此命令会在两个顶点间形成新的实线边，连接效果如图 2-31 所示。

2. 边层级

在“编辑边”面板（如图 2-32 所示）中，常用的命令主要有插入顶点、移除、挤出、切角和连接。

图 2-31　连接顶点效果

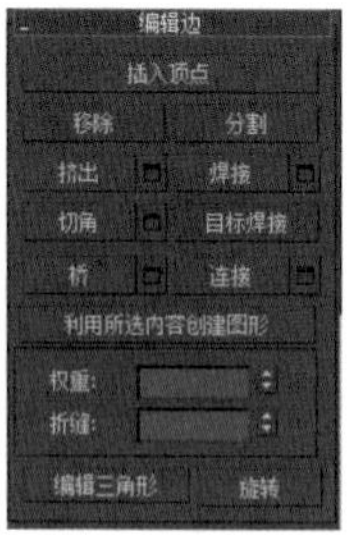

图 2-32　“编辑边”面板

插入顶点：通过此命令可以在任意模型的实边上添加插入一个顶点，效果如图 2-33 所示。

移除：将被选中的边从模型上移除，移除并不会将周围的面删除，效果如图 2-34 所示。

图 2-33　插入顶点效果

图 2-34　移除边效果

挤出：和顶点层级下的挤出效果类似，如图 2-35 所示。

切角：将选中的边沿相应的线面扩散为多条平行边，通过边切角可以让模型面与面之间形成圆滑的转折关系，切角效果如图 2-36 所示。

图 2-35　挤出边效果

图 2-36　边切角效果

连接：将选中的边线之间形成多条平行的边线，边层级下的切角和连接命令是多边形模型常用的布线命令，连接效果如图 2-37 所示。

3. 边界层级

边界层级是指在可编辑的多边形模型中那些完全没有处于多边形面之间的实线边。一般来说，边界层级的菜单应用较少，比较常用的就是“封口”命令。这个命令主要用于给模型中的边界封闭加面，在加面之后还需要对新面重新布线和编辑，封口前的效果如图 2-38 所示，封口后的效果如图 2-39 所示。

图 2-37　连接边效果

图 2-38　边界封口前效果

4. 多边形层级

“编辑多边形”面板如图 2-40 所示，最常用的多边形编辑命令有挤出、轮廓、倒角、插入和翻转。

图 2-39　边界封口后效果

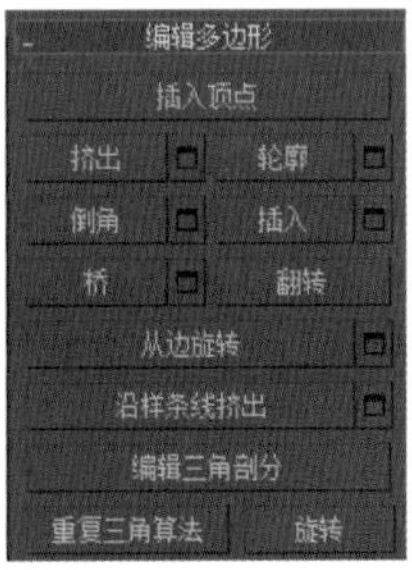

图 2-40　“编辑多边形”面板

挤出：将面沿一定的方向挤出，单击后面的方块按钮，在弹出的菜单中可以设置挤出的方向，挤出效果如图 2-41 所示。

轮廓：将选中的多边形面沿着它所在的平面扩展或者收缩，效果如图 2-42 所示。

图 2-41　多边形挤出效果

图 2-42　多边形轮廓效果

倒角：将多边形面挤出再进行缩放操作，单击后面的方块按钮可以设置具体挤出的操作类型和缩放操作的参数，倒角效果如图 2-43 所示。

插入：将选中的多边形按照所在平面向内收缩产生一个新的多边形面的操作，效果如图 2-44 所示。单击后面的方块按钮可以设置插入操作的方式，通常插入操作要配合挤出和倒角命令一起使用。

图 2-43　多边形倒角效果

图 2-44　多边形插入效果

翻转：将选中的多边形面进行翻转法线的操作，在 3ds Max 中法线是指模型在视图窗口可见性的方向指示，模型法线朝向用户则代表模型在视图中为可见，反之为不可见。

5. *元素层级*

元素层级主要用来整体选取被编辑的多边形模型物体，此层级面板中的命令在虚拟现实建模中较少使用，因此不作详细讲解。

在虚拟现实模型建模过程中，容易出现大量的废面，而面数过多会增加引擎的负担，导致运行卡顿。在建模过程中可以通过按快捷键 7 即时对场景中的顶点和面数进行统计，随时提醒自己修改和整理模型，保证模型面数的精简，在模型底部或者紧贴内侧的模型面都可以删除。

2.4　3ds Max 虚拟现实建模——古剑模型

2.4.1　效果展示

图 2-45 所示为古剑最终效果，图 2-46 所示为顶视图效果，图 2-47 所示为前视图效果，图 2-48 所示为左视图效果。

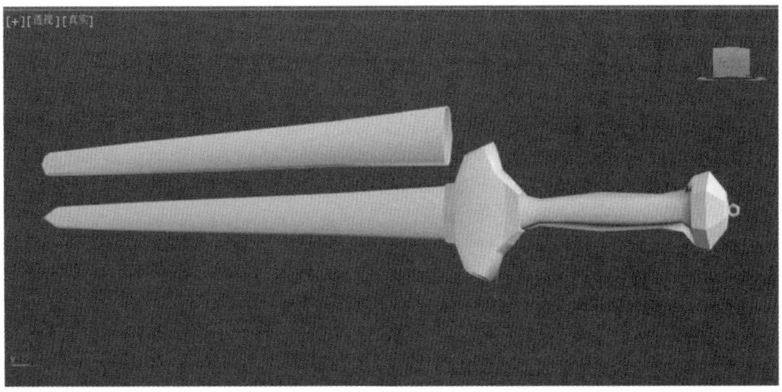

图 2-45　古剑最终效果

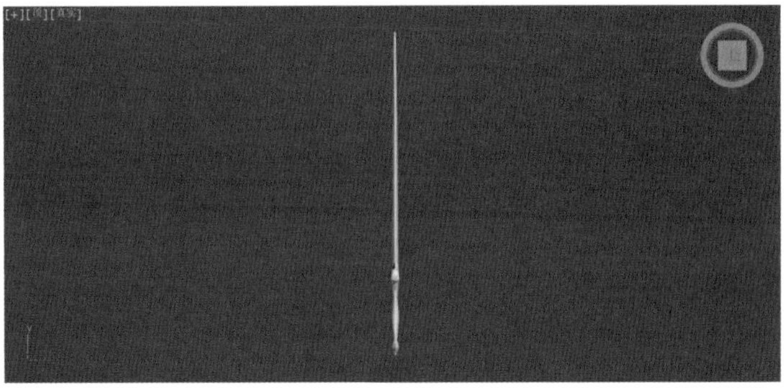

图 2-46　古剑顶视图效果

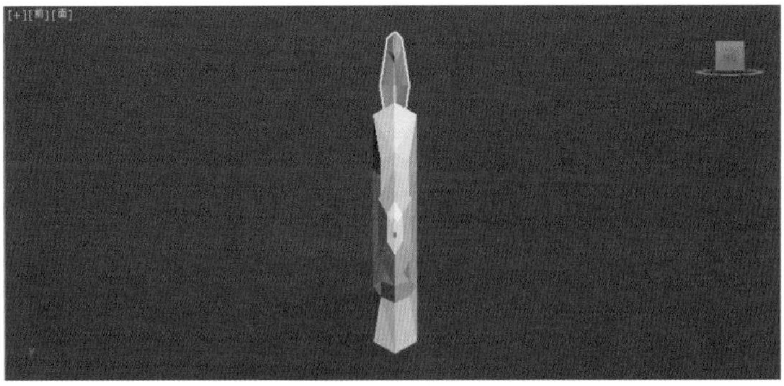

图 2-47　古剑前视图效果

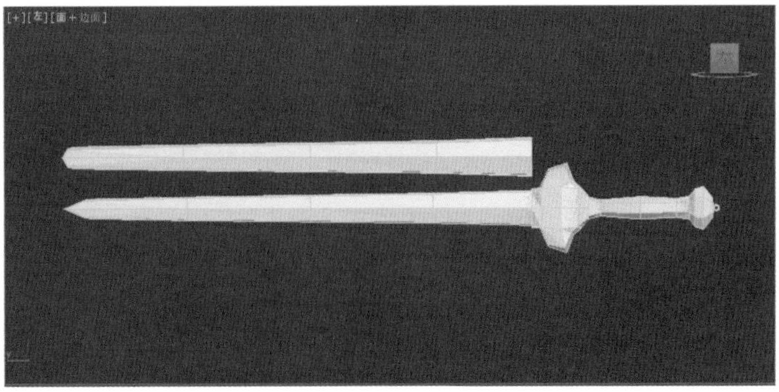

图 2-48　古剑左视图效果

古剑模型包含剑刃、护手、剑柄和剑鞘4个构成部分，下面分别对这4个部分建模，最终得到完整的古剑模型。

2.4.2 古剑剑刃部分建模

1．启动3ds Max，弹出如图2-49所示的界面，单击“创建新场景”按钮，并将文件保存为jian.max。

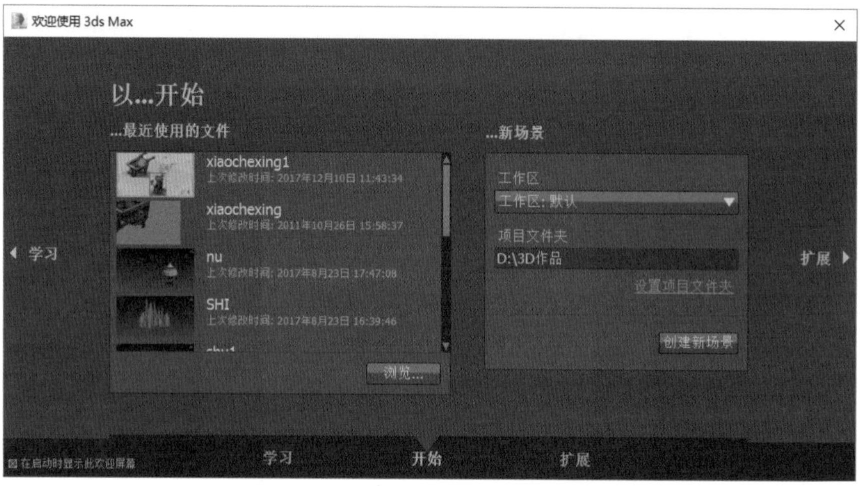

图2-49 新建场景

2．单击“自定义”→“单位配置”命令，将系统单位设置为“米”，如图2-50所示。

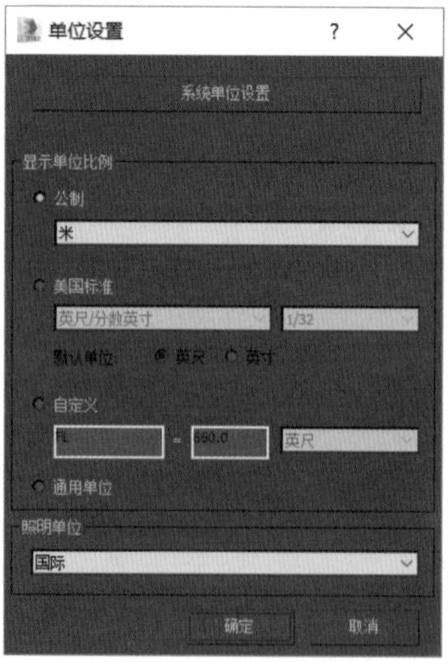

图2-50 系统单位设置

3．选择激活左窗口，按Alt+B组合键，弹出“视口配置”对话框，如图2-51所示。

4．选择“使用文件”单选项，在“设置”组中调整“横纵比”为“匹配位图”，并从文件中选择古剑的平面参考图，单击“应用到活动视图”按钮，如图2-52所示。

5．按Alt+W组合键，将左视图窗口最大化显示，如图2-53所示。

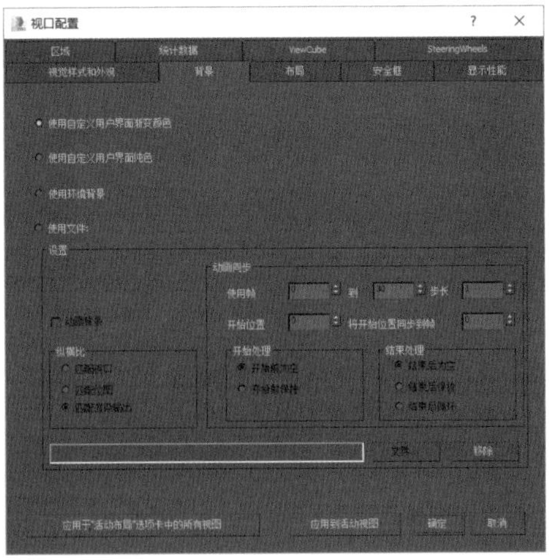

图 2-51 “视口配置”对话框

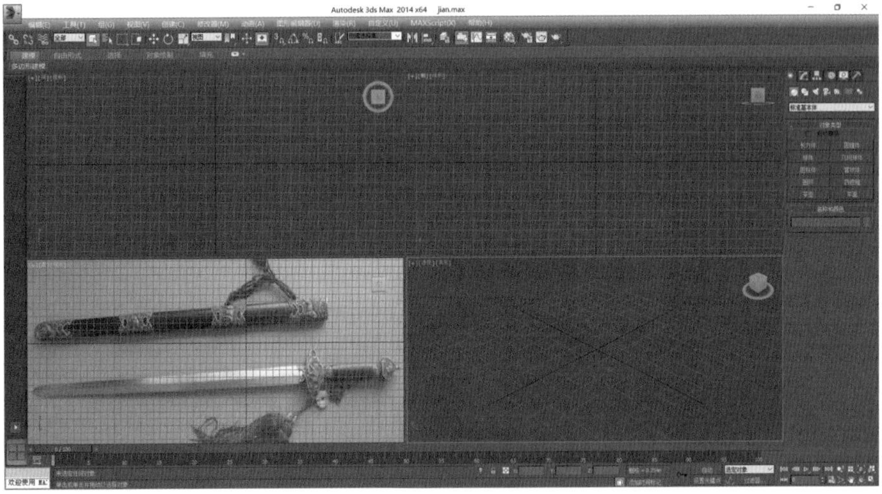

图 2-52 应用位图效果

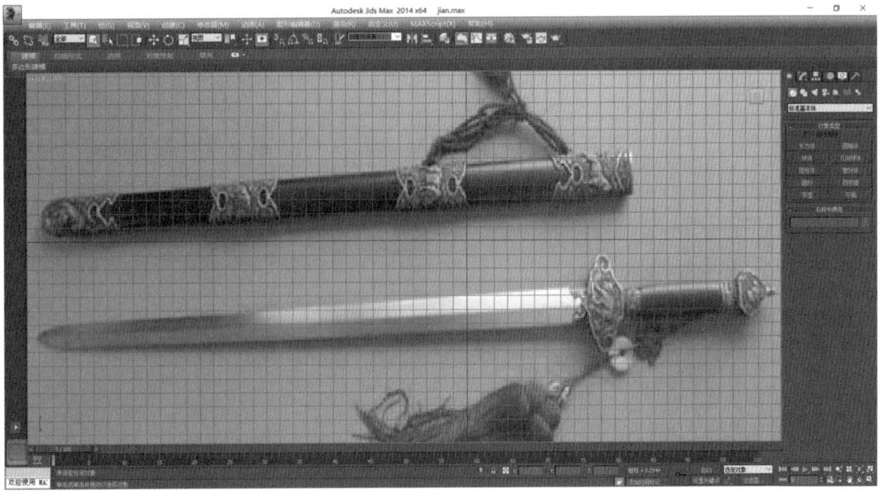

图 2-53 切换到左视图

6．选择“几何体”中的“长方体”工具，拖动鼠标在窗口中绘制一个长方体，绘制完成后单击鼠标右键确认绘制结束。进入“修改”面板，修改长度为 0.05m，宽度为 0.7m，高度为 0.02m，由于剑刃是对称的，因此设置长度分段为 2，宽度分段为 4，高度分段为 2，如图 2-54 所示。

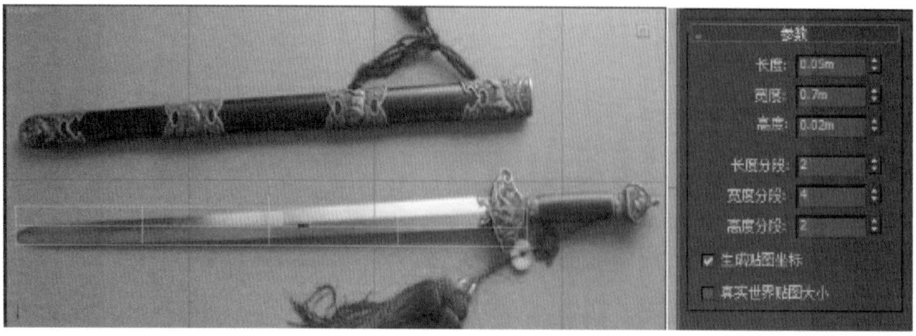

图 2-54　绘制多边形设置

7．选择剑身部分，单击鼠标右键，从弹出的快捷菜单中选择“转换为”→“可编辑多边形”选项，如图 2-55 所示，将剑刃对象转换为可编辑多边形。

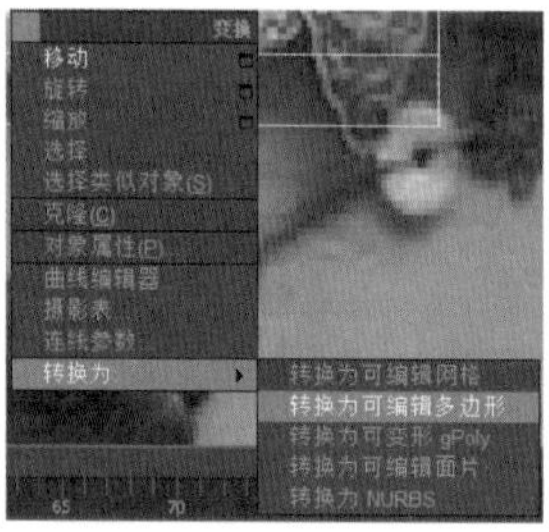

图 2-55　转换为可编辑多边形

8．按快捷键 1 进入顶点层级，按 Alt+W 组合键还原到 4 个视图，选择前视图，按 Alt+W 组合键将前视图窗口最大化，按 Z 键将剑刃对象最大化显示在窗口中，如图 2-56 所示。

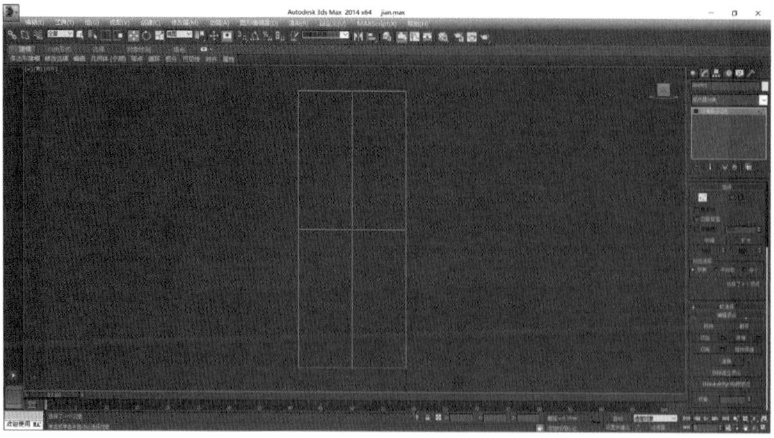

图 2-56　前视图剑刃最大化显示

9．拖动鼠标选中左侧的顶点，按 Delete 键删除，如图 2-57 所示。

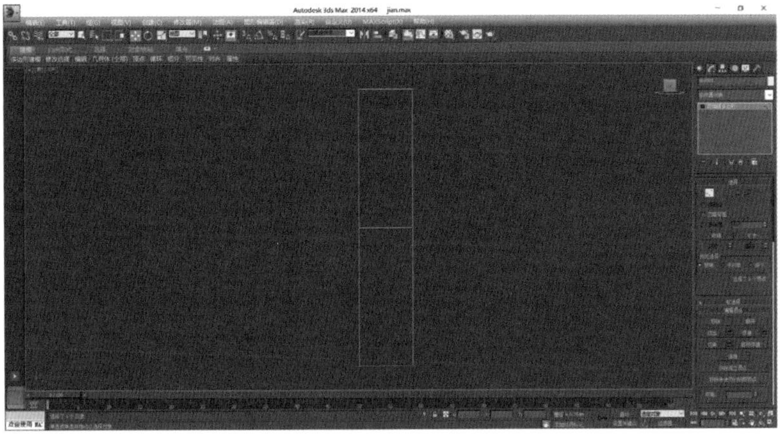

图 2-57　删除左侧顶点

10．单击修改器面板中的可编辑多边形，返回可编辑多边形顶层级，选择可编辑多边形对象，单击“镜像”按钮，设置镜像轴为 X，偏移为 -0.02m，以实例的方式镜像，如图 2-58 所示。镜像完成后的效果如图 2-59 所示。

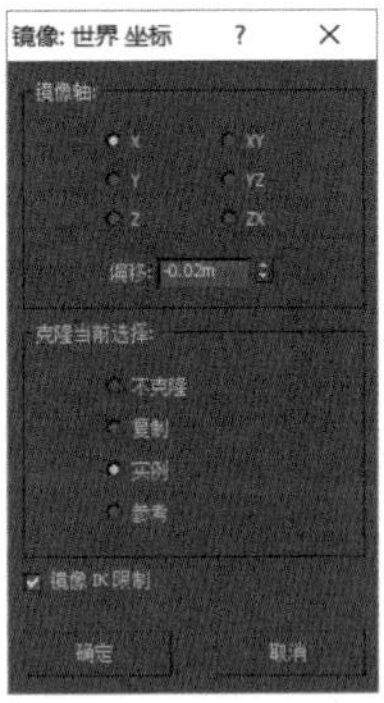

图 2-58　转换为角点

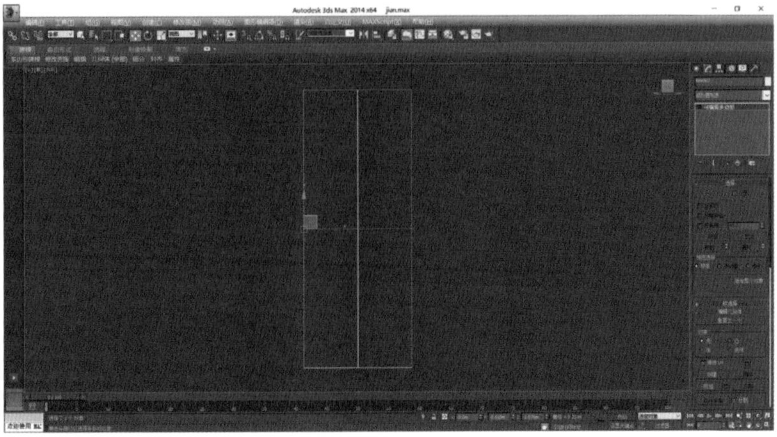

图 2-59　镜像效果

11．切换到左视图，按快捷键 1 进入顶点层级，调整剑刃形状。拖动鼠标选中左侧上下两端的顶点，向右移动，形成剑尖效果，如图 2-60 所示。

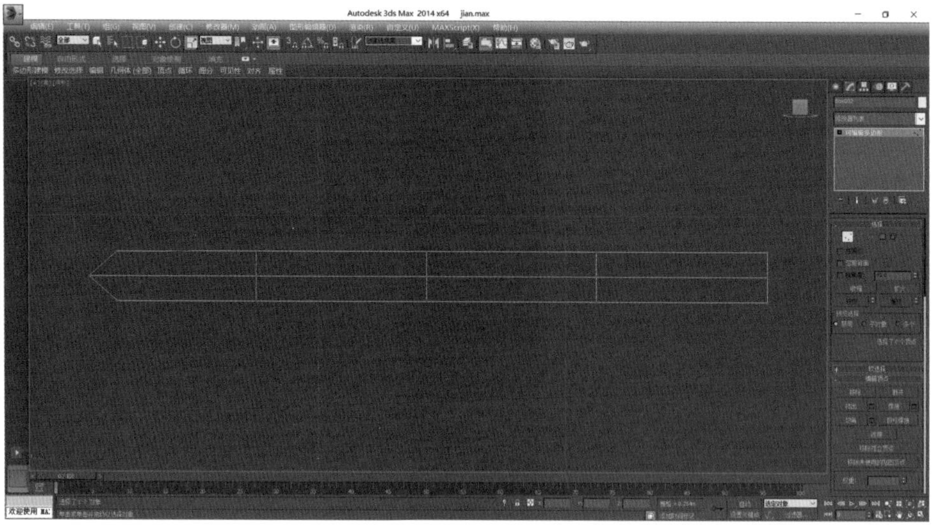

图 2-60　调整剑尖

12．按 R 键进入缩放状态，对之前选中的节点进行缩放，将剑尖的部分变细，对剑刃其余节点重复缩放操作，调出剑刃的轮廓，即逐渐变细的效果，如图 2-61 所示。

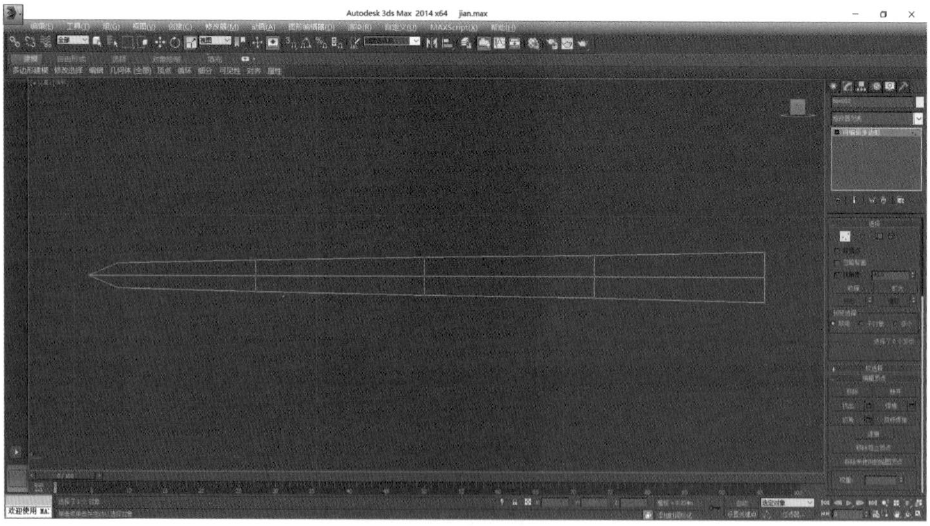

图 2-61　调整剑刃轮廓

13．按快捷键 2 进入边层级，选择右侧竖向边，单击“环形”按钮，选中竖向的所有边，如图 2-62 所示。

14．按 Ctrl 键选择下半部的一条边，单击“环形”按钮，此时所有的竖向边都被选中，如图 2-63 所示。

15．单击鼠标右键，在弹出的快捷菜单中选择“连接”选项，为剑刃增加横向分段，如图 2-64 所示。

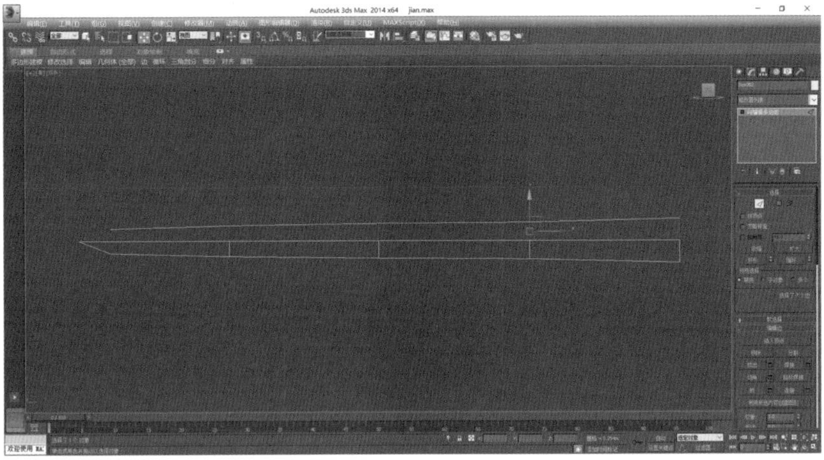

图 2-62　选择上半部分的竖向边

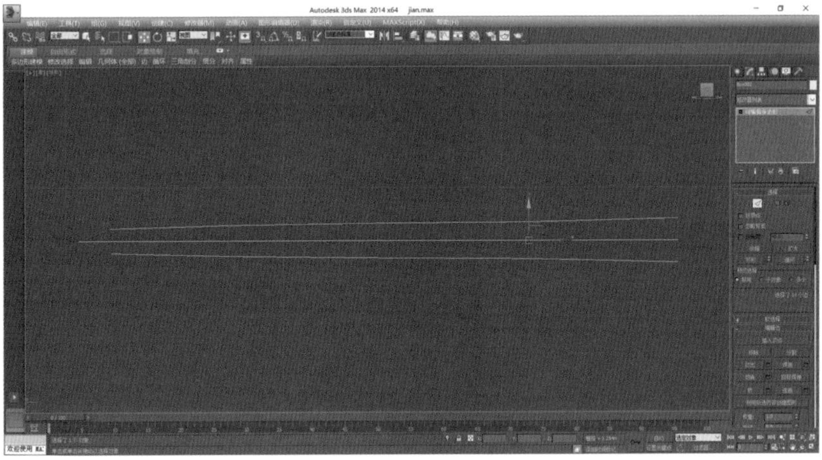

图 2-63　选择所有竖向边

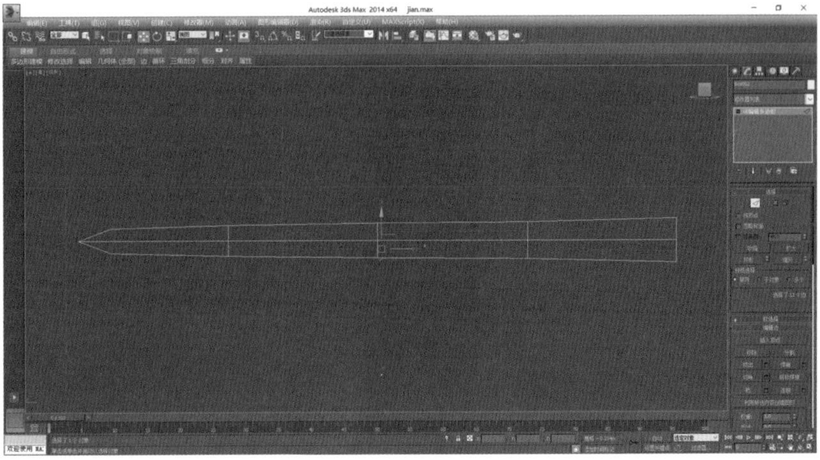

图 2-64　增加横向分段

16．按快捷键 1 切换到顶点层级，按住 Ctrl 键逐一单击选中如图 2-65 所示的顶点。

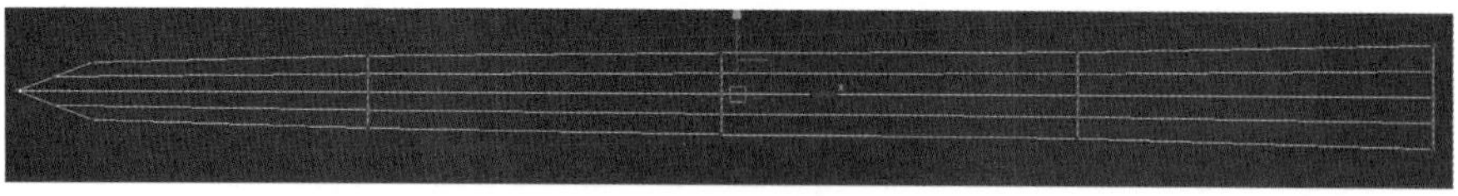

图 2-65　选中顶点

17．按快捷键 F 切换到前视图，按 W 键进入移动状态，沿着 X 方向移动顶点，效果如图 2-66 所示。

18．继续选中除中心外的顶点，重复第 17 步操作，效果如图 2-67 所示。

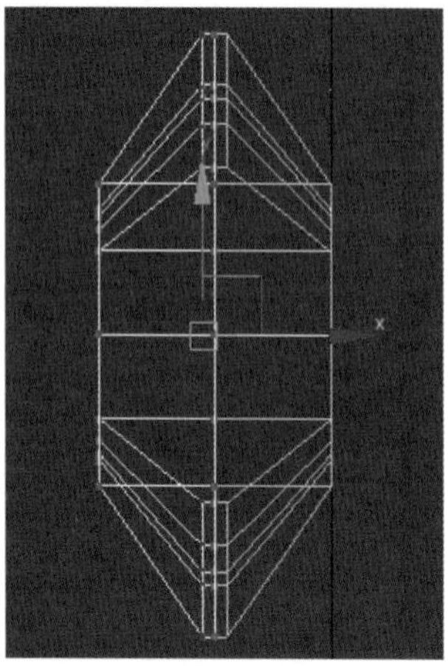

图 2-66　调整顶点位置

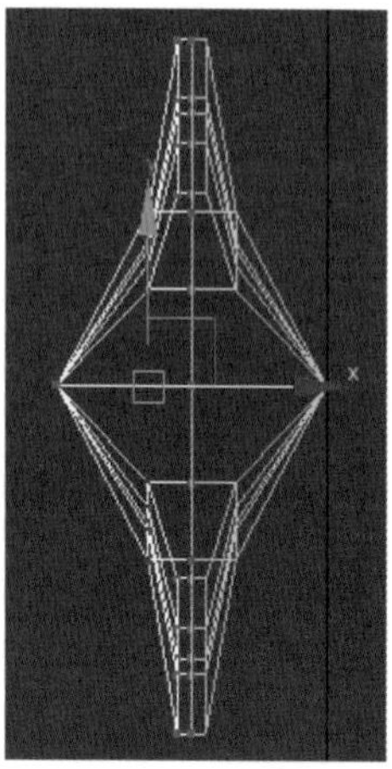

图 2-67　调整顶点位置

19．保持第 18 步中顶点的选中状态，按快捷键 R，将选中的顶点在 Y 轴上缩放，如图 2-68 所示。

20．拖动鼠标选中中心的顶点，按快捷键 W，将选中的顶点在 X 轴上移动，如图 2-69 所示。

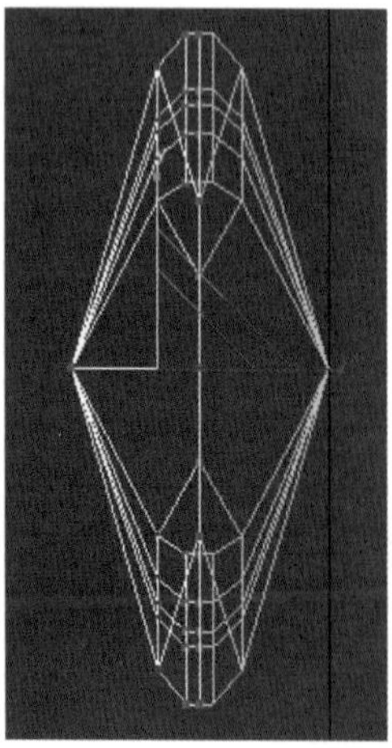

图 2-68　缩放顶点效果

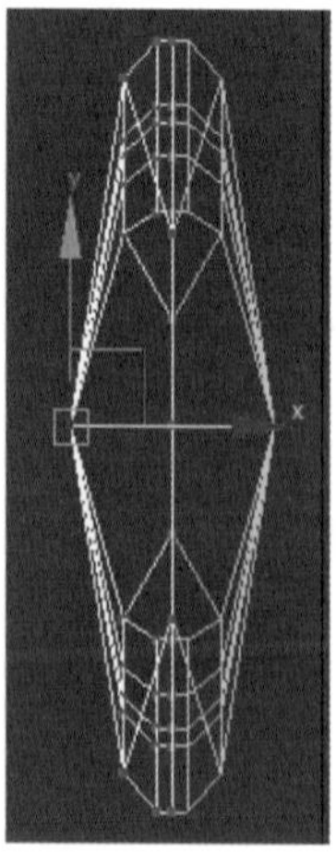

图 2-69　移动中点

21．按T键进入顶视图，选中最顶部的顶点，沿X轴方向移动，调整剑尖效果，如图2-70所示。

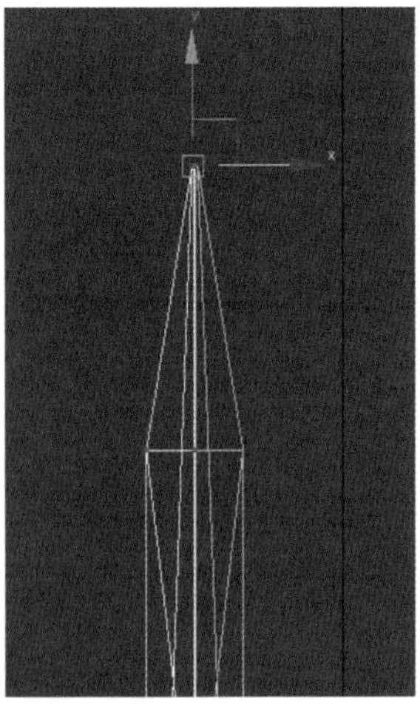

图2-70　调整剑尖形状1

22．切换到左视图，在X轴上向右移动少许，如图2-71所示。

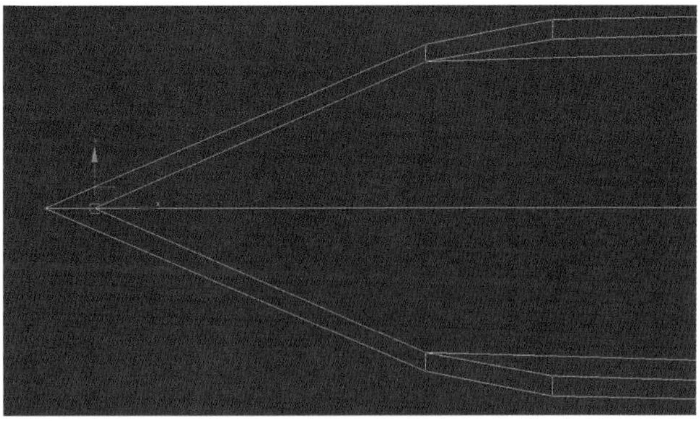

图2-71　调整剑尖形状2

23．按Alt+鼠标中键旋转视角，进入到正交视图，按快捷键4进入多边形层级，选中剑刃底部的多边形部分，按Delete键删除这些多边形面，效果如图2-72所示。

图2-72　删除剑刃底部面

24．返回可编辑多边形层级，剑刃部分完成之后的效果如图2-73所示。

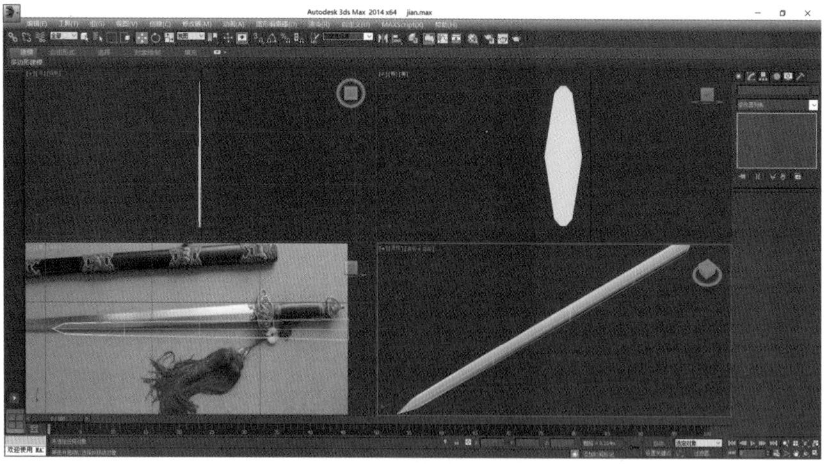

图 2-73　剑刃各个视图效果

25．放大剑刃细节，可以看到通过镜像出来的部分和原始部分之间有些缝隙，需要继续调整，以确保剑刃接缝处没有缝隙。在前视图中选择右半部分的剑刃，按 Delete 键删除，并在坐标轴上设置 XYZ 坐标均为 0，如图 2-74 所示。

图 2-74　设置 XYZ 坐标

26．此时可以看到剑刃并没有放置在水平面上，这是由于最初绘制长方体的时候默认的坐标轴中心并不是长方体重心，因此需要对坐标轴的中心作调节。单击按钮进入层级面板，选择“仅影响轴”复选项，此时坐标轴的效果如图 2-75 所示，坐标轴不再是细箭头，变成了很宽的大箭头。

27．设置坐标轴的 X 坐标为 0.01m（因为初始的长方体高度为 0.02m，则中心点在其一半的位置，即 0.01m），将坐标轴轴心设置到剑刃中心，如图 2-76 所示，关闭“仅影响轴”复选项。

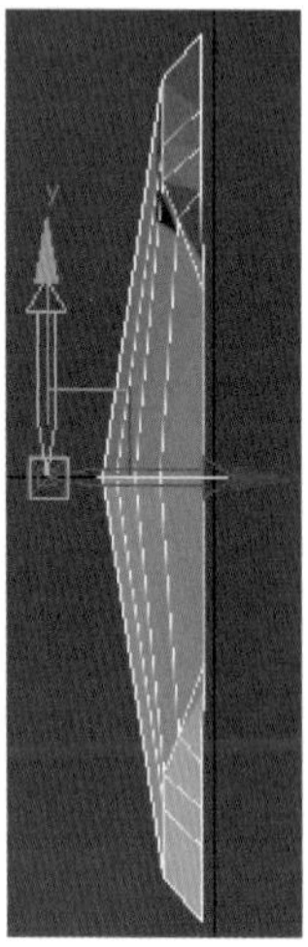

图 2-75　设置仅影响轴

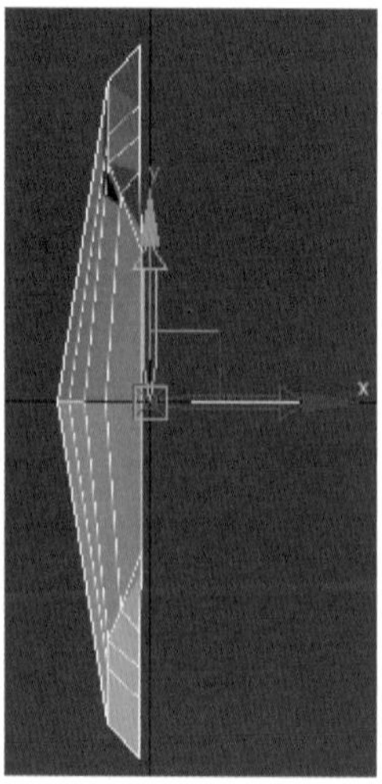

图 2-76　调整轴心位置

28．在修改器面板中选择“对称”修改器，设置镜像轴为Z轴，翻转，如图2-77所示。

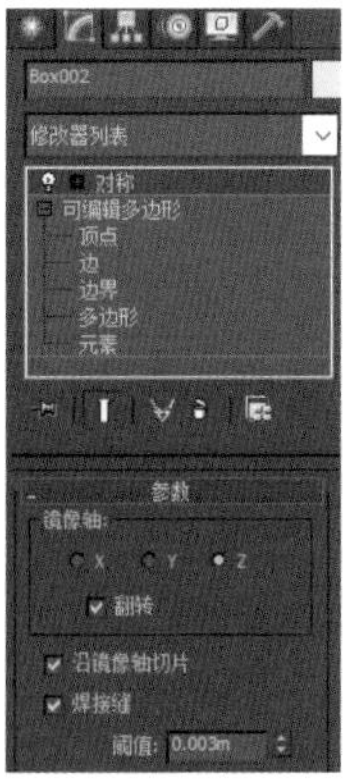

图2-77　添加对称修改器

29．再次设置XYZ坐标值均为0，此时剑刃正好放在水平面正中心位置，如图2-78所示。

图2-78　剑刃最终效果

2.4.3　古剑护手部分建模

1．选择“几何体”中的“长方体”工具，拖动鼠标，在左视图中剑刃的底部绘制一个长方体，绘制完成后单击鼠标右键确认绘制结束。进入“修改”面板，修改长度为0.1m、宽度为0.05m、高度为0.02m，设置长度分段、宽度分段和高度分段均为2，如图2-79所示。

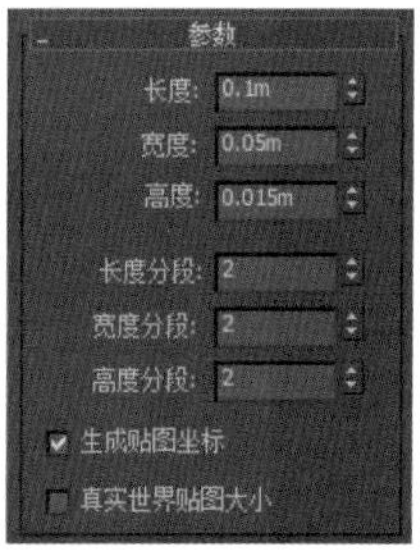

图2-79　护手长方体设置

2．将护手部分转换为可编辑多边形，根据剑刃的调整方法删除护手的一半，如图2-80所示。

3．在修改器面板中选择“对称”修改器，设置镜像轴为Z轴，效果如图2-81所示。

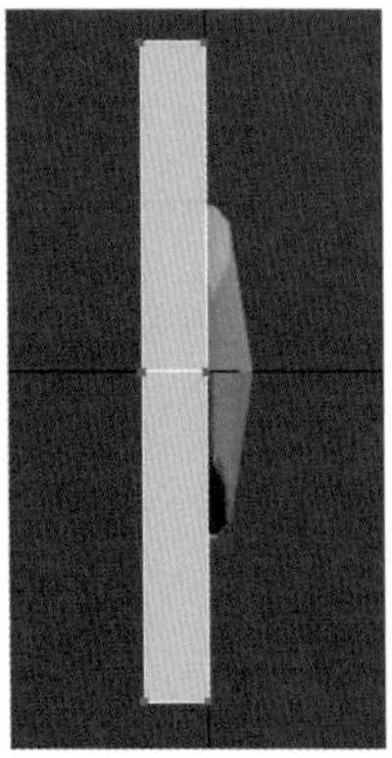

图 2-80　删除一半护手

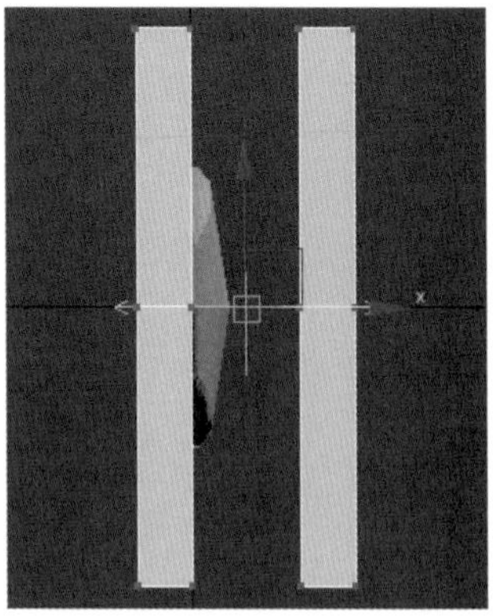

图 2-81　对称

4．点开“对称”的下级选项，选择“镜像”，沿 X 轴移动调整对称对象的位置，使其接合为一个整体，如图 2-82 所示。

5．返回顶层，单击按钮进入层级面板，选择“仅影响轴”复选项，设置对齐选项为“居中到对象”，效果如图 2-83 所示，取消选中“仅影响轴”复选项。

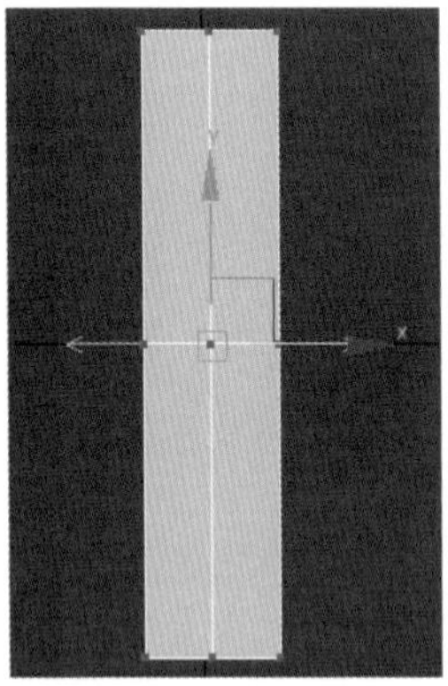

图 2-82　调整镜像效果

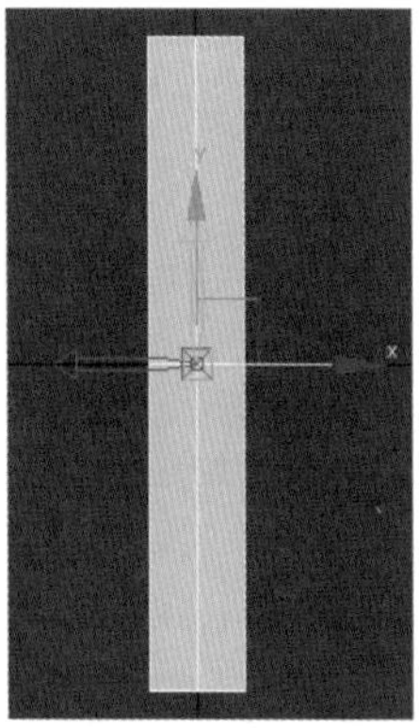

图 2-83　轴心居中到对象

6．选择对称对象，设置 X 轴和 Z 轴坐标值均为 0，效果如图 2-84 所示。

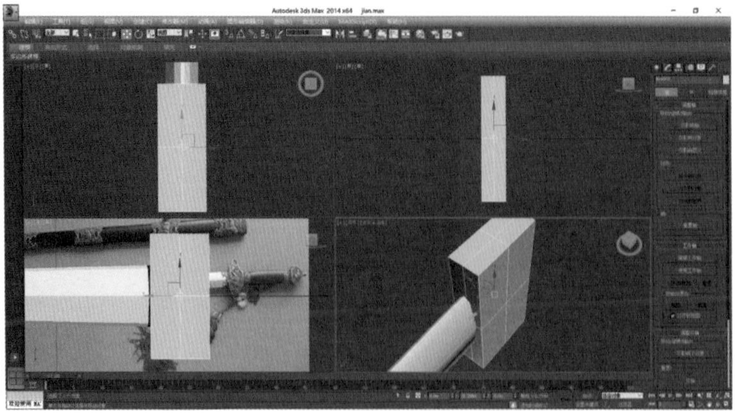

图 2-84　设置护手坐标效果

7．返回可编辑多边形层级，单击按钮将最终效果开关开启，使得在编辑多边形形状的过程中能够一直看到最终的护手效果；按快捷键 2 进入边层级，在左视图中拖动鼠标选择所有的竖向边，单击鼠标右键，选择“连接”选项，为其增加横向分段，如图 2-85 所示（由于新增的边是黄色的，护手也是黄色，看不清楚效果，因此将护手颜色换成了粉红色）。

8．调整新增加的边的位置，使其比剑刃底部略大，按快捷键 1 进入顶点层级，拖动鼠标选择位于护手上剑刃底部两边的顶点，进行缩放，效果如图 2-86 所示。

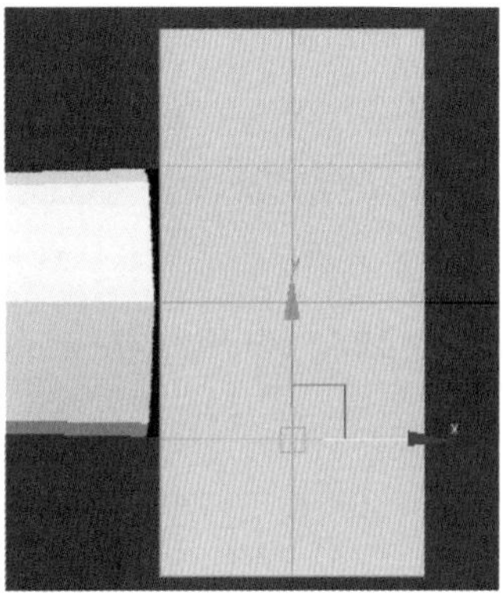

图 2-85　增加横向分段

图 2-86　缩放顶点

9．按快捷键 4 进入多边形层级，选中位于剑刃底部的两个多边形，将其挤出，效果如图 2-87 所示。

图 2-87　挤出多边形

10．按快捷键 1 进入顶点层级，选择位于挤出部分两端的顶点，在透视图中沿 X 轴方向调整护手形状，效果如图 2-88 所示。

11．继续调整护手形状，选择如图 2-89 所示的顶点，沿 X 轴方向调整护手形状。

12．重复上述操作，参考背景的图片对护手的顶点进行移动、缩放调整（如果觉得细节不够，可通过增加分段数来调整），如图 2-90 所示。

13．按快捷键 4 进入多边形层级，选中护手底部中间的两个面，将其挤出，效果如图 2-91 所示。

图 2-88　调整两端顶点位置

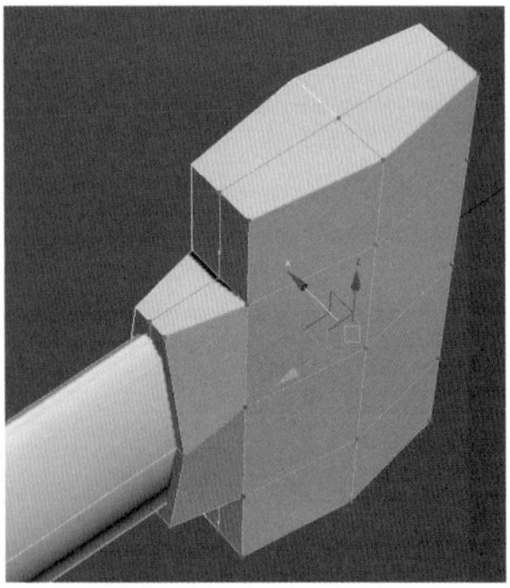

图 2-89　调整护手形状

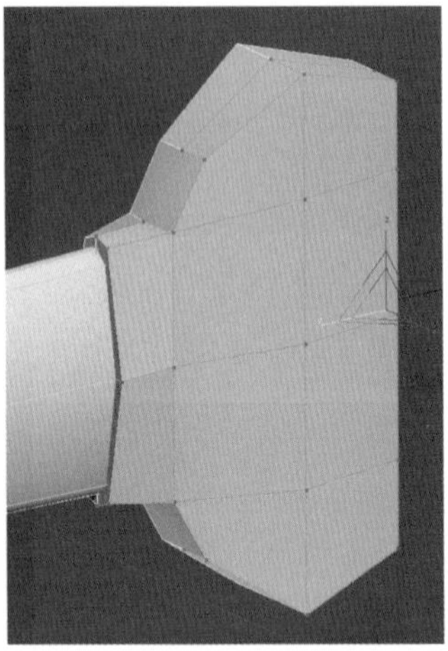

图 2-90　调整后的护手形状

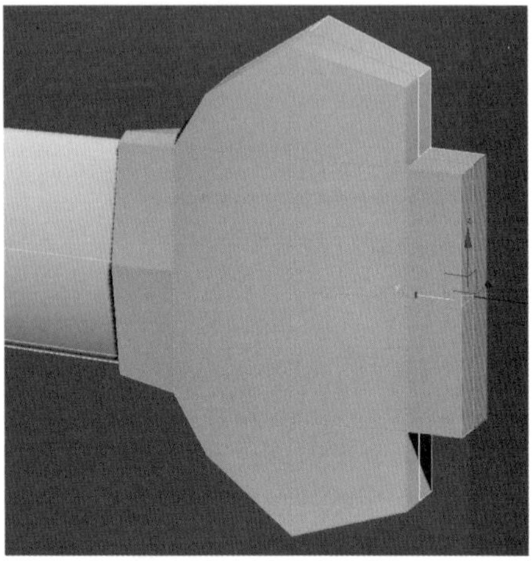

图 2-91　挤出护手底部

14．继续调整护手形状，最终效果如图 2-92 所示，按 Ctrl+S 组合键保存文件。

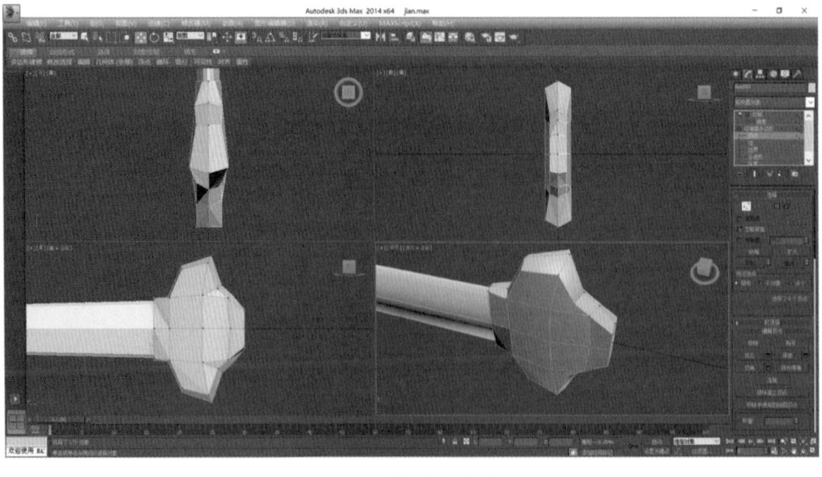

图 2-92　护手最终效果

2.4.4 古剑剑柄部分建模

1. 选择“几何体”中的“圆柱体”工具，拖动鼠标在前视图中绘制一个圆柱体，设置半径为 0.01m、高度为 0.15m、高度分段为 4、端面分段为 2、边数为 6，如图 2-93 所示。

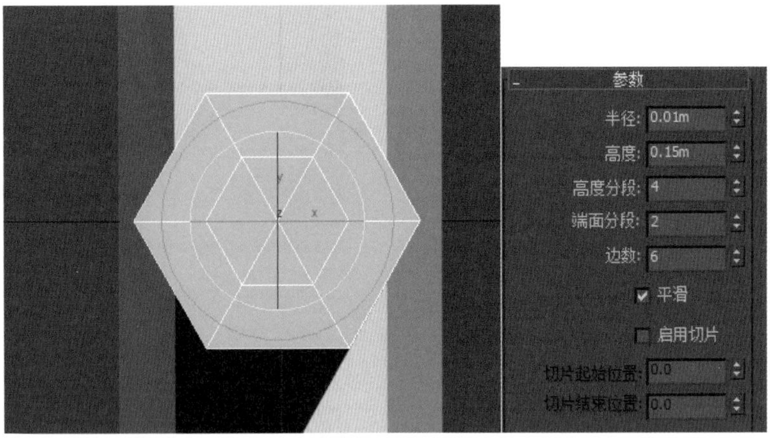

图 2-93 圆柱体参数设置及效果

2. 右键单击“旋转”按钮，从弹出的对话框中将圆柱体对象在 Y 轴上旋转 30°，设置如图 2-94 所示。

3. 圆柱转换为可编辑多边形，按快捷键 1 进入顶点层级，选中左边一半的顶点，按 Delete 键删除，得到一半效果，如图 2-95 所示。

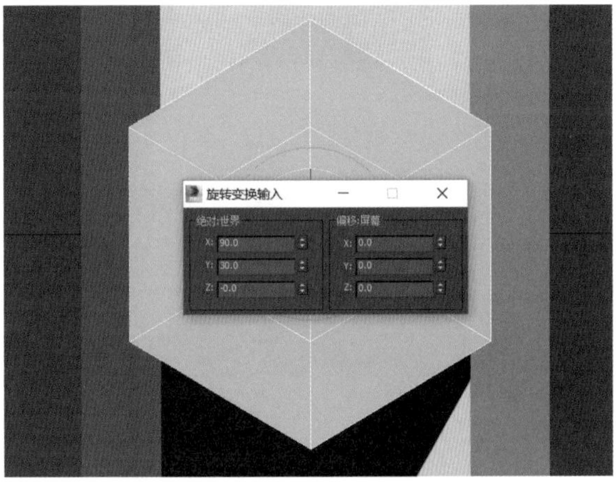

图 2-94 旋转圆柱体

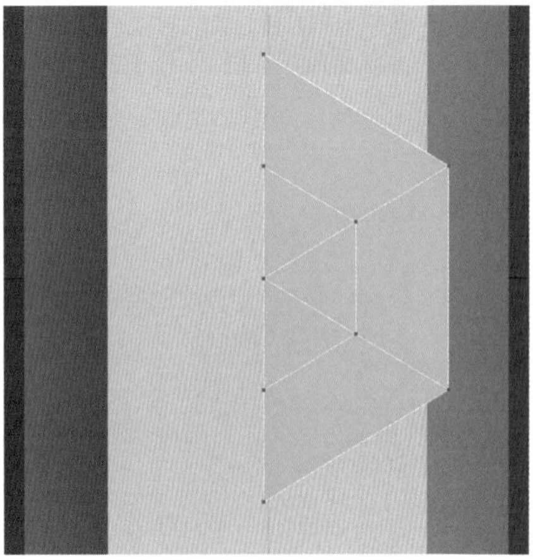

图 2-95 删除一半的圆柱体

4. 在修改器面板中选择“对称”修改器，设置镜像轴为 Y 轴，如图 2-96 所示。点开“对称”的下级选项，选择“镜像”，按 E 键进入旋转状态，将缺口的部分旋转补齐，注意多边形对象仍然要保持两边线条与剑刃和护手平行状态，如图 2-97 所示。

5. 返回对称顶层，设置手柄的 X 轴和 Z 轴坐标为 0，将手柄部分对齐到护手部分，设置如图 2-98 所示，单击“应用”按钮，再修改设置如图 2-99 所示，单击“确定”按钮，使得手柄的顶部刚好与护手部分接在一起，效果如图 2-100 所示。

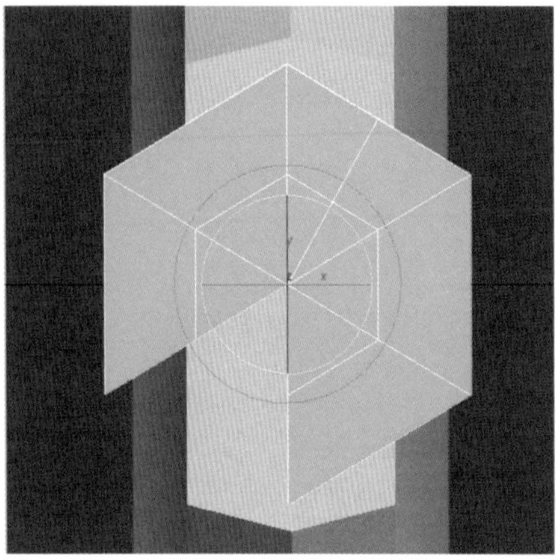

图 2-96　设置对称

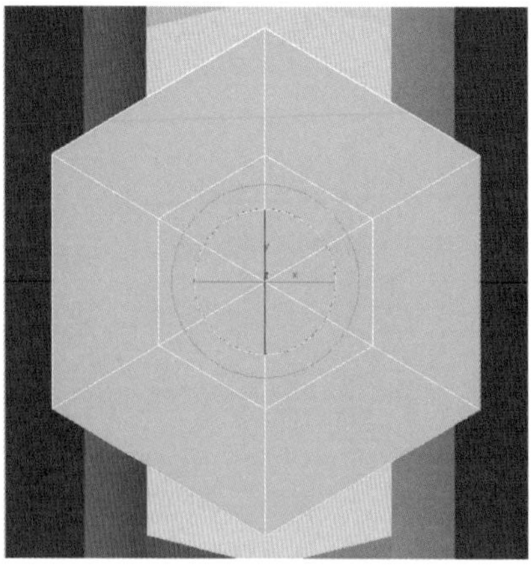

图 2-97　旋转调整对称效果

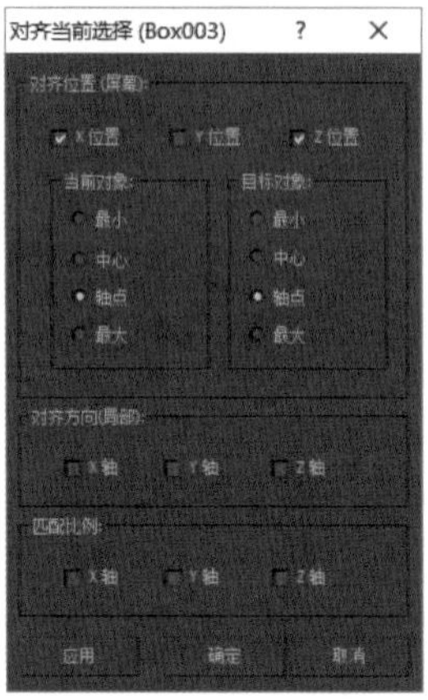

图 2-98　XZ 位置轴点对齐

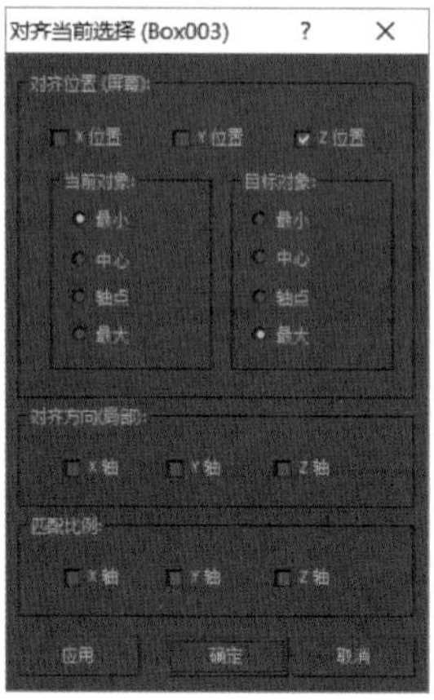

图 2-99　Z 位置最小和最大对齐

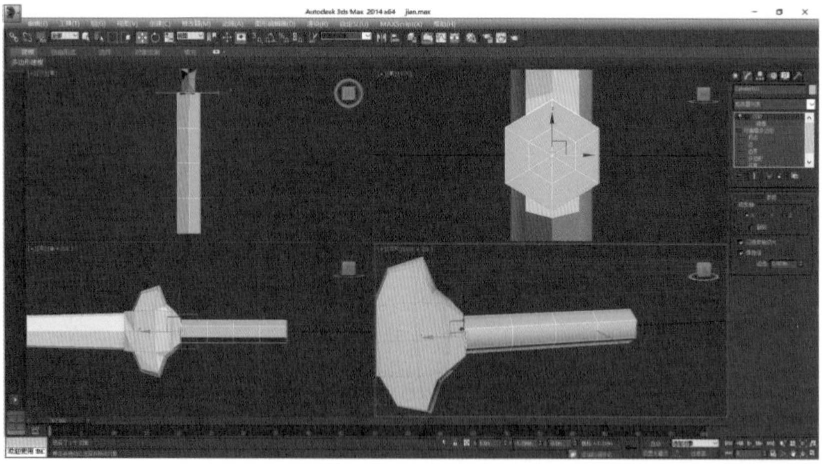

图 2-100　对齐之后的效果

6．返回可编辑多边形层级，单击按钮将最终效果开关开启，按快捷键 1 进入顶点层级，在前视图中调整顶点位置，效果如图 2-101 所示。

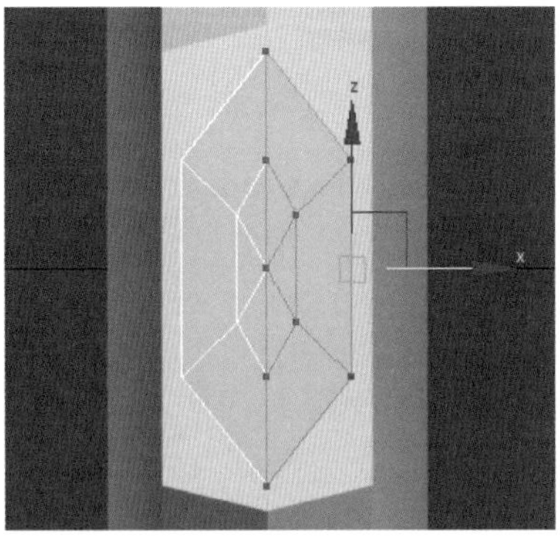

图 2-101　调整手柄顶点

7．切换到顶视图和左视图，参考效果图继续对顶点进行调整，效果如图 2-102 所示。

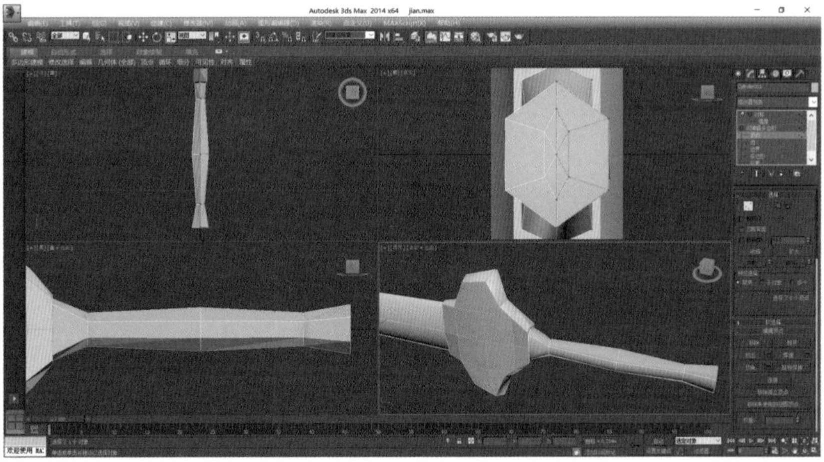

图 2-102　再次调整手柄形状

8．调整剑柄底部的造型。通过加线和挤出增加分段数逐步调整细节，最终剑柄效果如图 2-103 所示。

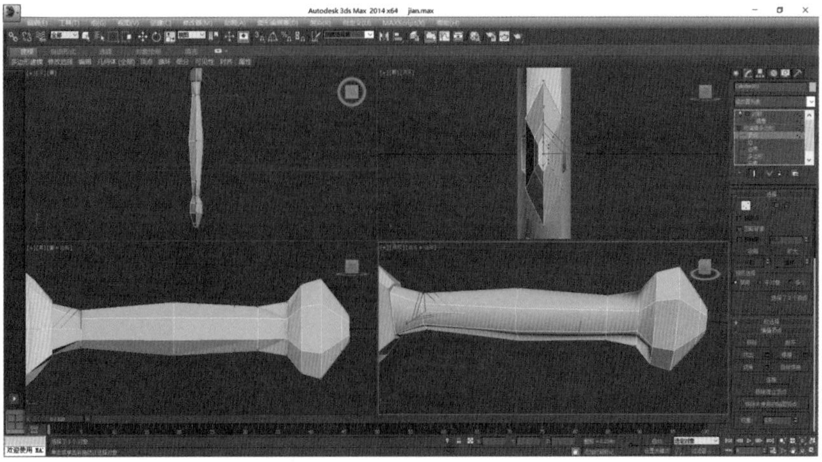

图 2-103　手柄部分底部效果

9．按快捷键 4 进入多边形层级，选择手柄底部的面，单击鼠标右键，在弹出的快捷菜单中选择“塌陷”选项，将选中的多边形面塌陷为一个顶点，如图 2-104 所示。

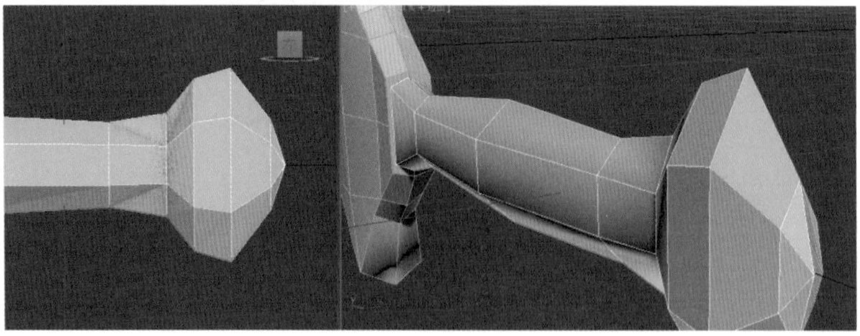

图 2-104　塌陷手柄底部的面

10．按快捷键 1 进入顶点层级，选择塌陷后的顶点，将其移动到对称中心并调整顶点位置，效果如图 2-105 所示。

11．保持该顶点的选择状态，单击切角旁边的小方块，从弹出的设置中设置切角量为 0.001m，切角后的效果如图 2-106 所示。

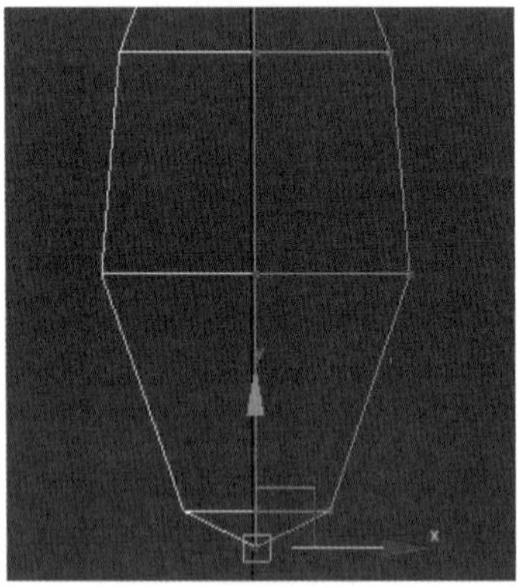

图 2-105　调整塌陷后顶点的位置

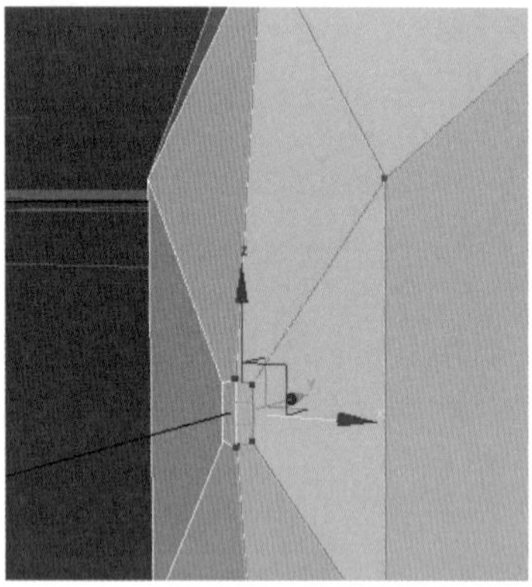

图 2-106　切角塌陷的顶点

12．选择圆环工具，在左视图中绘制一个圆环，用于拴剑穗，设置半径 1 为 0.004m、半径 2 为 0.001m、分段数和边数均为 6，效果如图 2-107 所示。

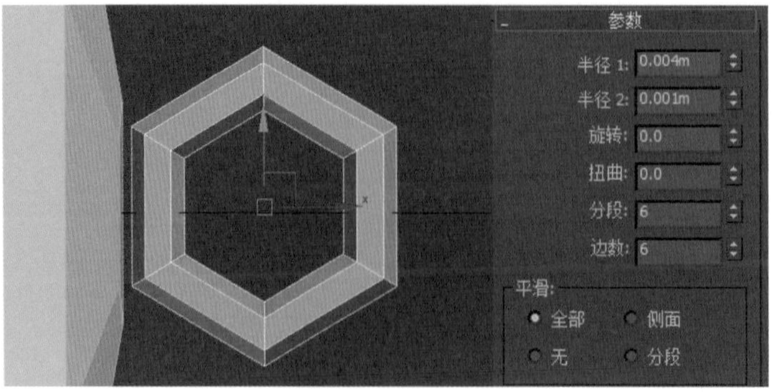

图 2-107　绘制圆环

13．设置圆环的X轴坐标和Z轴坐标均为0，调整手柄切角出来的面，调整圆环位置，使其和手柄连接，效果如图2-108所示。

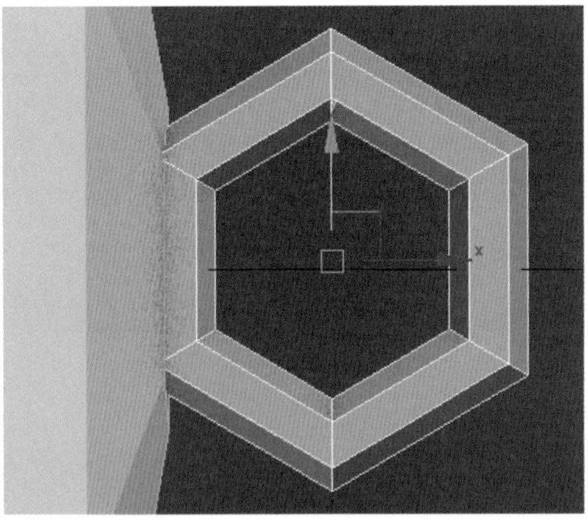

图2-108　调整手柄底部形状

14．古剑的整体结构已经建模完成，效果如图2-109所示，按Ctrl+S组合键保存文件。

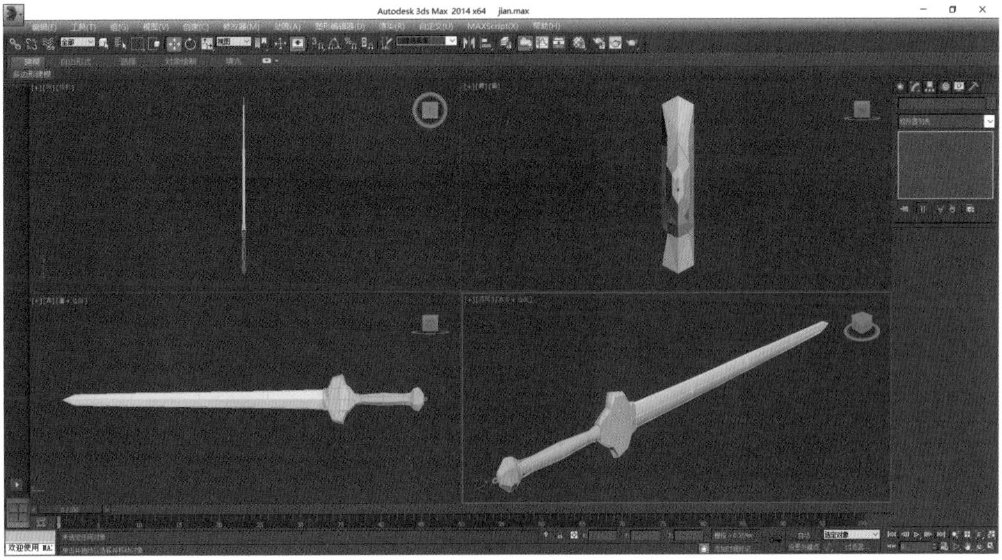

图2-109　古剑剑体形状

2.4.5　古剑剑鞘部分建模

1．剑鞘部分的模型基本架构与剑刃部分差不多，因此不再额外建模，通过剑刃部分进行调整，选择剑刃部分，按住Shift键拖动鼠标，从弹出的“克隆选项”对话框中选择“复制”单选项，如图2-110所示。

2．使用缩放工具将剑鞘整体略微放大，便于放入剑刃部分，如图2-111所示。

3．修改剑鞘部分的颜色，以便和剑刃部分区别，进入可编辑多边形对象的顶点层级，如图2-112所示。

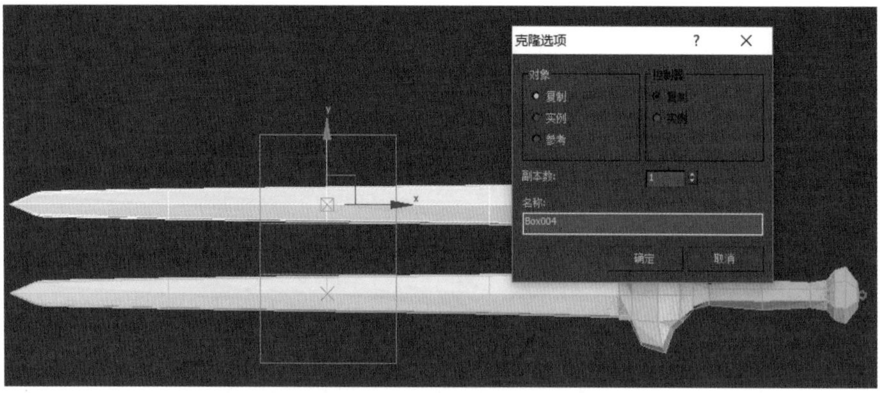

图 2-110　克隆剑刃

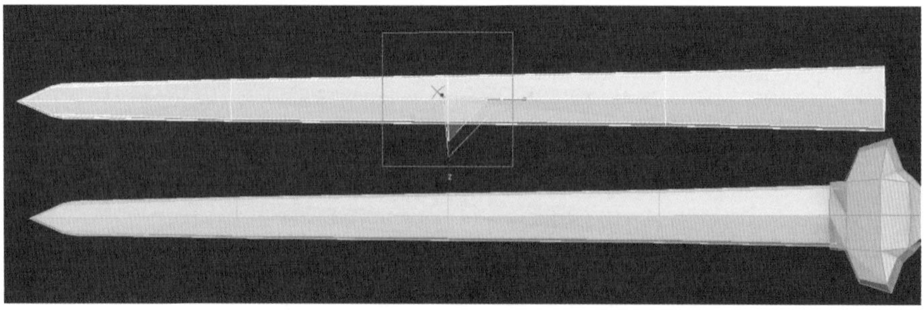

图 2-111　放大剑鞘部分

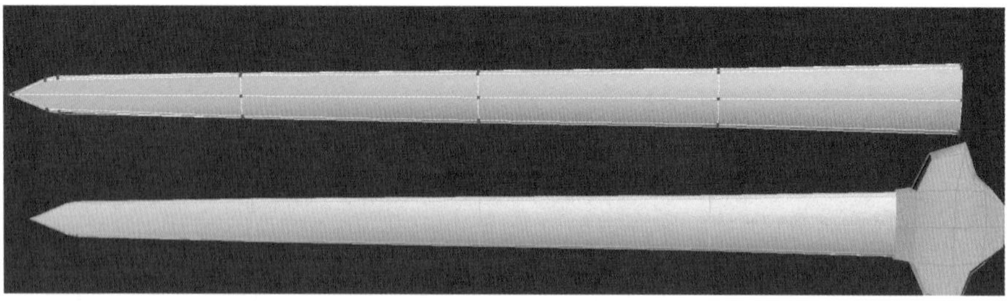

图 2-112　修改剑鞘颜色

4．将剑鞘移动到剑刃的位置，根据剑刃的大小对剑鞘形状进行调整，需要注意剑鞘顶部要调得比较圆滑，不再是剑尖形状，效果如图 2-113 所示。

图 2-113　调整剑鞘形状

5．为了能够更加直观地调整剑鞘形状，按 Alt+X 组合键将剑鞘部分半透明显示，效果如图 2-114 所示。

图 2-114　半透明显示剑鞘

6．再次调整剑鞘形状，使其能刚好把剑刃装下，如图 2-115 所示。

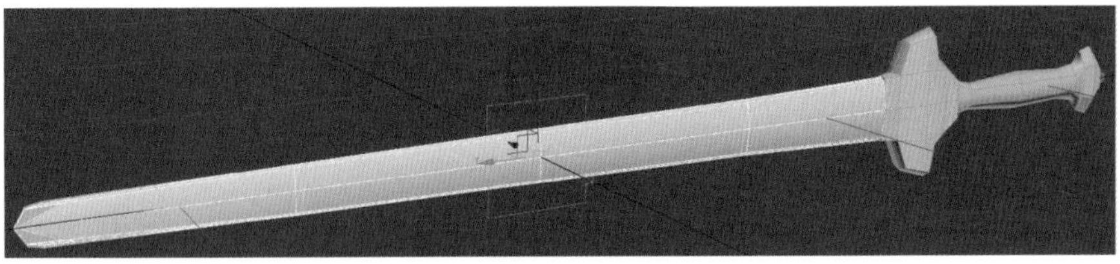

图 2-115　继续根据剑刃形状调整剑鞘形状

7．按 Alt+X 组合键进入半透明状态，将剑鞘部分移开放到古剑旁边，添加壳修改器，设置其外部量为 0.001m，为剑鞘增加厚度，如图 2-116 所示。

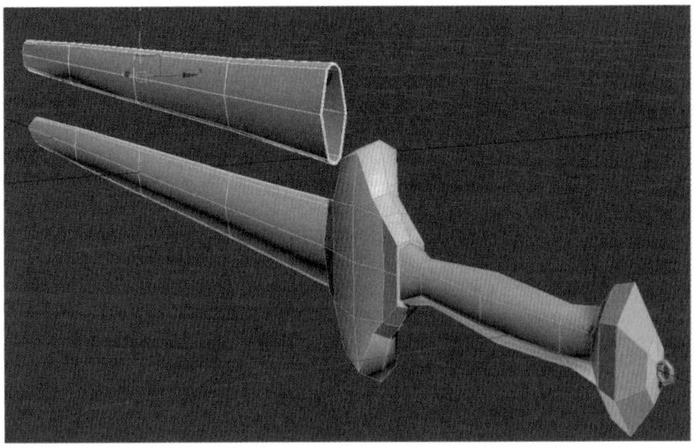

图 2-116　为剑鞘增加厚度

8．分别将剑刃、护手、手柄和剑鞘部分转换为可编辑多边形，检查各个部分的面，有些面被挡住了不会显示出来，选择这些面并删除（如手柄顶部和圆环顶部），按 Ctrl+S 组合键保存文件。

9．选择剑刃部分，使用修改器面板的附加命令将古剑的各个部分附加到一起，如图 2-117 所示。

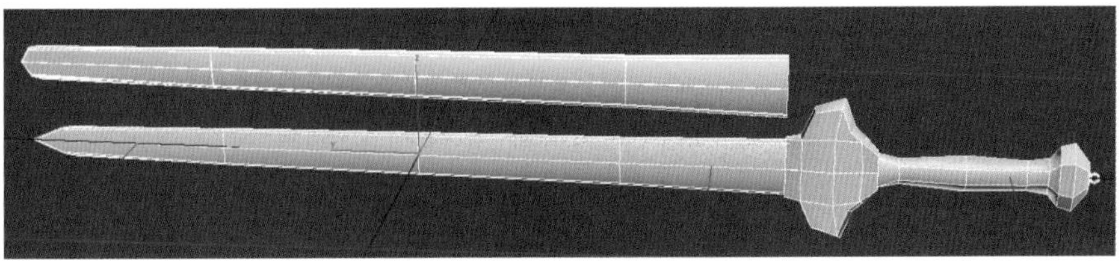

图 2-117　附加古剑的各个部分

2.5 拓展任务

根据本章所学知识完成小车模型的建模，效果如图 2-118 所示，也可自行创作模型。

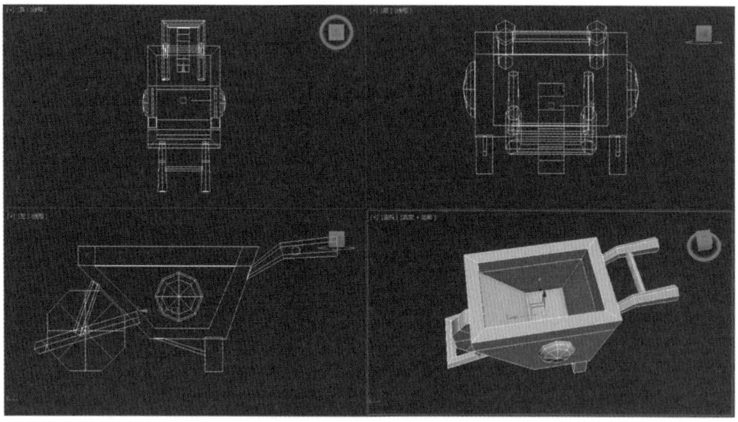

图 2-118　小车模型效果

本章小结

本章通过对 3ds Max 基本操作、常用快捷键、建模基础操作的讲解，使大家能尽快地熟悉 3ds Max 软件的使用，并通过古剑模型的整个制作流程对虚拟现实建模中常用的多边形建模作了详细讲解。

第 3 章
虚拟现实（VR）模型 UV 展开详解

本章要点

- UV 编辑器的使用
- 模型 UV 展开方法与技巧
- 模型拆分详解

3.1 UVW 展开修改器的使用

UV 是模型与贴图相匹配的一个媒介，如果没有好的 UV，是无法绘制出与模型结构相匹配的贴图的，同时 UV 也决定了模型读取贴图像素的位置。

对于虚拟现实建模来说，仅仅做到完成模型的制作是远远不够的，三维模型的制作只是开始，是之后工作流程的基础。由于引擎显示及硬件负载的限制，虚拟现实模型面数的要求十分严格，模型在不能增加面数的前提下还要尽可能地展现模型结构和细节，这就要依靠贴图来实现。如何在有限的空间内合理排布模型 UV 就是在 UV 展开中需要解决的问题。

UVW 展开修改器是 3ds Max 中内置的一个功能强大的模型贴图坐标编辑系统，通过这个修改器可以更加精确地编辑多边形模型点线面的贴图坐标分布。

在 3ds Max 修改卷展栏的堆栈菜单列表中可以找到 UVW 展开修改器，如图 3-1 所示。UVW 修改器的参数面板包括选择、编辑 UV、通道、剥、投影、包裹和配置，在“编辑 UV”卷展栏下包括一个编辑 UVW 编辑器。

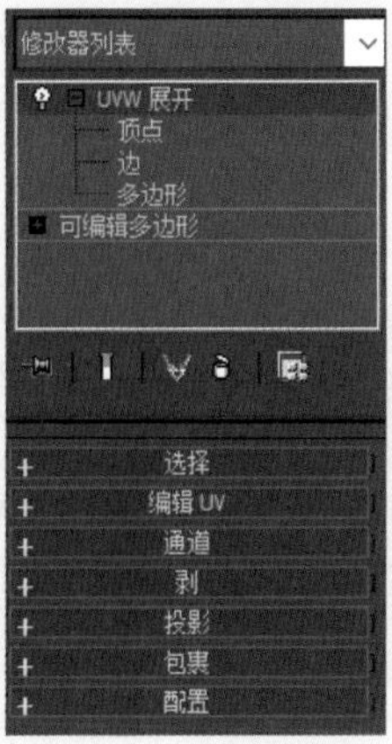

图 3-1　UVW 修改器

总体来说，UVW 展开修改器十分复杂，包括众多的命令和编辑卷展栏，对于初学者来说较为困难。其实对于虚拟现实建模来说，只需要了解并掌握修改器中一些重要的命令参数即可。

1. “选择”卷展栏

“选择”卷展栏中能使用不同的方式快速选择所需要编辑的模型部分，如图 3-2 所示。

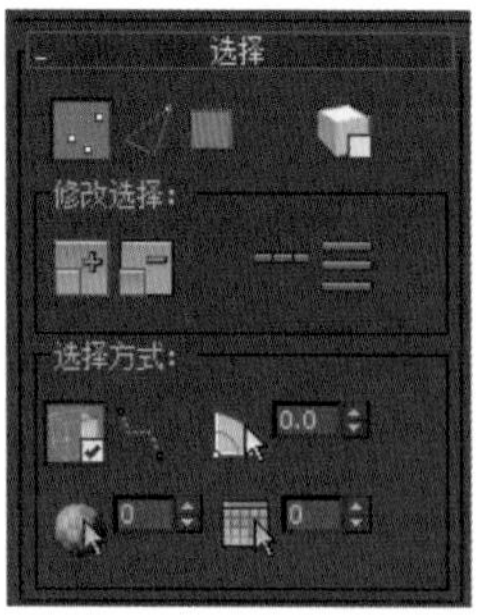

图 3-2 “选择”卷展栏

“顶点”按钮：选择顶点层级。

“边”按钮：选择边层级。

“多边形”按钮：选择多边形层级。

“按元素 XY 切换选择”按钮：按元素选择，选择时按照模型元素单位进行选择操作。

“扩大”按钮：扩大选择范围。

“收缩”按钮：收缩选择范围。

“循环”按钮：循环选择边，在与选择的边相对齐的同时尽可能远地扩展选择，只在选择边层级状态下有效，而且仅沿着偶数边的交点传播。

“环形”按钮：环形选择边，选择所有平行于选择边的边，只在选择边层级状态下有效。

“忽略背面”按钮：选择时忽略模型背面的顶点、边和多边形对象。

“点对点边选择”按钮：启用时，通过单击对象上的连续顶点可以在“边”层级上选择已连接的边。当此工具处于活动状态时，将有一个橡皮筋线连接到使用鼠标光标单击的最后一个顶点。要从当前选择中退出，请单击鼠标右键。此时，该工具保持活动状态，以便可以在对象上的其他位置开始新的选择。要彻底退出该工具，请再次单击鼠标右键。

：这个参数命令默认是关闭的，提供了一个数值设定，这个数值指的是面的相交角度，当这个命令被激活后，选择模型某个面或者某些面的时候，与这个面成一定角度内的所有相邻面都会被自动选择。

：选择材质 ID，通过模型的贴图材质 ID 编号来选择，只在多边形层级状态下有效。

：通过模型的光滑组进行选择，只在多边形层级状态下有效。

2. “编辑 UV”卷展栏

“编辑 UV”卷展栏如图 3-3 所示，主要用于打开 UVW 编辑器，打开后的 UV 编辑器如图 3-4 所示，后面会详细讲解。

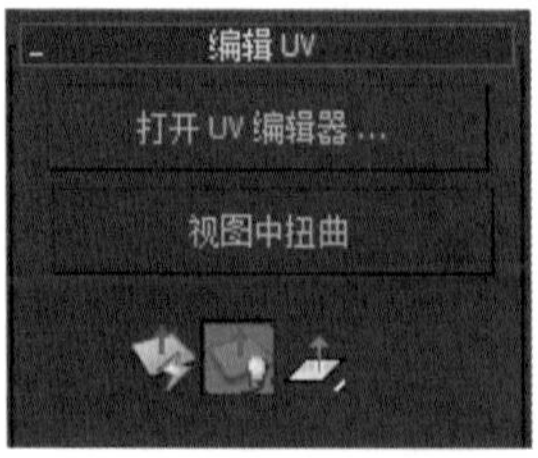

图 3-3 “编辑 UV”卷展栏

图 3-4 “编辑 UVW”窗口

视图中扭曲：启用时，通过在视口中的模型上拖动顶点，每次可以调整一个纹理顶点。执行此操作时，顶点不会在视口中移动，但是编辑器中顶点的移动会导致贴图发生变化。要在调整顶点时看到贴图的变化，对象必须使用纹理进行了贴图并且纹理必须在视口中可见。如果“编辑 UVW”对话框处于打开状态，则它会实时更新。

快速平面贴图 ：基于“快速贴图”Gizmo 的方向将平面贴图应用于当前的纹理多边形选择集。通过此工具，可以将选定的纹理多边形剥离，随后将使用此卷展栏上指定的对齐方式根据编辑器的范围缩放该部分。

显示快速平面贴图 ：启用此选项时，只适用于“快速贴图”工具的矩形平面贴图 Gizmo，会显示在视口中选择的面的上方。不能手动调整此 Gizmo，但是可以使用 X/Y/Z/ 平均法线将其重新定位。

X/Y/Z/ 平均法线 ：从弹出的按钮中选择快速平面贴图 Gizmo 的对齐方式：垂直于对象的局部 X、Y 或 Z 轴，或者基于面的平均法线对齐。

3. “通道”卷展栏

“通道”卷展栏如图 3-5 所示，主要用于对已经设置完成的模型 UV 进行重置、保存，以及加载保存好的 UV。

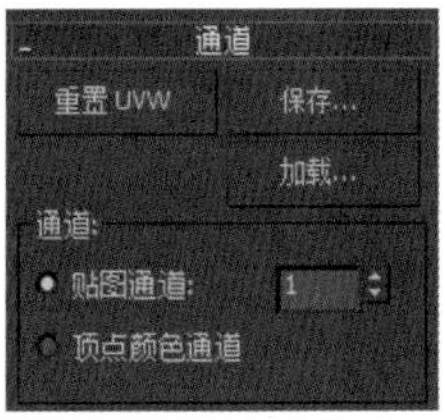

图 3-5 “通道”卷展栏

重置 UVW：放弃已经编辑好的 UVW，使其回到初始状态，也就意味着之前的全部操作都将丢失。

保存：将当前编辑好的 UVW 保存为“.UVW”格式的文件，对于复制的模型，可以通过载入文件直接完成 UVW 编辑。

加载：载入“.UVW”格式的文件，如果两个模型不同，则此命令无效。

贴图通道：可以为对象指定多达 99 个贴图坐标通道信息；默认贴图通道（通过对象创建参数中的“生成贴图坐标”切换）始终为通道 1，通过使用各通道的不同“UVW 展开”

或“UVW 贴图”修改器，可以为任意通道指定纹理坐标。

使用贴图通道时需要注意：每个修改器只能针对一个通道进行编辑，该通道在修改器中设置；修改器中的贴图必须使用在材质图像贴图中设置的同一个通道；在修改器中更改贴图通道时，将打开“通道切换警告”对话框，可以在该对话框中选择将现有编辑复制到新通道或者放弃这些编辑，然后使用在修改器中作出更改前此通道中的贴图，这在烘焙时会用到;要为同一对象上的不同贴图应用不同的贴图坐标，需要使用新的修改器，其中针对每个图像贴图使用唯一的贴图通道。完成后，可以塌陷堆栈，贴图将保持不变。

顶点颜色通道：可以依据节点色彩指定贴图通道，在虚拟现实建模中较少用到。

4. “剥”卷展栏

“剥”卷展栏如图 3-6 所示，通过剥工具可以实现展开纹理坐标的最小二乘法共形贴图方法，以轻松直观地展平复杂的曲面。剥工具是角色模型 UV 平展最主要的命令，包括快速剥、剥模式、重置剥、毛皮贴图和设置接缝。剥的含义就是把模型的表面剥开，并将其贴图平展的一种贴图映射方式，这种贴图映射方式较为复杂，后面讲解角色建模的时候会详细讲解其操作流程。

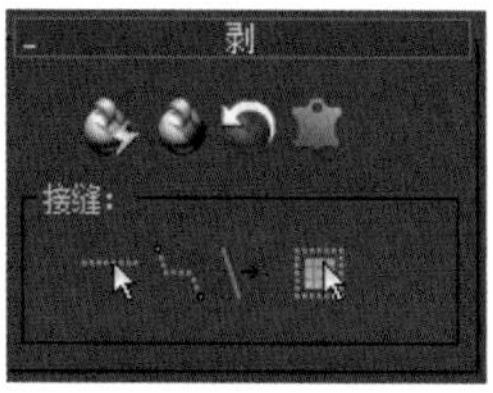

图 3-6 “剥”卷展栏

快速剥：在尝试保持现有多边形形状的同时，根据纹理顶点的平均位置均匀分布顶点，从而对纹理顶点（除锁定顶点外）执行最佳猜测剥操作。快速剥适用于简单的纹理贴图应用，如果要更好地进行控制，应改用剥模式。如果在多边形级别使用快速剥并且选定了任何多边形，则只有这些多边形会受到影响；否则，所有多边形都会受到影响。在某些情况下，重复应用快速剥可以改进效果。

剥模式：应用快速剥，然后保持活动状态，以便交互调整纹理坐标的布局。可以通过在“编辑 UVW”对话框中拖动子对象来完成此操作，这样会在任何锁定顶点周围均匀地重新分布顶点。当剥模式处于活动状态时，可以使用“编辑接缝”和“点对点接缝”工具创建接缝，这些接缝将在移动时自动剥离。也可以在编辑器中选择一些边，并使用“断开”拆分这些边并自动重剥选择的部分。在“自动锁定移动的顶点”处于启用状态（默认设置）时，在剥模式中移动子对象时将锁定属于该子对象的所有子对象。如果在多边形层级上激活剥模式并且选定多边形，则只有这些多边形受剥模式的约束，即使切换到另一个子对象层级也是如此；否则，所有多边形都会受到影响。

重置剥：合并现有贴图接缝，将剥接缝转化为新的贴图接缝，然后对结果对象执行剥操作并进行规格化。如果未选定任何内容，则重置剥功能将影响所有多边形。如果选择内容为多边形，则选择内容的边界将与其他部分分离开来，成为新的贴图接缝。使用重置剥可以重新连接先前已贴图几何体上的贴图接缝，或者将选择内容快速断开并执行剥操作。

毛皮贴图：将毛皮贴图应用于选定的面。单击此按钮激活毛皮模式，在这种模式下可以调整贴图和编辑毛皮贴图。

接缝用于为剥贴图、毛皮贴图和样条线贴图（使用手动接缝时）指定对象轮廓。毛皮接缝为蓝色，而绿色的贴图接缝指示对象边界，其中：

- 编辑接缝：通过此功能，可以在视口中使用鼠标选择边来创建毛皮 / 剥接缝。可在 UVW 展开修改器的所有子对象层级中使用。编辑接缝的用法与标准的边选择方式类似，但有一个区别：默认情况下，接缝的指定是累计式的。也就是说，无需按住 Ctrl 键，即可将边添加到接缝集合中。启用编辑接缝功能时单击边即可将边指定为接缝的一部分，此操作不会移除当前已接缝中的边；拖出一个区域可以指定多个边作为接缝边；按住 Alt 键并单击边或者拖出一个区域会从当前接缝中移除一个或多个边。
- 点对点接缝：用于在视口中使用鼠标选择顶点来指定毛皮 / 剥接缝。使用该工具指定的接缝总是添加到当前接缝选择中，可在 UVW 展开修改器的所有子对象层级中使用。在此模式中，单击一个顶点之后，从单击的地方出现一条橡皮筋线跟随着鼠标光标。单击另一个不同的顶点创建一个接缝，然后继续单击顶点以在每个顶点到上一个顶点之间创建一个接缝。如果要在此模式中从另一个不同点开始，需要先单击鼠标右键，然后单击一个不同的顶点。要停止绘制接缝，需要再次单击鼠标右键或再次单击点对点接缝按钮，以将其禁用。
- 将边选择转换为接缝：将修改器中的当前边选择转化为毛皮 / 剥接缝。这些接缝将添加到任何现有的接缝中，该操作只能在 UVW 展开修改器的边子对象层级中使用。
- 将面选择转换为接缝：将当前的多边形选择扩展到接缝轮廓。如果存在多个接缝轮廓并且每个轮廓都包含选定的多边形，将只有一个轮廓（最大的多边形 ID）实现扩展，其余轮廓将被取消选定，只能在 UVW 展开修改器的多边形子对象层级中使用。

5. “投影”卷展栏

“投影”卷展栏如图 3-7 所示，用于设置不同模型的贴图投影方式，以方便展开贴图坐标。

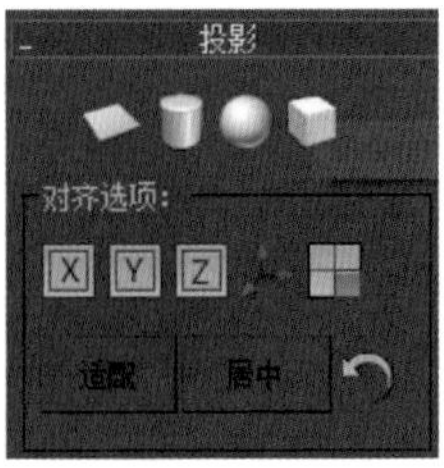

图 3-7 “投影”卷展栏

投影方式包括平面贴图、柱形贴图、球形贴图和长方体贴图。

“平面贴图”按钮：将贴图以平面的方式映射到模型表面，它的投影平面就是 Gizmo 平面，所以通过调整 Gizmo 平面就能确定贴图在模型上的贴图坐标位置。平面映射适用于纵向位移较小的平面模型，一般用于场景贴图。

图 3-8 所示为默认的长方体贴图效果，图 3-9 所示为平面贴图效果。

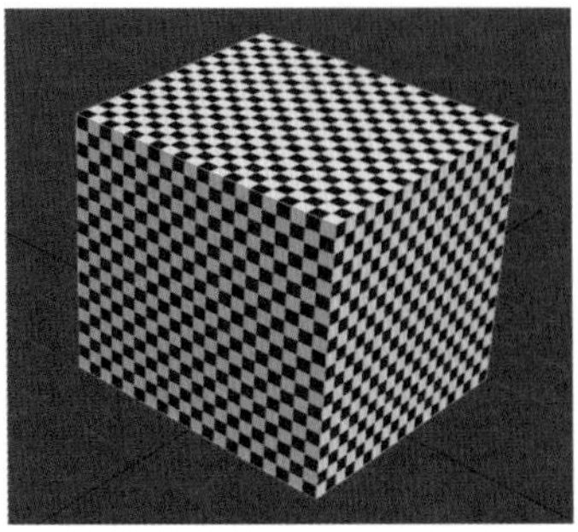

图 3-8　长方体贴图效果

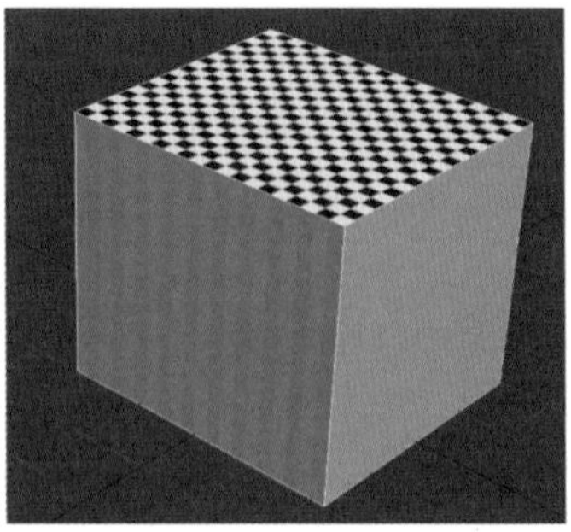

图 3-9　平面贴图效果

“柱形贴图”按钮：将贴图沿着圆柱体侧面映射到模型表面，它将贴图沿着圆柱的四周进行包裹，最终圆柱立面左侧边界和右侧边界相交在一起，柱形贴图效果如图 3-10 所示。相交的贴图接缝是可以通过调整 Gizmo 来控制的，在虚拟现实建模中，柱形或者类似柱形的模型结构的贴图方式是用柱形贴图来实现的。

“球形贴图”按钮：将贴图沿球体内表面映射到模型表面，球形贴图与柱形贴图比较类似，贴图左侧和右侧同样会在模型表面形成接缝，同时贴图的上下边界分别在球体两极收缩成两个点，球形贴图效果如图 3-11 所示。

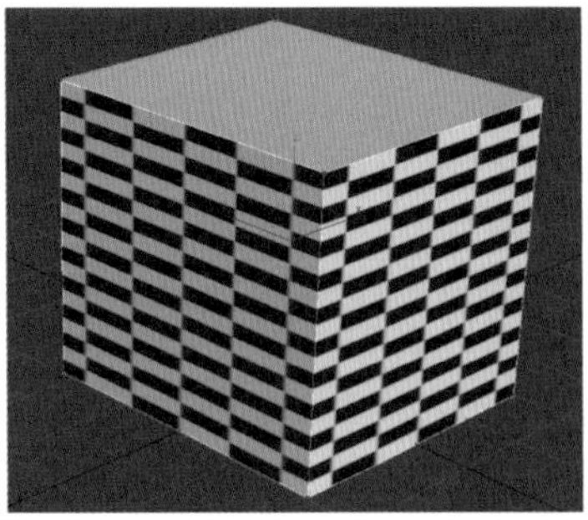

图 3-10　柱形贴图效果

图 3-11　球形贴图效果

“长方体贴图”按钮：按 6 个垂直空间平面将贴图分别映射到模型表面，这种贴图方法适用于规则的几何体模型，比如方形柱子或者类似盒式结构的模型，效果如图 3-8 所示。

“对齐选项”用于调整贴图在模型上的位置关系，其中：

- X Y Z：用于控制 Gizmo 的方向，将贴图 Gizmo 对齐到对象局部坐标系中的 X、Y 或 Z 轴。
- “最佳对齐”按钮：调整贴图 Gizmo 的位置、方向，根据选择的范围和平均多边形法线缩放使其适合多边形选择。
- “视图对齐”按钮：将 Gizmo 平面与当前的视图平行对齐，重新调整贴图 Gizmo 的方向使其面对活动视口，然后根据需要调整其大小和位置以使其与多边形选择范围相适合。

- 适配：自动调整 Gizmo 的大小，使其尺寸与模型相匹配。
- 居中：将 Gizmo 的位置对齐到模型的中心（模型的几何中心，而不是轴心）。
- 贴图重置 Gizmo：缩放贴图 Gizmo 以适合多边形选择，并将其与对象的局部空间对齐。

6. “包裹”卷展栏

图 3-12 “包裹”卷展栏

“包裹”卷展栏如图 3-12 所示，可以使用这些工具将规则纹理坐标应用于不规则对象。

样条线贴图：将样条线贴图应用于当前选定的面，单击该按钮可激活“样条线”模式，在该模式下可以调整贴图或编辑样条线贴图。

从循环展开条带：使用对象拓扑可以沿线性路径快速展开几何体。选择与要展开的边平行的边循环，然后单击此按钮。这个操作可能会使纹理坐标产生明显的比例变化，因此通常随后应使用“紧缩”工具将它们恢复到 0 ～ 1 的标准 UV 范围内。

7. “配置”卷展栏

“配置”卷展栏如图 3-13 所示，使用这些设置可以指定修改器的默认设置，包括是否以及如何显示接缝。

图 3-13 “配置”卷展栏

“显示”组中的设置决定是否以及如何在视口中显示接缝。

贴图接缝：启用此选项时，贴图边界在视口中显示为绿线。可以通过调整显示接缝颜色来更改该颜色。

接缝：此选项处于启用状态时，剥和毛皮边界在视口中显示为蓝线。

厚 / 薄：显示厚度设置适用于毛皮结合口和贴图结合口。

- 厚：使用相对粗的线条在视口中显示对象曲面上的贴图接缝和毛皮接缝。在放大视图时，线条变粗；在缩小视图时，线条变细。
- 薄：使用相对细的线条在视口中显示对象曲面上的贴图接缝和毛皮接缝。放大或缩小视图时，线条的粗细保持不变。

防止重展平：该选项主要用于纹理烘焙。选项处于启用状态时，渲染到纹理自动应用的“UVW 展开”修改器的版本，默认情况下命名为“自动展平 UV”。

规格化贴图：启用此选项后，缩放贴图坐标使其符合标准坐标贴图空间：0 ～ 1。禁用此选项后，贴图坐标的尺寸与对象本身相同。贴图总是在 0-1 坐标空间中平铺一次；贴图的部位基于其“补偿”和“平铺”值。为了得到最好的效果，会总是启用“规格化贴图”。

3.2 UVW 编辑器简介

单击 UVW 展开修改器中的“打开 UV 编辑器”按钮即可进入 UVW 编辑器，如图 3-14 所示。UVW 编辑器中包括菜单栏、工具栏、视图区和卷展栏区，在对话框的中心区域分别显示了贴图图像和展开模型的表面。

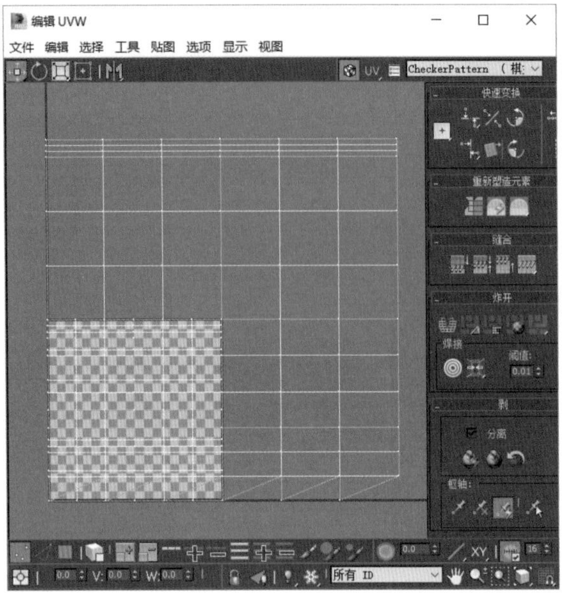

图 3-14 “编辑 UVW”窗口

3.2.1 菜单栏

菜单栏中集合了大量编辑 UVW 时所用到的工具，有 8 个主菜单：文件、编辑、选择、工具、贴图、选项、显示和视图，如图 3-15 所示。

图 3-15 菜单栏

“文件”菜单：用于加载、保存和重置 UV。

“编辑”菜单：使用不同的变换功能、复制和粘贴选择。

“选择”菜单：用于将视口选择复制到编辑器，并在 3 个不同的子对象模式之间传输选择。

“工具”菜单：用来翻转和镜像纹理坐标、焊接顶点、合并和分离纹理坐标组，并为多个选定顶点作轮廓草图。

“贴图”菜单：用于将 3 种不同类型的程序贴图方法中的一种应用于模型。通过每一个方法提供的设置可以调整正在使用的几何体的贴图。这些贴图工具仅在多边形选择模式下适用，在顶点和边子对象层级上不可用。

展平贴图可避免贴图对象的重叠，但是仍会导致纹理扭曲。

法线贴图是最简单的方法，但是会导致比展平贴图更严重的纹理扭曲。

展开贴图消除了纹理扭曲，但是会导致重叠坐标。

“选项”菜单：用于对编辑 UVW 的设置参数进行调整。

“显示”菜单：用于在编辑 UVW 过程中对象的显示与隐藏。

“视图”菜单：用于在编辑 UVW 过程中对视图进行调整。

3.2.2 工具栏

工具栏分为顶部工具栏和底部工具栏两大部分。

1. 顶部工具栏

顶部工具栏如图 3-16 所示，其中包含了大量在“编辑 UVW”对话框的视图区域操作贴图物体层级的控制、导航控制和其他选项设置等。在对贴图坐标进行移动、旋转和缩放变换时，配合 Ctrl+Alt 组合键，可以以当前的鼠标点为轴心进行变换，代替原来的以选择集合中心为轴心的变换操作。

图 3-16 顶部工具栏

移动：用于选择和移动子对象。弹出按钮选项为“移动”“水平移动”和“垂直移动”。如果要将移动约束到单个轴，需要按住 Shift 键并进行拖动。

旋转：用于选择和旋转子对象。默认情况下，围绕选择中心进行旋转；要围绕光标位置旋转，需要按住 Ctrl+Alt 组合键并进行拖动。

缩放：用于选择和缩放子对象。弹出按钮选项为“缩放”“水平缩放”和“垂直缩放”。默认情况下，围绕选择中心进行缩放；要围绕光标位置缩放，需要按住 Ctrl+Alt 组合键并进行拖动。缩放时按下 Shift 键可将变换约束到单个轴。

自由形式模式：可以根据拖动的位置选择、移动、旋转或缩放顶点。

选择子对象后，自由形式 Gizmo 将显示为一个包围选择的矩形边界框。当将光标移动到 Gizmo 的各种元素上以及 Gizmo 内部时，光标的外观和在该位置开始拖动的结果更改为：

- 移动状态：将光标放置在 Gizmo 内部的任何位置，然后拖动可移动选择。要将移动约束到垂直轴或水平轴（取决于开始拖动的方式），按住 Shift 键开始拖动。
- 旋转状态：将光标放置在 Gizmo 边的中心点上，然后拖动可绕轴旋转选择。拖动时，Gizmo 的中心显示旋转量。按 Ctrl 键并拖动会以 5° 增量旋转；按 Alt 键并拖动会以 1° 增量旋转。自由形式旋转与角度捕捉状态有关。
- 缩放状态：将光标放在 Gizmo 角上，然后拖动可缩放选择。在默认情况下，缩放是非均匀的；如果拖动前按住 Ctrl 键，则水平轴或垂直轴上的缩放是均匀的。拖动前按住 Shift 键，将缩放约束到垂直轴或水平轴（取决于开始拖动的方式）。在默认情况下，在 Gizmo 中心进行缩放。如果已移动轴，则拖动前按住 Alt 键会在变换中心缩放。
- 移动轴状态：将光标放在轴上，在默认情况下，十字线框显示在 Gizmo 中心。出现光标后，拖动可移动轴。旋转总是绕轴进行；如果拖动前按住 Alt 键，缩放也会发生在轴上。在 Gizmo 外部移动的自由形式轴提示也可以使用“快速变换”卷展栏上的“设置轴心”控件定位轴。如果使用 Ctrl 键并在 Gizmo 外部选择一个或多个顶点，Gizmo 将扩展为覆盖整个选择。

镜像：反转选定子对象的位置并翻转UV。弹出按钮选项为“垂直镜像”“水平镜像”“水平翻转”和“垂直翻转”。“翻转”首先沿其边界中的边分离选择，然后根据模式应用“水平镜像”或“垂直镜像”。

显示贴图：切换编辑器中的贴图显示。

UV/VW/UW：默认情况下，UVW坐标中的UV部分显示在视图窗口中，但是可以切换显示来编辑UW或VW部分。

选项：打开“展开选项”对话框。

纹理下拉列表：包含指定给对象的材质的所有贴图，如图3-17所示。

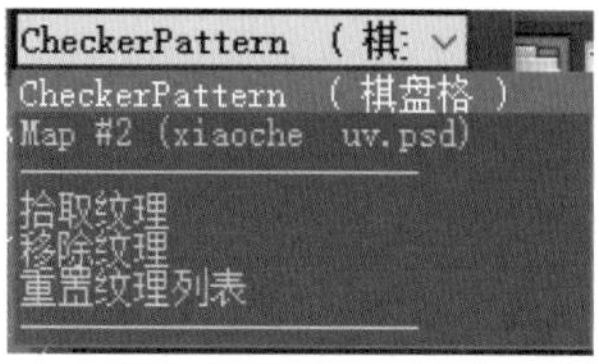

图3-17　纹理下拉列表

材质编辑器中和“编辑UVW”对话框（通过“拾取纹理”）中指定的贴图名称出现在列表中。

在贴图名称下面有以下几个命令：

- 拾取纹理：用于打开“材质/贴图浏览器”，然后可以使用它添加和显示当前不在对象材质中的纹理。要修改纹理，请使用“材质编辑器”。
- 移除纹理：用于从编辑器中删除当前显示的纹理。
- 重置纹理列表：用于移除任何添加的纹理，并且还原任何移除的属于原始材质的纹理（如果它们仍然存在于材质中）。
- CheckerPattern（棋盘格）：用于检测纹理贴图的扭曲区域。该纹理位于“编辑UVW”对话框中。默认情况下，将“展开UVW”应用于对象之后，第一次打开编辑器时该纹理显示为背景纹理。要使图案出现在设置为显示纹理的视口中的对象上，需要从下拉列表中选择它，使它在编辑器中处于活动状态。

2. 底部工具栏

底部工具栏如图3-18所示，提供了贴图坐标点的位置、过滤面和锁定等选项，以及软选择、选择模式、位图选项、视口选项、展开编辑器选项等参数。

图3-18　底部工具栏

3.2.3　视图区

在视图区域中可以对纹理贴图的子对象进行编辑，以调整模型上的贴图。同时，在视图区域中单击鼠标右键，在弹出的快捷菜单里可以找到许多常用的命令，这样节省了查找工具的时间，如图3-19所示。

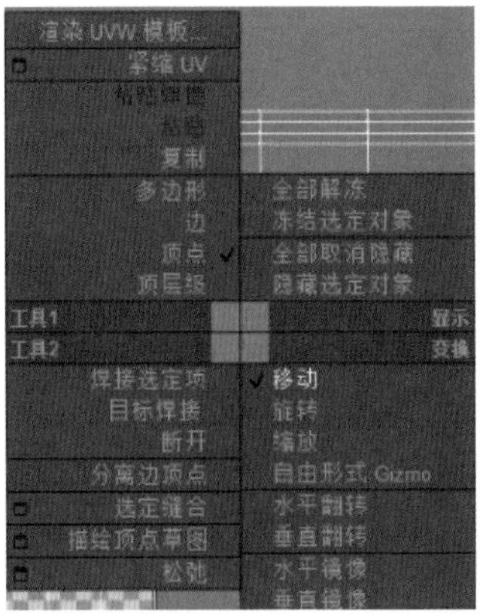

图 3-19　右键快捷菜单

3.2.4　卷展栏面板

“编辑 UVW”对话框的卷展栏竖直排列在右侧，这些卷展栏与命令面板上的卷展栏一样可以进行打开、关闭和滚动。

卷展栏面板中包含了在 UV 调整过程中的常用工具，包括快速变换、重新塑造元素、缝合、炸开、剥、排列元素和元素属性 7 组工具，如图 3-20 所示。

1. “快速变换”卷展栏

“快速变换”卷展栏如图 3-21 所示，可以使用上部工具栏中的工具手动变换 UVW 子对象，或使用这些工具由程序变换对象。

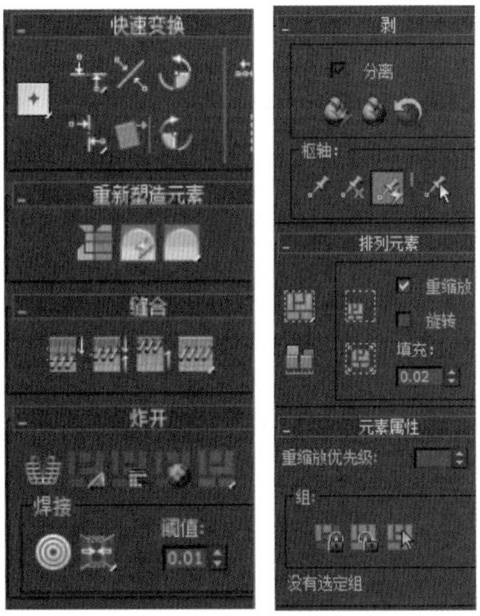

图 3-20　卷展栏面板

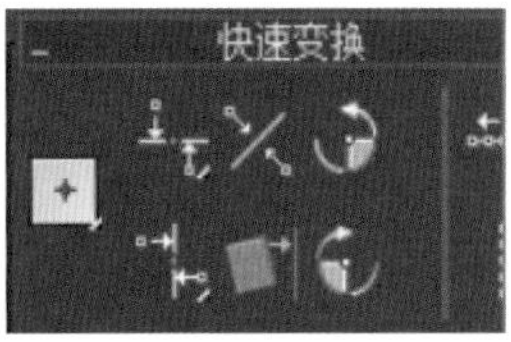

图 3-21　快速变换卷展栏

设置轴心：将用于手动或按程序变换的轴心（中心点）放置在选择的边界矩形的中心或任意角点。从弹出的按钮中选择任意选项，之后在打开编辑器期间将选项保留为默认值。但是，更改选择会始终将轴心放置到最初位置，即选择的中心。当自由形式模式处于活动状态时，可以拖动轴心以手动定位轴心的位置。在编辑器中，轴心以使用 Gizmo 颜色设置的大十字线显示。

水平对齐：水平排列选定的顶点或边。从弹出的按钮中选择方法：

- 水平对齐到轴：水平排列选定子对象，并将它们垂直移动到轴位置。
- 原地水平对齐：水平排列每组已连接的选定纹理顶点和边（非多边形），并将其移动到平均垂直位置。

图 3-22 所示为调整前的顶点效果，图 3-23 所示为使用“水平对齐”之后的顶点效果。

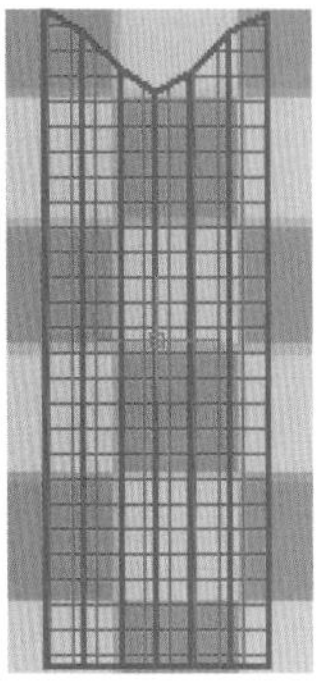

图 3-22　调整前效果

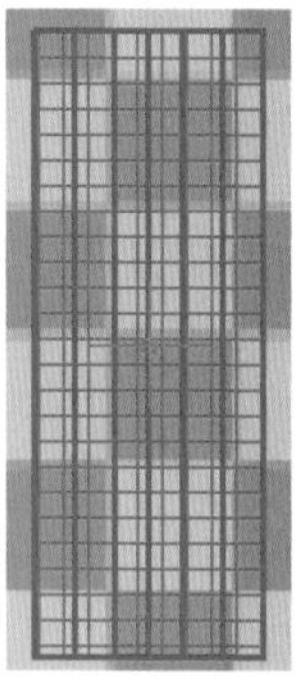

图 3-23　水平对齐效果

垂直对齐：垂直排列选定顶点或边。从弹出的按钮中选择方法：

- 垂直对齐到轴：垂直排列选定子对象，并将它们水平移动到轴位置。
- 原地垂直对齐：垂直排列每组已连接的选定纹理顶点和边（非多边形），并将其移动到平均水平位置。

图 3-24 所示为调整前的顶点效果，图 3-25 所示为使用“垂直对齐”之后的顶点效果。

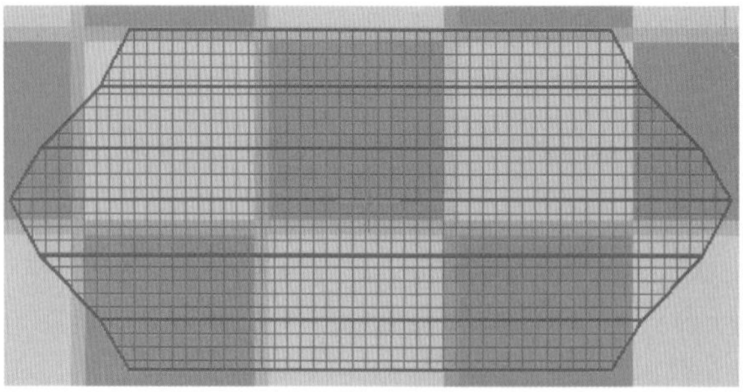

图 3-24　调整前效果

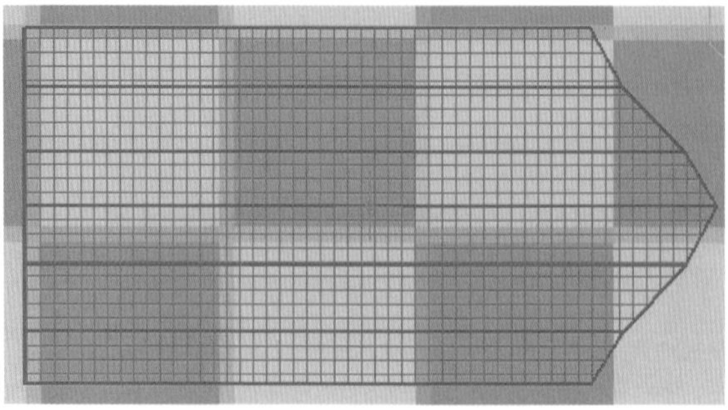

图 3-25　垂直对齐效果

线性对齐：在端点顶点之间排列选定顶点和边（非多边形），而端点顶点保持原位。图 3-26 所示为调整前的顶点效果，图 3-27 所示为使用“线性对齐”之后的顶点效果。

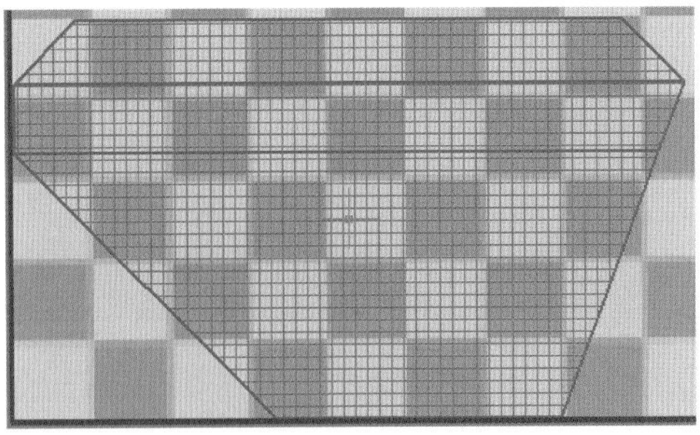

图 3-26　调整前效果

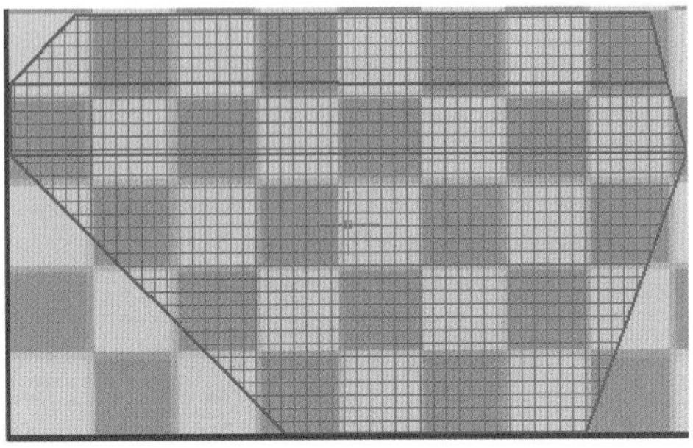

图 3-27　线性对齐效果

对齐到边：将选定的边旋转至绝对水平或垂直（选择最接近的），然后选择群集中的其他所有边并旋转相同的量。

环绕轴心旋转 -90 度：将选定边环绕轴心逆时针旋转 90 度。

环绕轴心旋转 90 度：将选定边环绕轴心顺时针旋转 90 度。

水平间隔：将属于多个已连接的选定水平边（如边循环）的顶点以均匀的间隔排列。“水平间隔”适合在“边”层级上使用。在“顶点”层级上也可以使用，但会在内部将顶点选择转换为边。在“边”层级上，如果按下 Shift 键并单击该按钮，则“水平间隔”在每个选定边所属于的边循环上生效。在这种情况下，在每个边循环上选择一个边即足以设置间隔。此操作还适用于 UV 接缝边循环。

垂直间隔：将属于多个已连接的选定垂直边（如边循环）的顶点以均匀的间隔排列。“垂直间隔”适合在“边”层级上使用。在“顶点”层级上也可以使用，但会在内部将顶点选择转换为边。在“边”层级上，如果按下 Shift 键并单击该按钮，则“垂直间隔”在每个选定边所属于的边循环上生效。在这种情况下，在每个边循环上选择一个边即足以设置间隔。此操作还适用于 UV 接缝边循环。

2. “重新塑造元素”卷展栏

“重新塑造元素”卷展栏如图 3-28 所示，包括拉直选定项、放松直到展平和松弛。

拉直选定项：此操作仅应用于选定的纹理多边形，用于将每个选定多边形的边旋转至绝对垂直或水平（选择较接近的）。

图 3-28 “重新塑造元素”卷展栏

放松直到展平：通过移动顶点靠近或远离其相邻顶点，以更改选定纹理顶点内明显的曲面张力，直到所有多边形具有相同的大小。适用于所有子对象层级，并且，如果未选择子对象，则应用到所有子对象。松弛纹理顶点可以使其距离更均匀，从而更容易进行纹理贴图。

松弛 : 自定义：使用当前设置松弛纹理顶点。可以从“松弛 : 自定义”弹出按钮上打开“松弛工具”对话框，对松弛参数进行设置。

3. “缝合”卷展栏

群集接缝（即群集外边）上的大多数 UV 顶点和边在其他群集接缝上具有共享子对象。两者在对象网格中都表示相同的子对象，但由于细分到群集，因此在 UV 贴图中表示两次或更多次。

“缝合”卷展栏如图 3-29 所示，使用缝合工具可将一个群集接缝上的选定子对象连接到它们在另一个群集接缝上的共享子对象。

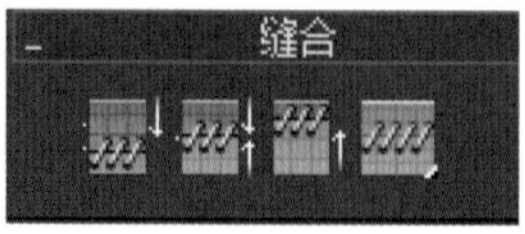

图 3-29 “缝合”卷展栏

缝合功能只能在顶点和边层级上使用，但可以作用于所有子对象层级，并可应用到与选定子对象相关联的、基于接缝的所有顶点和边。如果仅选定一个 UV 顶点，并且该顶点有多个对应的 UV 顶点，则该 UV 顶点将缝合至最近的 UV 顶点。在其他所有情况下，缝合都将查找最佳匹配项（如果未选定该匹配项）或缝合到选定匹配项。

缝合到目标：将选定子对象移动到共享子对象。

缝合到平均：将两组子对象移动到平均位置。

缝合到源：将共享子对象移动到选定子对象。

缝合 : 自定义：根据当前“缝合工具”对话框设置连接子对象。

4. “炸开”卷展栏

“炸开”卷展栏如图 3-30 所示，使用此卷展栏第一行中的工具可将纹理坐标断开为单独的群集，展平工具处理选定纹理多边形，如果未选定任何多边形，则处理所有多边形。

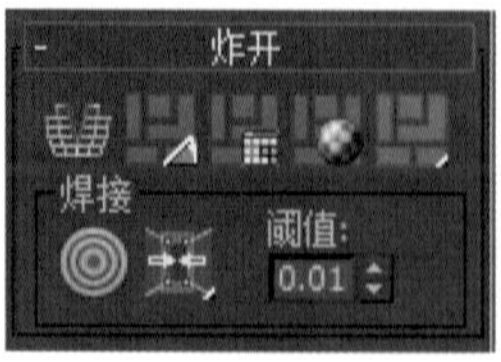

图 3-30 “炸开”卷展栏

断开：应用于当前选择，在 3 个子对象模式中有不同的作用。在“顶点”子对象层级，使用“打破”将每一个共享顶点替换为两个顶点。对于边，“打破”要求至少选定两个连续边，并将每个边分成两个。对于多边形，“断开”将网格剩余部分的选定项拆分为新的元素。

按多边形角度展平：使用默认设置断开纹理多边形。

通过平滑组展平：使用纹理多边形的平滑组 ID 断开纹理多边形。

按材质 ID 展平：将纹理多边形分解成仅使用材质 ID 的群集，这样可确保展平之后任何群集都不包含多个材质 ID。

展平 : 自定义：使用当前展平贴图对话框设置断开纹理多边形。

可以从“展平 : 自定义”弹出按钮上打开“展平贴图”对话框以指定“展平 : 自定义”参数。

“炸开”卷展栏第二行中的工具是“焊接”组，用于对纹理坐标进行焊接，除目标焊接以外，其他焊接命令将对平均位置上不同群集上的边进行合并。

目标焊接：将一对顶点或边合并为单个子对象，仅用于“顶点”和“边”子对象层级。

启用目标焊接，然后拖动一个顶点到另一个顶点，或者一个边到另一个边。拖动时，光标在有效子对象上时变为十字线。该命令处于激活状态时，可以继续焊接子对象和更改子对象层级。要退出目标焊接模式，请在编辑器中单击鼠标右键。

“焊接选定项”弹出按钮：提供了 3 种焊接选定 UVW 子对象的不同方法：

- 焊接选定的子对象：基于“焊接阈值”设置，将选定子对象合并为单个顶点。
- 焊接所有选定的接缝：合并选定的接缝边，即群集的轮廓边，通常以绿色显示选择一个接缝边时，相邻（在 XY 空间中）群集上对应的接缝边变为蓝色。
- 将任何匹配与选定项焊接：将选定接缝与另一个群集上的对应接缝合并，而无需先选择对应的接缝。

阈值：设置焊接阈值，即使用“焊接选定项”和“焊接选定的子对象”的焊接生效的半径。该值使用 UV 空间距离，默认设置为 0.01，范围为 0 ～ 10。

5. “剥”卷展栏

“剥”卷展栏上半部分的命令在 UVW 展开修改器的使用中已作了详细讲解，这里不再赘述，只对下半部分的“枢纽”组进行讲解。

如果锁定某个顶点，在剥模式中移动其他顶点时，该顶点将始终保持在原位。默认情况下，已启用“自动锁定移动的顶点”，以便在剥模式处于活动状态时移动子对象后随即锁定其顶点。

锁定的顶点以小型的蓝色方形轮廓直观地表示。可以移动锁定的顶点，不会影响顶点的锁定状态。

锁定选定对象：锁定所有选定顶点，仅在“顶点”级别上适用。

取消固定选定对象：解除锁定选定的锁定顶点的位置，使其可以在“剥模式”过程中移动，仅在“顶点”级别上适用。注意至少有两个顶点必须始终固定在“剥模式”。如果群集仅包含两个锁定的顶点，则必须先锁定其他顶点，然后才可以将它们解锁。

自动锁定移动的顶点：如果启用此选项，则随后在“剥模式”处于活动状态的情况下移动子对象或对象时，其顶点锁定不动。如果此选项处于禁用状态，则在“剥模式”中只能移动锁定的顶点。

选择锁定顶点：启用时，只能选择锁定的顶点。在此模式下无法执行其他操作。此模式的一个用法是，在此模式下选择顶点后应用“取消固定选定对象”，仅在“顶点”级别上适用。

6. “排列元素”卷展栏

“排列元素”卷展栏如图 3-31 所示，通过其中的工具可以用各种方法自动排列元素。紧缩功能用于调整布局，使对象不重叠。

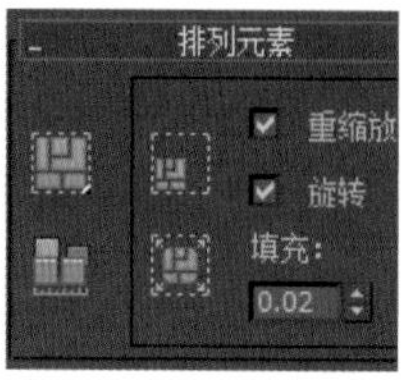

图 3-31　“排列元素”卷展栏

当选定一个或多个子对象时，紧缩工具仅应用于选定对象，而如果未选定任何对象，则该工具应用于所有对象。

紧缩 : 自定义：使用“紧缩设置”中指定的参数，在整个纹理空间分布纹理坐标对象。如果有几个重叠对象并且想分离它们时，该命令很有用。

紧缩：当重缩放群集处于启用状态时，“自定义”功能将应用“重缩放优先级”值。

紧缩设置：打开“紧缩”对话框以指定“紧缩 : 自定义”参数。

重缩放元素：按相对比例原地自动缩放所有对象。

无论“重缩放”开关是否启用，“重缩放元素”均应用“重缩放优先级”值。如果存在组，则此选项始终应用于组成员以及任何选择内容（如果未选定任何对象，则应用于所有对象）。如果不存在任何组，则选定一个或多个子对象时“重缩放元素”仅应用于选定对象，而未选定任何对象时应用于所有对象。

紧缩在一起：将对象尽可能紧密地移动到 UV 空间中而不进行规格化，同时应用“重缩放”“旋转”和“填充”设置。

如果存在组并且“重缩放”开关处于启用状态，则“紧缩在一起”将应用“重缩放优先级”值。

紧缩规格化：与“紧缩在一起”相同，但会规格化地自动缩放所有对象，使其与 UV 空间拟合（这一过程称为“规格化”），同时应用“重缩放”“旋转”和“填充”设置。

如果存在组并且“重缩放”开关处于启用状态，则“紧缩规格化”将应用“重缩放优先级”值。

重缩放：此选项处于启用状态，使用“紧缩在一起”或“紧缩规格化”时将缩放各个群集，使得纹理元素大小统一。

旋转：此选项处于启用状态，使用“紧缩在一起”或“紧缩规格化”时将旋转各个群集，以便最有效地使用空间。

注意在某些情况下，即使“旋转”或“旋转对象”处于禁用状态，“紧缩”仍可以按 90 度旋转对象。

填充：紧缩之后相邻元素的间距。为获得最佳效果，需要使用相对较低的值。

7. “元素属性”卷展栏

“元素属性”卷展栏如图 3-32 所示，通过在 UVW 展开修改器中分组，可以指定在紧缩操作期间使某些纹理始终在一起，也可以为成组的对象指定相对重缩放。

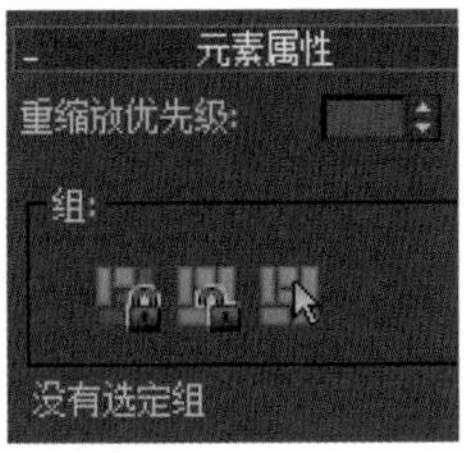

图 3-32 “元素属性”卷展栏

使用“排列元素”卷展栏中的工具时，“重缩放优先级”值将启用对象的相对缩放，范围从 0.0 到 1.0，默认值为 1.0。

“重缩放优先级”在指定条件下应用于以下工具：

- 紧缩自定义：在启用“重缩放群集”的情况下重缩放元素。
- 紧缩在一起：在启用“紧缩”选项的情况下重缩放元素。
- 紧缩规格化：在启用“重缩放”选项的情况下重缩放元素。

要使用“重缩放优先级”，首先将一个或多个对象组合在一起，然后设置值。以后，当您使用涉及重缩放的操作时，“重缩放优先级”值将作为乘数应用于该组。

“组”功能仅适用于多边形子对象层级。在成组的群集上使用“紧缩在一起”或“紧缩规格化”，将保留每个组中成员群集的原始空间关系，并且根据组的“重缩放优先级”值和“重缩放”选项的状态应用缩放。

选定组：将群集添加到新的组。在一个或多个不同的对象中各至少选择一个多边形，然后单击“组合选定项”，可以创建任意数量的组。

解组选定对象：删除现有的组。在组中至少选择一个多边形，然后单击“解组选定对象”，以将所有对象从组中移除并删除该组。

选定组：选择属于某个组的所有群集。在组中选择至少一个多边形，然后单击“选定组”以选择群集。

3.3 模型 UV 展开详解——古剑模型 UV 展开

3.3.1 古剑模型拆分前的准备

打开之前完成的古剑模型，按 M 键打开材质编辑器面板，选择一个空白材质球，并将材质赋给古剑，效果如图 3-33 所示。

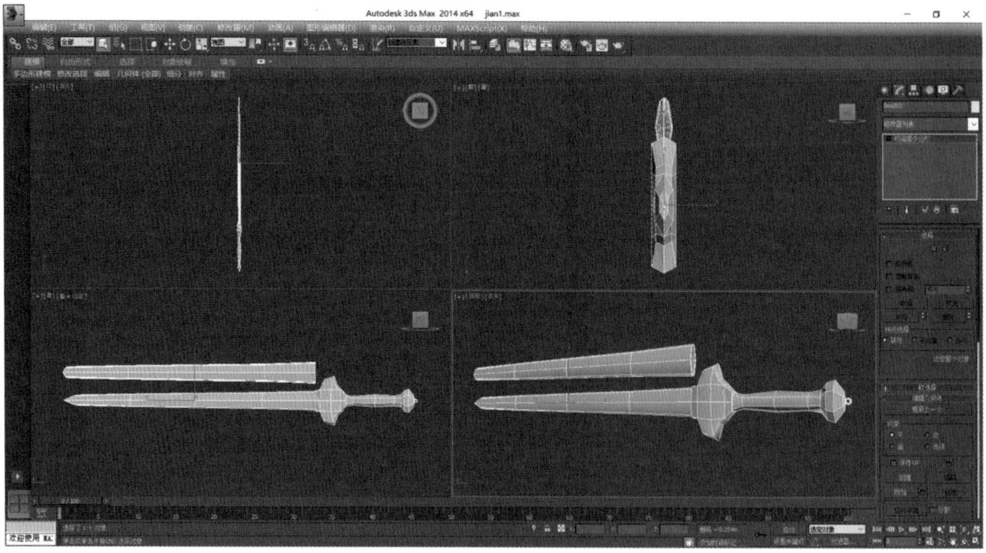

图 3-33 赋材质给古剑对象

由于古剑模型左右完全对称，为了保持模型 UV 左右能够重叠，故而在进行 UV 拆分时，对称的模型部分只需拆分一半，拆分完成之后再镜像出另一半模型即可，具体操作步骤如下：

1. 再次整理模型的各个部分，清理被模型遮挡部分的各个面，将其删除。

2. 按快捷键 1 进入顶点层级，在前视图中拖动鼠标选中右侧的顶点（有些顶点需要放大之后才能选到，按下 Ctrl 键拖动鼠标选择，直到把右侧部分的顶点选完为止），效果如图 3-34 所示。

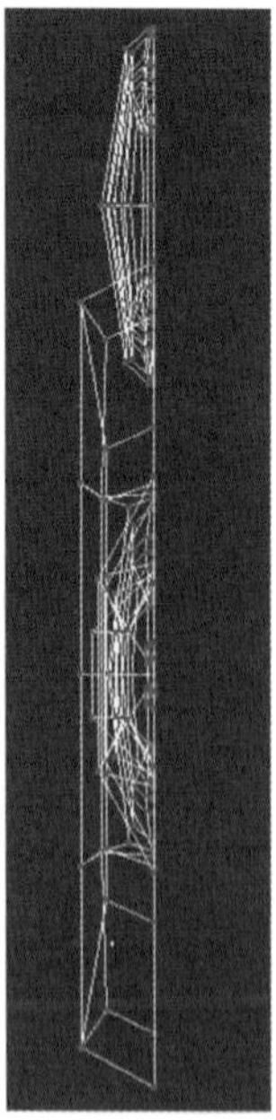

图 3-34 删除模型中对称的部分

这一步非常关键，如果顶点删除错误，将会影响到后面的 UV 拆分和模型效果。

3．进入多边形层级，将护手内部以及剑鞘中多余的面删除，多余的面一定要清除干净，这样才不会出现多余的 UV。

4．按 Ctrl+S 组合键保存文件。

3.3.2 古剑模型 UV 展开

1．返回可编辑多边形层级，按 M 键打开材质编辑器，单击“漫反射”后面的小方块 漫反射: ，将漫反射设置为棋盘格效果，并设置其瓷砖数量 U、V 均为 5，效果如图 3-35 所示。

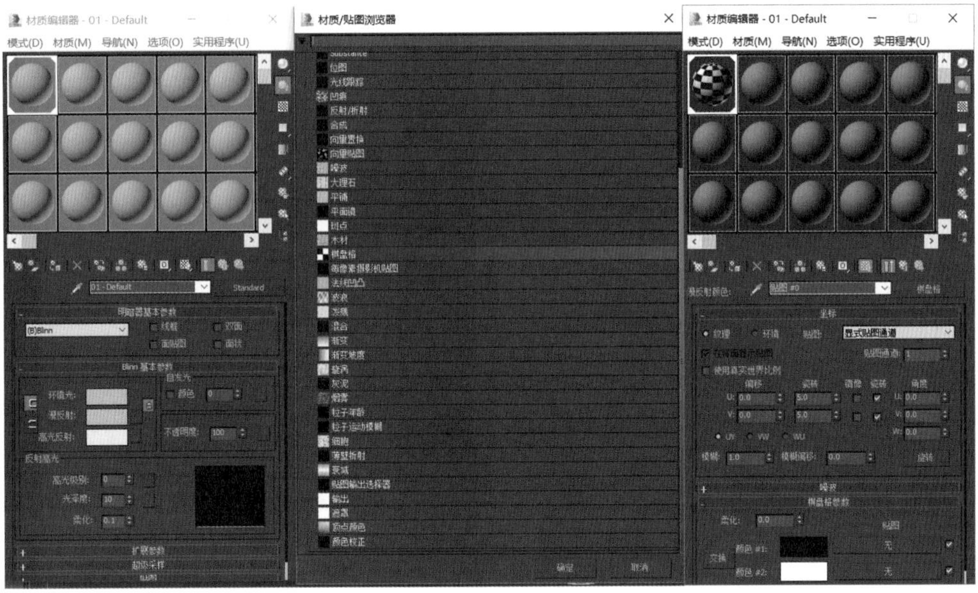

图 3-35 设置漫反射贴图

2．单击将材质指定给选定的对象按钮，将棋盘格材质赋给古剑模型，并设置显示材质为有贴图的真实材质，如图 3-36 所示。

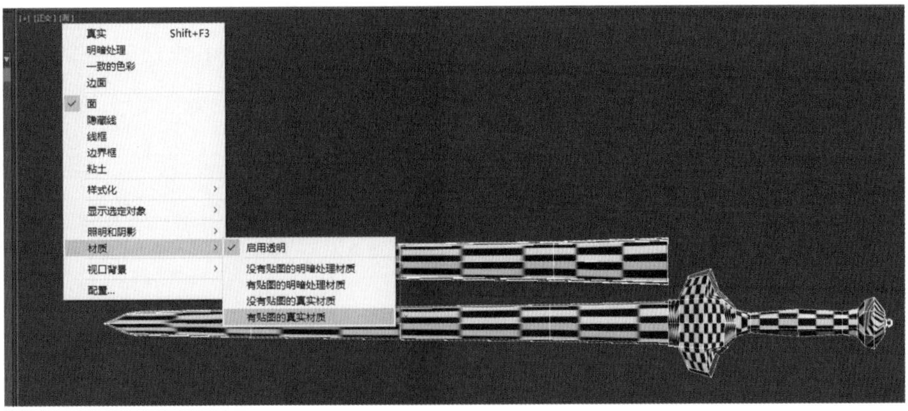

图 3-36 在视图中显示贴图效果

3．使用“修改器列表”——“UVW 展开”为古剑模型添加 UVW 展开修改器，单

击 打开 UV 编辑器... 按钮打开“编辑 UVW”窗口，如图 3-37 所示。

4．滚动鼠标中键将所有的面显示到窗口中，按快捷键 3 进入多边形层级，拖动鼠标选中所有的多边形，如图 3-38 所示。

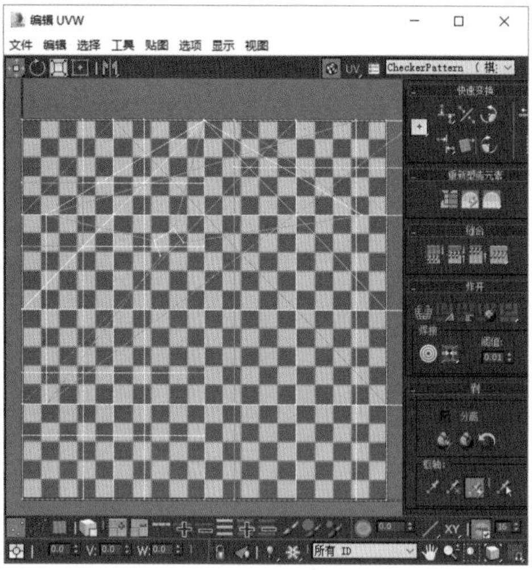

图 3-37 “编辑 UVW”窗口

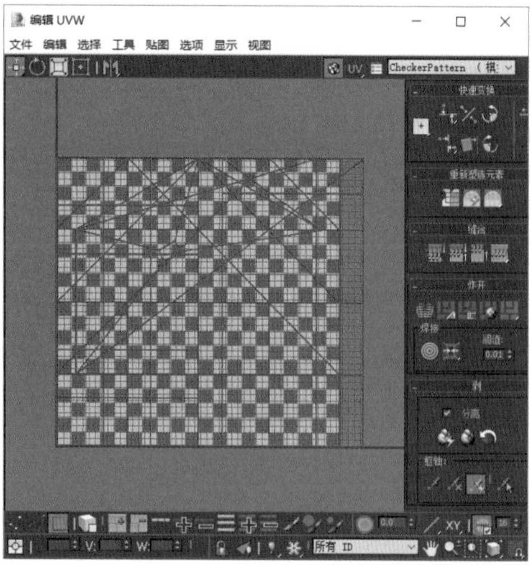

图 3-38 选择所有多边形

5．单击“贴图”→“展平贴图”命令，弹出“展平贴图”对话框，如图 3-39 所示；将贴图展平到黑色框线内（只有黑色框内的 UV 可以渲染输出），滚动鼠标中键，将展平的 UV 在黑色框内显示出来，如图 3-40 所示。

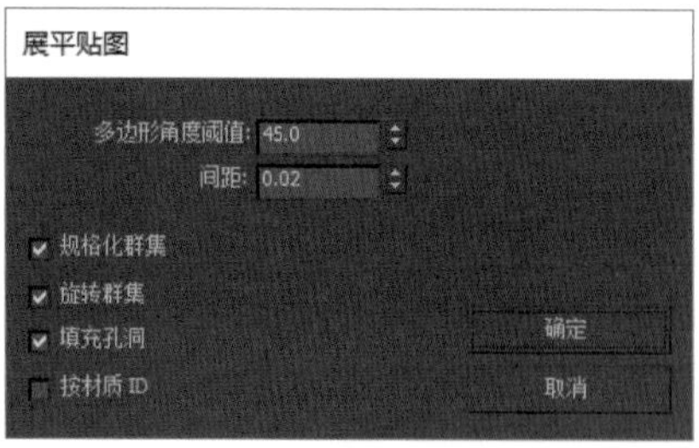

图 3-39 “展平贴图”对话框

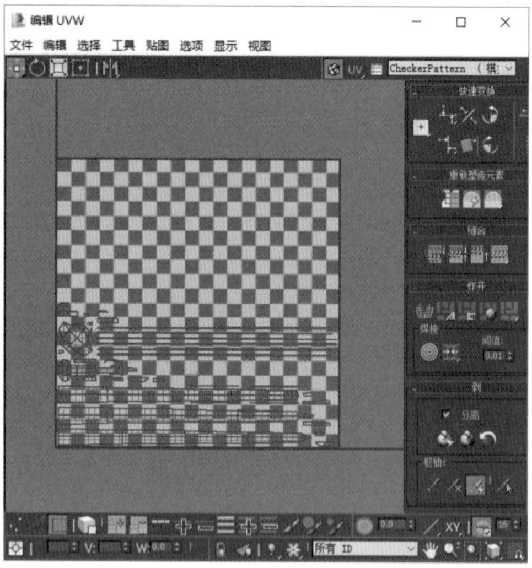

图 3-40 展平贴图效果

3.3.3 古剑模型剑刃 UV 调整

1．按快捷键 3 进入多边形层级，按住 Ctrl 键不放拖动鼠标选中剑刃部分，选完之后将其移出上方较空的地方，效果如图 3-41 所示。

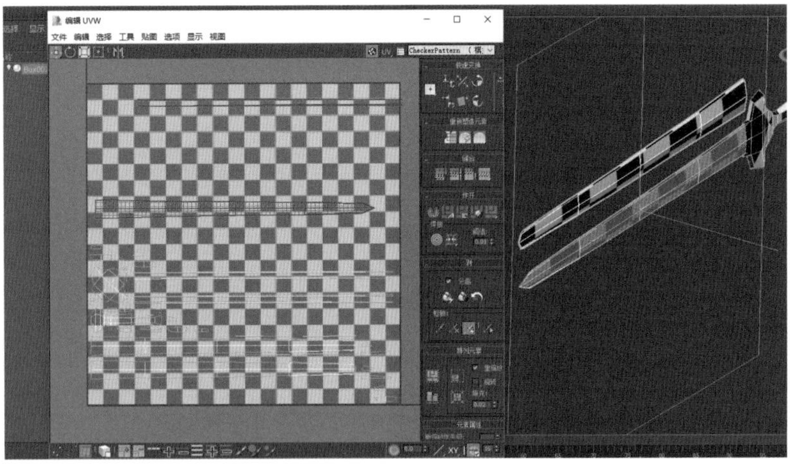

图 3-41　选择剑刃部分的面

2．按快捷键 2 进入边层级，按下 Ctrl 键逐一选择剑刃下面绿色的缝合线，如图 3-42 所示，单击鼠标右键，从弹出的快捷菜单中选择 Stitch Selected 选项，如图 3-43 所示，对选中的边线进行缝合操作，缝合之后该线条会变为白色，即不再是接缝，逐一缝合，缝合完成后的效果如图 3-44 所示。

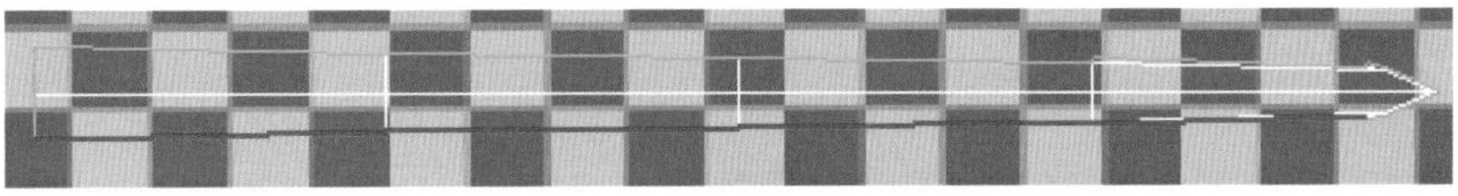

图 3-42　选择需要缝合的边

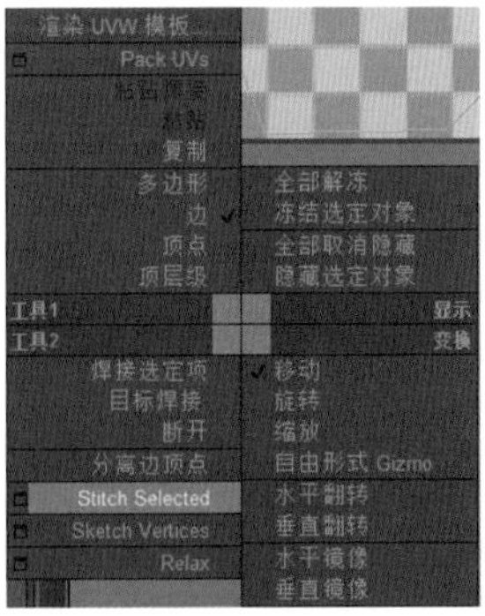

图 3-43　选择 Stitch Selected 选项

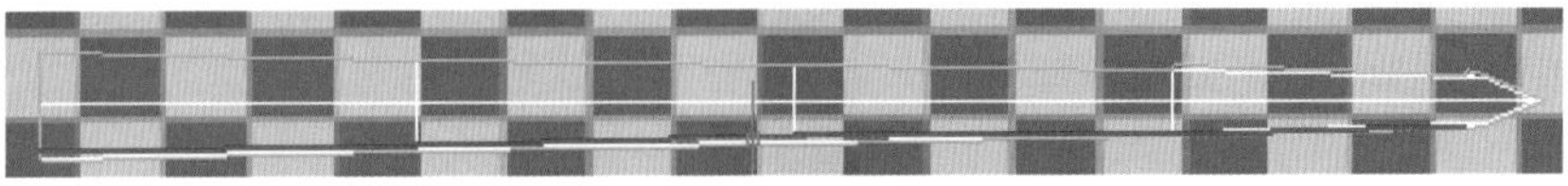

图 3-44　缝合效果

3．将剑尖部分放大，可以看到剑尖部分还有两条接缝线，如图 3-45 所示，选中其中一条接缝线，再次缝合，效果如图 3-46 所示。

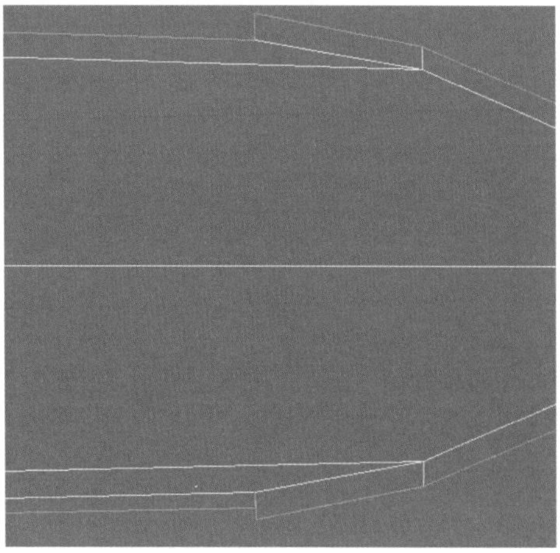

图 3-45 剑尖部分的接缝线

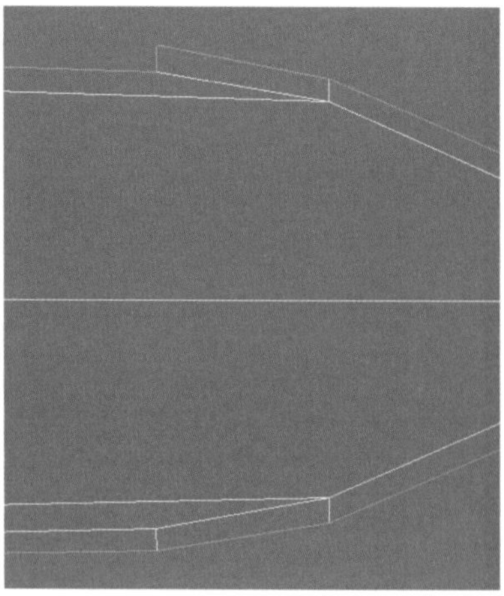

图 3-46 缝合接缝

4．重复上述操作，对剑刃上面部分的边进行缝合，调整前的效果如图 3-47 所示，调整后的效果如图 3-48 所示。

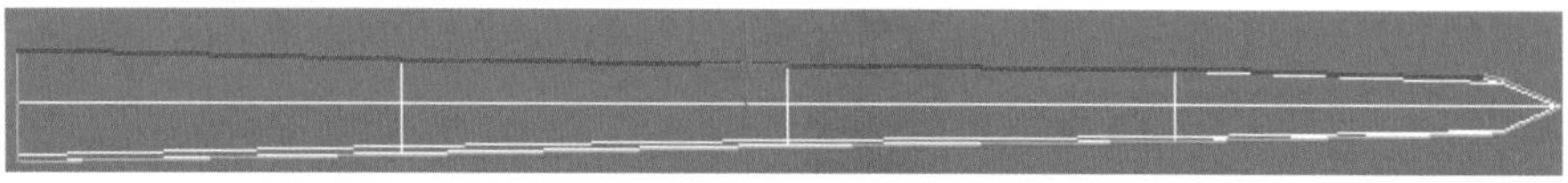

图 3-47 剑刃上面部分进行缝合

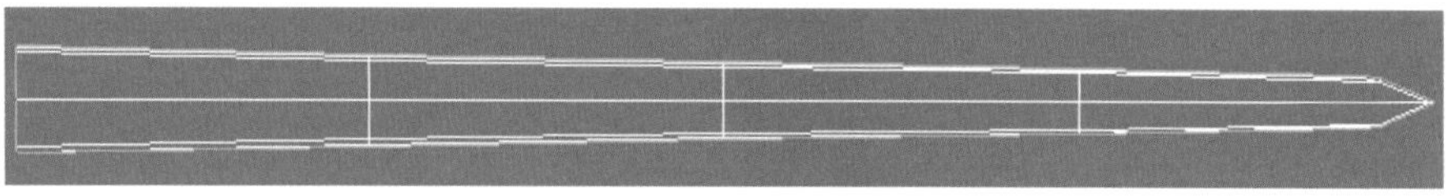

图 3-48 剑刃 UV 效果

3.3.4 古剑模型护手部分 UV 调整

1．切换到多边形层级，选中如图 3-49 所示的护手部分所在的面（注意护手与剑刃、手柄连接部分的面不要选掉了），将其移动到剑刃上方比较空的地方，如图 3-50 所示。

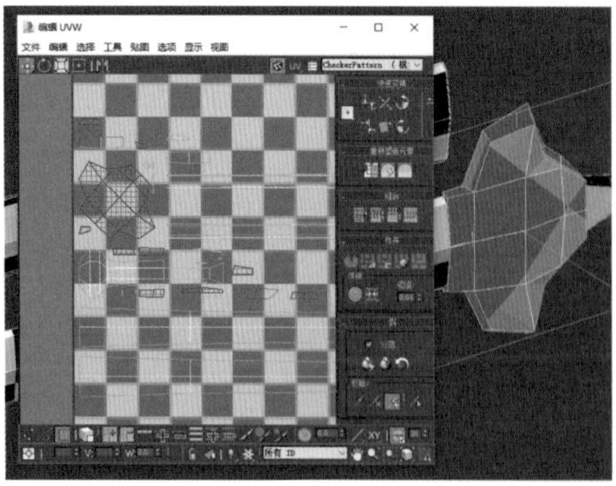

图 3-49 选择护手所在的面

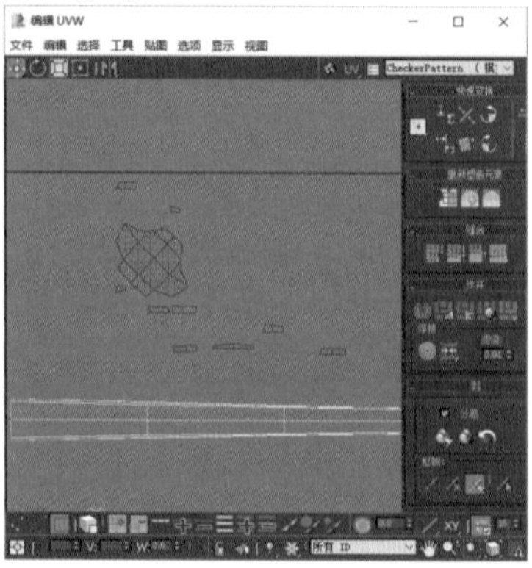

图 3-50 移到空的位置

2. 按快捷键 2 进入边层级，选择护手与剑刃连接部分的边，单击鼠标右键，从弹出的快捷菜单中选择 Stitch Selected 选项，对边进行缝合处理，效果如图 3-51 所示。

3. 逐一选择护手边缘的绿色接缝，将零散的护手部分缝合起来，效果如图 3-52 所示。

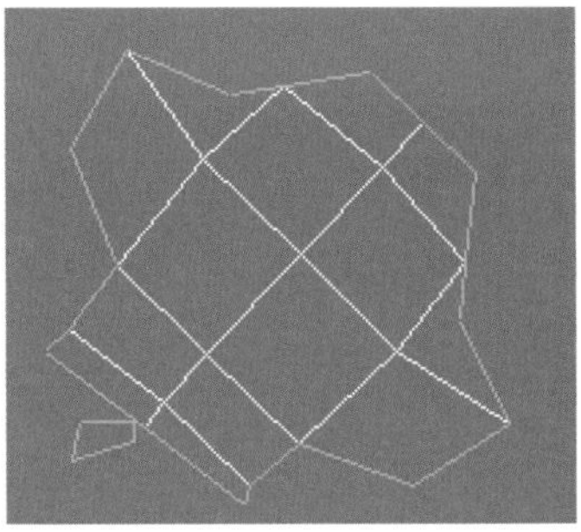

图 3-51　缝合护手

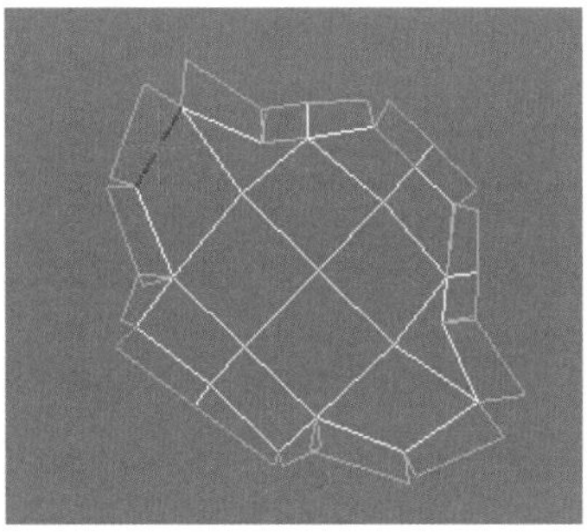

图 3-52　继续缝合

4. 此时护手的各个部分还有不少边是绿色的接缝线，再次逐一对绿色接缝线进行缝合，如图 3-53 所示，此时可以看到的基本就是护手的轮廓形状。

5. 使用旋转工具将护手部分的形状调整为垂直方向，如图 3-54 所示。

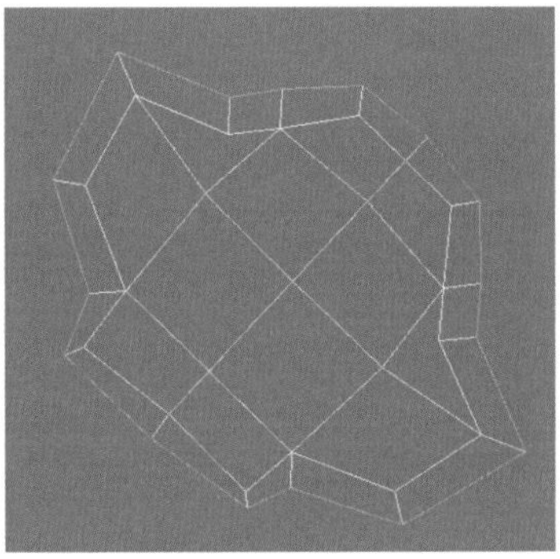

图 3-53　护手部分缝合完成效果

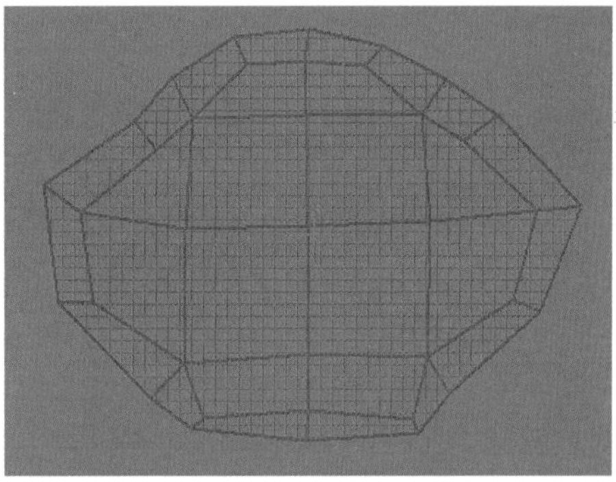

图 3-54　旋转护手 UV

6. 单击鼠标右键，从弹出的快捷菜单中选择 Relax（松弛）选项，弹出如图 3-55 所示的“松弛工具”对话框，设置为“由多边形角松弛”，单击“开始松弛”按钮，松弛效果如图 3-56 所示。

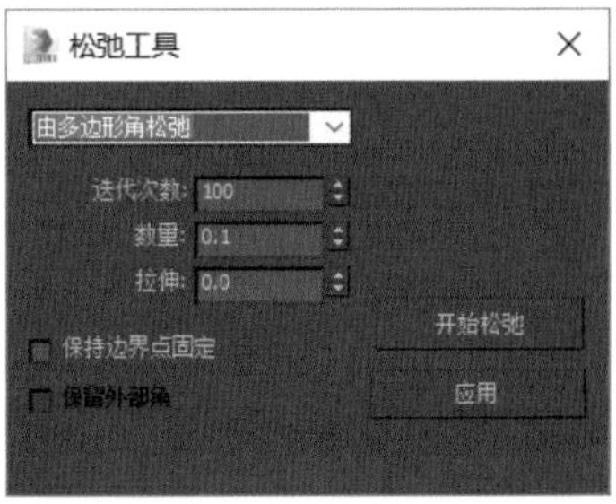

图 3-55　设置松弛

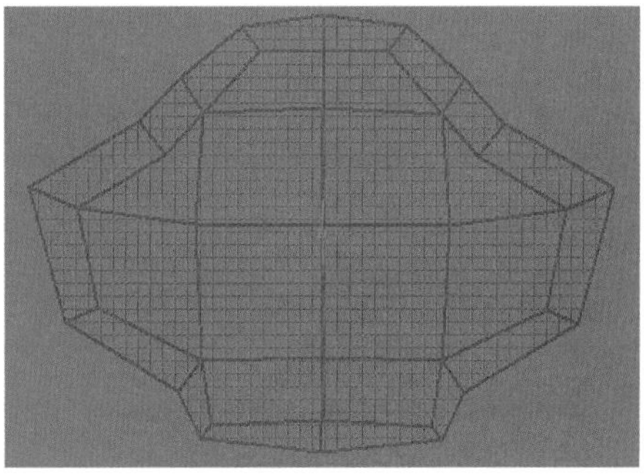

图 3-56　松弛效果

3.3.5 古剑模型手柄部分 UV 调整

1．按快捷键 3 进入多边形层级，按住 Ctrl 键不放选中手柄部分的多边形，如图 3-57 所示。

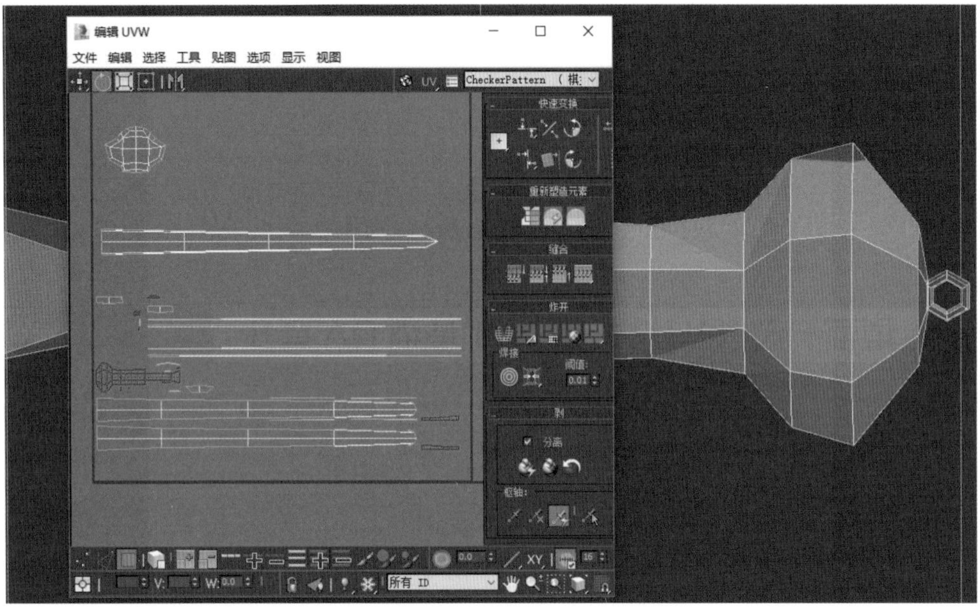

图 3-57 选择手柄面

2．将这些部分拖动到护手旁边空白的地方，如图 3-58 所示。

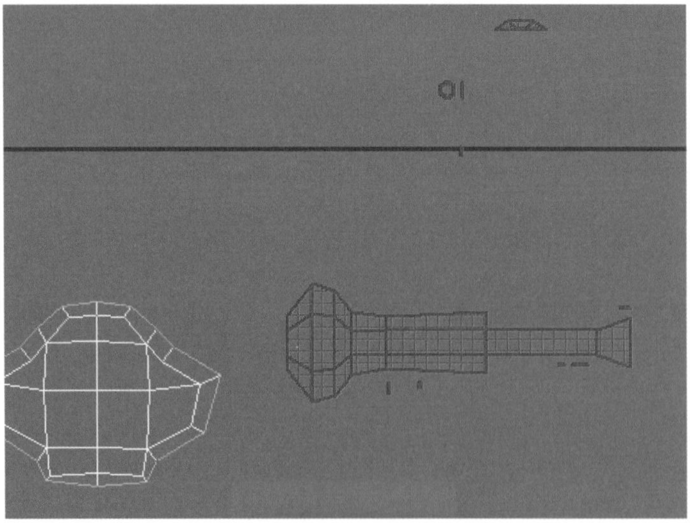

图 3-58 移动手柄面

3．参考护手部分 UV 的缝合方法对手柄前面部分进行缝合，注意缝合完成后，只有最外圈部分是绿色的接缝线，其余部分都是白色的普通线条，效果如图 3-59 所示。

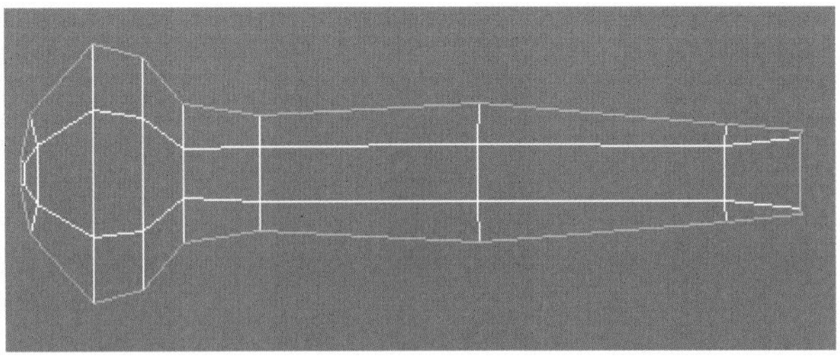

图 3-59　缝合效果

4．重复上述操作，对手柄尾部进行初步缝合，完成之后的效果如图 3-60 所示。

图 3-60　护手尾部初步缝合

5．剩下部分的缝合需要先对接缝的位置作调整，按快捷键 1 进入顶点层级，先调整上方的顶点位置，如图 3-61 所示。

6．按快捷键 2 进入边层级，选中绿色的接缝边，进行缝合操作，结果如图 3-62 所示。

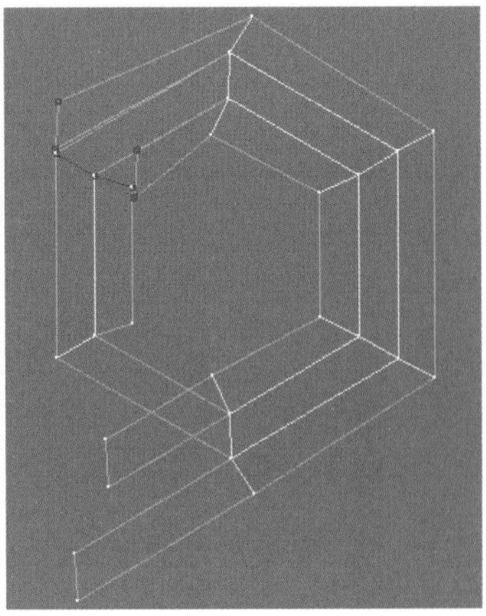

图 3-61　移动顶点位置

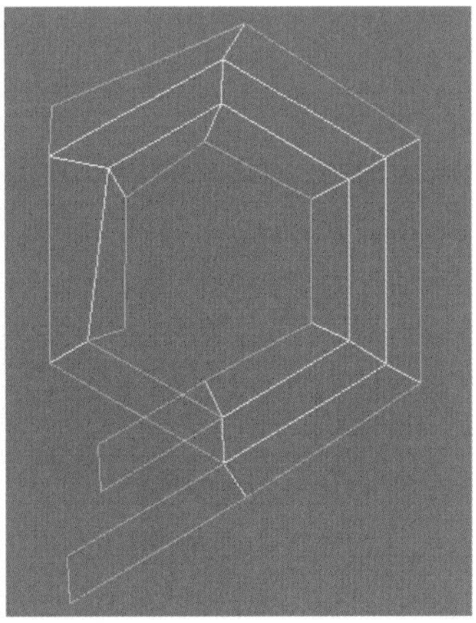

图 3-62　缝合

7．对下方的边作同样的处理，效果如图 3-63 所示。

8．按快捷键 3 进入多边形层级，拖动鼠标把这些面全部选中，单击鼠标右键，在弹出的快捷菜单中选择 Relax 选项，在弹出的对话框中设置为“由多边形角松弛”，再单击“开始松弛”按钮，效果如图 3-64 所示。

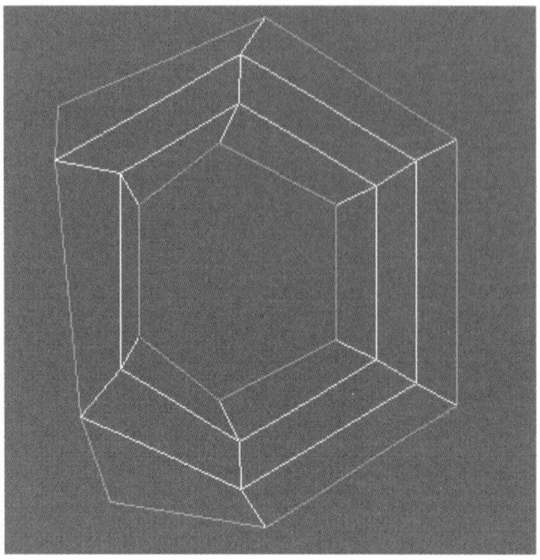

图 3-63　缝合效果

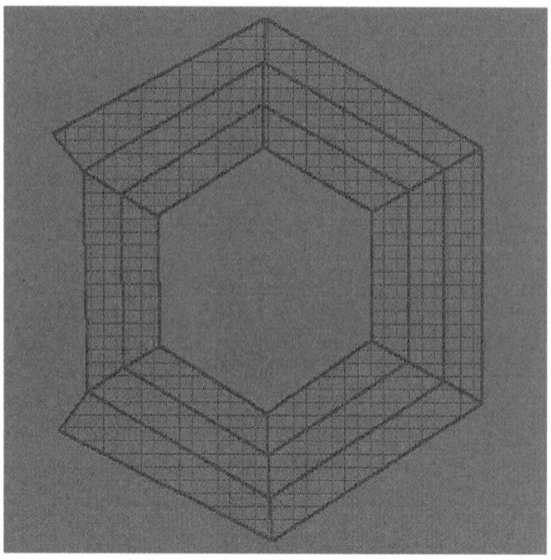

图 3-64　松弛效果

3.3.6　古剑模型剑鞘部分 UV 调整

古剑剑鞘部分的调整方法和剑刃部分的相同，这里不再逐一调整。需要注意的是，剑鞘分为内外两个部分，只对外剑鞘顶部位置的缝合进行讲解。

1．将剑鞘外部两边的边各自缝合，如图 3-65 所示。

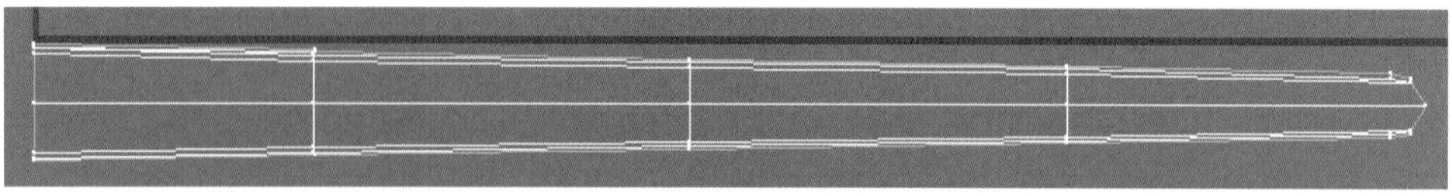

图 3-65　初步缝合剑鞘效果

2．将剑鞘顶部放大，可以看到还缺少两个面，效果如图 3-66 所示。

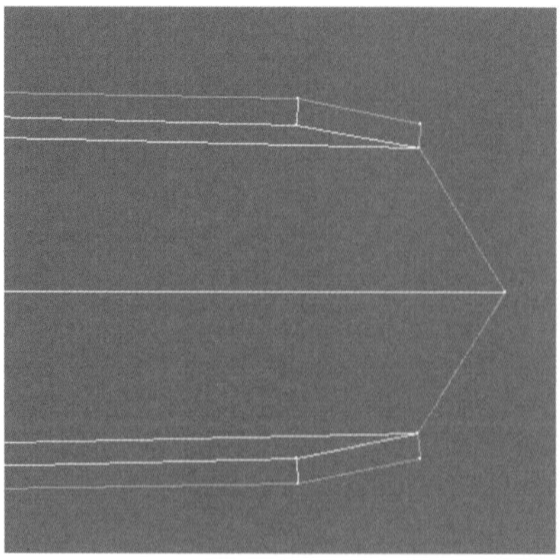

图 3-66　放大剑鞘顶部

3. 选择其中一条边，进行缝合，结果如图 3-67 所示。

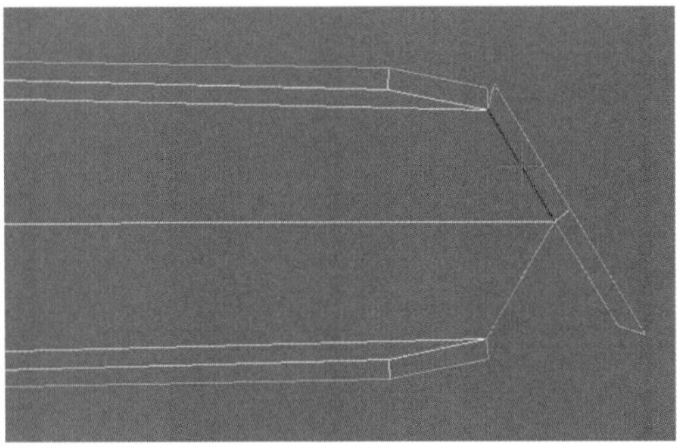

图 3-67 缝合剑鞘顶部

4. 选择两个面之间的线，单击右边卷展栏中的“断开”按钮，将普通线条转换为接缝，如图 3-68 所示。

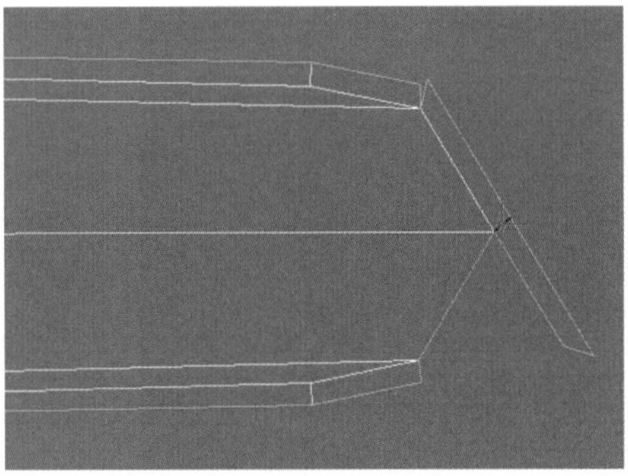

图 3-68 断开边

5. 再逐一对接缝进行缝合，得到如图 3-69 所示的效果。

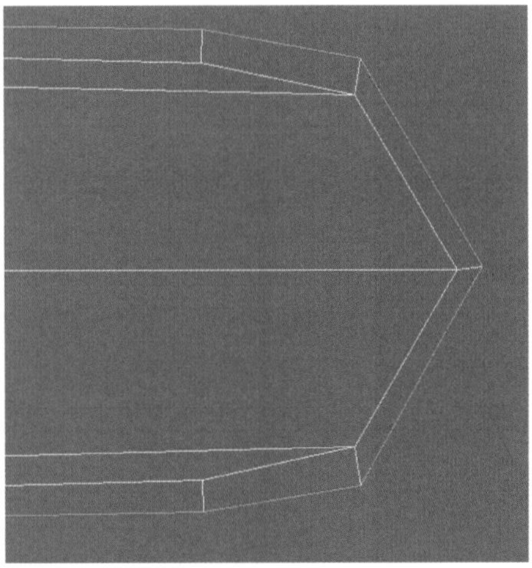

图 3-69 剑鞘顶部缝合效果

6. 继续对其余部分进行缝合，得到如图 3-70 所示的效果。

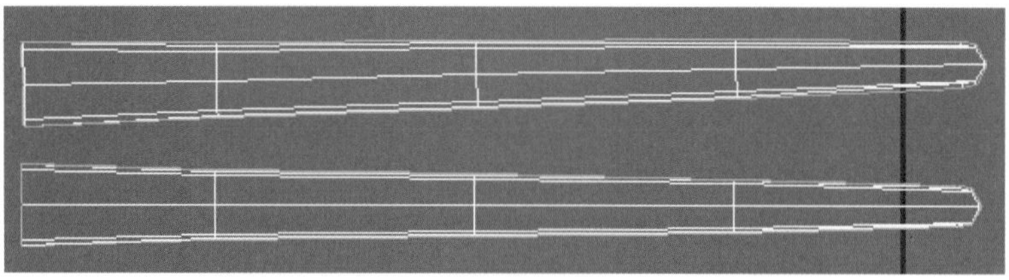

图 3-70　剑鞘缝合效果

7．将古剑模型的 4 个部分分别进行拆分 UV 之后，得到如图 3-71 所示的效果。

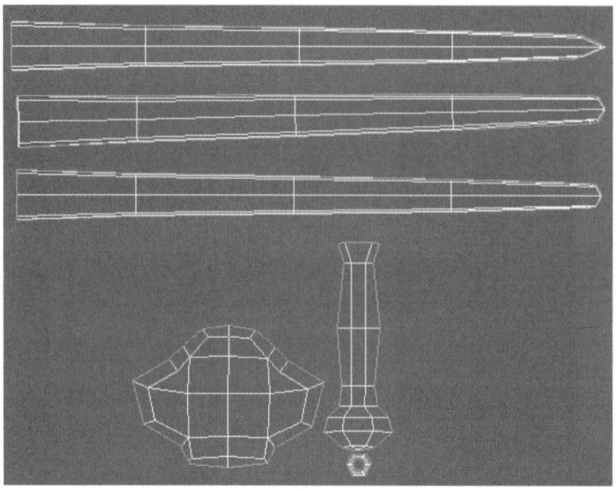

图 3-71　UV 初步拆分效果

8．调整各个部分的位置，选择剑鞘和剑刃部分，单击“快速变换”卷展栏中的，环绕轴心旋转 -90°，得到如图 3-72 所示的效果。

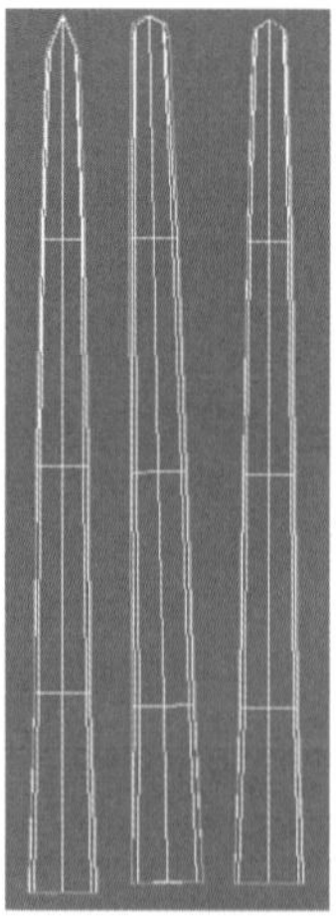

图 3-72　旋转剑鞘和剑刃

9．UV 调整完成后得到如图 3-73 所示的效果，注意所有的对象都要在黑色框线内，否则后期的贴图无法正常渲染输出。此时可以看到，棋盘格在古剑各个部分均匀分布，如图 3-74 所示。

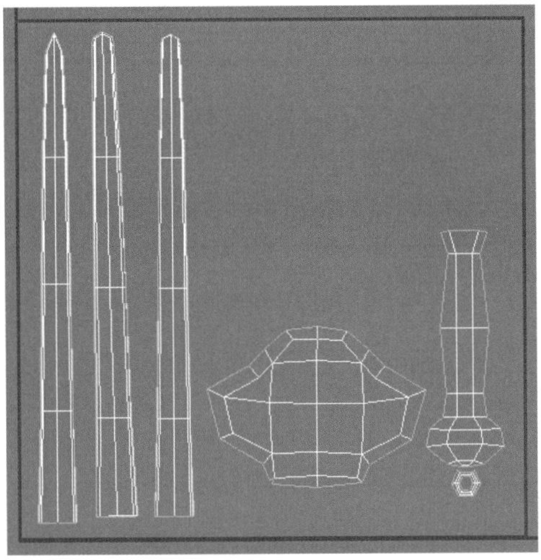

图 3-73　UV 调整完成效果

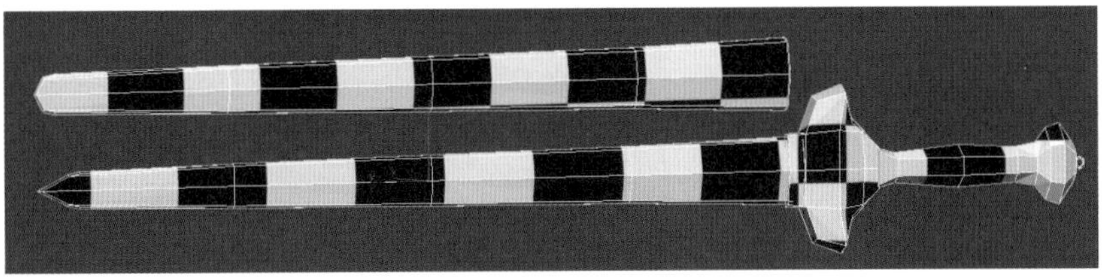

图 3-74　棋盘格效果

3.3.7　古剑模型 UV 进一步调整

1．关闭“编辑 UVW”窗口，在修改器面板中单击鼠标右键，从弹出的快捷菜单中选择“塌陷全部”选项，将整理好 UV 的模型转换为可编辑多边形。

2．以复制的方式在 X 轴方向上镜像古剑模型，设置如图 3-75 所示。

3．将两个部分的古剑附加到一起，如图 3-76 所示。

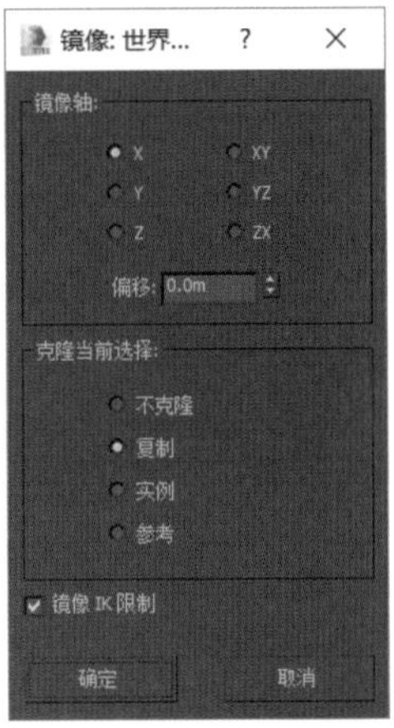

图 3-75　镜像设置

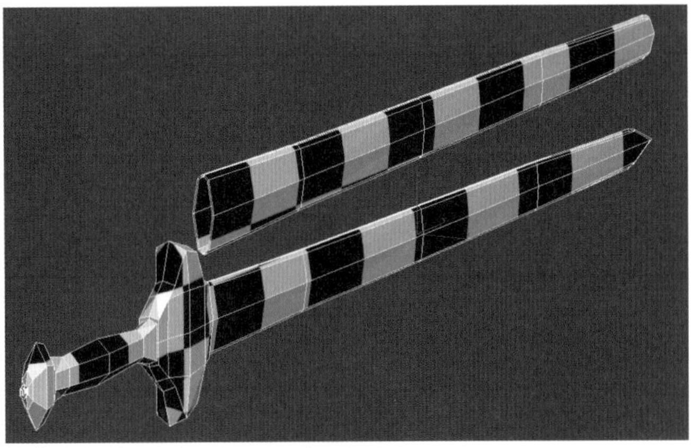

图 3-76　附加对象

4．按快捷键 1 进入顶点层级，拖动鼠标选中中间接缝部分的节点，逐一焊接，如图 3-77 所示。

5．单击 打开 UV 编辑器... 按钮打开“编辑 UVW”窗口，如图 3-78 所示，可以看到之前调整好的 UV 并未发生变化，即模型 UV 左右已经重叠。

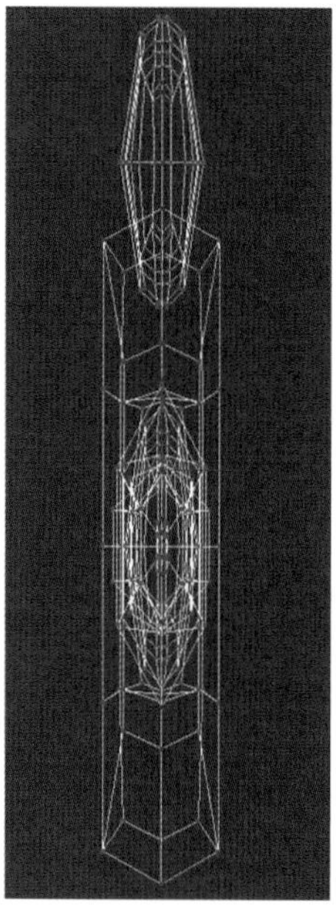

图 3-77　焊接中间顶点

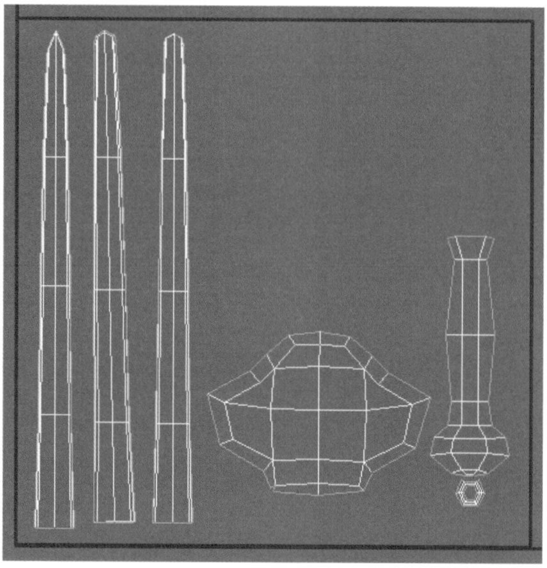

图 3-78　完整古剑的 UV 效果

6．由于此时古剑模型是横向放在水平面上的，不方便后续的贴图绘制，在左视图中将其作旋转，设置如图 3-79 所示，旋转之后的古剑模型如图 3-80 所示。

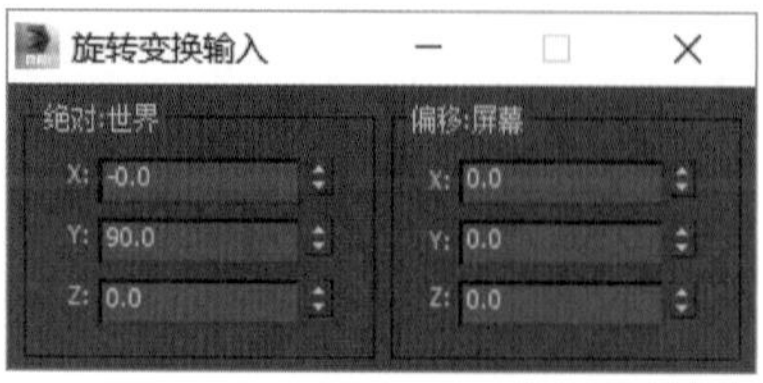

图 3-79　旋转古剑模型

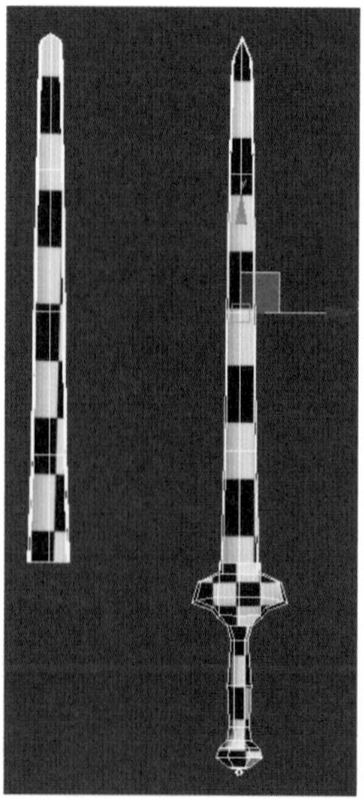

图 3-80　旋转后的模型效果

至此，古剑模型的 UV 拆分完成，保存文件，以备下一步绘制贴图。

3.4 拓展任务

根据本章所学知识完成小车模型的 UV 展开，也可对自行创作的模型进行 UV 展开。

本章小结

本章通过对 3ds Max 软件的 UVW 展开修改器的使用、UVW 编辑器简介，介绍了 UV 展开的命令和面板使用，再通过古剑模型各个部分的 UV 展开对三维模型 UV 展开的常用方法进行了讲解和应用。

第 4 章 虚拟现实（VR）模型贴图详解

本章要点

- 贴图坐标的概念
- 贴图格式
- 贴图类型
- 无缝贴图的制作
- 贴图常用的插件和软件
- 贴图绘制

4.1 贴图坐标简介

由于引擎显示及硬件负载的限制，虚拟现实模型面数的要求十分严格，模型在不能增加面数的前提下还要尽可能地展现模型结构和细节，这就要依靠贴图来实现。

在 3ds Max 默认状态下的模型物体，若想正确显示贴图材质，必须先对其贴图坐标进行设置。所谓贴图坐标是模型物体确定自身贴图位置关系的一种参数，通过正确的设定让模型和贴图之间建立相应的联系，保证贴图材质正确地投射到模型物体表面。

模型在 3ds Max 中的三维坐标用 XYZ 来表示，而贴图坐标则使用 UVW 来与之对应，如果把位图的水平方向设定为 U，垂直方向设定为 V，则贴图坐标就可以用 U 和 V 来确定在模型物体表面的位置。在 3ds Max 中创建的基本几何体模型，创建的时候系统会自动生成对应的贴图坐标关系，但是对于利用多边形建模制作的多边形模型，自身不具备正确的贴图坐标参数，就需要为其设置和修改 UVW 贴图坐标。

对于模型贴图坐标的修改，通常会用到 UVW 贴图和 UVW 展开两个关键命令，其中 UVW 展开在第 3 章中已作了详细讲解，这里不再赘述，下面讲解 UVW 贴图命令。

UVW 贴图命令是一个指定模型贴图坐标的修改器，添加 UVW 贴图修改器的面板如图 4-1 所示。界面基本参数包括参数、通道、对齐和显示 4 个部分。其中最常用的是贴图和对齐，在堆栈窗口中添加 UVW 贴图修改器后，可以用鼠标单击前面的“+”展开 Gizmo 分支，对 Gizmo 进行移动、旋转和缩放调整，使其影响贴图坐标的位置关系和贴图的投影方式。

1. “参数”卷展栏

“参数”卷展栏如图 4-2 所示，在“贴图”面板中包括了对于模型物体的 7 种贴图方式和相关参数设置，包括平面、柱形、球形、收缩包裹、长方体、面、XYZ 到 UVW。

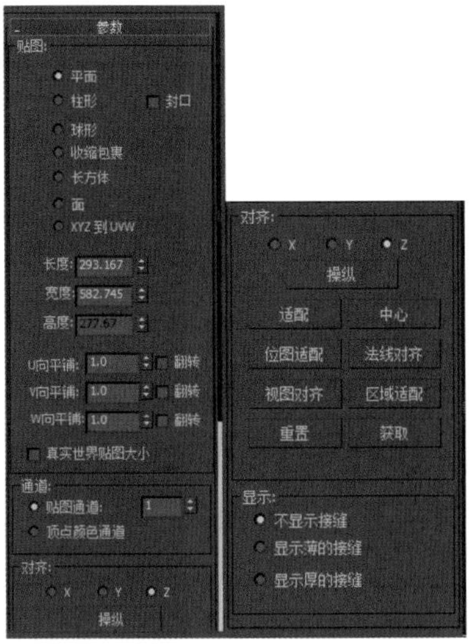

图 4-1　UVW 修改器

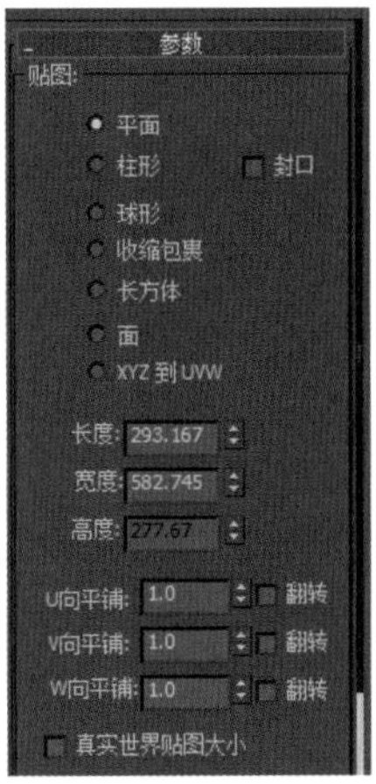

图 4-2　“参数”卷展栏

平面：将贴图以平面的方式映射到模型的表面。平面贴图适用于平面化的模型物体，也可以选择模型面进行指定。一般是在可编辑多边形的面层级下选择想要贴图的表面，然后添加 UVW 修改器选择平面，并在 UVW 展开中调整贴图位置。

柱形：将贴图沿着圆柱体侧面映射到模型表面，它将贴图沿着圆柱的四周进行包裹，最终圆柱立面左侧边界和右侧边界相交在一起。圆柱贴图后面有个“封口”选项，如果激活，则圆柱的顶面和底面将分别使用平面贴图，这种贴图方式适用于圆柱体结构的模型，如角色模型的四肢、建筑模型的柱子等。

球形：将贴图沿球体内表面映射到模型表面，这与圆柱贴图比较类似，贴图的左端和右端同样在模型表面形成一个接缝，同时贴图的上下边界分别在球体两极收缩成两个点，类似地球仪，这种贴图方式适用于球体结构的模型，如球体、角色模型的头部等。

收缩包裹：将贴图包裹在模型的表面，并且将所有的角拉到一个点上，这是唯一一种不会产生贴图接缝的贴图方式，但是这种贴图方式会产生比较严重的拉伸和变形。这种贴图方式适用于贴图形变较小的模型，极点的部分要被隐藏起来，比如石头模型等。

长方体：将 6 个垂直空间平面贴图分别映射到模型表面，适用于规则的几何体模型，如墙面、方形柱子和盒式结构模型等。

面：将模型的所有几何面应用平面贴图。

XYZ 到 UVW：将 3D 程序坐标贴图到 UVW 坐标。这个选项会将程序纹理贴到表面，如果表面被拉伸，3D 程序贴图也被拉伸。在具有动画拓扑的对象上，将此选项与程序纹理（如细胞）一起使用。

2. “通道”卷展栏

图 4-3　“通道”卷展栏

“通道”卷展栏如图 4-3 所示，每个对象最多可拥有 99 个 UVW 贴图坐标通道。默认贴图（通过“生成贴图坐标”切换）始终为通道 1。UVW 贴图修改器可向任何通道发送坐标。这样，在同一个面上可同时存在多组坐标。

贴图通道：用于设置贴图通道。UVW 贴图修改器默认为通道 1，所以贴图具有默认行为方式，除非将显示更改到另一个通道。贴图通道默认值为 1，范围为 1 ～ 99。要使用其他通道，不能仅在 UVW 贴图修改器中选择通道，还应在指定给对象的材质贴图层级指定显示贴图通道。在修改器堆栈中可使用多个 UVW 贴图修改器，每个修改器控制材质中不同贴图的贴图坐标。

顶点颜色通道：通过选择此选项，可将通道定义为顶点颜色通道。另外，确保将坐标卷展栏中的任何材质贴图匹配为顶点颜色或者使用指定顶点颜色工具。

3. “对齐”卷展栏

“对齐”卷展栏用于设置贴图的 Gizmo 坐标对齐方式，如图 4-4 所示。

X/Y/Z：选择其中之一，可翻转贴图 Gizmo 的对齐。每项指定 Gizmo 的哪个轴与对象的局部 Z 轴对齐。

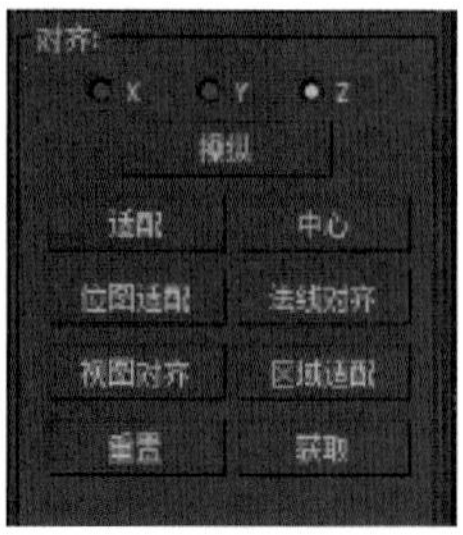

图 4-4 “对齐”卷展栏

适配：将 Gizmo 适配到对象的范围并使其居中，以使其锁定到对象的范围。

中心：移动 Gizmo，使其中心与对象的中心一致。

位图适配：显示标准的位图文件浏览器，以便拾取图像。对于平面贴图，贴图图标被设置为图像的纵横比。对于圆柱形贴图，高度（而不是 Gizmo 半径）被缩放以匹配位图。为获得最佳效果，首先使用“适配”按钮以匹配对象和 Gizmo 的半径，然后使用“位图适配”。

法线对齐：单击并在要应用修改器的对象曲面上拖动。Gizmo 的原点放在鼠标在曲面所指向的点；Gizmo 的 XY 平面与该面对齐，Gizmo 的 X 轴位于对象的 XY 平面上。

法线对齐考虑了平滑组并使用插补法线，这基于面平滑。因此，可将贴图图标定向至曲面的任何部分，而不是令其捕捉到面法线。

视图对齐：将贴图 Gizmo 重定向为面向活动视口，图标大小不变。

区域适配：激活一个模式，从中可在视口中拖动以定义贴图 Gizmo 的区域。不影响 Gizmo 的方向。

重置：删除控制 Gizmo 的当前控制器，并插入使用适配功能初始化的新控制器。使用重置后所有 Gizmo 动画都将丢失，可通过单击撤消来重置操作。

获取：在拾取对象以从中获取 UVW 时，从其他对象有效复制 UVW 坐标，会弹出一个对话框提示选择是以绝对方式还是相对方式完成获取。

如果选择“绝对”，获得的贴图 Gizmo 会恰好放在所拾取的贴图 Gizmo 的顶部；如果选择“相对”，获得的贴图 Gizmo 放在选定对象上方。

4. “显示”卷展栏

“显示”卷展栏如图 4-5 所示，用于确定贴图是否具有不连续性（也称为缝）以及如何显示在视口中。仅在 Gizmo 子对象层级处于活动状态时显示缝。默认缝颜色为绿色。

图 4-5 “显示”卷展栏

不显示接合口：视口中不显示贴图边界，这是默认选择。

显示薄的接合口：使用相对细的线条在视口中显示对象曲面上的贴图边界。放大或缩小视图时，线条的粗细保持不变。

显示厚的接合口：使用相对粗的线条在视口中显示对象曲面上的贴图边界。在放大视图时，线条变粗；在缩小视图时，线条变细。

4.2 贴图简介

4.2.1 贴图格式

对于虚拟现实建模而言，一般的图像格式都可以作为贴图来使用，只要注意图片名称不能出现中文。在实际应用中比较常用的模型贴图格式有PSD、JPG、PNG、TGA、DDS。

1. PSD格式

PSD（Photoshop Document）是著名的Adobe公司的图像处理软件Photoshop的专用格式。这种格式可以存储Photoshop中所有的图层、通道、参考线、注解和颜色模式等信息。PSD格式在保存时会将文件压缩，以减少磁盘空间占用，但PSD格式所包含的图像数据信息较多（如图层、通道、剪辑路径、参考线等），因此比其他格式的图像文件还是要大得多。由于PSD文件保留所有原图像数据信息，因而修改起来较为方便。

2. JPG格式

JPG的全名是JPEG，JPEG图片以24位颜色存储单个位图。JPEG是与平台无关的格式，支持最高级别的压缩，不过，这种压缩是有损耗的，文件大小是以牺牲图像质量为代价的。压缩比率可以高达100:1。JPEG格式可在10:1 ～ 20:1的比率下轻松地压缩文件，而图片质量不会下降。

JPEG压缩可以很好地处理写实摄影作品。但是，对于颜色较少、对比级别强烈、实心边框或纯色区域大的较简单的作品，JPEG压缩无法提供理想的结果。有时，压缩比率会低到5:1，严重损失了图片完整性。这一损失产生的原因是，JPEG压缩方案可以很好地压缩类似的色调，但是JPEG压缩方案不能很好地处理亮度的强烈差异或处理纯色区域。

3. PNG格式

PNG格式与JPEG格式类似，压缩比高，支持图像透明，可以利用Alpha通道调节图像的透明度。PNG是20世纪90年代中期开始开发的图像文件存储格式，其目的是试图替代GIF和TIFF文件格式，同时增加一些GIF文件格式所不具备的特性。

PNG用来存储灰度图像时，灰度图像的深度可多到16位，存储彩色图像时，彩色图像的深度可多到48位，并且还可存储多到16位的α通道数据，使用从LZ77派生的无损数据压缩算法。

4. TGA格式

TGA是由美国Truevision公司为其显示卡开发的一种图像文件格式，已被国际上的图形图像工业所接受，现已成为数字化图像以及运用光线跟踪算法所产生的高质量图像的常用格式。该格式支持压缩，使用不失真的压缩算法，可以带通道图，另外还支持行程编码压缩。在兼顾了BMP图像质量的同时又兼顾了JPEG的体积优势。

在虚拟现实领域，使用三维软件制作出来的图像可以利用TGA格式的优势在图像内部生成一个Alpha（通道），这个功能方便了在平面软件中的工作。

5. DDS 格式

DDS 是一种图片格式，是 DirectDraw Surface 的缩写。它是 DirectX 纹理压缩（DirectX Texture Compression，DXTC）的产物，由 NVIDIA 公司开发。大部分 3D 虚拟现实引擎都可以使用 DDS 格式的图片作为贴图，也可以制作法线贴图。

许多 3D 软件都用 DDS 格式，又称“贴图”。另外 DDS 可以作为三维模型的法线贴图，NVIDIA 提供了 Photoshop 使用 DDS 的插件，通过该插件也可以生成 DDS 文件，通过安装 DDS 插件后可以在 Photoshop 中打开。

DDS 格式的贴图可以随着操控模型与其他模型之间的距离来改变贴图自身的尺寸，在保证视觉效果的同时节省了大量资源。

4.2.2 贴图类型

在虚拟现实模型中，贴图的尺寸通常为 8×8、16×16、32×32、64×64、128×128、256×256、512×512、1024×1024。

考虑到引擎能力、硬件负载等因素，要求在虚拟现实建模中要尽量节省资源，在贴图上就体现为要尽可能让贴图尺寸降到最低，把贴图中的所有元素尽可能堆积到一起，并且还要尽量减少模型应用的贴图数量，如图 4-6 所示的小车贴图。

图 4-6　小车贴图

与模型的命名一样，贴图的命名同样不能出现中文字符，模型与贴图的名称要统一，不同的贴图不能出现重名。贴图的命名包含前缀、名称和后缀。在实际的虚拟现实项目制作中，不同的后缀名代表不同的贴图类型，通常来说 _D 代表漫反射贴图（Diffuse 贴图），_N 代表法线贴图，_S 代表高光贴图，_AL 代表有 Alpha 通道的贴图，即透明贴图。

在实际虚拟现实场景中通常会使用漫反射贴图、法线贴图和高光贴图，这 3 张贴图配合才能充分地表现材质特性。

下面分别对常用的贴图类型进行介绍，具体的使用方法会在 4.3 节中详细讲解。

1. 漫反射贴图（Diffuse 贴图）

漫反射贴图用于表现物体表面的反射和表面颜色，即物体的基本质地，包括材质特性和岁月在物体上留下的痕迹。通俗来讲，就是表现物体是金属还是木材或者其他什么材料，还有物体的颜色，经过岁月留下的划痕、锈蚀、污迹等。之前所提到的图 4-6 所示的小车贴图即是 Diffuse 贴图，从图中可以看到小车模型是木材质的，配以金属和绳索。

2. 凹凸贴图

凹凸贴图是一种在 3D 场景中模拟粗糙表面的技术，将带有深度变化的凹凸材质贴图赋予 3D 物体，经过光线渲染处理后，这个物体的表面就会呈现出凹凸不平的感觉，而无需改变物体的几何结构或增加额外的点面。例如，把一张碎石的贴图赋予一个平面，经过处理后这个平面就会变成一片铺满碎石、高低不平的荒原。当然，使用凹凸贴图产生的凹凸效果其光影的方向角度是不会改变的，而且不可能产生物理上的起伏效果，常见的凹凸贴图主要是法线贴图。

法线贴图就是在原物体的凹凸表面的每个点上均作法线，通过 RGB 颜色通道来标记法线的方向，可以把它理解成与原凹凸表面平行的另一个不同的表面，但实际上它又只是一个光滑的平面。对于视觉效果而言，它的效率比原有的凹凸表面更高，若在特定位置上应用光源，可以让细节程度较低的表面生成高细节程度的精确光照方向和反射效果，如图 4-7 所示即为小车模型的法线贴图效果。

图 4-7　法线贴图

法线贴图将具有高细节的模型通过映射烘焙出法线贴图，然后贴在低端模型的法线贴图通道上，使其表面拥有光影分布的渲染效果，能大大降低表现物体时需要的面数和计算内容，从而达到优化动画和游戏的渲染效果。

法线贴图是一种显示三维模型更多细节的重要方法，它计算了模型表面因为灯光而产生的细节。这是一种二维的效果，所以它不会改变模型的形状，但是它计算了轮廓线以内的极大的额外细节。在处理能力受限的情况下，这对实时引擎是非常有用的，另外当渲染动画受到时间限制时，它也是极其有效的解决办法。

3. 置换贴图

置换贴图使用一个高度贴图制造出几何物体表面上点的位置被替换到另一位置的效果。这种效果通常是让点的位置沿面法线移动一个贴图中定义的距离。它使得贴图具备了表现细节和深度的能力，且可以同时允许自我遮盖、自我投影和呈现边缘轮廓。而另一方面，这种技术是同类技术中消耗性能最大的，因为它需要额外地增加大量几何信息。

置换贴图不像凹凸贴图是在制造凹凸效果的假象，位移映射是真正通过贴图的方式制造出凹凸的表面，它必须要配合细分算法，增加渲染的多边形数目来制造出细节的效果。在虚拟现实建模中，要体现模型凹凸不平的表面，一般会采用置换贴图，如图 4-8 所示即为小车模型的置换贴图效果。

4. 高光贴图

高光贴图是用来表现当光线照射到模型表面时其表面属性的，如金属、皮肤、布、塑料反射不同量的光，从而区分不同材质。高光贴图在引擎中表现镜面反射和物体表面的高光颜色，如图 4-9 所示为小车模型的高光贴图效果。

图 4-8　置换贴图

图 4-9　高光贴图

5. AO 贴图

Ambient Occlusiont 贴图简称 AO 贴图，中文一般叫做环境阻塞贴图，是一种目前次时代游戏中常用的贴图技术，在三维软件里，AO 贴图就是物体在天光模式下产生的一张光线模拟贴图，可以增加物体的体积感。

AO 贴图的计算是不受任何光线影响的，仅仅计算物体间的距离，并根据距离产生一个 8 位的通道。计算物体的 AO 贴图的时候，程序使每个像素，根据物体的法线发射出一条光，这个光碰触到物体的时候就会产生反馈，标记这里附近有物体，就呈现黑色。而球上方的像素所发射的光没有碰触到任何物体，因此标记为白色，如图 4-10 所示为小车模型的 AO 贴图效果。

6. 透明贴图

透明贴图一般可以用 PNG 和 TGA 两种格式的图像文件来表现，在虚拟现实场景里主要用于表现室内装饰物、复杂的浮雕饰物、室外树木、花草、人及用于展现特效的物体等，在后期的具体案例中会详细讲解其制作方法和使用方法。

图 4-10　AO 贴图

4.2.3　贴图风格及形式

1. 贴图风格

贴图的风格主要分为写实风格和手绘风格。

（1）写实风格：写实风格的贴图一般都是用真实的照片进行修改，主要用于模拟真实背景的虚拟现实场景中，如图 4-11 所示。

图 4-11　写实风格贴图

写实风格的贴图中大多数素材取材于真实照片，通过 Photoshop 的修改编辑成了符合虚拟现实场景使用的贴图，写实贴图的细节效果和真实感比较强。

（2）手绘风格：手绘风格的贴图主要是靠制作中的美术功底进行手绘的，主要用在卡通虚拟现实场景中，如图 4-12 所示。

图 4-12 手绘风格贴图

手绘风格贴图的优点在于整体都是用颜色绘制的，色块面积较大而且过渡柔和，在贴图放大后不会出现明显的拉伸和变形痕迹。

2. 贴图形式

在虚拟现实场景制作中，常用的贴图形式有两种：拼接贴图和无缝贴图。

（1）拼接贴图：拼接贴图是指在模型制作完成后将模型的全部 UV 平展到一张或者多张贴图上，多用于制作场景道具、角色等，如小车贴图即为拼接贴图。

一般来说，拼接贴图用 512×512 或者 1024×1024 尺寸的贴图就已足够，对于体积庞大、细节过于复杂的模型，可以将模型拆分为不同的部分并将 UV 平展到多张贴图上。

（2）无缝贴图：无缝贴图又称为循环贴图，它不需要将模型 UV 平展后再绘制贴图，可以在制作模型的时候同步绘制贴图，然后用模型中不同面的 UV 坐标去对应贴图中的元素。

相对于拼接贴图，无缝贴图更加不受限制，可以重复利用贴图中的元素，对于墙体、底面等结构简单的模型具有更大的优势。

4.3 贴图制作软件与插件

虚拟现实场景中模型贴图的绘制可分为两个类别：一是根据模型的 UV 网格来进行一对一的严谨绘制，即根据 UV 画贴图；二是独立绘制贴图，然后根据贴图来匹配模型，即根据贴图展 UV。

4.3.1 DDS 贴图插件

DXTC 减少了纹理内存消耗的 50% 甚至更多，有 3 种 DXTC 格式可供使用，即 DXT1、DXT3 和 DXT5。

DDS 是一种图片格式，该格式可附带多级渐近纹理层，并且能够以压缩格式存储和使用。不过，在通常情况下，Photoshop 是无法识别 DDS 图片的，需要安装 NVIDIA 提供的 DDS 插件。

在 Photoshop 中打开和保存 DDS 图片的操作步骤如下：

1. 下载或者使用提供素材中的 DDS 插件并解压缩，双击打开 Plug-Ins 文件夹，将其中的两个文件夹选中并按 Ctrl+C 组合键复制。

2. 打开 Photoshop 的安装目录，如图 4-13 所示。

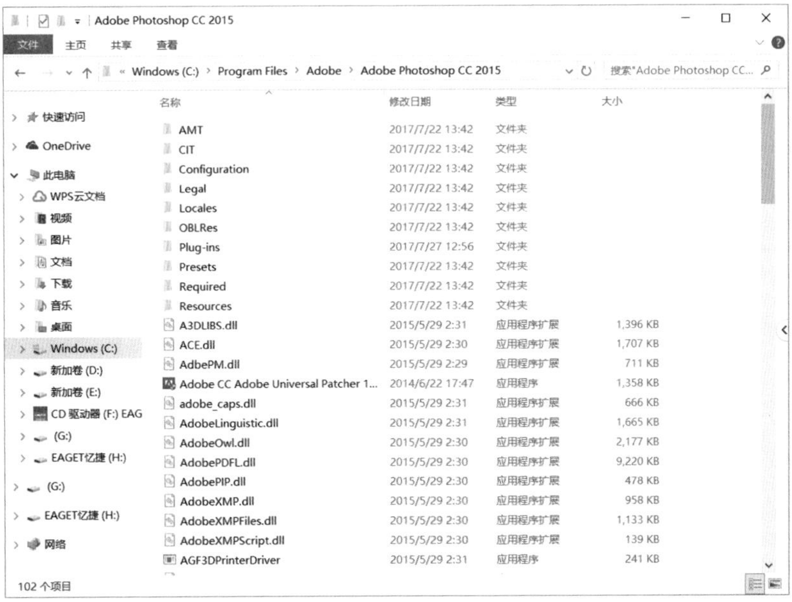

图 4-13　Photoshop 的安装目录

3. 找到 Plug-Ins 文件夹，双击进入，按 Ctrl+V 组合键粘贴之前拷贝的两个文件夹，完成后如图 4-14 所示。

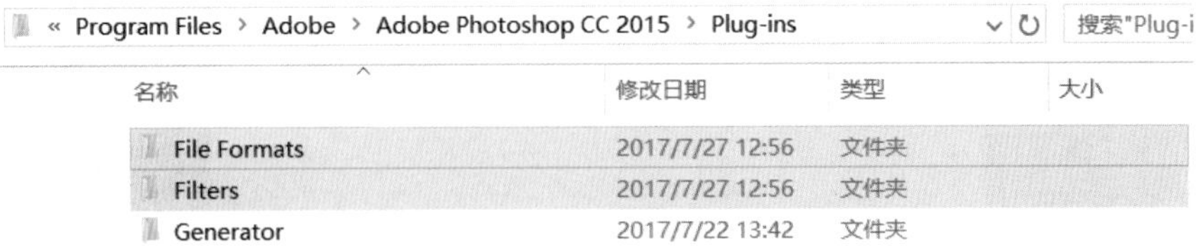

图 4-14　粘贴文件夹

4. 切换到 DDS 插件的文件夹，打开 Presets → Script 文件夹，选中其中的两个文件并复制，如图 4-15 所示。

图 4-15　复制文件

5．返回 Photoshop 安装目录下的 Presets → Script 文件夹，并将拷贝的两个文件粘贴到该文件夹下，如图 4-16 所示。

图 4-16　粘贴文件

6．启动 Photoshop，找到 DDS 图片并打开。这时，将弹出一个如图 4-17 所示的对话框，一般选择第一项：Load Using Default Sizes（使用默认尺寸加载），并勾选 Load MIP maps 复选项。

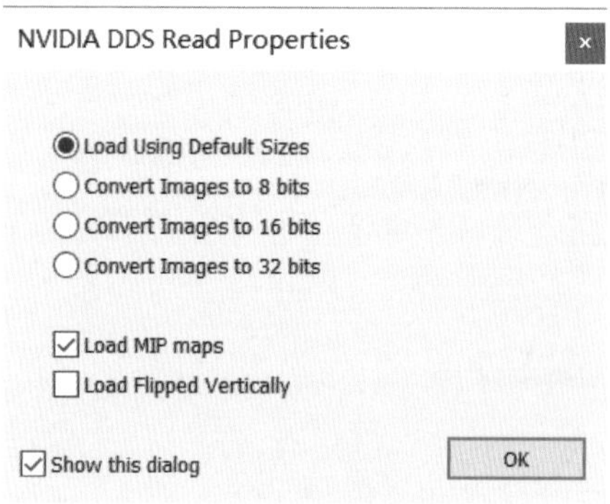

图 4-17　DDS 加载对话框

图 4-18 所示便是一幅树皮贴图的 DDS 格式图片打开后的效果。

图 4-18　DDS 格式树皮贴图

7．简单地对该图片进行修改和调整，如调整色相 / 饱和度，然后单击“文件”→“存储”命令，在弹出的对话框中选择保存类型为 DDS，如图 4-19 所示。

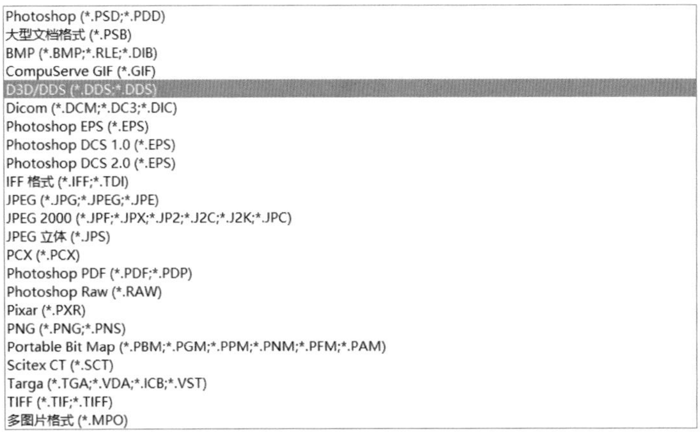

图 4-19　选择 DDS 类型

8．单击“保存”按钮，弹出如图 4-20 所示的 DDS 参数设置对话框，一般使用默认参数即可。

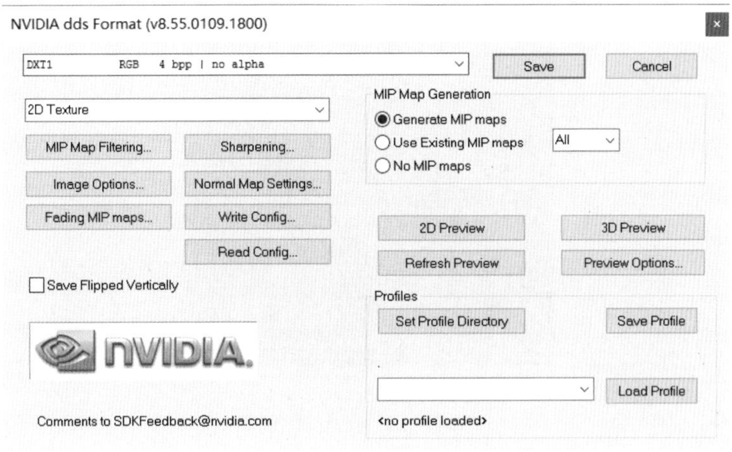

图 4-20　DDS 参数设置对话框

如果贴图不包含 Alpha 通道，选择 DXT1 RGB 格式来存储；对于包含 Alpha 通道的图片必须使用 DXT1 ARGB、DXT3 ARGB 和 DXT5 ARGB 等格式来存储，尤其对于三维植物模型的叶片贴图，选择 DXT5 ARGB 格式显示效果最好。需要注意的是 DDS 格式的图片是以 2 的 N 次方算法存储的，所以在编辑时需要保证当前图片的尺寸为 2 的 N 次方，否则无法存储为 DDS 格式。

4.3.2　无缝贴图插件

虚拟现实场景中有些模型体积较大，如建筑模型，如果在制作模型贴图时将模型所有元素的面片全部展平到一张贴图上，那么最后的贴图效果会变得模糊不清、缺少细节，所以对于这类模型制作贴图时需要用到无缝贴图。

无缝贴图是指在 3ds Max 的“编辑 UVW”编辑器中贴图边界可以自由连接并不产生接缝的贴图，在模型贴图时不用担心模型的 UV 细分问题，只需要根据模型整体大小调整贴图比例即可，通常分为二方连续无缝贴图和四方连续无缝贴图。

二方连续无缝贴图是指在贴图平面上下或者左右一个轴向上连续时不产生接缝，原始素材图片如图 4-21 所示，二方连续无缝贴图效果如图 4-22 所示。

图 4-21　原始素材

图 4-22　二方连续无缝贴图

四方连续无缝贴图是指在贴图的上下和左右两个平面轴向上连接时都不产生接缝，让贴图可以形成无限连接的大贴图，如图 4-23 所示，图中白色线框内的部分为贴图本身，贴图的上下左右边缘都可以实现无缝连接。

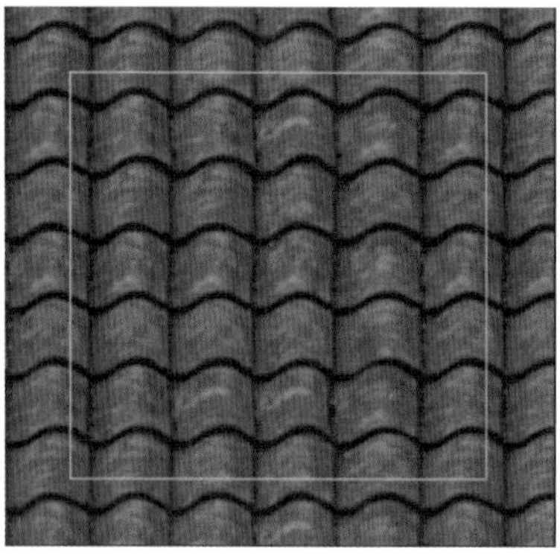

图 4-23　四方连续无缝贴图

对于无缝贴图，一般可以利用 Photoshop 等二维软件来进行制作和绘制，但是对于四方连续无缝贴图，想要做到良好的图片效果，将会花费大量的时间在图片细节的修改和编辑上，因而可以利用一些插件来进行辅助制作，节省时间，提高工作效率。

PixPlant（无缝贴图生成器）是一款功能非常强大的无缝贴图生成辅助工具，它可以快速创建独特的无缝纹理，形成完整的图像。PixPlant 是一款非常实用的无缝纹理制作软件，适用于 3D 渲染贴图、Photoshop 无缝纹理背景拼接等方面。

PixPlant 不仅可以将一张图片处理为无缝衔接效果，还可以在其基础上叠加新的纹理图层，让贴图呈现更加多样、真实和自然的视觉效果。另外，PixPlant 可以将处理好的贴图直接设置输出为法线贴图、高光贴图和置换贴图。

下面仍然以古典瓦片的四方连续贴图的制作过程对 PixPlant 软件的应用进行讲解，步骤如下：

1. 将提供的 PixPlant 插件压缩包解压之后，按照安装说明中的步骤将插件安装完成，包含独立运行版和 Photoshop 专用的滤镜版。安装完成后启动软件，单击“文件”→“加载纹理”命令，找到瓦片的图片，如图 4-24 所示。

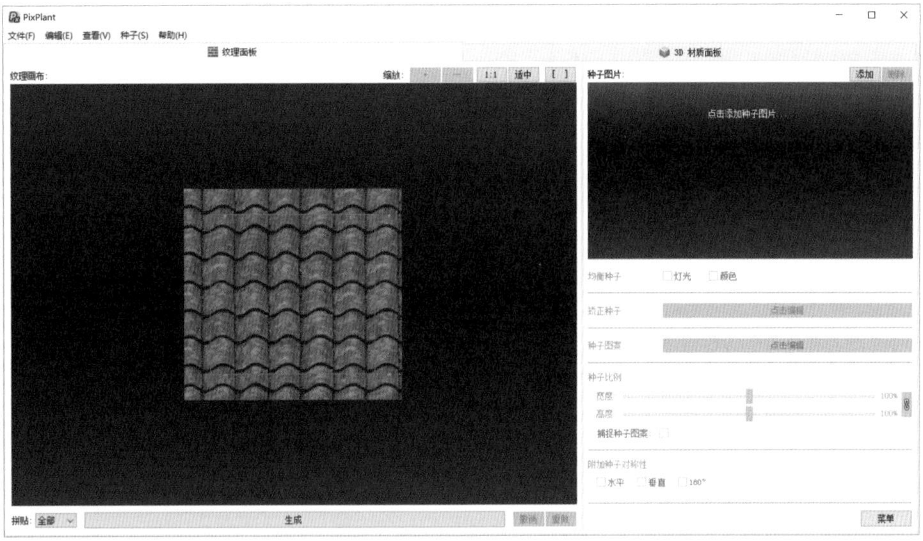

图 4-24 加载瓦片纹理素材

PixPlant 的操作界面分为左右两大部分，左侧为基础素材图片的显示窗格，右侧为叠加图片素材的显示窗格和参数设置面板。

软件界面上方为菜单栏，包括文件、编辑、查看、种子和帮助 5 个菜单。“文件”菜单中主要包含新建纹理、加载纹理、生成纹理、保存纹理和选项设置；“编辑”菜单中主要包含撤销、重做和复制纹理到剪贴板等操作；“查看”菜单主要用来设置素材图片在窗口中的显示方式和缩放大小等；“种子”菜单主要用于添加和删除叠加纹理的素材图片；“帮助”菜单包含软件的相关信息和使用说明等。

2. 通过“种子”菜单、视图右上角的“添加”按钮或者点击添加种子图片均可添加种子图片。所谓种子图片就是叠加的纹理素材图片，在本例中使用“从纹理画布添加种子”将原始的瓦片图片自身作为种子图片添加进来，如图 4-25 所示。

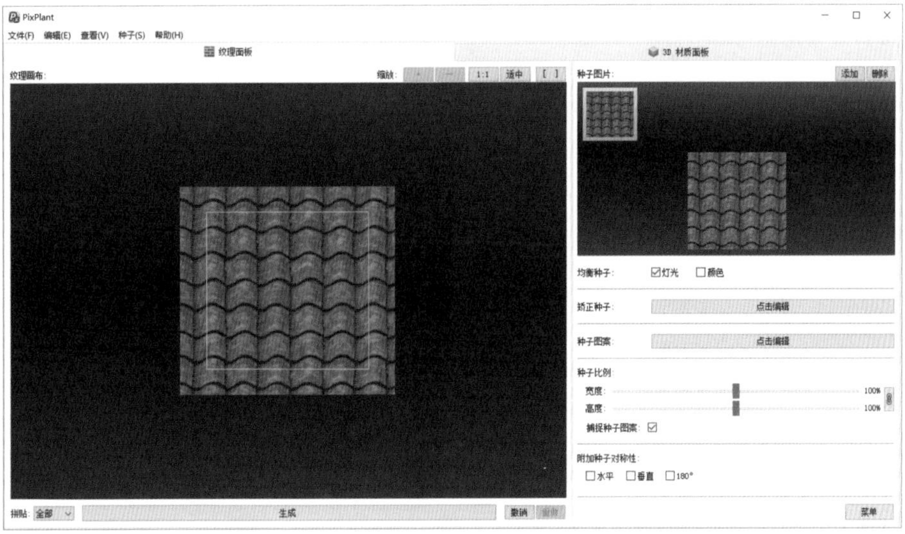

图 4-25 从纹理画布添加种子

3．通过界面左下角的“拼贴”选项设置无缝贴图的类型，包括水平二方连续贴图、垂直二方连续贴图和全部（四方连续贴图）3 种形式，此处将其设置为“全部”，如图 4-26 所示。

4．单击“拼贴”后方的“生成”按钮即可生成四方连续贴图，如图 4-27 所示，单击“文件”→“保存纹理”命令将其保存起来。

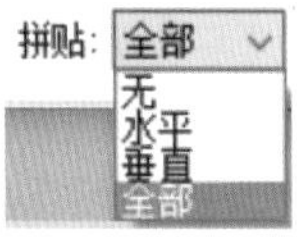

图 4-26　设置四方连续贴图

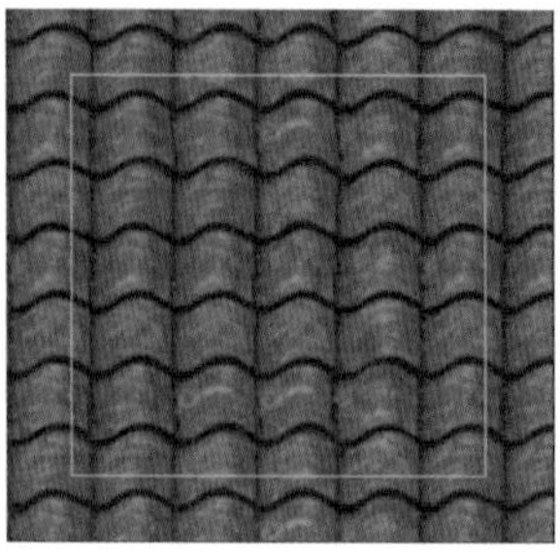

图 4-27　瓦片四方连续贴图效果

5．在菜单栏下方将界面切换到 3D 材质面板，如图 4-28 所示，在该界面中可以利用详细的参数设置来生成无缝贴图的法线贴图、置换贴图和高光贴图。

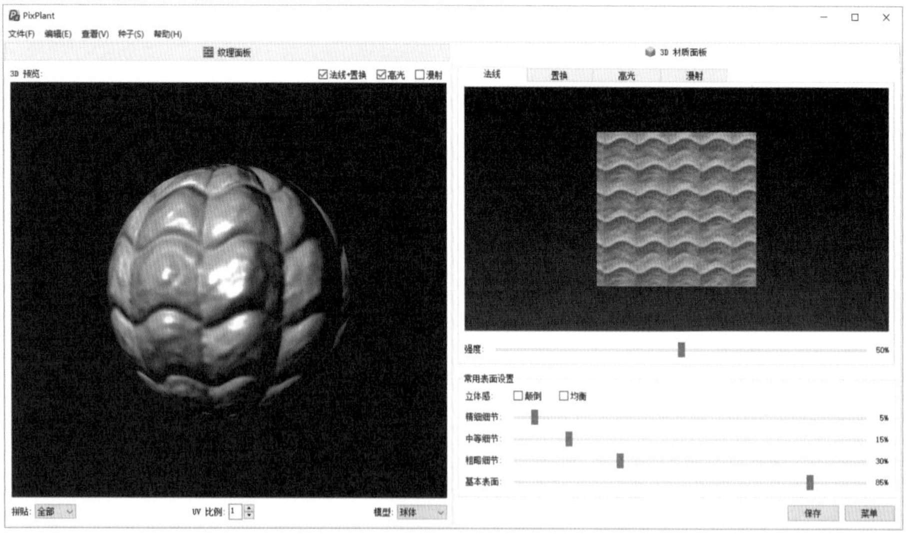

图 4-28　切换到 3D 材质面板

6．单击“文件”→“保存 3D 材质贴图”或“保存全部 3D 材质贴图”命令可将设置完成的法线贴图、置换贴图、高光贴图进行保存，保存之后的文件如图 4-29 所示。

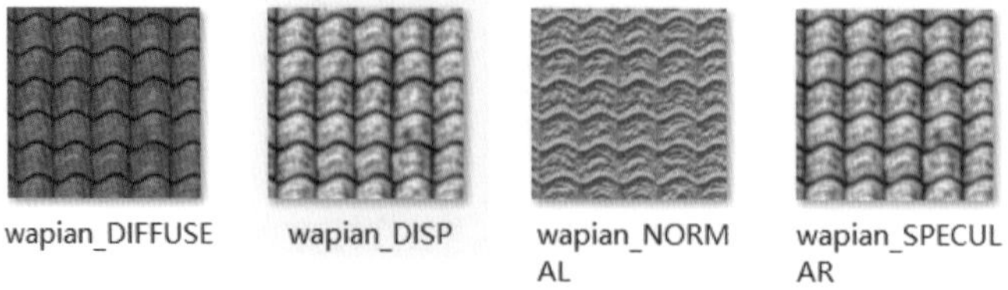

图 4-29　保存全部 3D 材质贴图

4.3.3 法线贴图制作插件

法线贴图在前面已经介绍过了，使用法线贴图可以应用到 3D 表面的特殊纹理，它包含了每个像素的高度值，内含很多细节信息，能够在平常无奇的物体上创建出许多特殊的立体外形，提高模型的真实感和自然感。对于虚拟现实模型和场景来说，法线贴图是很重要的，下面介绍一款专业的法线贴图制作软件——CrazyBump。

CrazyBump 是一款图片转法线贴图生成软件，操作起来非常方便，能同时导出法线贴图、置换贴图、高光贴图和全封闭环境光贴图，并有即时浏览窗口。它可以利用普通的 2D 图像制作出带有 Z 轴（高度）信息的法线图像，可以用于其他 3D 软件里。在软件中用一张普通的贴图会得到 5 张贴图效果，分别是原图、置换、法线、OCC、高光。

使用提供的插件安装包，安装成功后，把破解文件复制到安装路径下面，双击它运行 CrazyBump，最后会弹出两个 CrazyBump，关掉一个即可正常使用该软件，其工作界面如图 4-30 所示。

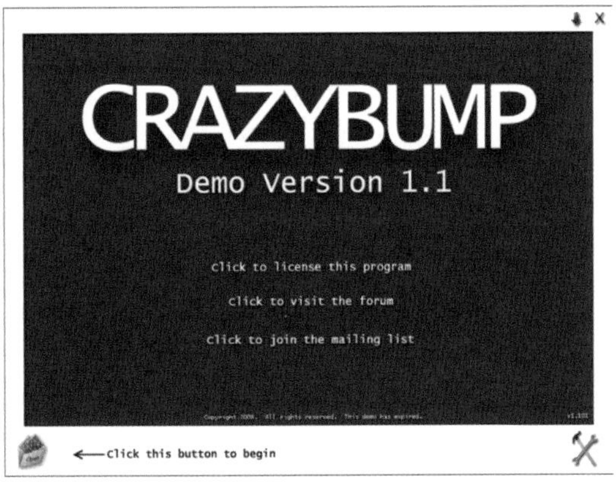

图 4-30 CrazyBump 启动界面

下面通过一个简单的案例来介绍 CrazyBump 的使用方法，步骤如下：

1. 单击左下角的 Click this button to begin 按钮  ，弹出如图 4-31 所示的贴图类型选择窗口，包括普通贴图、高光贴图和法线贴图等，这里需要从一张普通贴图转换为法线贴图，因而选择第一个按钮打开普通贴图。

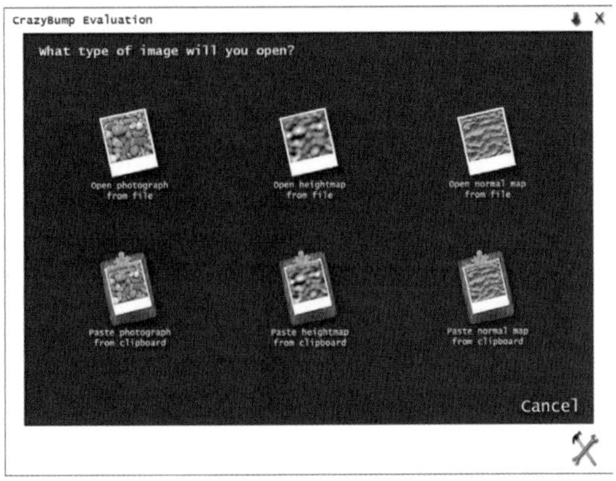

图 4-31 选择贴图类型

2．在弹出的文件选择窗口中选择一张普通贴图，单击“确定”按钮，弹出如图 4-32 所示的选择法线贴图纹理凹凸方式的窗口，这两种方式互为反向，使用的时候根据自己制作贴图的需求来进行选择，本例中选择第二种方式。

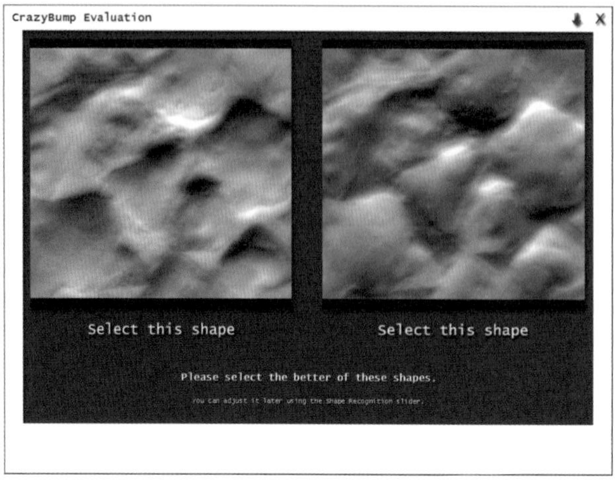

图 4-32　选择法线贴图纹理凹凸方式

3．选择了法线贴图纹理的凹凸方式后，进入法线贴图的参数设置窗口，进行法线贴图的详细设置，如图 4-33 所示。

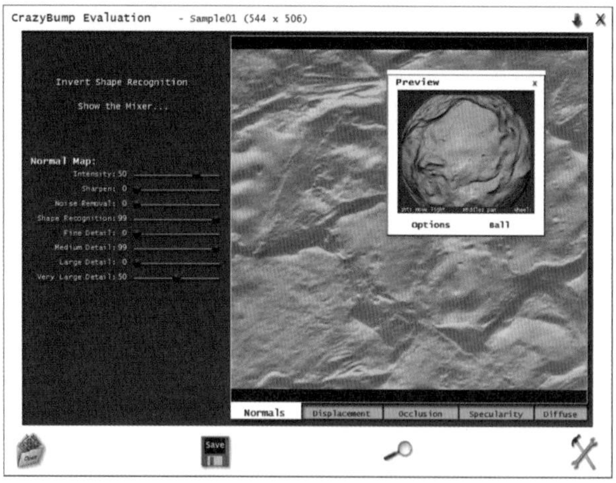

图 4-33　法线贴图参数设置窗口

窗口左侧的参数面板包括：

- Intensity（强度）：用于设置法线贴图凹凸效果的强度。
- Sharpen（锐度）：用于设置细节的锐化程度。
- Noise Removal（降噪）：用于去除贴图产生的噪点。
- Sharp Recogntiton（形状识别）：用于设置凹凸纹理边缘的显示效果。
- Fine Detail、Medium Detail、Large Detail、Very Large Detail：用于设置贴图纹理凹凸的显示细节。

4. 调节参数，直到得到所需的效果，可以在 Preview 窗口中实时看到调整的效果，如图 4-34 所示。

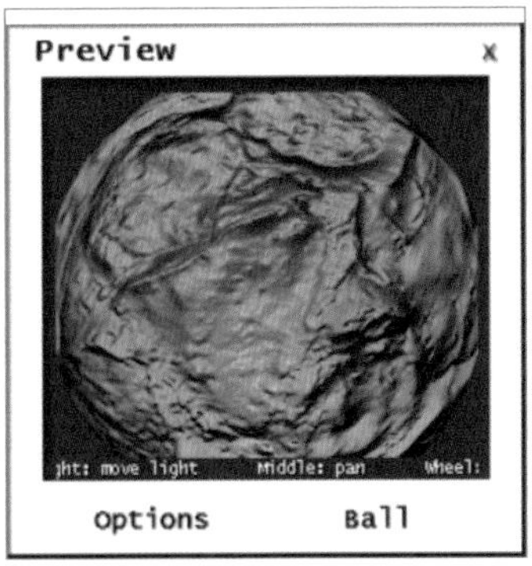

图 4-34　Preview 窗口

5. 单击界面下方的“保存”按钮，在弹出的列表中选择 Save Normals to File 选项，如图 4-35 所示，将法线贴图保存起来，CrazyBump 提供的可保存的文件类型很多，可以根据需求选择文件所需格式进行保存。

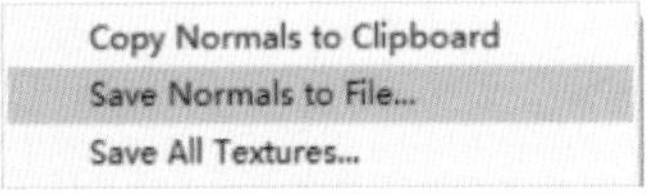

图 4-35　保存法线贴图

6. 启动 3ds Max 软件，在顶视图中绘制一个平面，如图 4-36 所示。

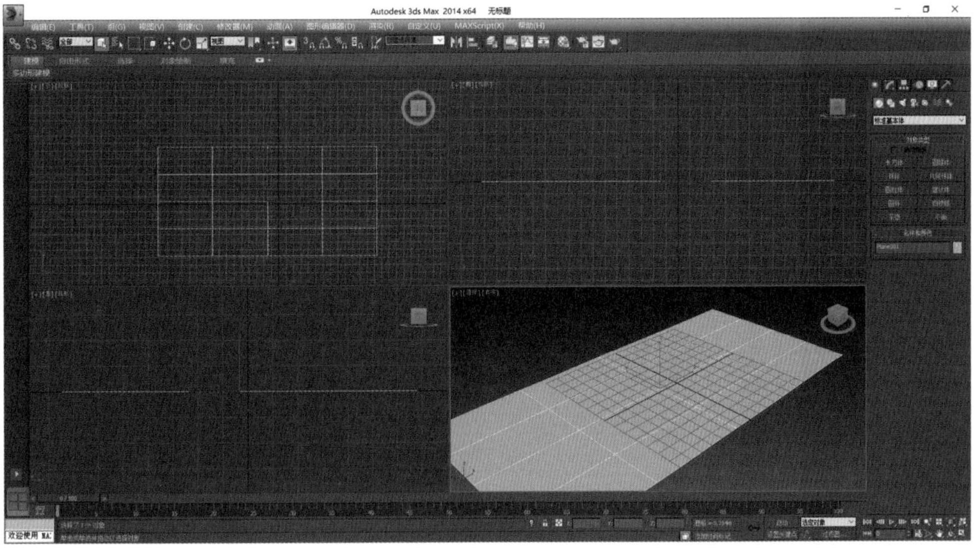

图 4-36　绘制平面

7. 按 M 键进入材质编辑器面板，单击“漫反射”后面的小方块，从弹出的材质 / 贴图浏览器中选择位图，如图 4-37 所示。

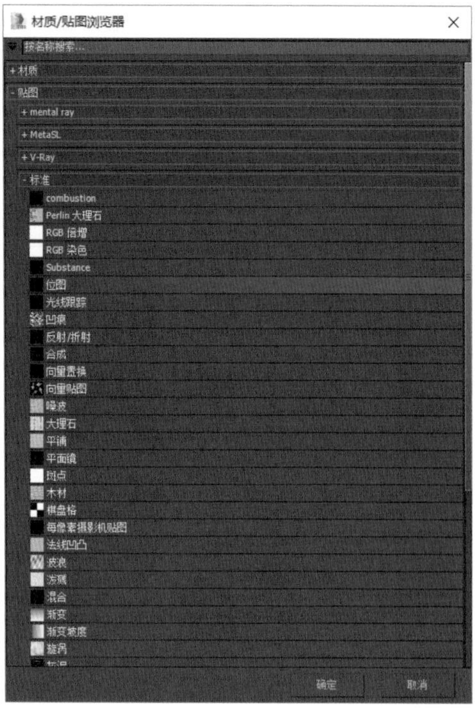

图 4-37　材质 / 贴图浏览器

8．从弹出的选择位图图像文件中选择原始的素材图片，如图 4-38 所示。

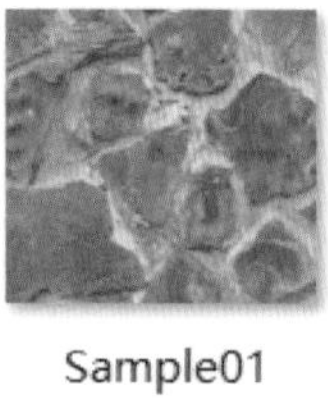

图 4-38　选择漫反射贴图

9．单击“将材质指定给选定对象”按钮，设置视图的显示为“有贴图的真实材质”，此时贴图效果如图 4-39 所示。

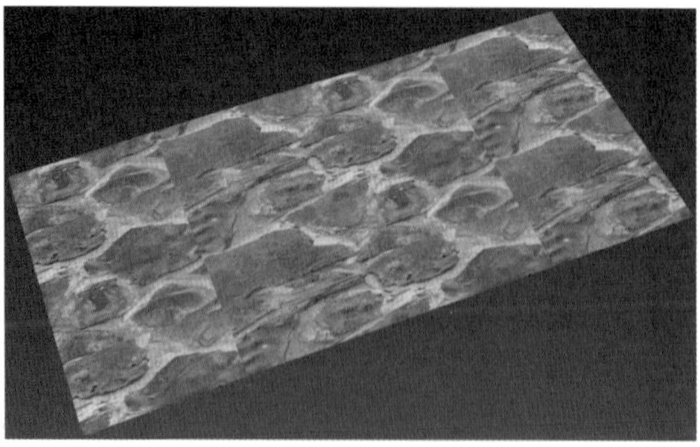

图 4-39　漫反射贴图效果

10．单击“转到父对象”按钮，打开贴图窗口，如图 4-40 所示，此时可以看到“漫反射颜色”选项后面已经有了一张贴图，即刚刚设置的贴图。

11．单击“凹凸”后面的“无”按钮，从弹出的材质 / 贴图浏览器中选择位图，选择之前在 CrazyBump 中转换好的法线贴图，如图 4-41 所示。

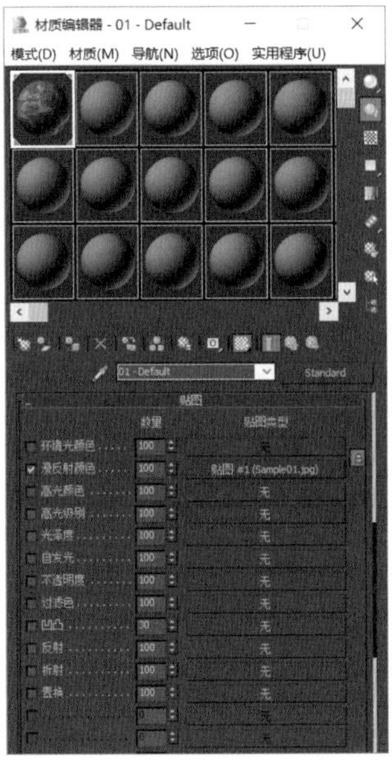

图 4-40 “贴图”卷展栏

图 4-41 选择法线贴图

12．转到父对象，对凹凸程度进行调整，下面对比一下使用法线贴图前和使用法线贴图后的细节效果，图 4-42 所示为使用前的效果，图 4-43 所示为使用后的效果，使用法线贴图后纹理出现了明显的凹凸起伏效果，视觉效果更为真实和自然。

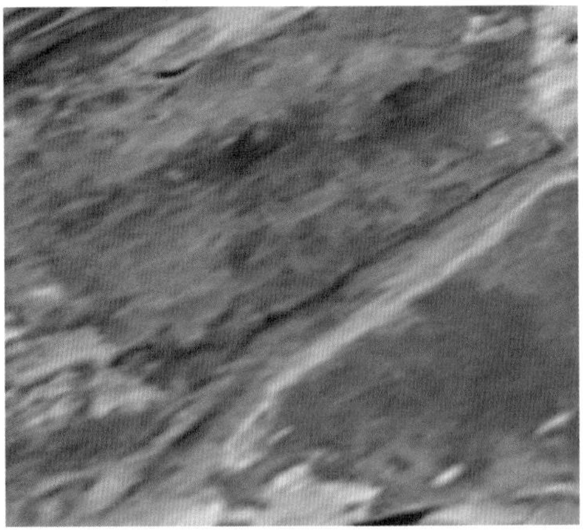

图 4-42 使用法线贴图前的效果

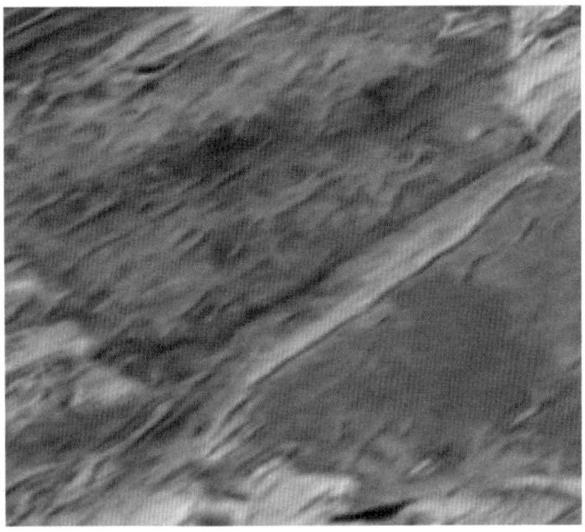

图 4-43 使用法线贴图后的效果

4.3.4 三维贴图绘制软件

前面所提到的插件针对的都是比较简单的贴图，对于一些较为复杂的虚拟现实模型，虽然贴图仍然能够通过 Photoshop 手绘得到，但是容易出现 UV 接缝问题，因而可以使用一些三维贴图绘制软件直接在三维模型上进行贴图绘制。

常见的三维贴图绘制软件有 Mudbox、Body Paint 3D 和 Substance Painter，这 3 个贴图绘制软件本章中不作具体的操作介绍，后续的案例中会详细讲解。

1. Mudbox

Mudbox 是一款数字雕刻与纹理绘画软件，它结合了直观的用户界面和一套高性能的创作工具，使三维建模专业人员能够快速轻松地完成模型和贴图制作。Mudbox 分为支持 32 位系统和支持 64 位系统两个版本，操作上非常容易上手，其工作界面如图 4-44 所示。

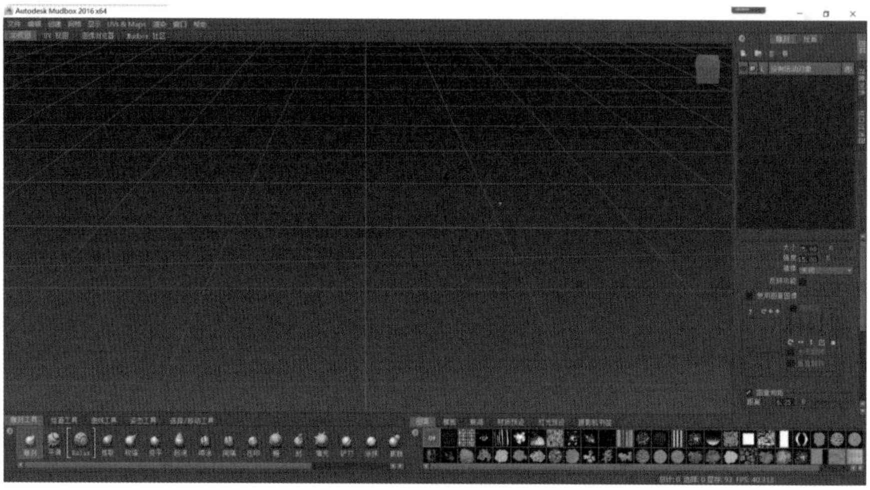

图 4-44　Mudbox 的工作界面

2. Body Paint 3D

Body Paint 3D 是德国 MAXON 公司出品的一款专业的贴图绘制软件，它可以独立运行也可以作为集成模块存在于 Cinema 4D 之中，是现在最为高效、易用的实时三维纹理绘制和 UV 编辑解决方案，其工作界面如图 4-45 所示。

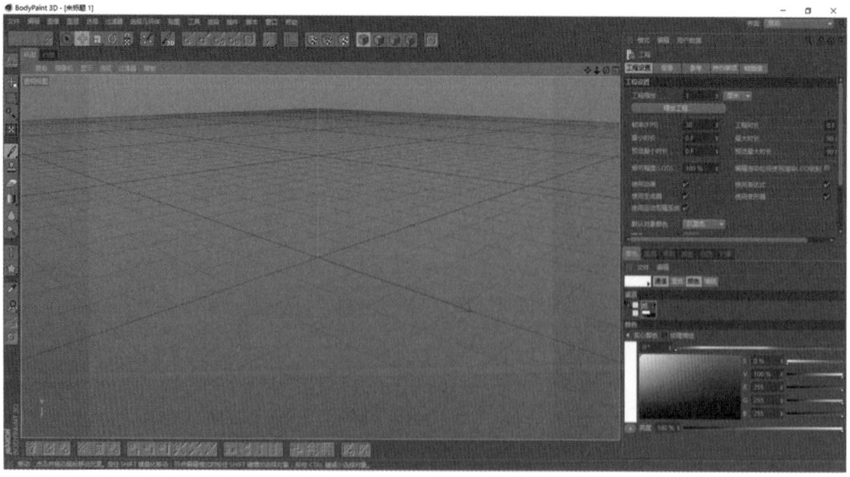

图 4-45　Body Paint 3D 的工作界面

Body Paint 3D 可以非常好地支持大多数如 3ds Max、Maya、Softimage、XSI、Light wave 等主流的三维软件，支持颜色、透明、凹凸、高光、自发光等多种贴图通道，绘制工具非常强大，其 UVW 编辑也非常优秀，可以即时看到绘制结果并根据需求来使用不同的显示级别和效果，做到所见即所得。

Body Paint 3D 软件界面友好，使用习惯上也很接近三维软件及 Photoshop 软件的操作，上手简单，功能强大。

3. Substance Painter

Substance Painter 是一个独立的、全新的 3D 贴图绘制工具，是最新的次时代游戏贴图绘制工具，支持 PBR，基于物理渲染的最新技术，具有一些非常新奇的功能，尤其是它的粒子笔刷，可以模拟自然粒子下落，粒子的轨迹形成纹理，模型上的水、火、灰尘等效果都能淋漓尽致地表现出来，一次绘出所有的材质，几秒内便可为贴图加入精巧的细节，其工作界面如图 4-46 所示。

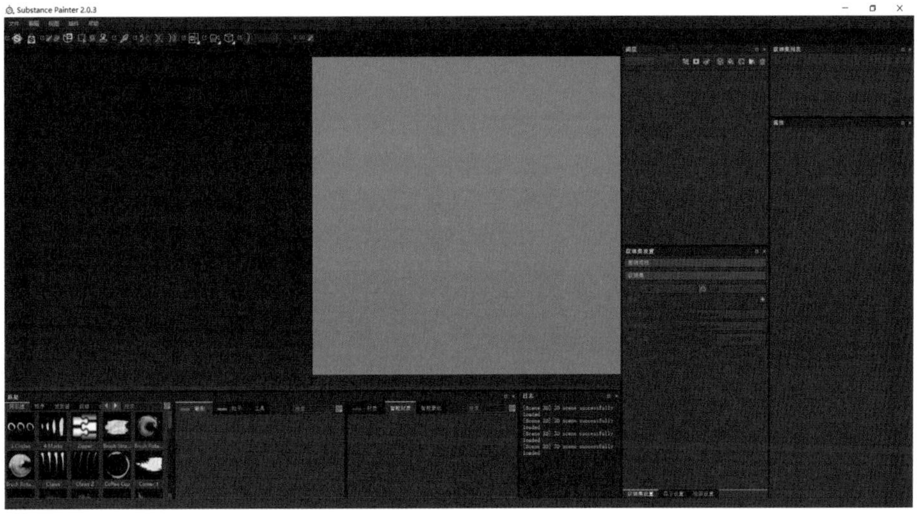

图 4-46　Substance Painter 的工作界面

Substance Painter 可以在三维模型上直接绘制纹理，避免了 UV 接缝造成的问题，功能非常强大。软件带有很多 Sbsar 格式的材质包，通过简单调节参数就可以修改使用，很多划痕、脏的痕迹等都可以自动生成。灰尘、油漆等绘制可以用物理的粒子自然生成。

4.4　古剑模型贴图绘制

4.4.1　古剑贴图设置前的准备

由于古剑的 UV 已经拆分好了，如图 4-47 所示，后面所需要做的就是将 UV 导出，在贴图绘制软件中绘制出古剑贴图，即采用根据 UV 画贴图的方式来最终完成整个模型。

1. 打开 UVW 编辑器窗口，单击“工具”→“渲染 UVW 模板”命令，如图 4-48 所示。

2. 在弹出的对话框中，设置贴图的高度和宽度均为 512，如图 4-49 所示。

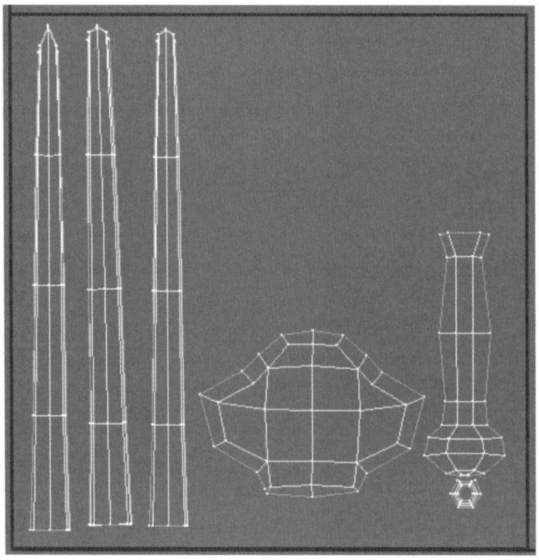

图 4-47　古剑贴图效果

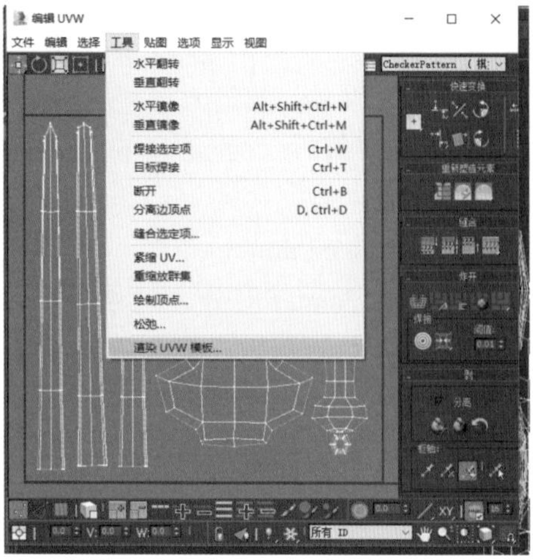

图 4-48　渲染 UVW 模板

3．单击“渲染 UV 模板”按钮弹出如图 4-50 所示的渲染贴图，单击“保存”按钮 ，设置“文件名”为 jian_uv，“文件类型”为 .tga，将贴图文件保存。本案例中古剑模型的贴图绘制是在 Body Paint 3D 中进行的，此处 UV 贴图是否导出并不重要，后续绘制贴图也用不到这个文件。如果模型的贴图需要在 Photoshop 中绘制，则必须要导出渲染贴图。

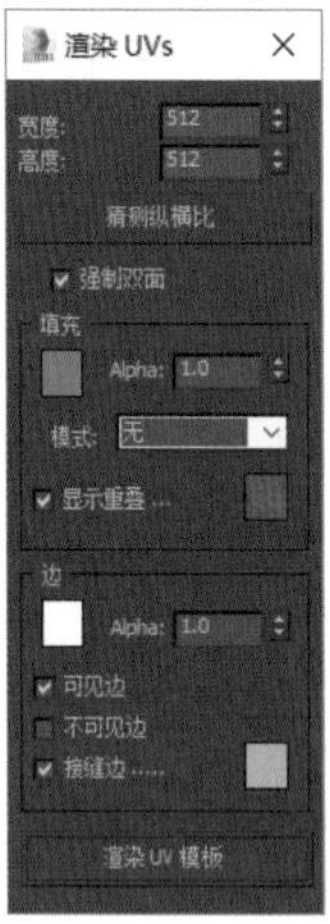

图 4-49　渲染 UVs 设置

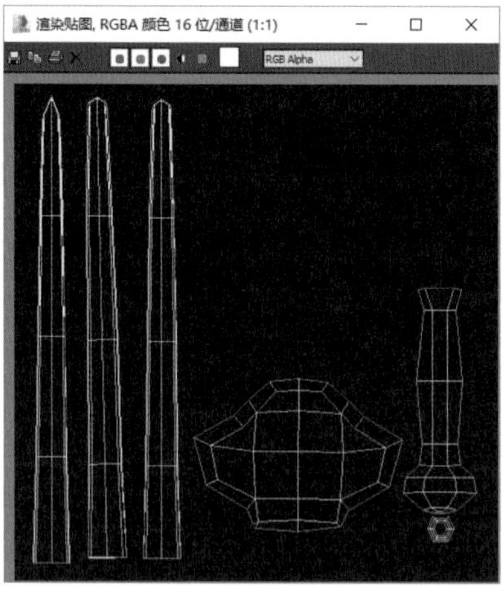

图 4-50　渲染贴图

4．单击“文件”→“导出”命令，选择“保存类型”为 .obj，命名为 jian.obj，选择默认导出设置，导出信息如图 4-51 所示，单击“完成”按钮。

5．启动 Body Paint 3D 软件，单击“文件”→“打开”命令，找到 jian.obj 文件，单击“打开”按钮，如图 4-52 所示。在 Body Paint 3D 中，视图旋转的快捷键是 Alt+ 鼠标左键，平移的快捷键是 Alt+ 鼠标中键，缩放的快捷键是 Alt+ 鼠标右键。

使用 Body Paint 3D 绘制贴图之前，首先需要对参数进行修改，单击“编辑”→“设置”命令，在“输入装置”组中勾选“数位板”复选项，配合数位板来绘制贴图会更方便快捷。

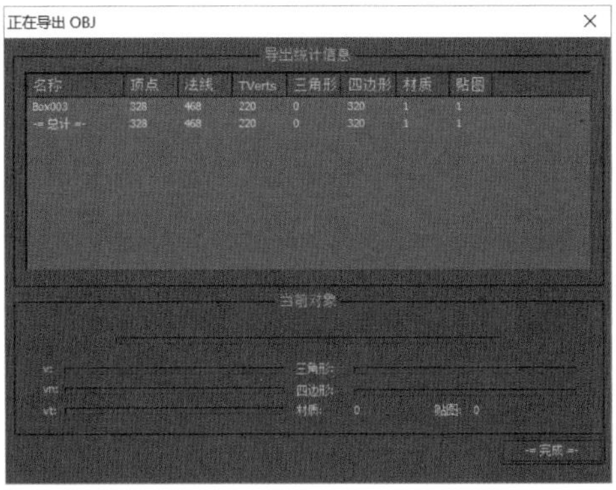

图 4-51　导出信息

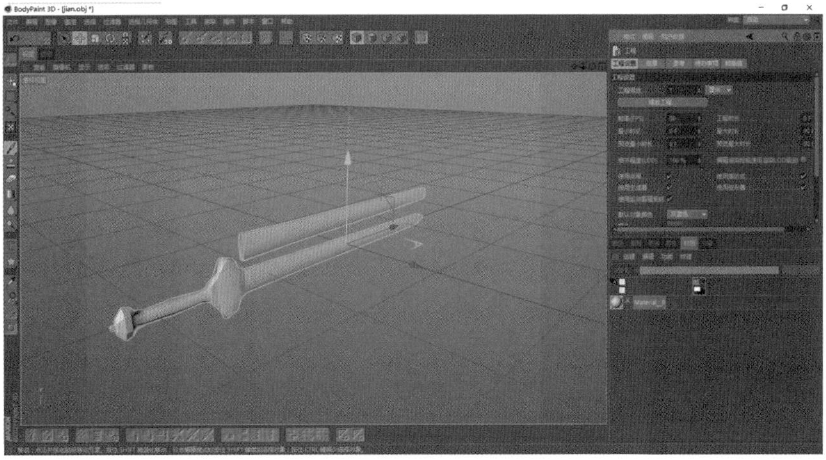

图 4-52　启动 Body Paint 3D

6．单击“文件”→“新建纹理”命令，弹出如图 4-53 所示的对话框，设置“纹理名称”为 jian，单击“确定”按钮，再单击“文件”→“保存纹理”命令，设置保存格式为 .psd，保存纹理文件。

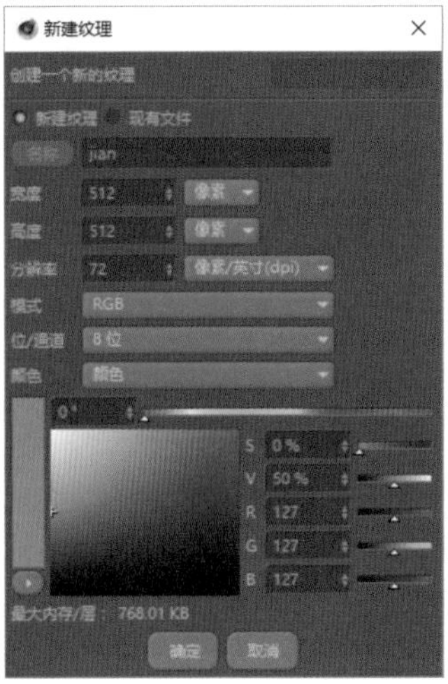

图 4-53　新建纹理

7．在材质面板的材质球上双击打开材质球设置面板，如图 4-54 所示，设置纹理为刚刚新建并保存的 jian.psd。

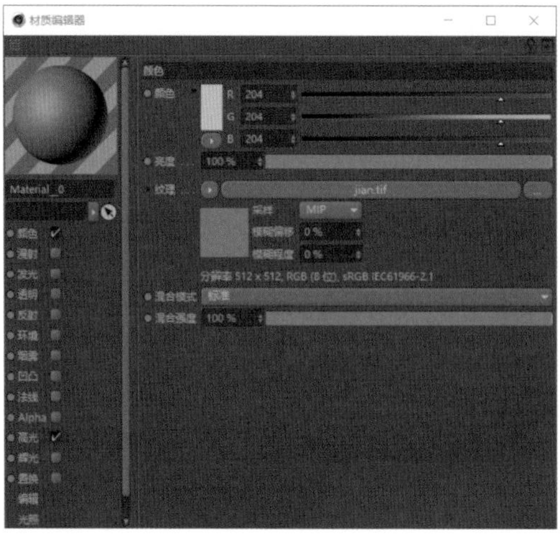

图 4-54　设置材质贴图

8．将材质球后面的按钮点掉，变成一支笔，如图 4-55 所示。

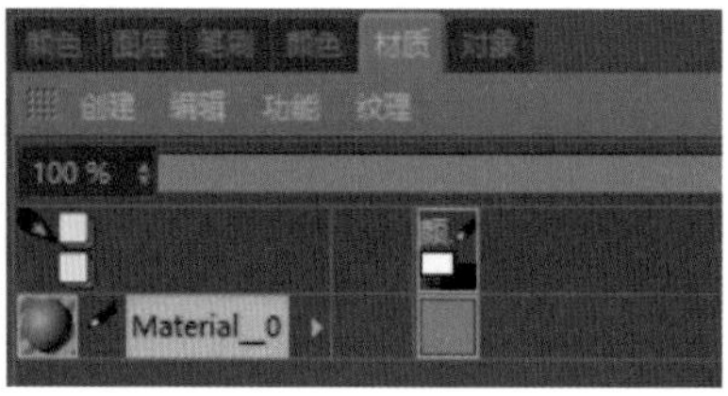

图 4-55　开启材质球编辑

9．选择画笔工具，将鼠标光标移动到模型，这样就可以在模型上进行贴图绘制了，如图 4-56 所示。

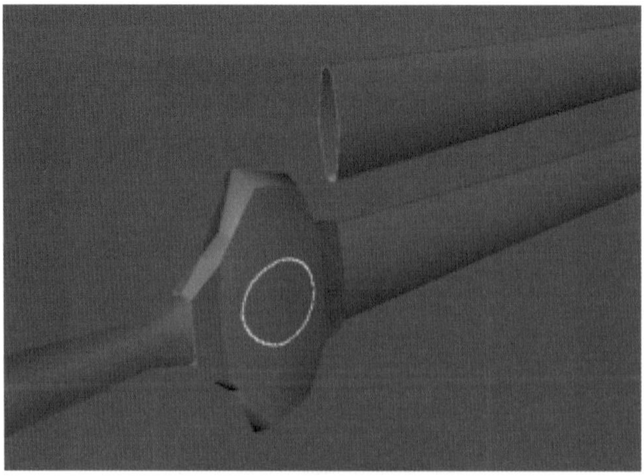

图 4-56　模型贴图可绘制状态

4.4.2 古剑贴图绘制

1. 在材质面板的图层缩略图上单击鼠标右键，从弹出的快捷菜单中选择“复制图层”选项，如图 4-57 所示。

2. 点开材质球后面的小三角即可展开图层面板，如图 4-58 所示。

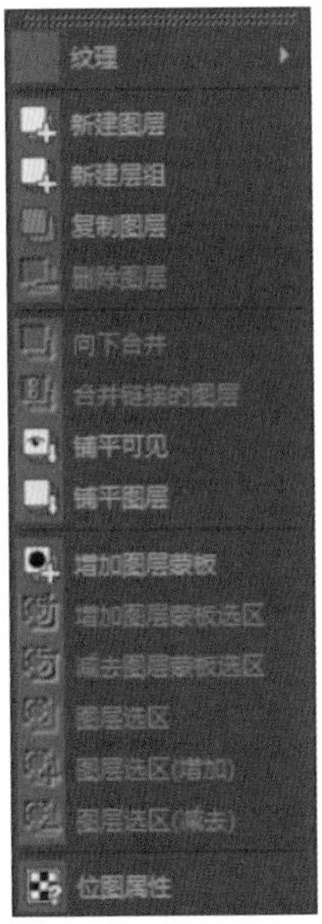

图 4-57 复制图层

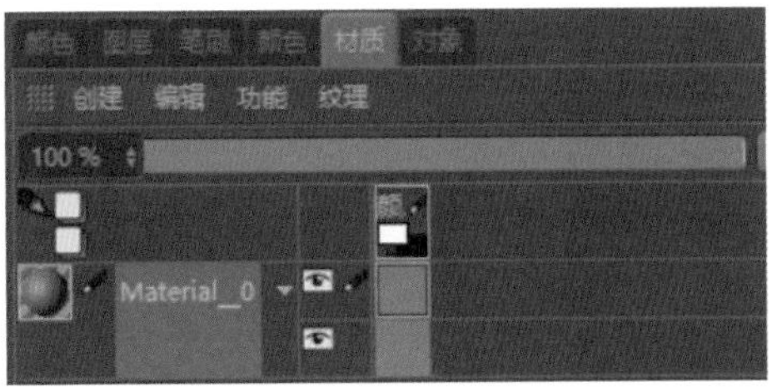

图 4-58 展开图层面板

3. 单击画笔工具，显示画笔设置面板，如图 4-59 所示，调整画笔的属性，使用数位板绘图的时候可以单击蓝色小圆圈来设置笔刷压力。

4. 单击颜色面板，显示如图 4-60 所示的颜色设置面板，选择合适的颜色，即可对古剑模型贴图进行绘制。

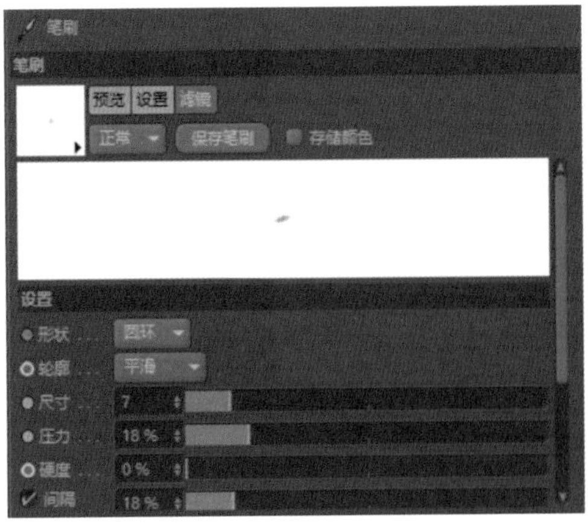

图 4-59 设置画笔

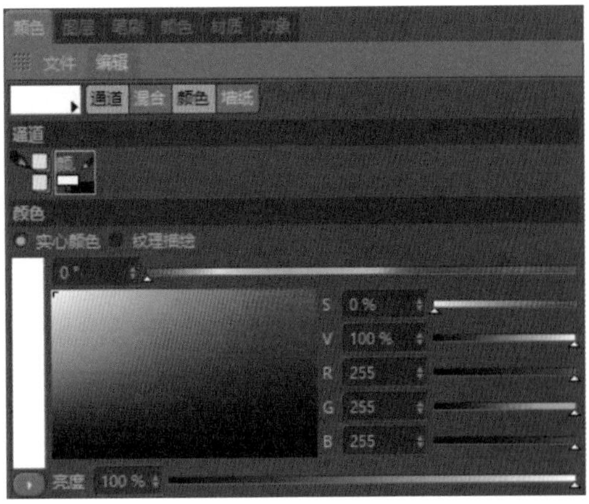

图 4-60 设置颜色

5. 单击“摄像机”→“平行视图”命令，切换到平行视图，由于模型是对称的，在绘制时只需要画一半的模型即可，如图 4-61 所示。

6. 对各个部分上底色，分别选择剑刃、护手、手柄和剑鞘的底色，单击按钮启用投射绘制对这 4 个部分用画笔工具进行绘制，绘制底色时尽量选择较暗的颜色，后期对部分进行提亮时比较方便，剑刃底色效果如图 4-62 所示。

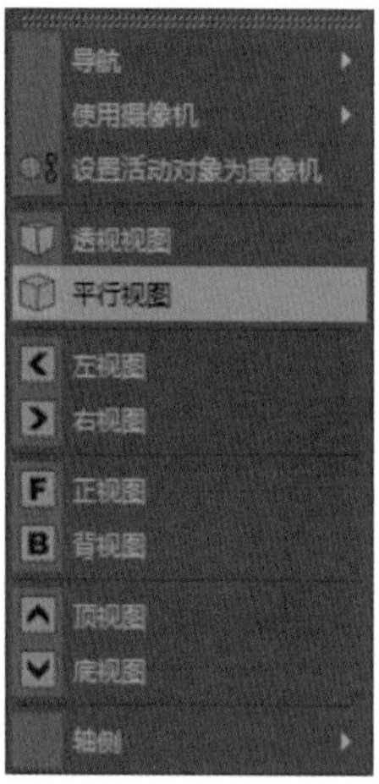

图 4-61　设置视图

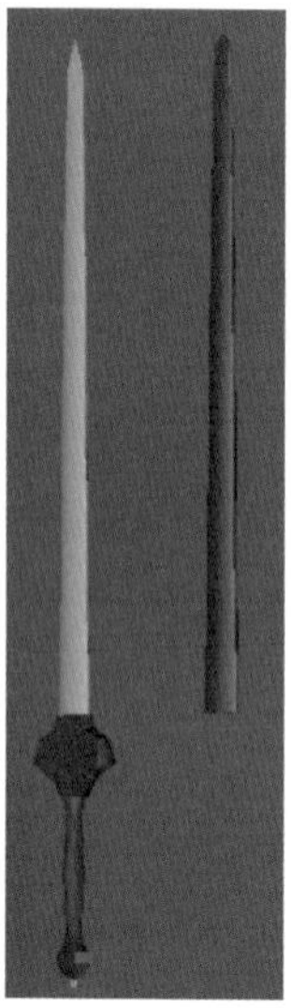

图 4-62　底色效果

7. 新建图层，选择渐变工具，设置由浅色到深色的渐变效果，如图 4-63 所示，拖动鼠标从上到下设置渐变，将图层混合模式设置为照亮，不透明度为 50%，视图中古剑的效果如图 4-64 所示。

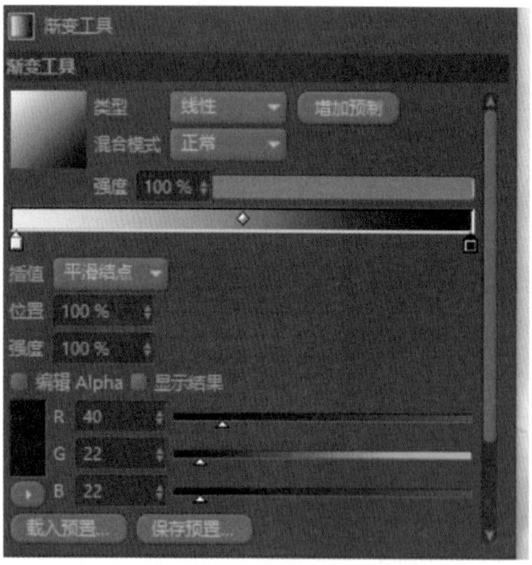

图 4-63　渐变设置

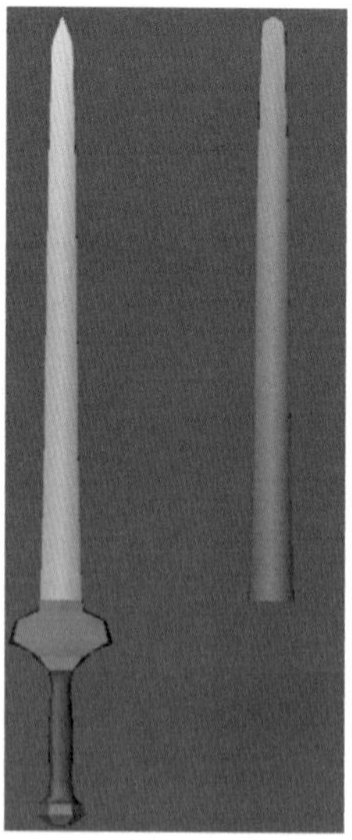

图 4-64　渐变效果

8. 新建图层，开始绘制古剑的明暗，为了更好地查看绘制效果，将“显示”设置为常量着色（线条），如图 4-65 所示。

9. 在新图层中沿线框绘制剑刃基本的明暗效果，如图 4-66 所示。

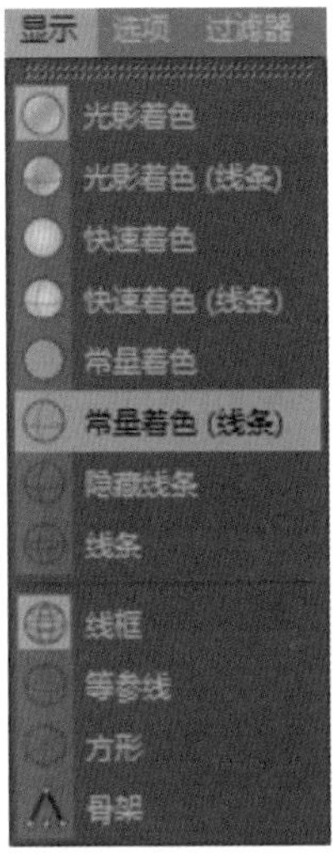

图 4-65　设置显示

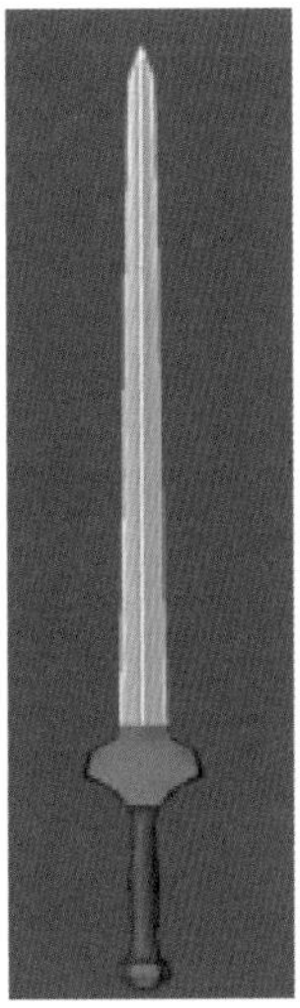

图 4-66　剑刃效果

10．新建图层，调整剑鞘的基本明暗关系和颜色，如图 4-67 所示，调整护手和手柄的效果，如图 4-68 所示。

11．下面设置护手部分的纹样。切换到纹理窗口，单击“文件”→“合并纹理”命令，在弹出的对话框中选择处理好的纹样素材 wen.psd，保持默认设置，如图 4-69 所示，这里的纹样图案需要在 Photoshop 中处理为透明背景并以 PSD 格式保存。

图 4-67　剑鞘效果

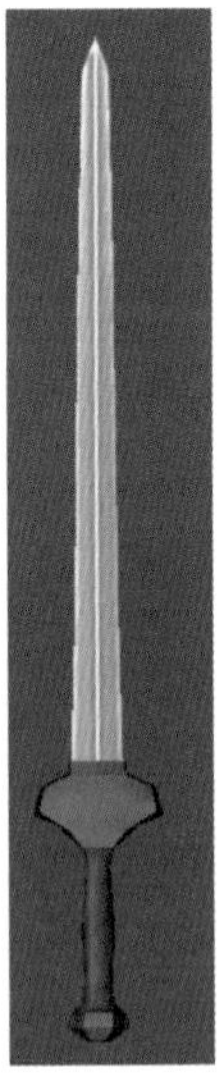

图 4-68　护手及手柄效果

图 4-69　合并纹理导入纹样

12．使用变换位图工具，在设置窗口中设置为缩放，如图 4-70 所示，调整纹样的大小和位置，将其放置到护手部分，然后单击“应用”按钮，再根据效果进行旋转等调整，如图 4-71 所示。

13．使用橡皮擦工具将护手线框外的图像擦除，调整纹饰的位置，效果如图 4-72 所示。

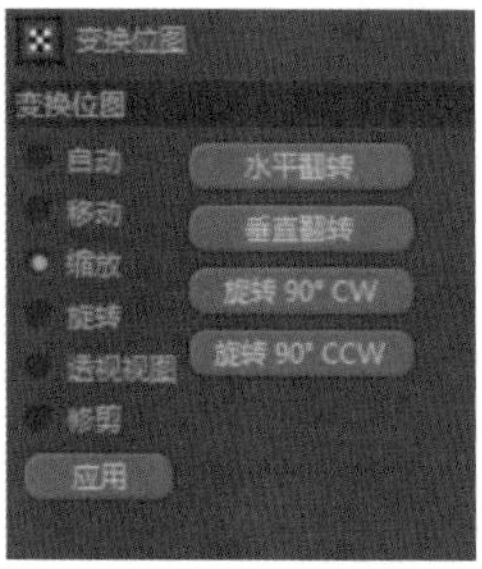

图 4-70　变换位图设置

图 4-71　变换位图效果

14．继续调整纹样部分，在图层面板中将图层不透明度降低，和底色融合，最终如图 4-73 所示。

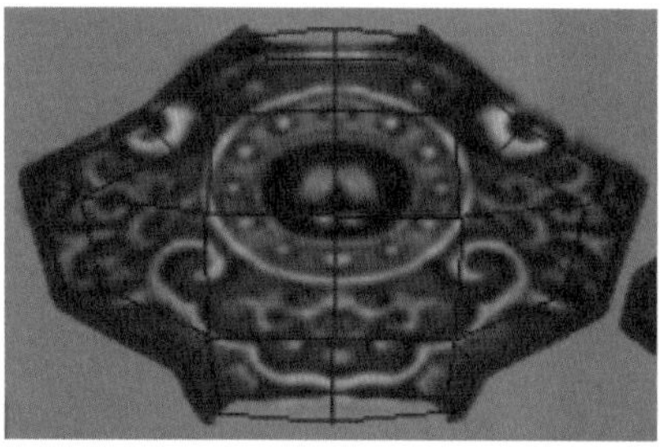

图 4-72　擦除多余纹样

图 4-73　调整护手效果

15．用前面的方法调整手柄的纹饰，调整完成后的效果如图 4-74 所示。

16．继续调整剑鞘的纹饰效果，为了保证纹样的一致性，整个模型使用了一个纹样，在模型不同的部分使用了纹样的不同部分，调整完成后的效果如图 4-75 所示。

图 4-74　调整手柄效果

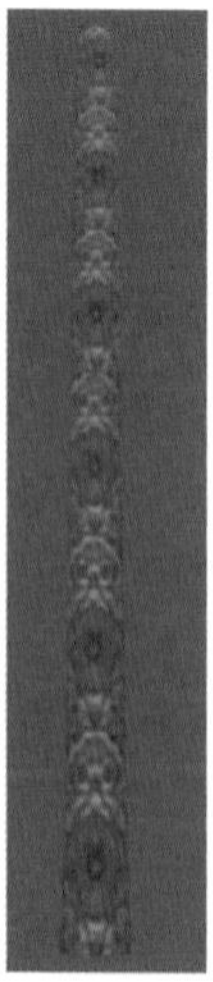

图 4-75　调整剑鞘效果

17. 根据设置好的护手、手柄和剑鞘贴图效果将这 3 个图层合并为一个图层，复制图层，通过加深和减淡工具调整贴图的明暗，效果如图 4-76 所示。

18. 新建图层，设置颜色为白色，绘制护手、剑柄和剑鞘的高光，效果如图 4-77 所示。

图 4-76　加深减淡调整效果

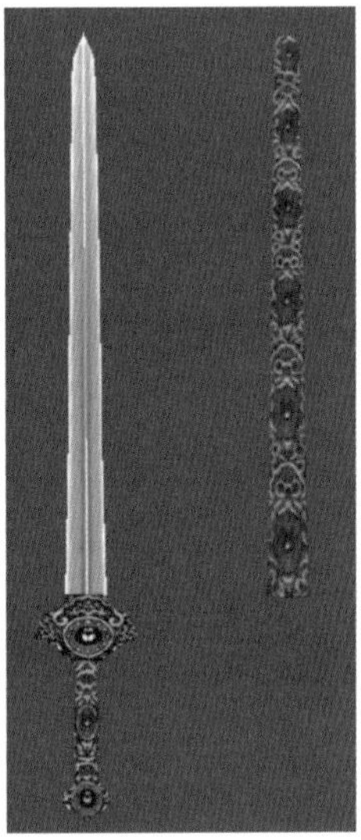

图 4-77　添加高光

19. 新建图层，设置颜色为黑色，绘制护手、剑柄和剑鞘的暗部，效果如图 4-78 所示。

20. 调整图层的混合模型，加深减淡图层混合模式为“添加”，白色图层和黑色图层为柔光，效果如图 4-79 所示。

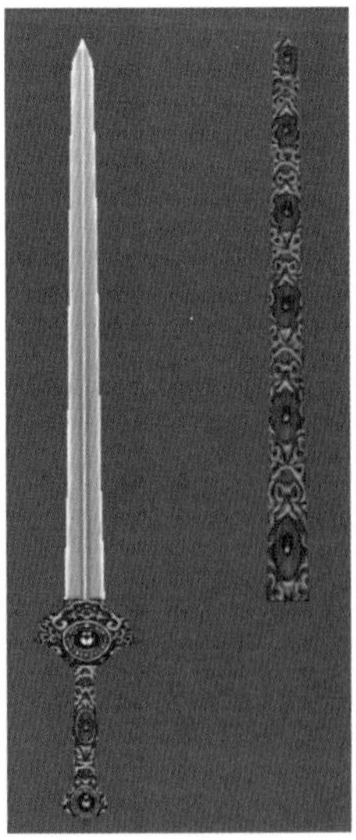

图 4-78　添加暗部

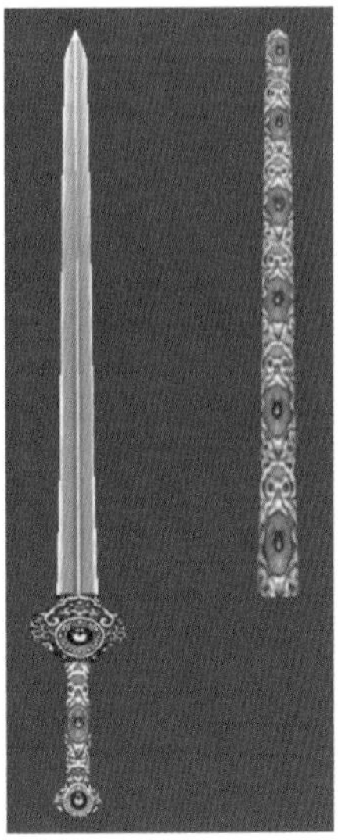

图 4-79　调整图层混合模式

21. 剑鞘内部在场景中是看不到的，所以这里也不用再处理，有底色即可。单击“文件”→“保存纹理”命令将画好的贴图文件保存。

4.4.3 古剑贴图设置

1．启动 Photoshop，打开保存好的 jian.psd 文件，可以看到在 Body Paint 3D 中作好的贴图，图层信息全部保留了下来，如图 4-80 所示。

图 4-80 启动 Photoshop 打开贴图

2．新增曲线调整图层，提亮贴图，如图 4-81 所示。

3．新建色相 / 饱和度调整图层，增加饱和度，使得色泽更加鲜艳，如图 4-82 所示，保存文件。

图 4-81 提亮贴图

图 4-82 贴图调色

4．启动 3ds Max，打开古剑模型，按 M 键打开材质编辑器，选择一个空的材质球，将 jian.psd 文件拖到材质球上，如图 4-83 所示，将材质赋给古剑模型，效果如图 4-84 所示。

5．古剑模型的基本效果已经出来了，由于只设置了漫反射贴图，所以古剑模型的真实感和自然感较差，还需要为其设置贴图。启动 CrazyBump，打开 jian.psd 进行转换，导出法线贴图和高光贴图，如图 4-85 所示。

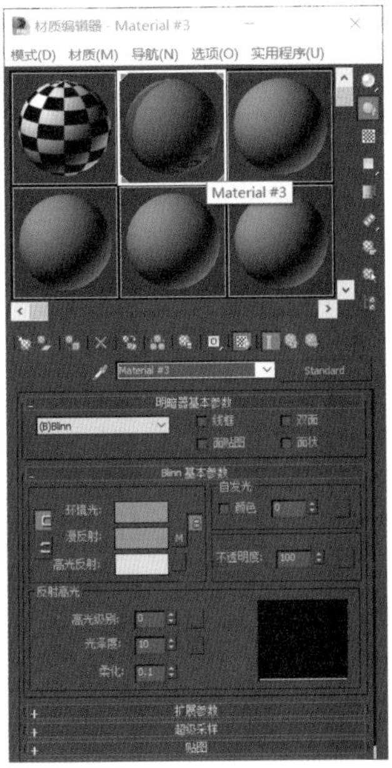

图 4-83　设置漫反射贴图

图 4-84　贴图效果

图 4-85　使用 CrazyBump 导出法线贴图和高光贴图

6．返回 3ds Max，打开材质编辑器，点开“贴图”卷展栏，如图 4-86 所示，目前只有一张漫反射贴图。

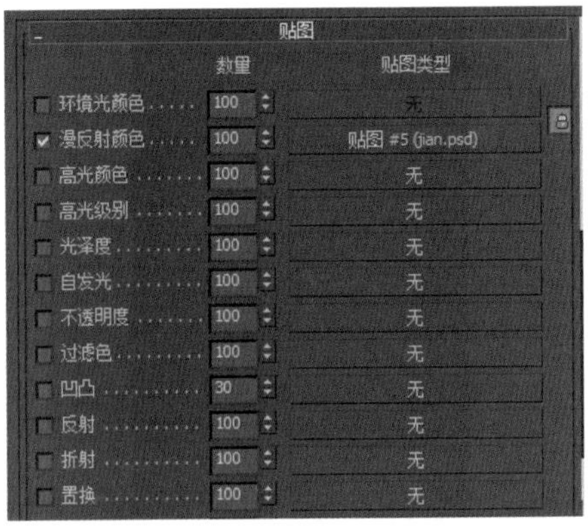

图 4-86　“贴图”卷展栏

7．在“高光级别”中设置贴图为 jian_SPEC.png，在“凹凸”中设置贴图为 jian_NRM.png，如图 4-87 所示。

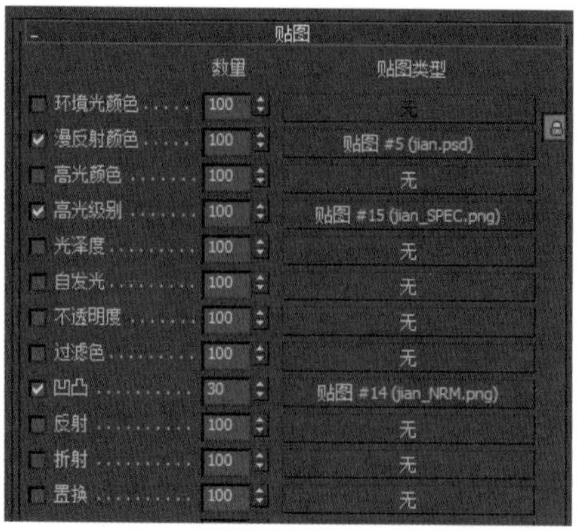

图 4-87　设置高光级别和凹凸贴图

8．渲染模型，效果如图 4-88 所示。

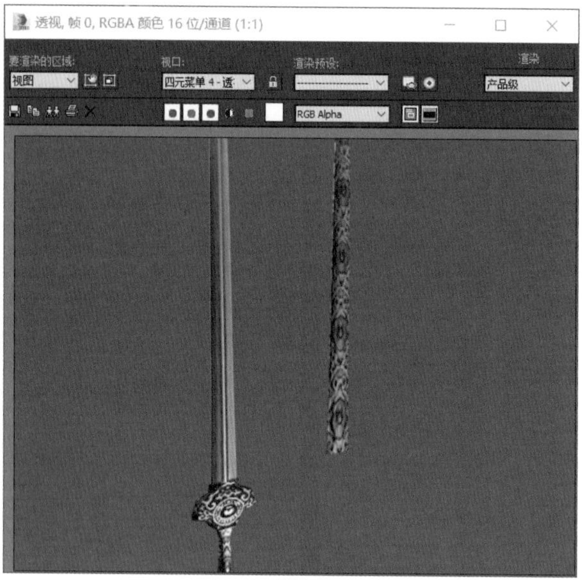

图 4-88　渲染古剑模型

9．按下 Shift 键并拖动古剑模型以复制的方式克隆模型，进入模型顶点层级，拖动鼠标选中剑鞘的顶点，单击“编辑几何体”卷展栏中的“分离”按钮，弹出如图 4-89 所示的对话框，单击“确定”按钮，将剑鞘的部分分离为独立的对象。

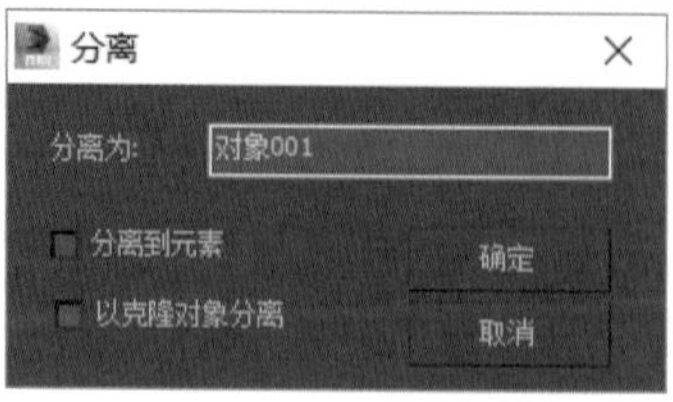

图 4-89　分离剑鞘

10．选择剑鞘对象，将其移动到剑刃的位置，把剑刃装到剑鞘中，效果如图 4-90 所示，渲染效果如图 4-91 所示。

图 4-90　盖上剑鞘

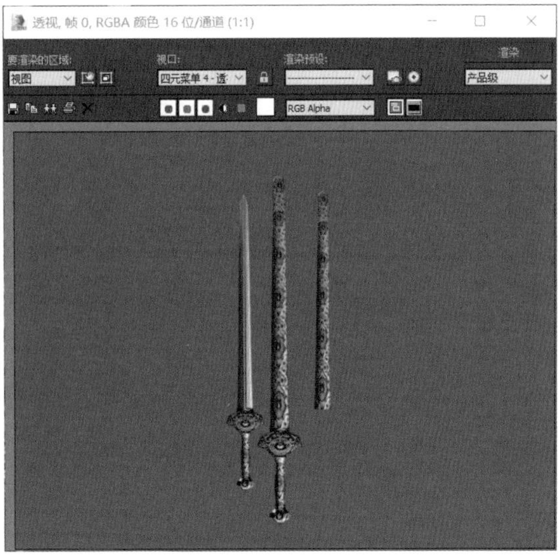

图 4-91　最终渲染效果

11．按 Ctrl+S 组合键保存文件，古剑模型的建模、展 UV、根据 UV 画贴图均已完成，烘焙输出后即可导入到 Unity 3D 或 Unreal Engine（UE）软件中进行后续的操作。

4.5　拓展任务

根据本章所学知识完成小车模型的贴图绘制，也可对自行创作的模型进行贴图绘制。

本章小结

本章通过对 3ds Max 贴图坐标、贴图、贴图制作软件与插件的介绍，介绍了三维模型贴图的相关知识，并通过古剑模型的贴图绘制详细讲解了贴图绘制的整个流程。

第 5 章
虚拟现实（VR）模型烘焙与导出

本章要点

- 模型的烘焙
- 模型的导出

贴图完成的模型要导出到 Unity 3D（U3D）或者 Unreal Engine（UE）中进行后续操作，则需要进行烘焙和导出，下面以古剑模型为例讲解虚拟现实模型的烘焙与导出。

5.1 古剑模型烘焙

1．将剑鞘模型和剑模型附加在一起，添加 UVW 展开修改器，单击“UVW 展开”面板“贴图通道”中的向上按钮切换到通道 2，如图 5-1 所示。弹出如图 5-2 所示的“通道切换警告”对话框，单击“移动”按钮，将 UV 从目前的通道 1 移动到所选择的通道 2。

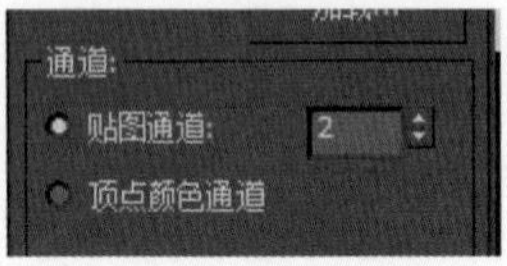

图 5-1 切换通道

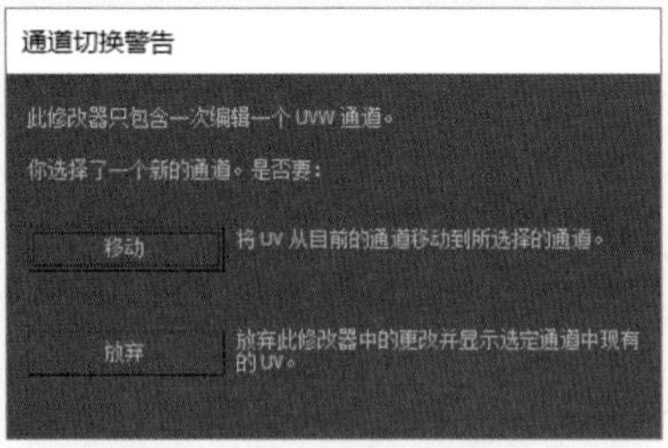

图 5-2 移动 UV 到通道 2

2．单击“渲染”→“渲染到纹理”（或者是按快捷键 0），弹出如图 5-3 所示的对话框。在“常规设置”卷展栏中将输出路径设置为 Unity\Assets，即可将烘焙完成的对象直接放置到 Unity 3D 资源中，在 Unity 3D 中使用时无需再导入。

3．在“贴图坐标”区域中选择使用现有通道，设置为通道 2，如图 5-4 所示。

4．在“输出”卷展栏中单击“添加”按钮，弹出如图 5-5 所示的对话框，从中选择 LightMap，单击“添加元素”按钮，设置完成后的“渲染到纹理”对话框如图 5-6 所示。

5．将“目标贴图位置”指定为“漫反射颜色”，修改贴图大小为 512×512，如图 5-7 所示。

6．由于古剑模型中添加了高光贴图和法线贴图，因此继续添加元素，添加 SpecularMap 和 NormalsMap，贴图大小仍然设置为 512×512，如图 5-8 所示。

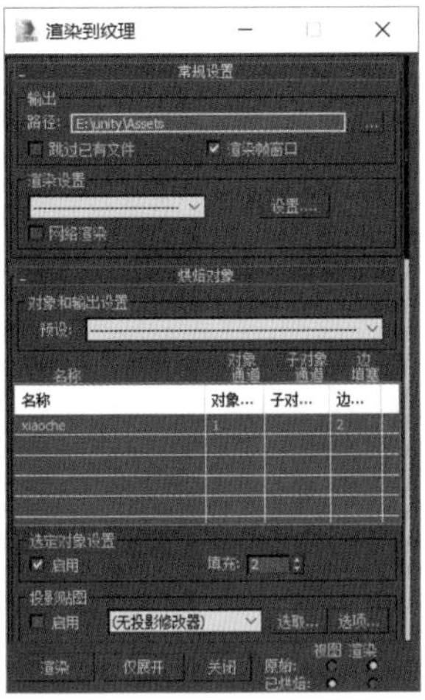

图 5-3　“渲染到纹理”对话框

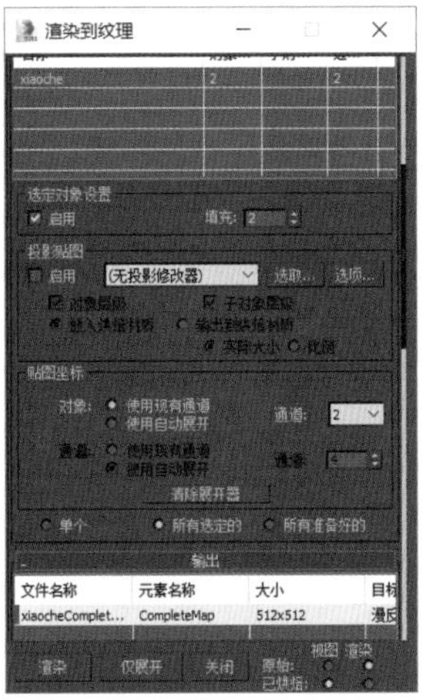

图 5-4　设置贴图坐标

图 5-5　“添加纹理元素”对话框

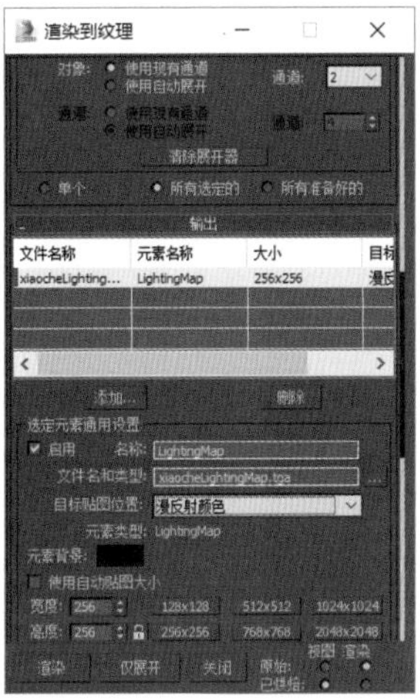

图 5-6　添加 LightMap

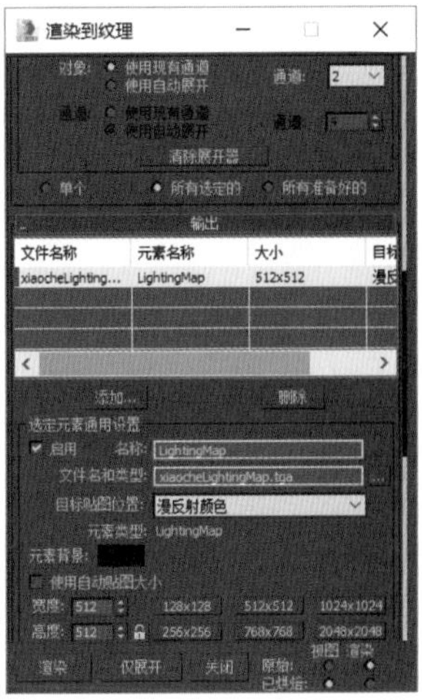

图 5-7　目标贴图设置和图像大小设置

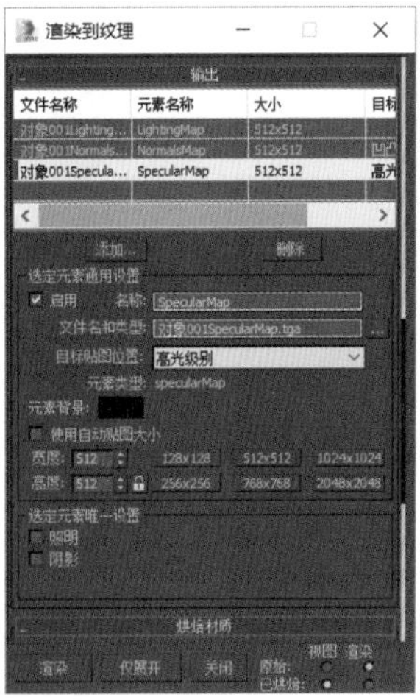

图 5-8　添加元素

7．单击“渲染”按钮进行烘焙，此时视图中古剑的贴图纹理会消失，如图 5-9 所示。

8．按 M 键打开材质编辑器，单击“从对象拾取材质”按钮，从古剑中拾取材质，材质编辑器如图 5-10 所示，从中可以看到有两个材质，即“原始材质”和“烘焙材质”。

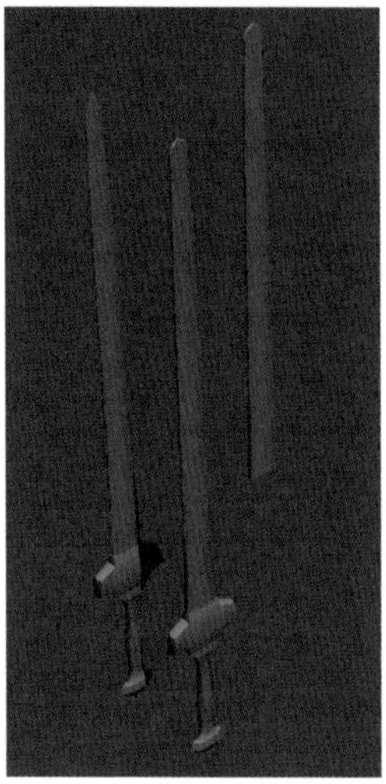

图 5-9　视图中贴图纹理消失

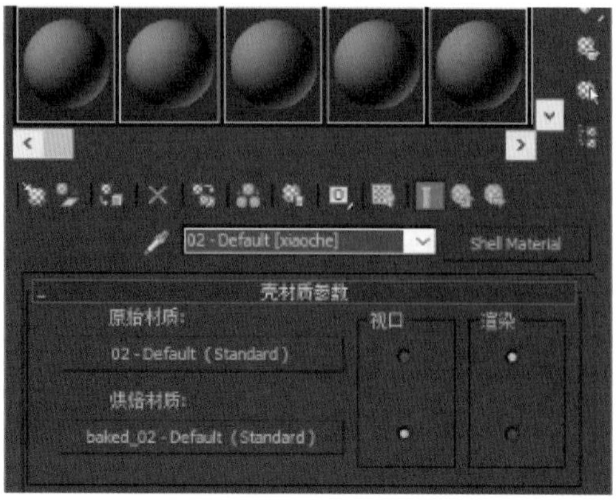

图 5-10　拾取古剑材质

9．由于 3ds Max 不支持两种材质，返回“渲染到纹理”面板，单击“烘焙材质”中的“清除外壳材质”，再次吸取材质发现恢复成一个了，如图 5-11 所示。至此，模型烘焙完成。

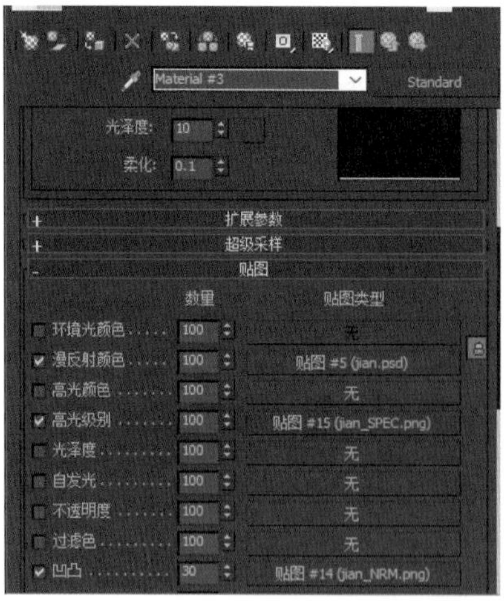

图 5-11　清除外壳材质后的古剑材质

5.2　古剑模型导出

模型烘焙完成之后就是导出模型，使之能在 Unity 3D 中使用，步骤如下：

1．从 MAX 图标菜单中选择“导出”→“导出选定对象”命令，导出时直接选择对应的 Unity 资源文件夹，如图 5-12 所示，命名为 jian.fbx，以便模型自动导入 Unity。

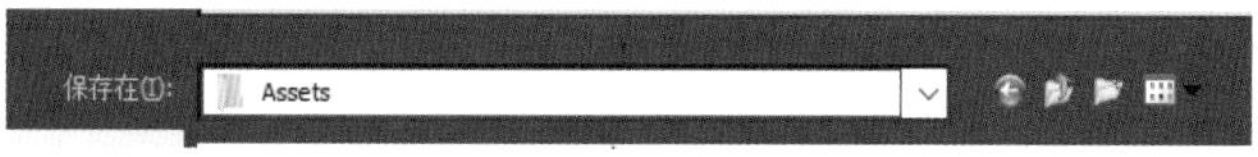

图 5-12　导出烘焙好的模型

2．保存设置完成后弹出如图 5-13 所示的“FBX 导出”对话框，打开“嵌入的媒体”卷展栏，勾选“嵌入的媒体”复选项，如图 5-14 所示。

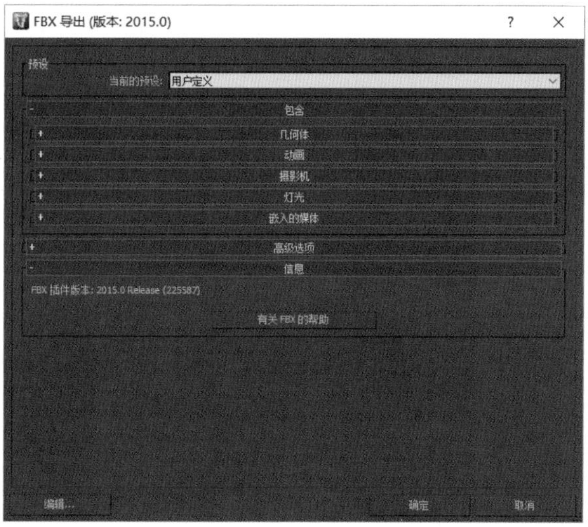

图 5-13　“FBX 导出”对话框

图 5-14　设置嵌入的媒体

3．在“高级选项”卷展栏中设置单位为“厘米”，如图 5-15 所示。

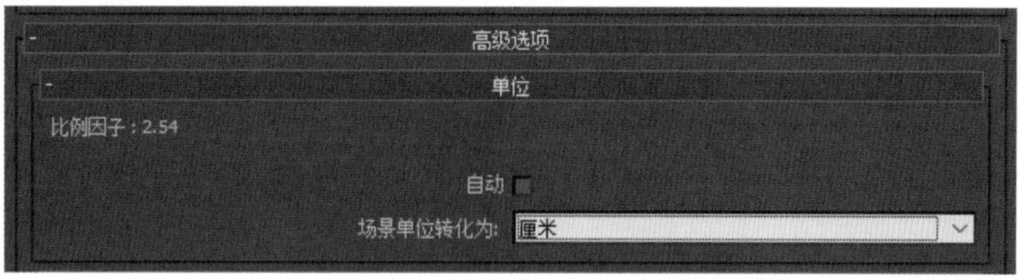

图 5-15　设置导出单位

4．设置完成后单击“确定”按钮即可导出古剑的 FBX 文件。

5．启动 Unity 3D，打开存放了 FBX 文件和烘焙文件的项目，可以看到除了模型也产生了对应的材质文件夹，如图 5-16 所示。

6．将 jian 模型拖动到场景中，可以看到古剑模型，如图 5-17 所示。

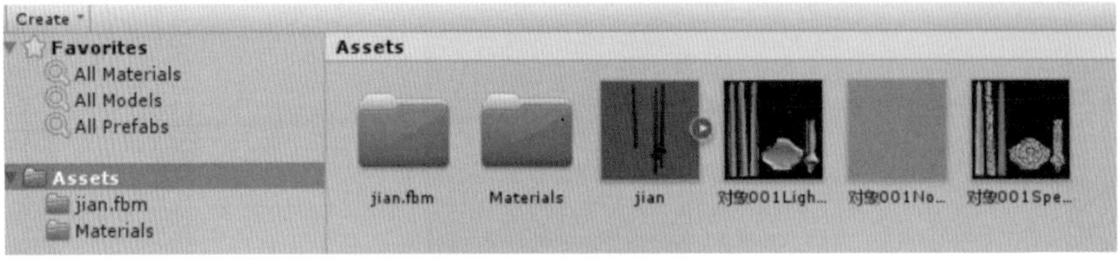

图 5-16　Unity 3D 中的资源效果

图 5-17　场景中的模型

7．设置 Transform 面板中的 Position 为 (0,0,0)，效果如图 5-18 所示。

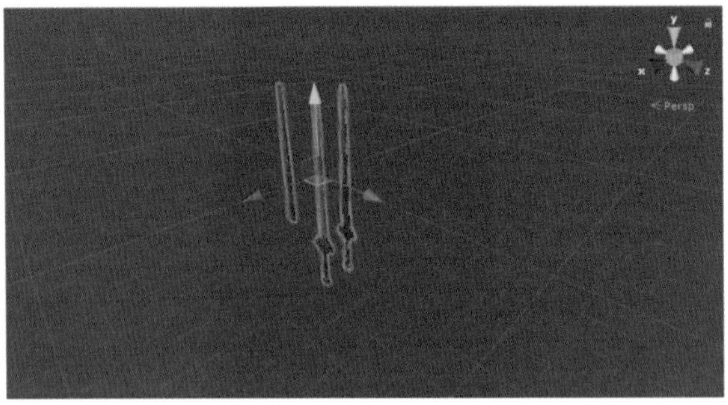

图 5-18　调整模型位置

8．保存项目备用。

5.3　拓展任务

根据本章所学知识完成小车模型的烘焙与导出，也可对自行创作的模型进行烘焙导出。

本章小结

本章通过对古剑模型的烘焙、古剑模型的导出，以及古剑模型最终在 U3D 中的使用详细地讲解了三维模型的烘焙、导出及使用的方法和流程。

第 6 章 虚拟现实（VR）建模规范

本章要点

- VR 模型命名规范
- VR 模型制作规范
- VR 模型材质贴图规范
- VR 模型烘焙及导出规范

6.1 VR 建模整体规范

一个 VR 场景在计算机上演示流畅不流畅，与场景中的模型个数、模型面数、模型贴图这 3 个方面的数据量息息相关，用户只有在前期处理好这 3 个方面的数据量才不会导致后期 DEMO 在演示时出现卡顿现象。

当一个 VR 模型制作完成时，它所包含的基本内容包括场景尺寸、单位、模型归类塌陷、命名、节点编辑、纹理、坐标、纹理尺寸、纹理格式、材质球等必须是符合制作规范的。一个归类清晰、面数节省、制作规范的模型文件对于程序控制管理来说是十分必要的。

VR 建模整体规范如下：

（1）制作软件使用 3ds Max。

（2）在建模前设置好单位。

同一场景中会用到的模型单位设置必须一样，模型与模型直接的比例要正确，和程序的导入单位一致，即使程序需要缩放也可以统一调整缩放比例，统一单位为米（m）。

（3）所有模型初始位置创建在原点。

没有特定要求下，必须以模型对象中心为轴心。若是有 CAD 作参照，制作人员必须以 CAD 底图的文件确定模型位置，并且不得对这个标准文件作任何修改。导入 3ds Max 中的 CAD 底图最好在 (0,0,0) 位置，以便制作人员的初始模型就在零点附近。

（4）面数控制。

对于手机移动端设备每个模型控制在 300 ～ 1500 个多边形；对于 PC 端，理论范围为 1500 ～ 4000 个多边形。正常单个物体控制在 1000 个面以下，整个屏幕应控制在 7500 个面以下，所有模型不超过 20000 个三角面，否则导出时会出错。

（5）可以复制的模型尽量复制。

（6）建模时最好采用多边形建模。

采用多边形建模的模型更利于贴图的 UV 分布，输出场景的时候也会更快，并且多边形建模方式在最后烘焙时不会出现三角面现象。

（7）模型在任意角度上不能有拉伸、UV 错乱的情况。

（8）MAX 文件内容的清理。

模型完成后要清除在模型中未使用的材质与贴图；在提交模型前要删除辅助的线、虚拟体、参考图、CAD 图等。

（9）塌陷模型。

当模型经过建模、贴图之后，接着就是模型塌陷，这是为下一步烘焙做准备。

6.2 VR 模型命名规范

VR 模型的名称不要超过 32 个字节，并且模型、材质、贴图名称不可以有中文名称，否则英文的操作系统浏览虚拟会有问题，具体规范如下：

（1）所提交的 MAX 文件的命名为任务编号名称。

例如任务编号为 abcd001，那么 MAX 名称为 abcd001。

（2）模型组命名为：任务编号 +“_”+ 模型分类 + 序号（主级别模型编号）。

例如编号为 abcd001 的任务让做一辆小车，此小车由两个单个模型构成，把此小车打成一个组，那么组名就为 abcd001_xiaoche01。

编号为 abcd001 的任务让做一辆小车，此小车由 4 个单个模型构成，如果想俩俩打组，那么这两个组名分别为 abcd001_xiaoche01_01 和 abcd001_xiaoche01_02。

（3）单体模型命名为：任务编号 +“_”+ 模型分类 + 序号（主级别模型编号）。

例如编号为 abcd001 的任务让做一辆小车，此小车由一个单个模型构成，那么此小车的名称为 abcd001_xiaoche01。

编号为 abcd001 的任务让做两辆小车，并且都是由一个单个模型构成，那么这两个小车的名称分别为 abcd001_xiaoche01 和 abcd001_xiaoche02。

编号为 abcd001 的任务让做一个小车，此小车是由两个单个模型构成，那么这两个单个模型的名称分别为 abcd001_xiaoche01_01 和 abcd001_xiaoche01_02。

（4）层命名为：任务编号 +“_”+ 模型名称。

例如编号为 abcd001 的任务让做 5 辆小车、5 架飞机。如果要把这两种类型的模型放到两个层里，那么这两个层的名称就分别为 abcd001_xiaoche 和 abcd001_feiji。

（5）漫反射贴图命名为：任务编号 +“_”+ 模型分类 + 序号（主级别模型编号）+“_”+ 序号（次级别模型编号）。

例如编号为 abcd001 的任务让做一辆小车，此小车共用了两张贴图，那么贴图的名称分别为 abcd001_xiaoche01_01 和 abcd001_xiaoche01_02。

（6）如果一个材质球对应一张漫反射贴图，那么它们的名称要一致。

如果是多维子材质，例如一辆小车名称为 abcd001_xiaoche01，它只用了一个材质球并赋予了多张贴图，那么这个材质球的名称就叫 abcd001_xiaoche01。

（7）其余类型的贴图命名为：任务编号 +“_”+ 模型分类 + 序号（主级别模型编号）+“_”+ 序号（次级别模型编号）+ 类型名称。

例如编号为 abcd001 的任务让做一辆小车，其中需要贴一张凹凸贴图，那么此贴图的名称为 abcd001_xiaoche01_01bump。

6.3 VR 模型制作规范

VR 场景模型的优化对 VR-DEMO 的演示速度影响很大，前期如果不对场景的模型进行很好的优化，到了制作后期再对模型进行优化时就需要重新回到 3ds Max 里重新修改模型，并进行重新烘焙后再导入到当前的 VRP（VR 平台）场景中，这样就出现了重复工作情况，大大降低了工作效率。因此，VR 场景模型的优化需要在创建场景时就必须注意，并遵循游戏场景的建模方式创建简模。

VR 的建模和做效果图、动画的建模方法有很大的区别，主要体现在模型的精简程度上。VR 的建模方式和游戏的建模是相通的，做 VR 最好做简模，否则可能会导致场景的运行速度很慢、很卡或无法运行。

所谓简模，即低精度模型、低模。VR 建模即是用低精度的模型去塑造复杂的结构，这需要对模型布线进行精确控制，以及后期贴图效果的配合。模型上有些结构是需要拿面去表现的，而有些结构是使用贴图去表现，如图 6-1 所示。

图 6-1　VR 模型的构成

VR 模型在进入引擎前的制作流程如图 6-2 所示，即素材采集→模型制作→贴图制作→场景塌陷、命名、展 UV 坐标→灯光渲染测试→场景烘焙→场景调整导出。

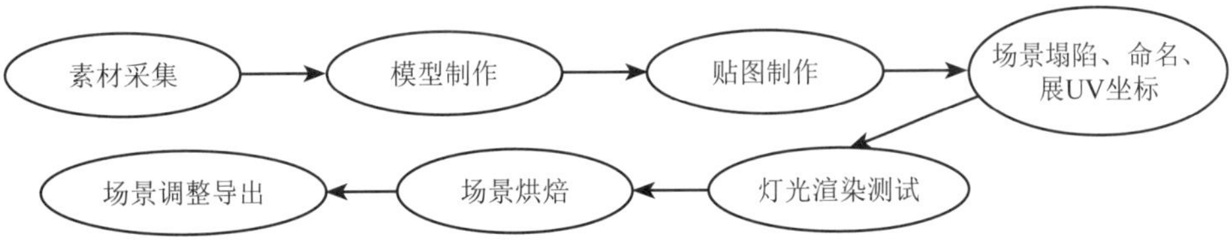

图 6-2　VR 模型制作流程

在 3ds Max 中建模准则基本上可以归纳为以下几点：

- 做简模。
- 模型的三角网格面尽量为等边三角形，不要出现长条形。
- 在表现细长条的模型时，尽量不用模型而用贴图的方式表现。
- 重新制作简模比改精模的效率更高。
- 模型的数量不要太多。
- 合理分布模型的密度。
- 相同材质的模型，远距离的不要合并。
- 保持模型面与面之间的距离。
- 删除看不见的面。

- 用面片表现复杂造型。

具体的 VR 模型制作规范如下：

（1）做简模。

尽量模仿游戏场景的建模方法，把效果图的模型拿过来直接用是不推荐的。VR 中的运行画面每一帧都是靠显卡和 CPU 实时计算出来的，如果面数太多，会导致运行速度急剧降低，甚至无法运行；模型面数过多，还会导致文件容量增大，在网络上发布也会导致下载时间增加。

（2）模型的三角网格面尽量是等边三角形，不要出现长条形。

在调用模型或创建模型时，尽量保证模型的三角面为等边三角形，不要出现长条形。这是因为长条形的面不利于实时渲染，还会出现锯齿、纹理模糊等现象。

（3）在表现细长条的物体时，尽量不用模型而用贴图的方式表现。

在为 VRP 场景建立模型时最好不要将细长条的物体做成模型，如窗框、栏杆、栅栏等。这是因为这些细长条形的物体只会增加当前场景文件的模型数量，并且在实时渲染时还会出现锯齿与闪烁现象。对于细长条形的物体可以像游戏场景一样，利用贴图的方式来表现，其效果非常细腻，真实感也很强。

（4）重新创建简模比改精模的效率更高。

实际工作中，重新创建一个简模一般比在一个精模的基础上修改速度要快，在此推荐尽可能地新建模型。如从模型库调用的一个沙发模型，其扶手模型的面数为 1310，而重新建立一个相同尺寸规格的模型的面数为 204，制作方法相当简单，速度也很快。

（5）模型的数量不要太多。

如果场景中的模型数量太多会给后面的工序带来很多麻烦，如会增加烘焙物体的数量和时间、降低运行速度等，因此推荐一个完整场景中的模型数量控制在 2000 个以内（根据个人机器配置），用户可以通过 VRP 导出工具查看当前场景中的模型数量。

（6）合理分布模型的密度。

分布得不合理对其后面的运行速度是有影响的，如果模型密度不均匀，会导致运行速度时快时慢，因此推荐合理地分布 VR 场景的模型密度。

（7）相同材质的模型，尽量合并；远距离模型面数多的物体则不要进行合并。

在 VRP 场景中，尽量合并材质类型相同的模型以减少物体个数，加快场景的加载时间和运行速度；如果该模型的面数过多且相隔距离很远则不要进行合并，否则也会影响 VR 场景的运行速度。

注意：*在合并相同材质模型时需要把握一个原则，那就是合并后的模型面数不可以超过 10 万个面，否则运行速度也会很慢。*

（8）保持模型面与面之间的距离。

在 VRP 中，所有模型的面与面之间的距离不要太近。推荐最小间距为当前场景最大尺度的二千分之一。例如在制作室内场景时，物体的面与面之间的距离不要小于 2mm；在制作场景长（或宽）为 1km 的室外场景时，物体的面与面之间的距离不要小于 20cm。如果物体的面与面之间贴得太近，在运行该 VR 场景时会出现两个面交替出现的闪烁现象。

（9）删除看不见的面。

VR 场景类似于动画场景，在建立模型时，看不见的地方不用建模，对于看不见的面也可以删除，主要是为了提高贴图的利用率，降低整个场景的面数，以提高交互场景的运行速度。如 Box 底面、贴着墙壁物体的背面等。

（10）用面片表现复杂造型。

对于复杂的造型，可以用贴图或实景照片来表现，为了得到更好的效果与更高效的运行速度，在 VR 场景中可以用 Plant 替代复杂的模型，然后靠贴图来表现复杂的结构。如植物、装饰物、模型上的浮雕效果等。

6.4 VR 模型材质贴图规范

Unity 3D 引擎对模型的材质有一些特殊要求，3ds Max 中不是所有的材质都被 Unity 3D 软件支持，只有 Standard（标准）材质和 Multi/Sub-Objiect（多维 / 子物体材质）被 Unity 3D 软件支持，且 Multi/Sub-Objiect（多维 / 子物体材质）中的自材质也必须为 Standard（标准）材质。

Unity 3D 目前只支持 Bitmap（位图）贴图类型，其他所有贴图均不支持。只支持漫反射（DiffuseColor）和自发光（Self-Illuminate）贴图通道。自发光（Self-Illuminate）贴图通道在烘焙光照纹理（Lightmap）后，需要将此贴图通道的通道设置为烘焙后的新通道，同时将生成的光照纹理（Lightmap）指向自发光（Self-Illuminate）。

在 3ds Max 中的材质贴图规范具体如下：

（1）MAX 模型的贴图尺寸必须为 2 的 n 次方 ×2 的 n 次方，如像素 256×256、512×256、512×128。不能出现不规则贴图尺寸，例如像素 487×376、3072×2035 等。重点模型的贴图可以用像素 1024×1024、2048×2048（此为可用的最大尺寸），其他控制在像素 512×512 以内。存储时要将贴图品质设为最佳分辨率 72 像素 / 英寸。在烘焙时将纹理贴图存储为 TAG 格式。

（2）常规贴图用 JPG 格式的图片，贴图品质为 12（最佳）。透明贴图用 PNG 或带通道的 32 位 TGA 格式的图片。

（3）贴图利用率大，合理拆分 UV，UV 要占整张贴图的 80% 以上。

（4）使用 Standard（标准）材质，材质类型使用 Blinn。

（5）不能在 MAX 材质编辑器中对贴图进行裁切，在材质编辑器中不能使用 Tiling（瓷砖）选项。

（6）不能在材质编辑器中对材质的透明度进行调节。如需表现镂空效果时需要用 PNG 或 TGA 格式的贴图制作。

（7）贴图如果有眩光，必须对眩光进行效果处理。

（8）制作贴图时注意保持干净整洁，色彩丰富漂亮，有特殊要求的除外。

（9）物体为纯色的贴图大小不得超过 16×16。

（10）注意贴图材质与纹理的精度，尽量保持同一个模型清晰度与细节度统一。

（11）贴图用色上避免饱和度高的色彩，不可使用百分百的白色或黑色。

6.5 VR 模型烘焙及导出规范

贴图烘焙技术也叫 Render To Textures，简单地说就是一种把 MAX 光照信息渲染成贴图的方式，而后把这个烘焙后的贴图再贴回到场景中去的技术。这样的话光照信息变成了贴图，不需要 CPU 再去费时地计算了，只要计算普通的贴图即可，所以速度极快。

模型的烘焙方式有两种：一种是 Lightmap 烘焙方式，这种烘焙贴图渲染出来的贴图只带阴影信息，不包含基本纹理；另一种是 Completemap 烘焙方式，这种烘焙贴图方式的优点是渲染出来的贴图本身就带有基本纹理和光影信息，缺点是没有细节纹理，且在近处时纹理比较模糊。

VR 模型烘焙及导出规范具体如下：

（1）主要模型部分贴图 UV 需要手动展开，烘焙贴图的尺寸要用 1024×1024，其余用 512×512 及以下的尺寸，烘焙文件的贴图为 TGA 格式。

（2）如主要模型烘焙出来的模型光影不清晰、不细腻，就把单个物体适当拆分成几个物体，再进行单独烘焙，拆分的物体数量以光影清晰度为准。

（3）合理拆分烘焙贴图的 UV，使 UV 占整张贴图的 80% 以上。

（4）如有细且长的物体，如履带边缘、绳索、管道等要烘焙时，要把模型分成几段，自动展 UV 后，以 UV 能占 80% 以上为准。

（5）自发光（Self-Illuminate）贴图通道在烘焙光照纹理（Lightmap）后，需要将此贴图通道的通道设置为烘焙后的新通道，同时将生成的光照纹理（Lightmap）指向自发光（Self-Illuminate）。

（6）模型导出前要转化为可编辑多边形方式。

（7）模型导出时将烘焙材质改为标准材质球，通道 1，自发光 100%；所有物体名、材质球名、贴图名保持一致；合并顶点，删除场景中没用的一切物质；清理材质球，删除多余的材质球；按要求导出为 FBX 文件，导出后需要重新导入 3ds Max 中查看是否正确。

本章小结

本章对虚拟现实（VR）建模整体规范、模型命名规范、制作规范、材质贴图规范、烘焙及导出规范进行了详细介绍，便于在建模过程中建立规范模型。

第 7 章
虚拟现实（VR）道具建模

本章要点

- 道具建模的方法和流程
- 道具模型 UV 拆分
- 道具模型的贴图绘制
- 道具模型的烘焙导出与导入 U3D

从本章开始，通过四首古诗词场景串联，勾勒一幅大唐使者出使西域，经过丝绸之路的场景。根据诗词的内容，确定需要建立的模型，再分类别分别建立各类模型。

第一首诗词是《送元二使安西》：渭城朝雨浥轻尘，客舍青青柳色新，劝君更尽一杯酒，西出阳关无故人。

第二首诗词是《凉州曲》：葡萄美酒夜光杯，欲饮琵琶马上催。醉卧沙场君莫笑，古来征战几人回？

第三首诗词是《凉州词》：黄河远上白云间，一片孤城万仞山。羌笛何须怨杨柳，春风不度玉门。

第四首诗词是《从军行》：青海长云暗雪山，孤城遥望玉门关。黄沙百战穿金甲，不破楼兰终不还。

根据诗词中直接体现的模型对模型进行归类分化，可分为道具类、植物类、动物类、建筑类和人物类 5 个大类，模型分别有：

道具类：琵琶、剑、大刀、酒瓶、酒杯、玉笛、酒桌、水果、箱子等。

植物类：柳树、植物盆栽。

动物类：马、骆驼。

建筑类：渭城城门、酒馆、玉门关、军帐、楼兰街道。

人物类：使者、将军、舞女、侍女。

在实际的虚拟现实场景中，道具模型用于辅助装饰场景，是构成虚拟现实场景的基本元素之一。道具模型的特点是：小巧精致、带设计感且可以不断复制以循环利用。适当地在虚拟现实场景中添加道具模型，可以增加场景整体的精细程度，让场景变得更加真实自然，符合历史和人文特征。

由于道具模型通常要复制使用，为了减少引擎负担，道具模型在保证结构的基础上，尽可能地降低模型面数，结构细节主要通过贴图来表现。

根据模型的大小分为两类：一类是应用于室外的道具，这类道具相对较大，如路灯、雕塑等；另一类是应用于室内场景的道具，如桌椅、瓶碗碟盏等，这类模型相对较小，用于丰富细节。

本章中所建立的琵琶模型是根据第二首诗词《凉州曲》中的“欲饮琵琶马上催”而来，与第 2 章中建立的古剑模型均属于室内道具。

7.1 琵琶模型建模

琵琶，是弹拨乐器首座，拨弦类弦鸣乐器，木制，音箱呈半梨形，上装四弦，用丝线制成。演奏时竖抱，左手按弦，右手五指弹奏，是可独奏、伴奏、重奏、合奏的重要民族乐器。

琵琶的结构包括背板、面板、琴头、琴相、琴品、缚手、琴轴、琴弦 8 个部分，完成之后的琵琶模型如图 7-1 所示。

图 7-1 琵琶最终效果图

7.1.1 琵琶背板部分建模

制作背板的部分，背板是琵琶上最大的部件，似半梨形，制作步骤如下：

1．启动 3ds Max，单击创建新场景并将文件保存为 pipa.max。

2．在视口配置窗口中将视口背景设置为琵琶参考图，以便建模的时候参考，如图 7-2 所示。

3．在前视图中新建长方体模型，设置长为 0.8m，宽为 0.35m，高为 0.075m，长度分段为 7，宽度分段为 2，高度分段为 2，如图 7-3 所示。模型的分段数开始的时候可以少设置一些，后面根据模型的形状效果加线调整，但至少要设置为 2。由于模型是对称的，在建模过程中需要将长方体转换为可编辑多边形，删除一半模型后再用对称镜像另一半模型，调整形状时只需要调整一半的模型即可。

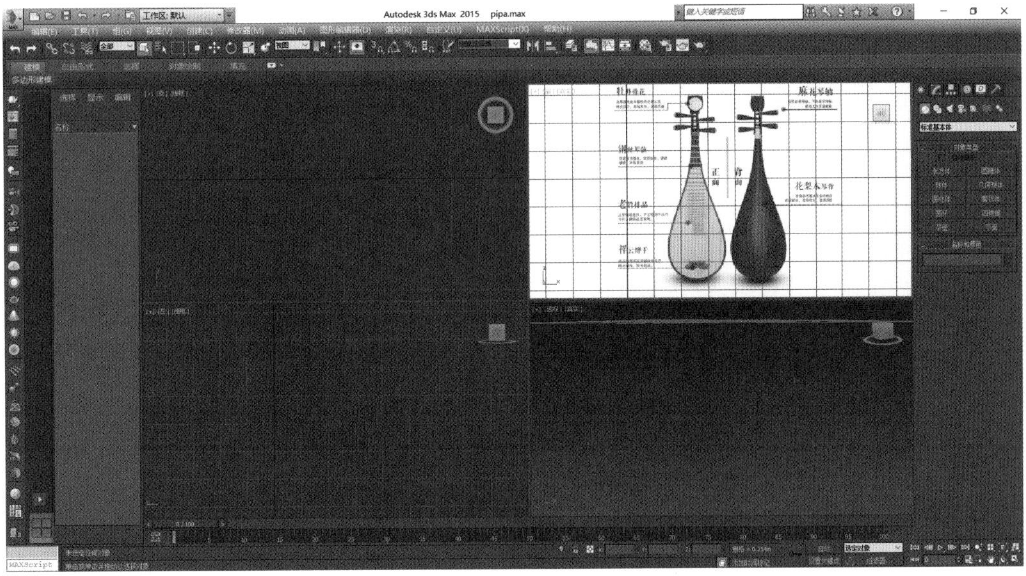

图 7-2　视口配置

4．设置仅影响轴，调整坐标轴的位置居中到对象，如图 7-4 所示，取消“仅影响轴”，将 XYZ 的坐标值均设置为 0，即将模型放置在视图中心。

5．将长方体转换为可编辑多边形，进入顶点层级，选中右侧一半的顶点，删除，使用对称修改器镜像出另一半的模型，设置如图 7-5 所示。

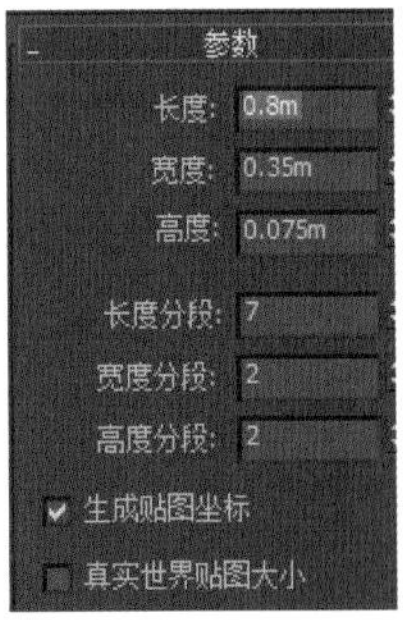

图 7-3　新建长方体

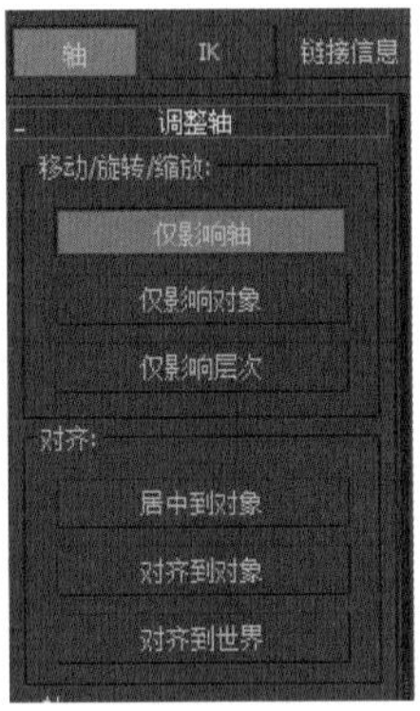

图 7-4　调整坐标轴位置

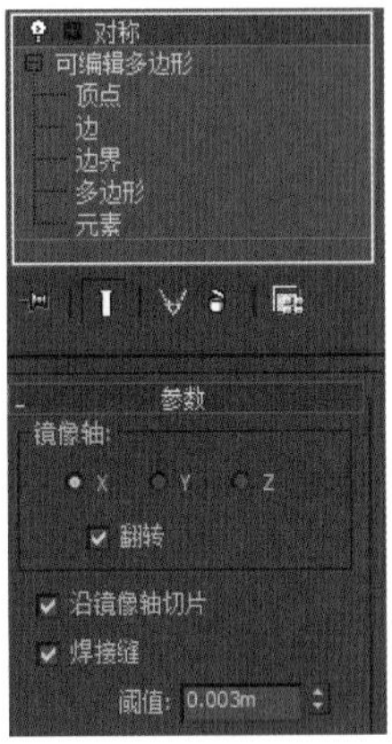

图 7-5　对称修改器

6．返回可编辑多边形层级，打开显示最终结果▌，此时模型显示为完整的长方体模型，如图 7-6 所示。

7．进入顶点层级，在前视图中调整模型形状，注意保持最宽处的顶点位置不变，轮廓接近半梨形，效果如图 7-7 所示。

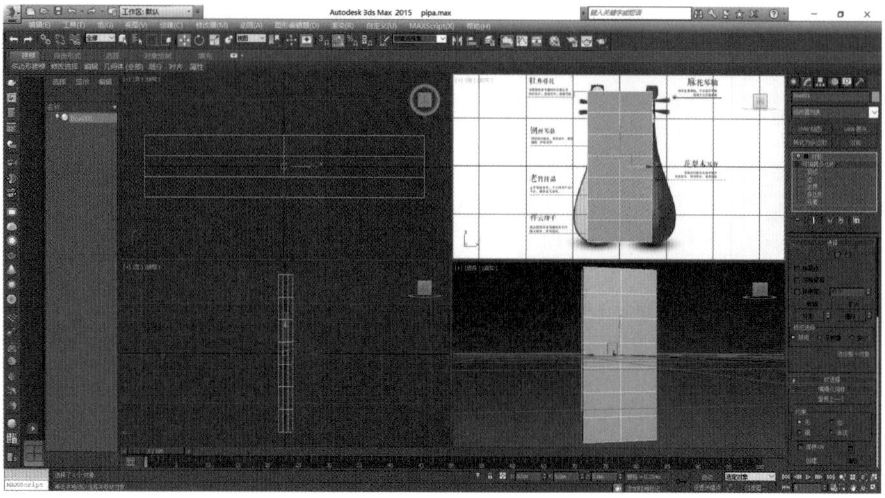

图 7-6　打开显示最终结果

8．切换到左视图，调整琵琶背板侧面的形状，效果如图 7-8 所示。

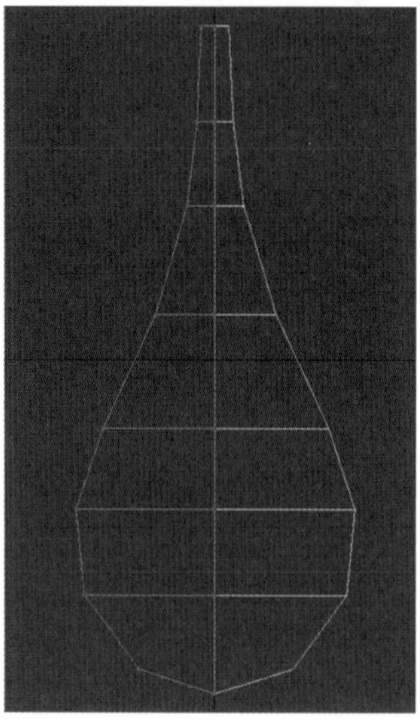

图 7-7　调整轮廓

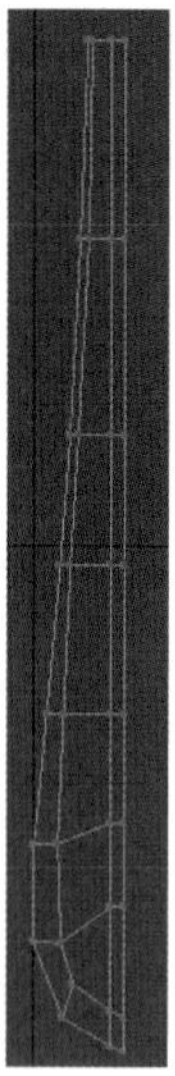

图 7-8　左视图效果

9．切换到顶视图，调整琵琶背板顶面的形状，效果如图 7-9 所示。

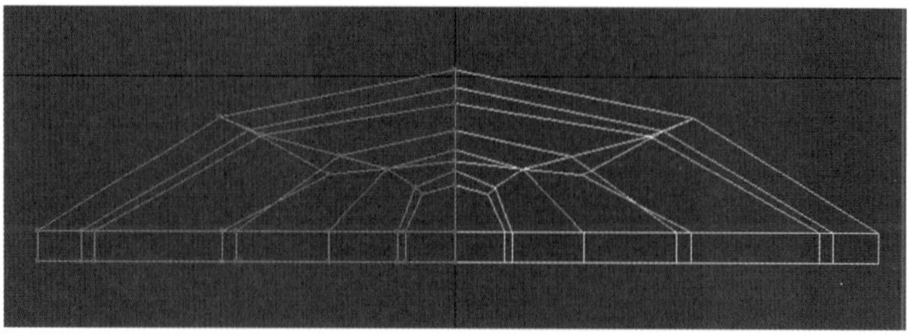

图 7-9　顶视图效果

10．切换到左视图，进入边层级，选择背板顶部的边，单击鼠标右键，使用“连接”命令加线，效果如图 7-10 所示。

11．进入顶点层级，调整背板顶端的形状，效果如图 7-11 所示。

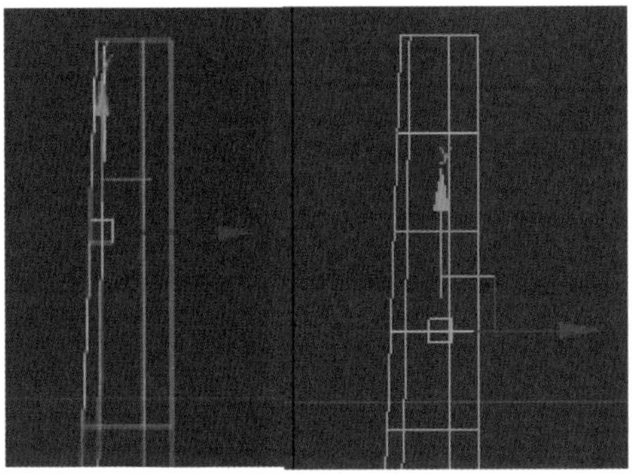

图 7-10　连接加线效果

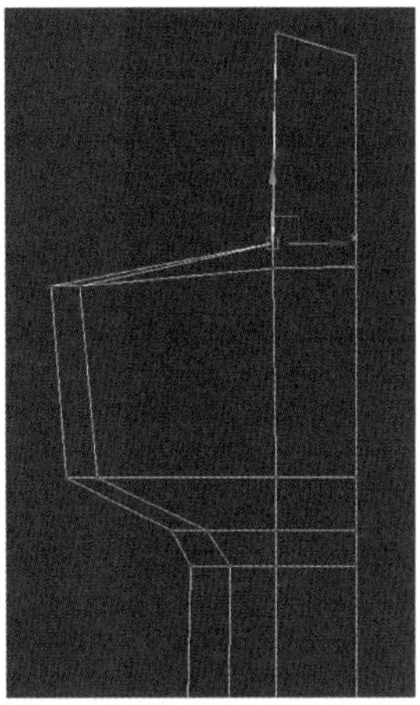

图 7-11　背板顶端形状

12．琵琶背板模型制作完毕，此时模型的效果如图 7-12 所示，保存文件。

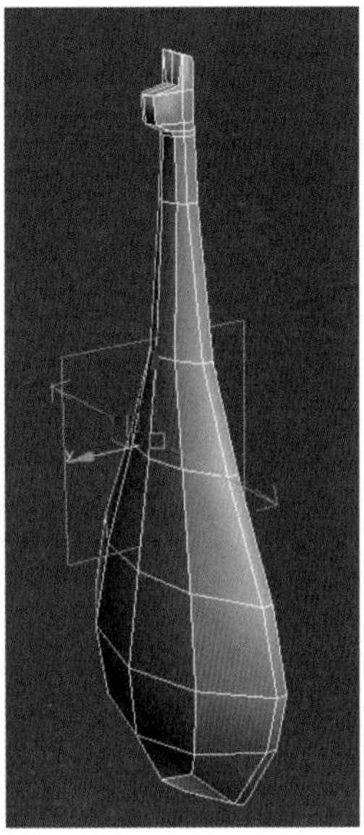

图 7-12　背板效果

7.1.2　琵琶面板部分建模

1．切换到多边形层级，将如图 7-13 所示的面选中，单击“插入”按钮后面的小方块，在设置中将插入参数设置为 0.015m，效果如图 7-14 所示。

2．按 Alt+C 组合键，对插入的多边形上下两个部分进行切割，将面板的形状切割出来，效果如图 7-15 所示。

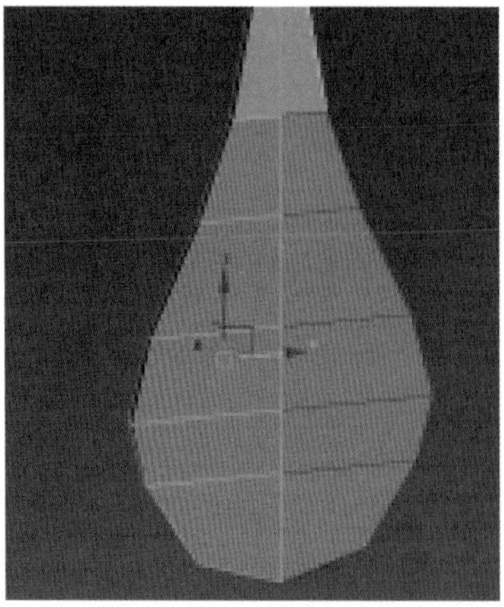

图 7-13　选择面

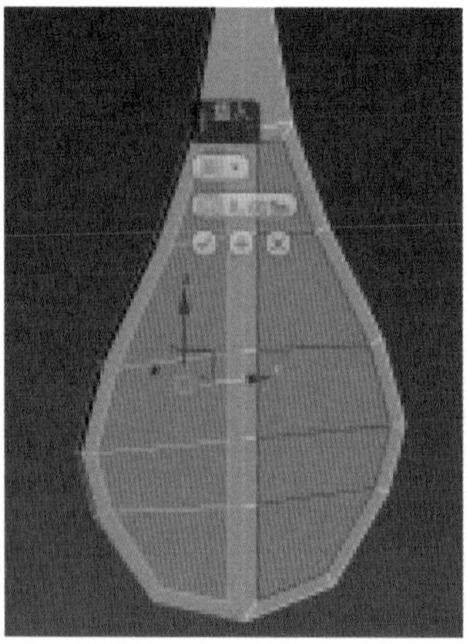

图 7-14　插入效果

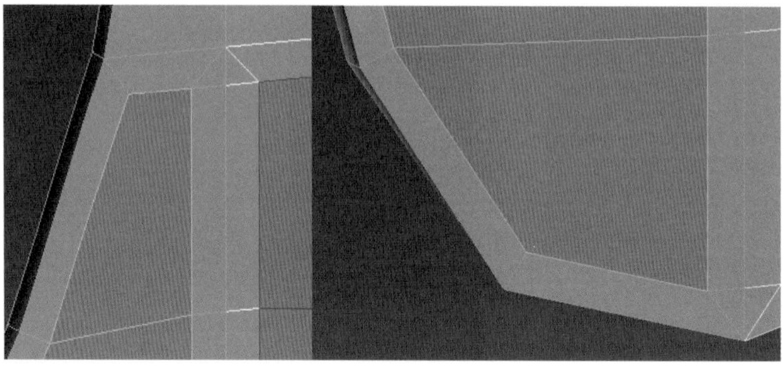

图 7-15　切割效果

3．切换到边层级，选择面板中间的边，单击“循环”按钮，选择如图 7-16 所示的边，图中黄色的边即为选中的边。

4．单击“移除”按钮，将选中的边移除，效果如图 7-17 所示。

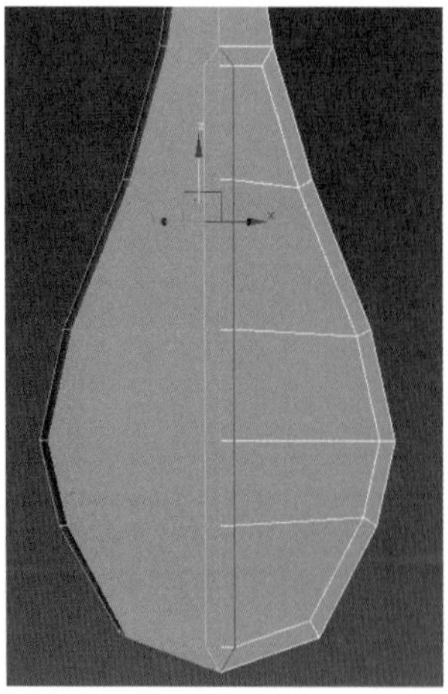

图 7-16　选择边

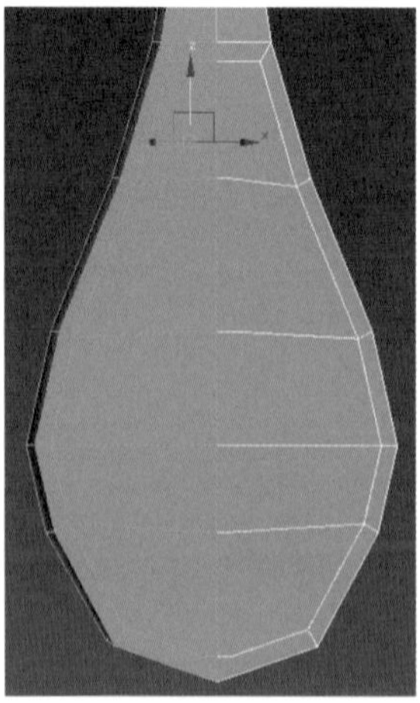

图 7-17　移除边

5．切换到多边形层级，选中面板所在的面，如图 7-18 所示。

6．单击“分离”按钮，弹出如图 7-19 所示的“分离”对话框，单击“确定”按钮，将面板模型从背板模型中独立出来。

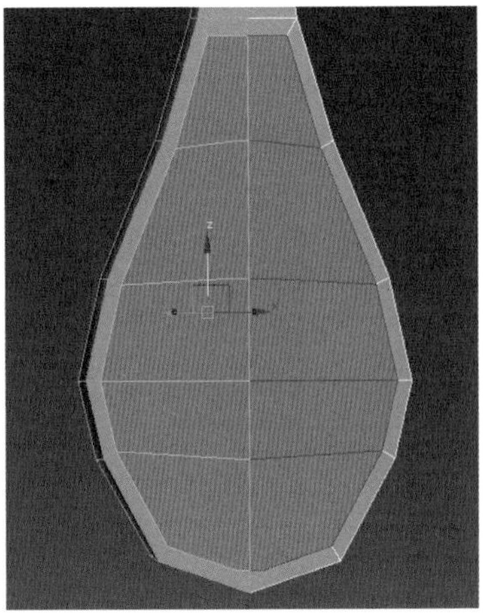

图 7-18 选择面

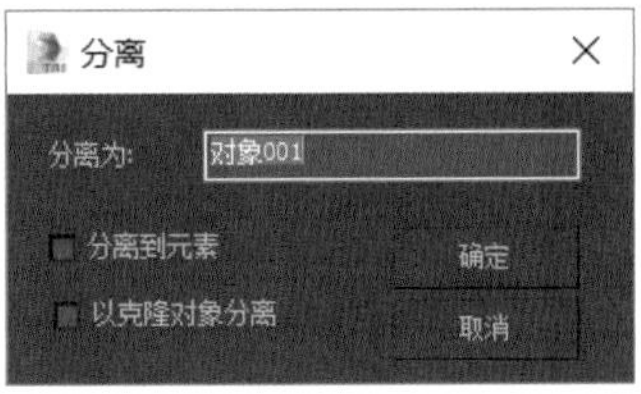

图 7-19 “分离”对话框

7．切换到可编辑多边形层级，此时可以看到视图中的背板和面板模型如图 7-20 所示。

8．选中面板部分，使用“对称”命令镜像出另一半模型，镜像轴为 X，翻转，面板的模型就制作完毕了，效果如图 7-21 所示。

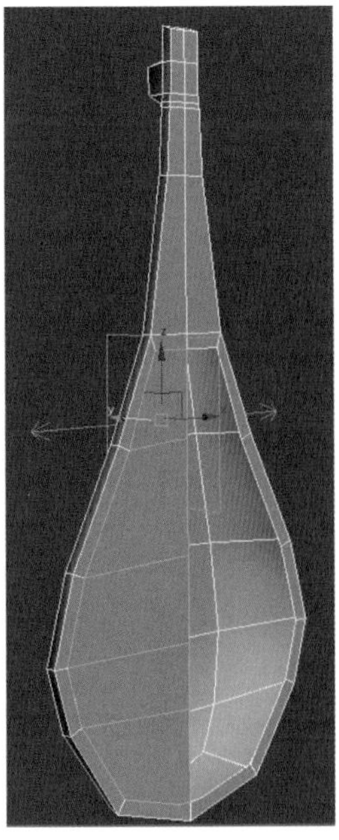

图 7-20 分离效果

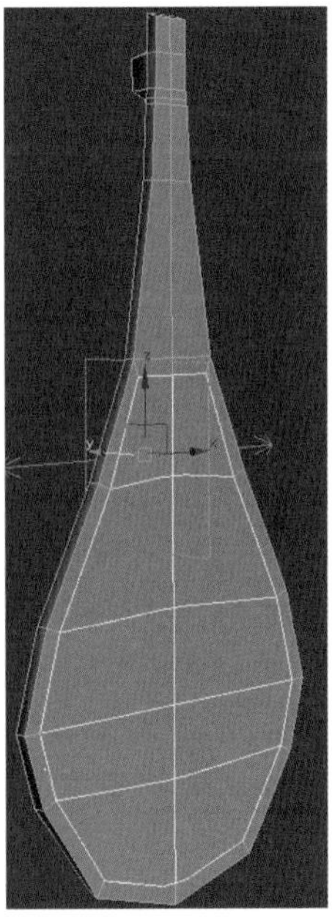

图 7-21 面板对称效果

9．按 Ctrl+S 组合键保存文件。

7.1.3 琵琶琴头部分建模

1．切换到前视图，在背板上方绘制长方体，设置如图 7-22 所示，长为 0.04m，宽为 0.05m，高为 0.04m，长宽高的分段数均为 2。

2．使用“对齐”命令将长方体对象对齐到背板模型，设置如图 7-23 所示。

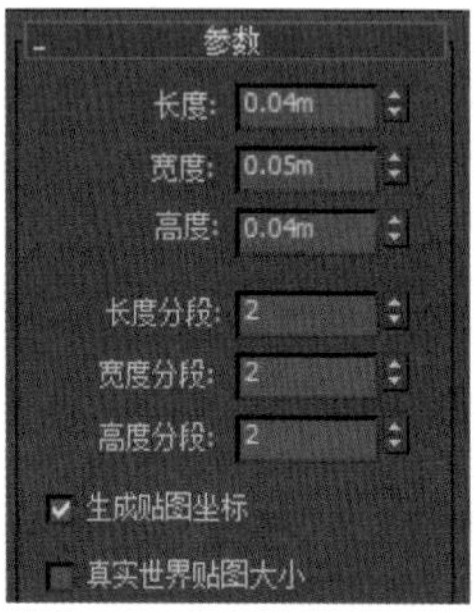

图 7-22　绘制长方体

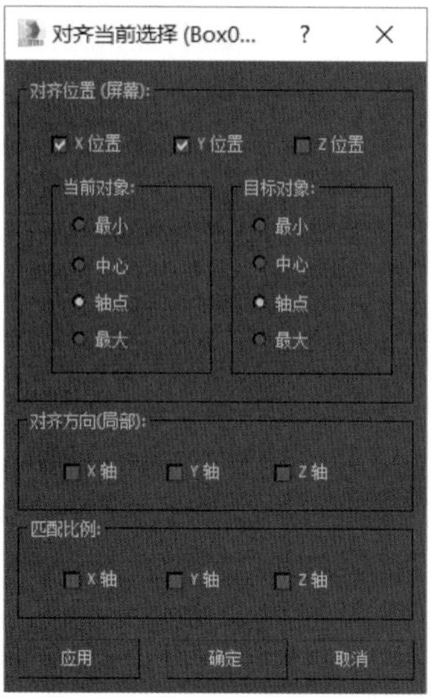

图 7-23　对齐设置

3．将长方体转换为可编辑多边形，进入顶点层级，删除右边一半的顶点，如图 7-24 所示。

4．添加对称修改器，设置为 X 轴，翻转，镜像出另一半的模型，如图 7-25 所示。

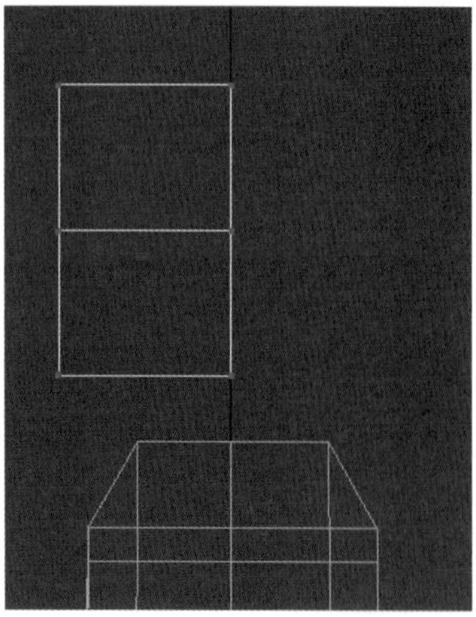

图 7-24　删除一半长方体

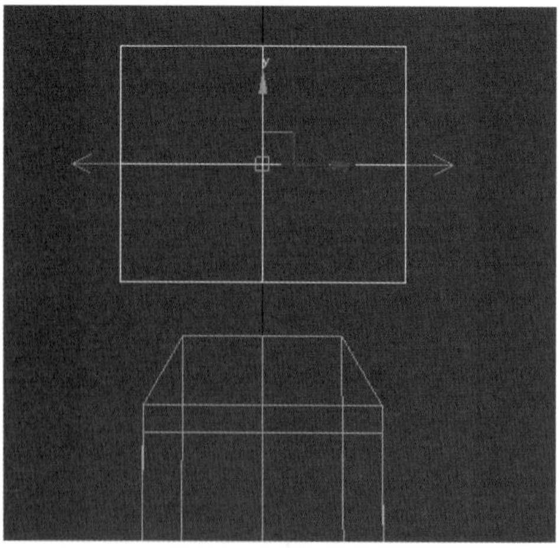

图 7-25　对称长方体

5．切换到左视图，进入顶点层级，调整顶点位置，效果如图 7-26 所示。

6．进入到边层级，在前视图中拖动鼠标选中所有横向的边，单击鼠标右键，选择“连接”命令，为模型增加分段数，如图 7-27 所示。

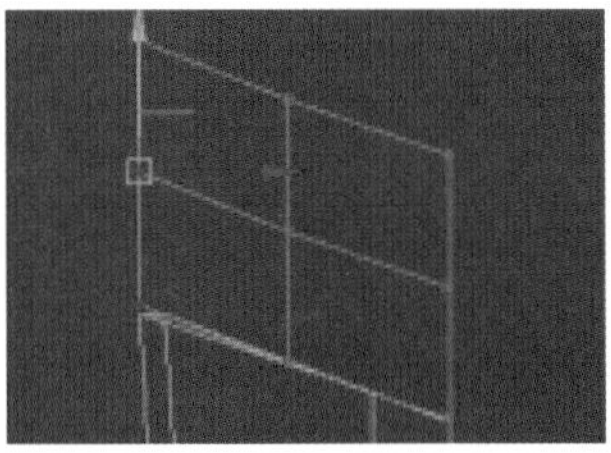

图 7-26　调整顶点位置

图 7-27　连接加线

7. 选择多边形，对选中的多边形作挤出操作，使用旋转和移动对挤出的部分进行调整，效果如图 7-28 所示。

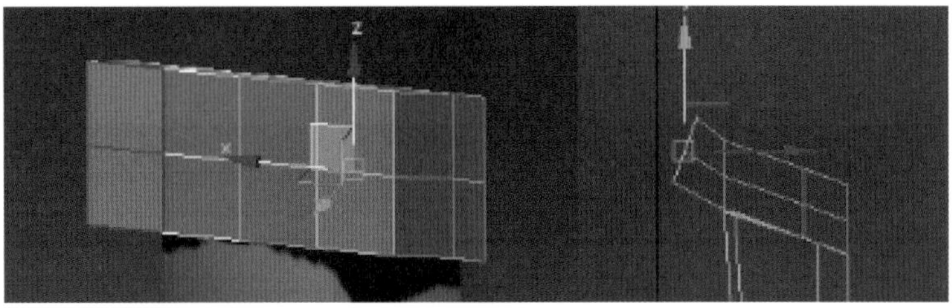

图 7-28　挤出效果

8. 反复使用“挤出”命令，对挤出的部分通过移动和旋转操作将琴头部分的轮廓做出来，效果如图 7-29 所示。

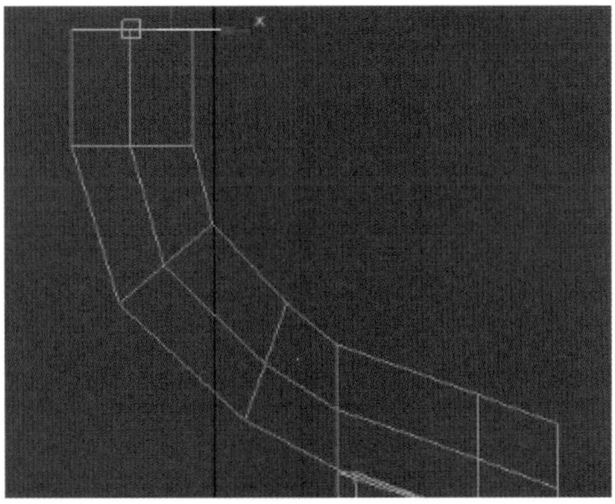

图 7-29　反复挤出和调整

9. 切换到顶点层级，对形状再做细微调整，效果如图 7-30 所示。

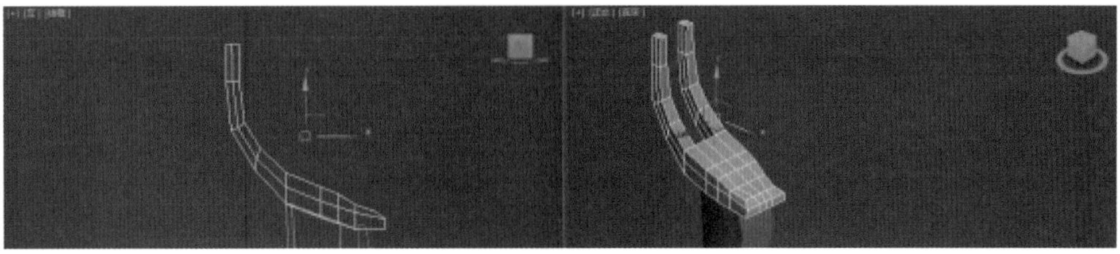

图 7-30　琴头轮廓

10．在模型上方再次新建长方体模型，如图 7-31 所示，重复前面将模型删除一半并对齐的操作。

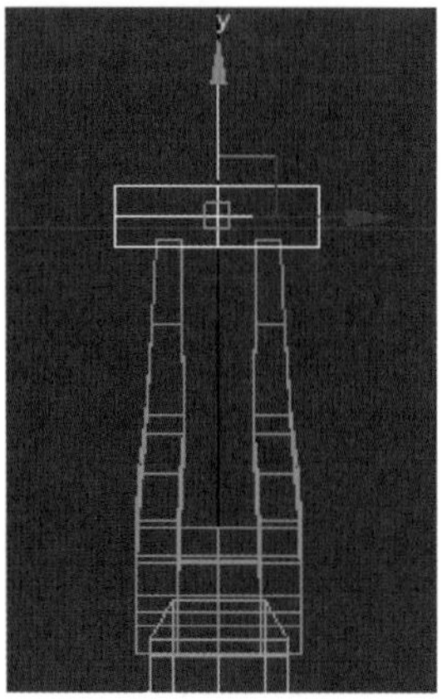

图 7-31　新建长方体

11．切换到顶点层级，调整模型形状，效果如图 7-32 所示。

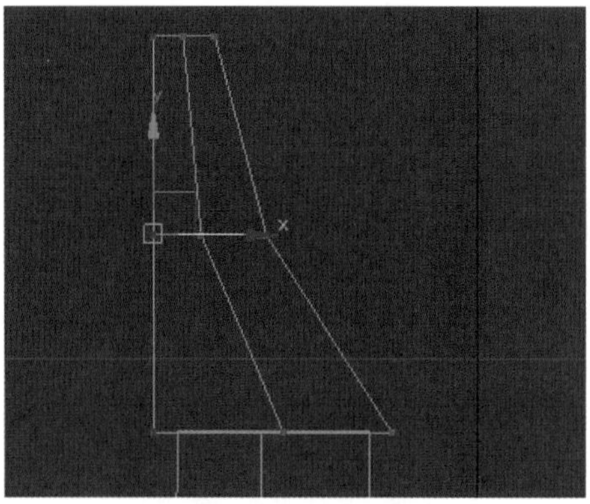

图 7-32　调整形状

12．切换到多边形层级，选择顶部的两个面，反复使用“挤出”命令，如图 7-33 所示。

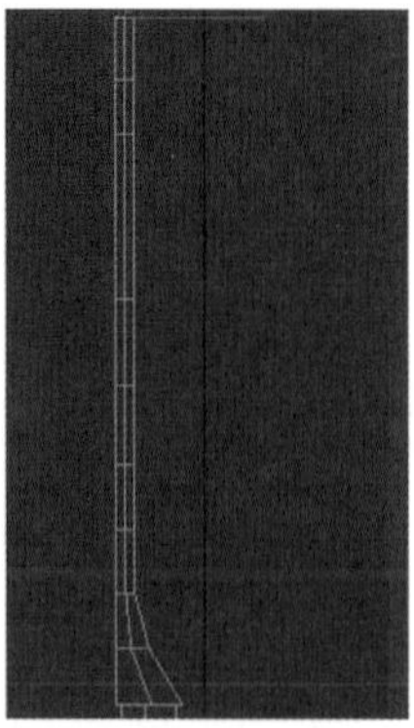

图 7-33　挤出效果

13．切换到顶点层级，在左视图中使用移动和旋转操作调整轮廓，效果如图 7-34 所示。

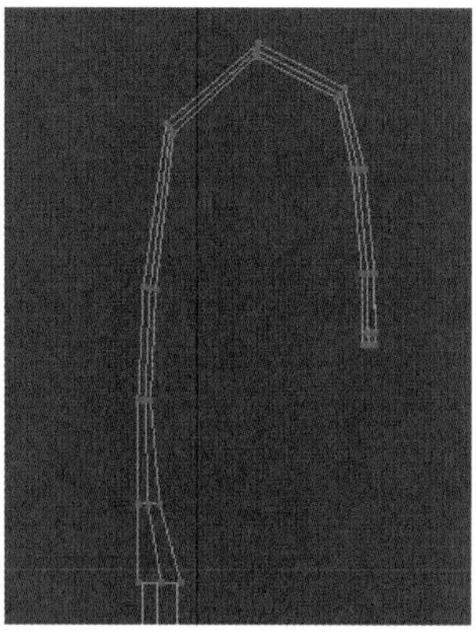

图 7-34　调整形状

14．切换到透视图，选择弯头顶端的顶点，调整模型形状，效果如图 7-35 所示。

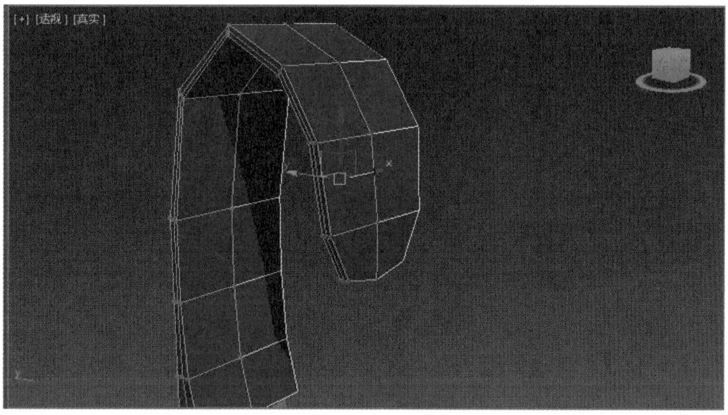

图 7-35　调整头部形状

15．进入多边形层级，选择如图 7-36 所示的面，设置插入量为 0.003m，进行插入操作，效果如图 7-37 所示。

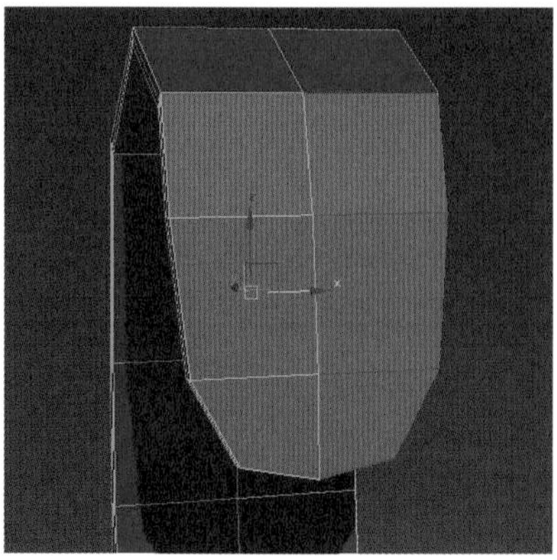

图 7-36　选择面

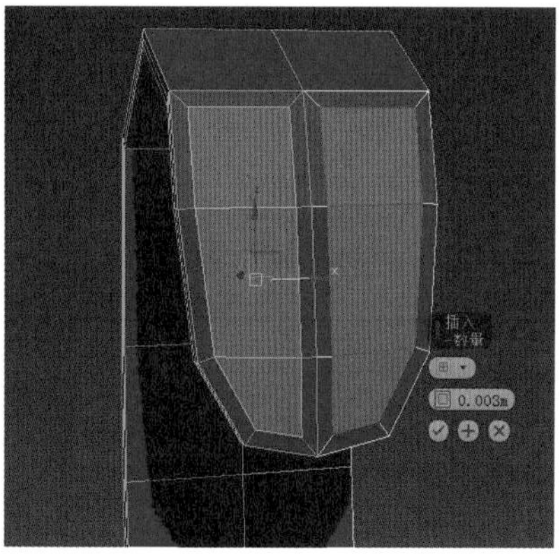

图 7-37　设置插入

16．按 Alt+C 组合键对顶端和底部的面进行切割，效果如图 7-38 所示。

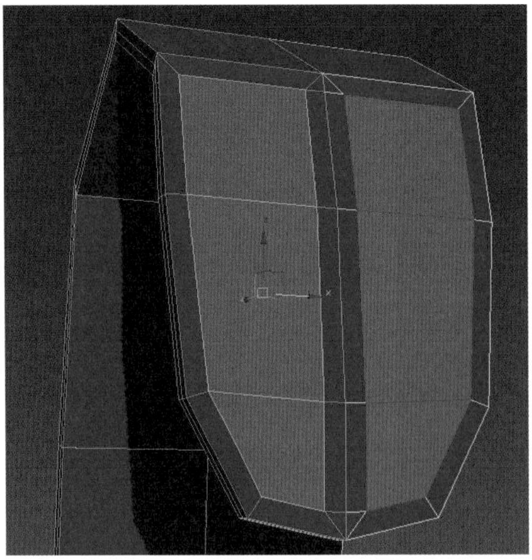

图 7-38　切割面

17．进入边层级，将多余的边移除，效果如图 7-39 所示。

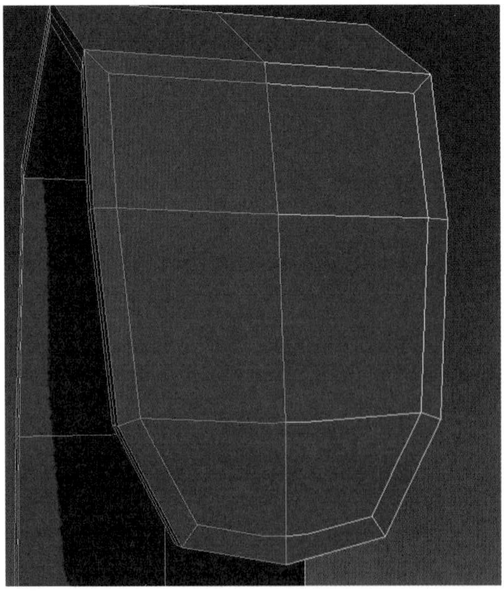

图 7-39　移除边

18．进入顶点层级，之前移除的边的位置会出现多余的顶点，将这些多余的顶点移除，调整该处顶点的位置，调整出一个接近圆形的面，如图 7-40 所示，调整需要注意观察各个视图，不要出现错位的点。

19．进入到多边形层级，选中圆形所在的面，分离出来，如图 7-41 所示。

20．将分离出来的对象添加对称修改器，沿 X 轴镜像对称，效果如图 7-42 所示。

21．返回琴头部分，进入顶点层级，继续调整琴头部分的轮廓，效果如图 7-43 所示。

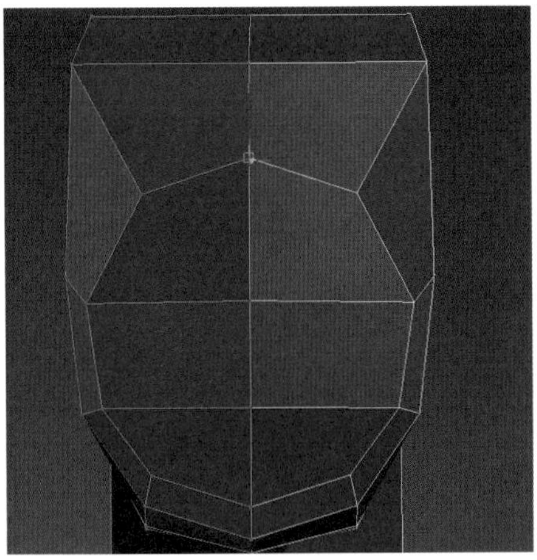

图 7-40　调整轮廓

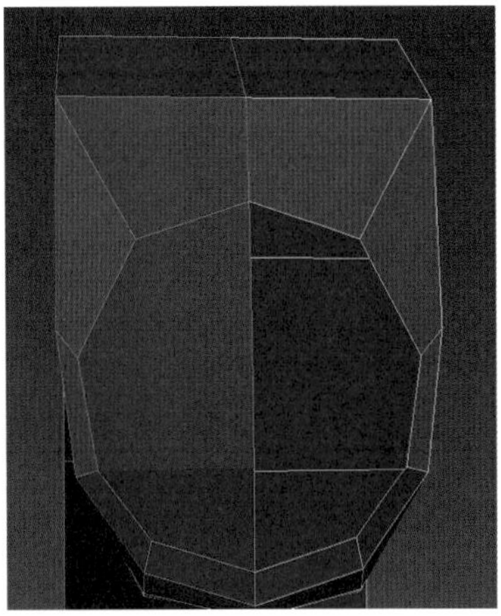

图 7-41　分离顶部

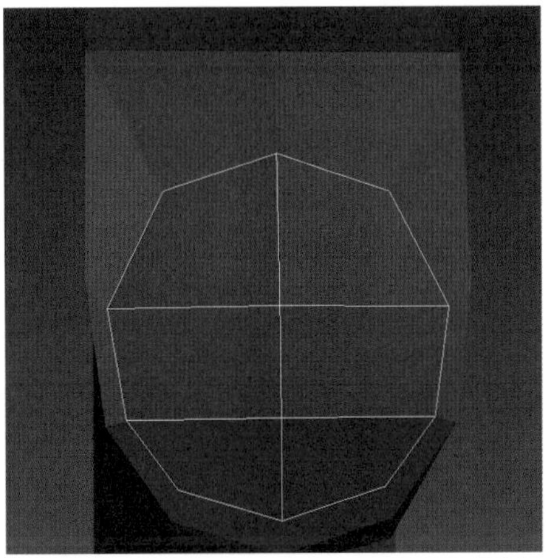

图 7-42　顶部效果

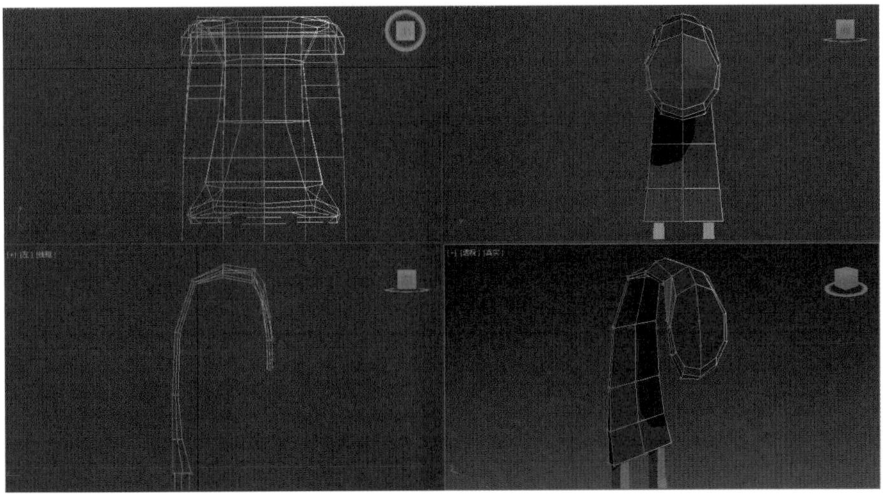

图 7-43　琴头效果

7.1.4 琵琶琴相部分建模

1．切换到前视图，在琵琶背板靠上的位置绘制一个长方体，长为 0.3m，宽和高均为 0.01m，长度分段为 12，宽度分段为 2，高度分段为 1，如图 7-44 所示。

2．将长方体转换为可编辑多边形，删除一半的点，并在 X 轴翻转镜像出另一半模型，如图 7-45 所示。

图 7-44　新建长方体

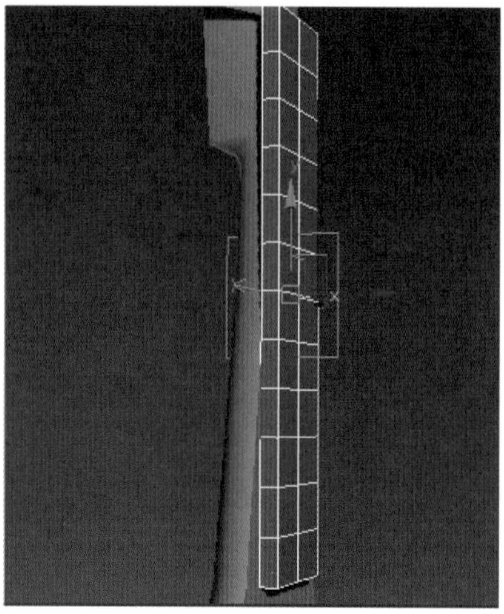

图 7-45　删除并对称模型

3．进入顶点层级，每间隔一个点做选择，如图 7-46 所示。

4．切换到左视图，向 Y 方向移动顶点位置，得到如图 7-47 所示的起伏波浪效果。

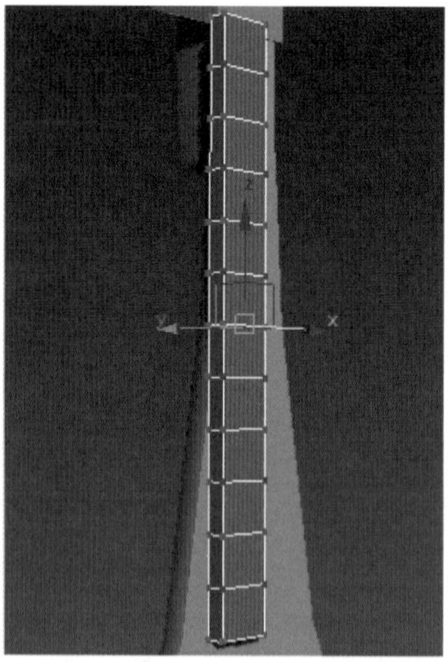

图 7-46　选择顶点

5．在前视图中调整顶点位置，使其和背板的轮廓重合，效果如图 7-48 所示，按 Ctrl+S 组合键保存文件。

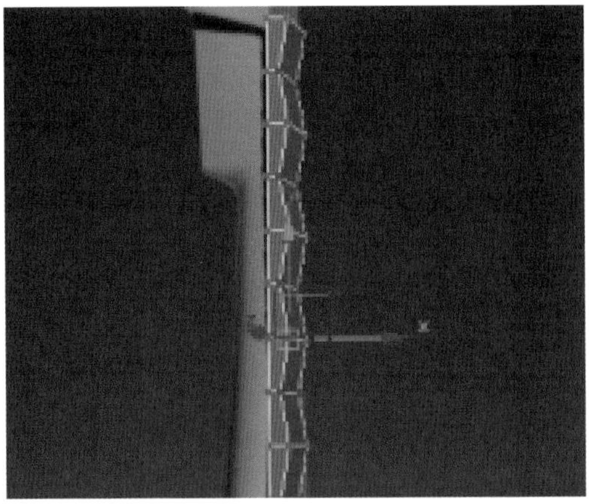

图 7-47　调整顶点位置

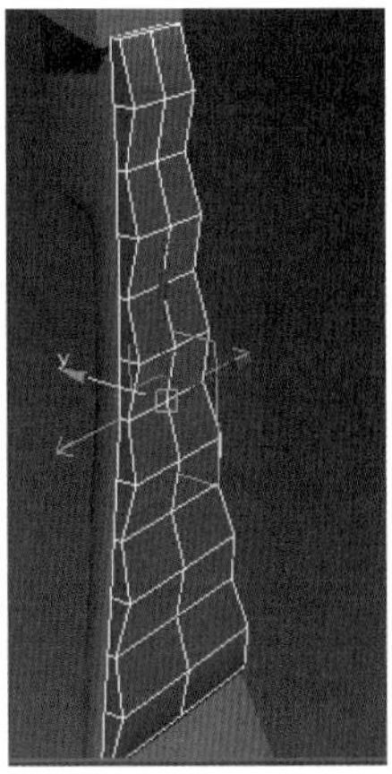

图 7-48　琴相部分效果

7.1.5　琵琶琴品部分建模

1．在前视图中新建长方体模型，长度为 0.005m，宽度为 0.01m，高度为 0.005m，长宽高分段数均为 1，如图 7-49 所示。

2．将长方体转换为可编辑多边形，进入多边形层级，删除底部的面，调整形状为梯形，如图 7-50 所示。

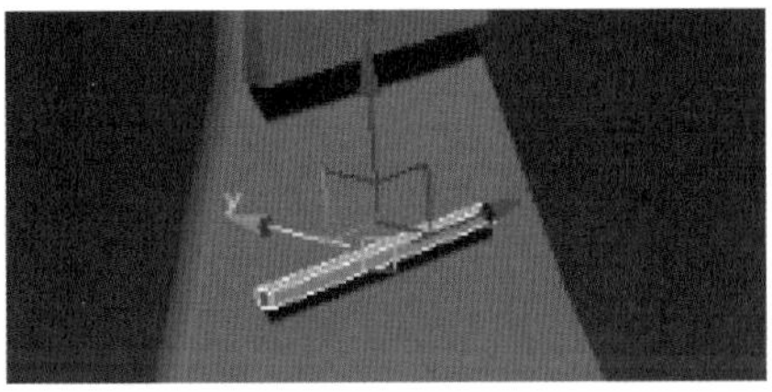

图 7-49　绘制长方体

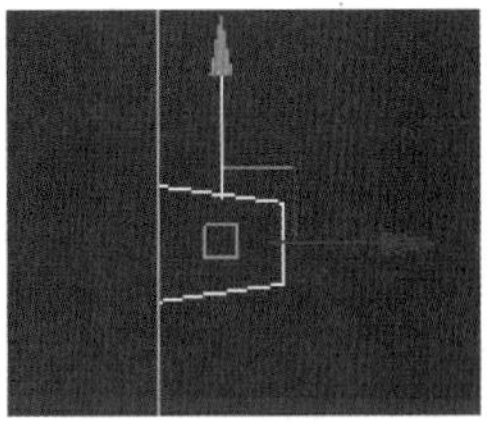

图 7-50　调整形状

3．将模型移动到靠近琴相底部，调整大小。

4．切换到左视图，按住 Shift 键沿 Y 轴移动对象进行克隆，以复制的方式将这个对象克隆 23 次，设置如图 7-51 所示，效果如图 7-52 所示。

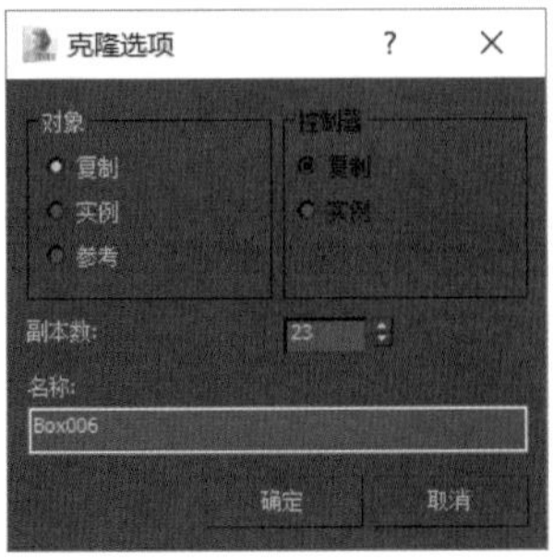

图 7-51　克隆对象

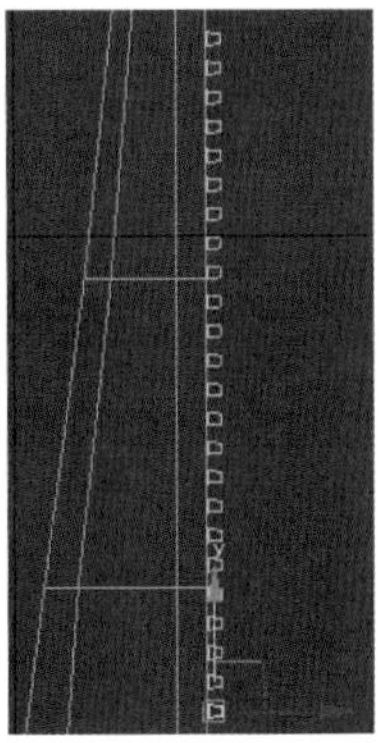

图 7-52　克隆效果

5．切换到前视图，使用缩放工具在 X 轴上分别对模型进行缩放，最终如图 7-53 所示。

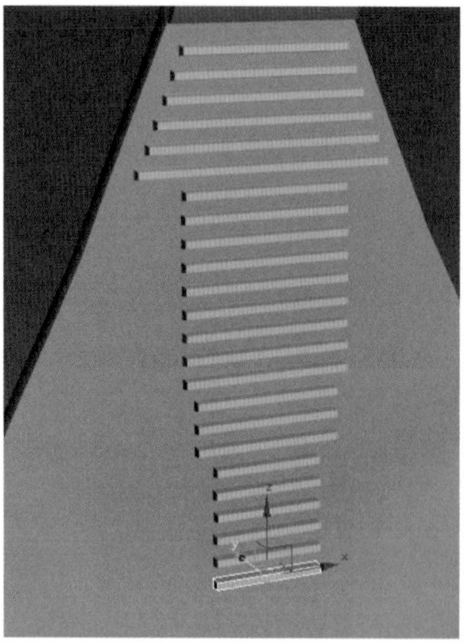

图 7-53　调整模型

6．根据参考图调整每个琴品的位置，最终如图 7-54 所示。

7．选择一个可编辑多边形对象，将琴品的部分附加在一起，如图 7-55 所示。

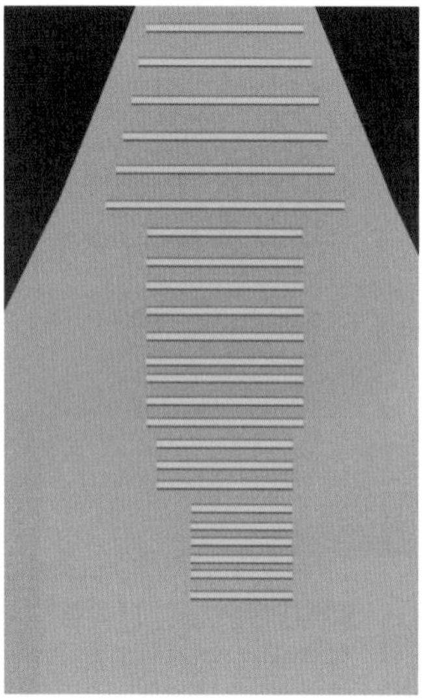

图 7-54　调整琴品位置

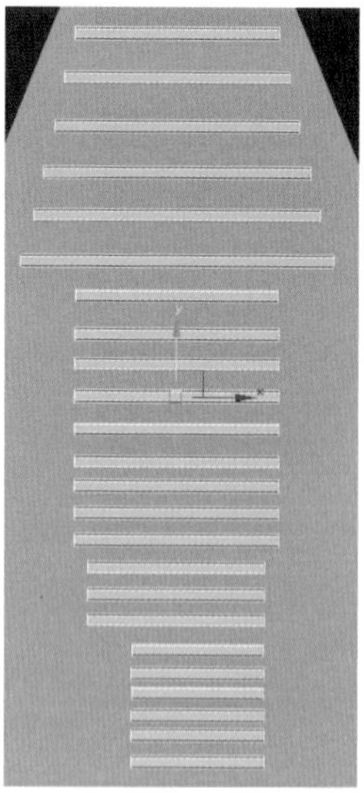

图 7-55　附加琴品部分

7.1.6　琵琶缚手部分建模

1．在前视图中新建长方体模型，长度分段为 3，宽度分段为 8，高度分段为 1，放在面板靠底部的位置，效果如图 7-56 所示。

2．将长方体转换为可编辑多边形，删除一半模型，对称出一半模型，设置同前，效果如图 7-57 所示。

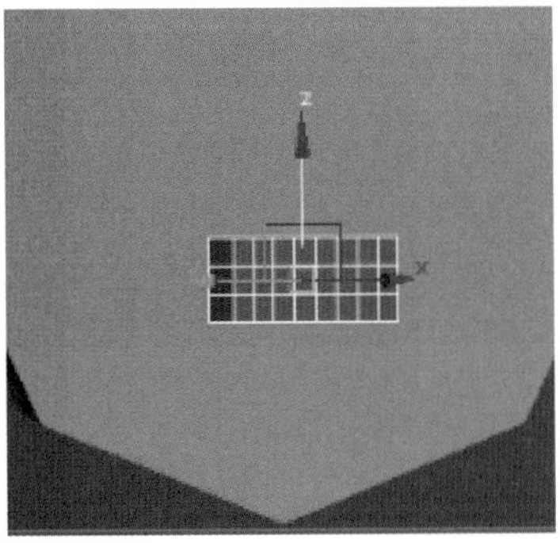

图 7-56　新建长方体

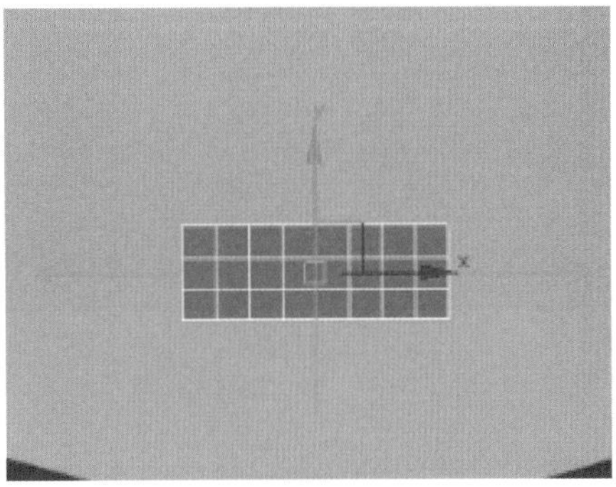

图 7-57　删除一半并对称

3．进入顶点层级，调整模型形状，如遇顶点较少形状不好调整的情况，请切换到边层级，通过连接或者细分的方法增加顶点，最终效果如图 7-58 所示。

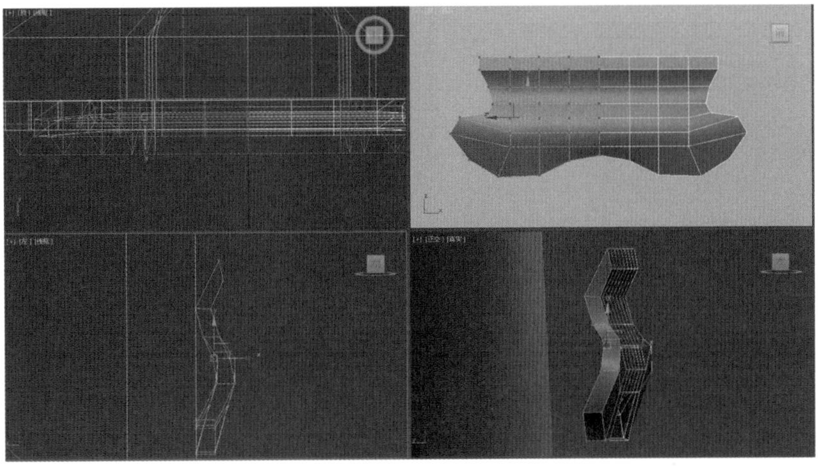

图 7-58　调整缚手形状

4．切换到前视图，使用长方体工具绘制一个长方体，设置长度和宽度均为 0.003m，高度为 0.05m，长宽高分段均为 1，将其放置与缚手模型有一部分重叠，如图 7-59 所示。

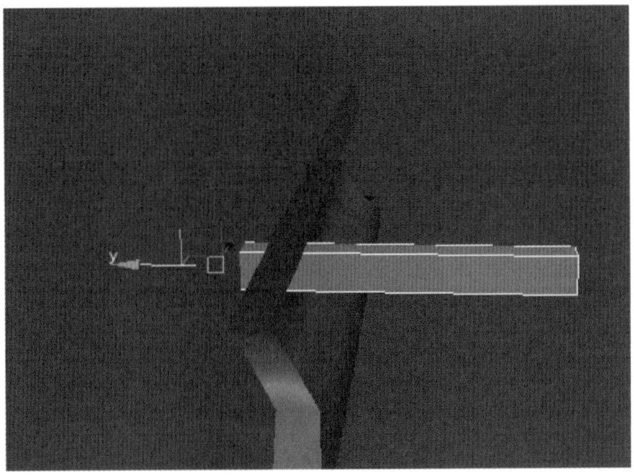

图 7-59　绘制长方体

5．以实例的方式克隆 3 份，均匀放到缚手上，效果如图 7-60 所示。

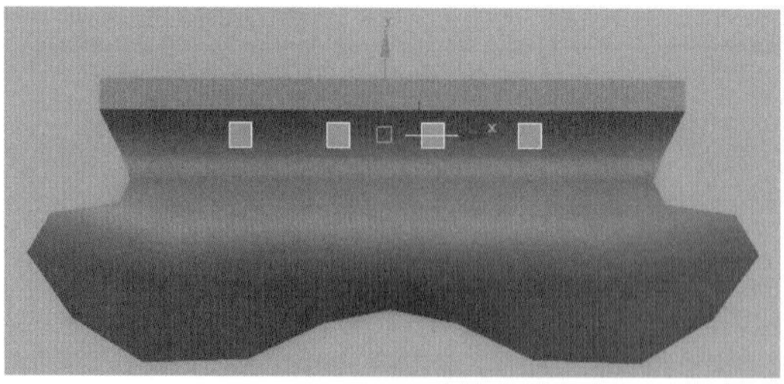

图 7-60　克隆长方体

6．选择这 4 个长方体，在“实用程序”面板中选择塌陷，塌陷选定对象，如图 7-61 所示。

7．选择缚手模型，使用创建面板中的几何体→复合对象，选择“布尔”，设置操作为差集 A-B，如图 7-62 所示。

图 7-61　塌陷长方体

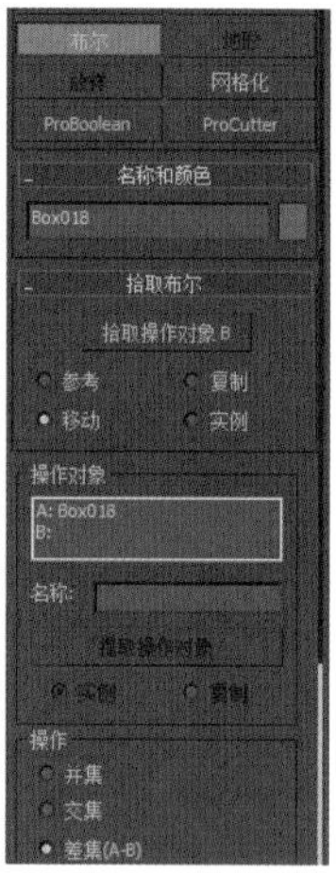

图 7-62　使用布尔运算

8．单击“拾取操作对象 B”并用鼠标单击之前塌陷的长方体部分，即可完成对缚手部分的打孔操作，效果如图 7-63 所示。

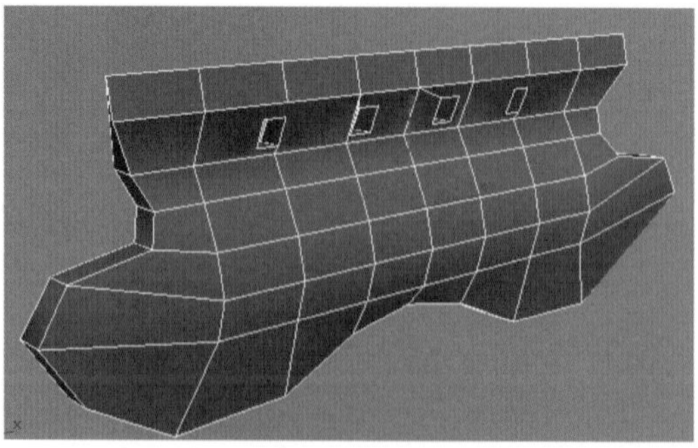

图 7-63　布尔运算效果

9．由于虚拟现实模型中不允许出现超过四边形的面，因此需要对打孔后的缚手部分超过四边形的面进行调整。将现在的模型转换为可编辑多边形，进入多边形层级，按 Alt+C 组合键进入切割状态，将超过四边形的面都切割为四边形，注意背面的地方也需要切割，最终效果如图 7-64 所示。

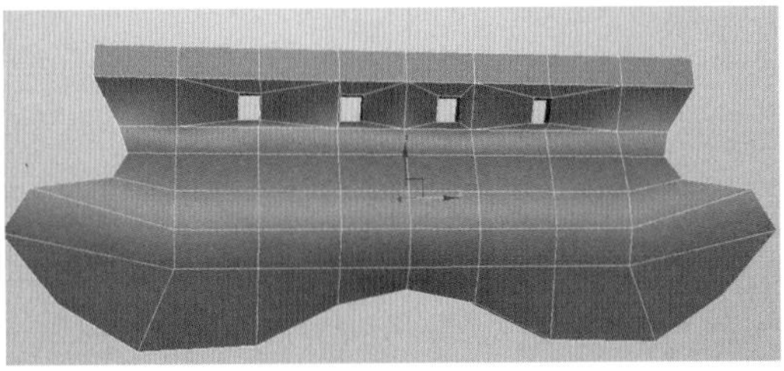

图 7-64　切割非四边形的面

7.1.7　琵琶琴轴部分建模

1．切换到左视图，使用圆柱体工具绘制一个圆柱体，半径为 0.01m，高度为 0.15m，高度分段为 4，端面分段为 2，边数为 6，如图 7-65 所示。

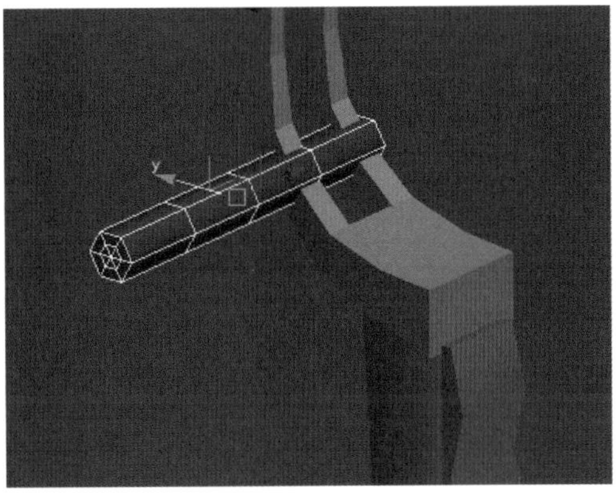

图 7-65　绘制圆柱体

2．将圆柱体转换为可编辑多边形，进入顶点层级，调整琴轴形状，先将琴轴形状调为一端粗一端细，如图 7-66 所示。

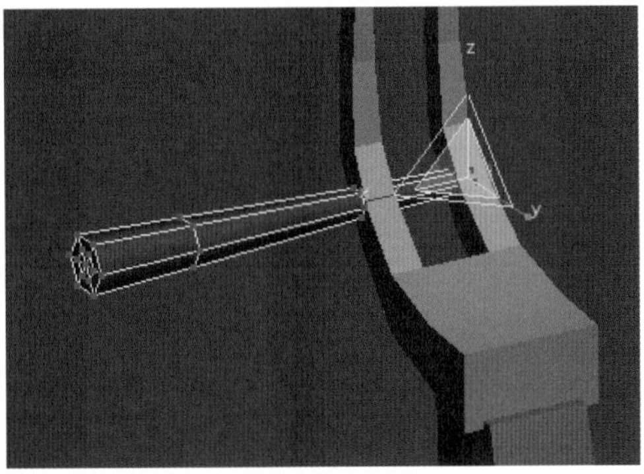

图 7-66　缩放琴轴细端

3．调整细端的顶点形状，效果如图 7-67 所示。

4．调整粗端形状，效果如图 7-68 所示。

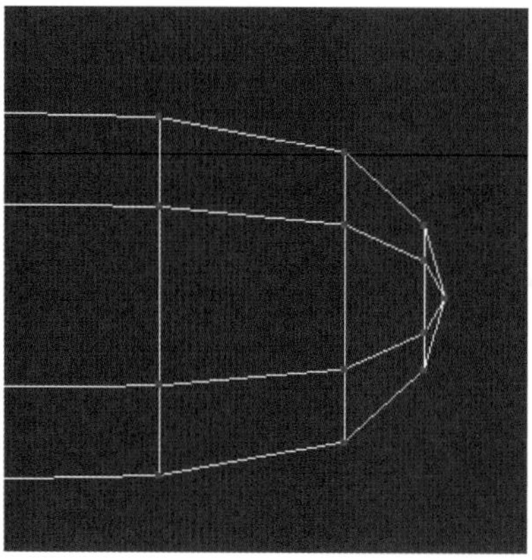

图 7-67　调整顶点形状

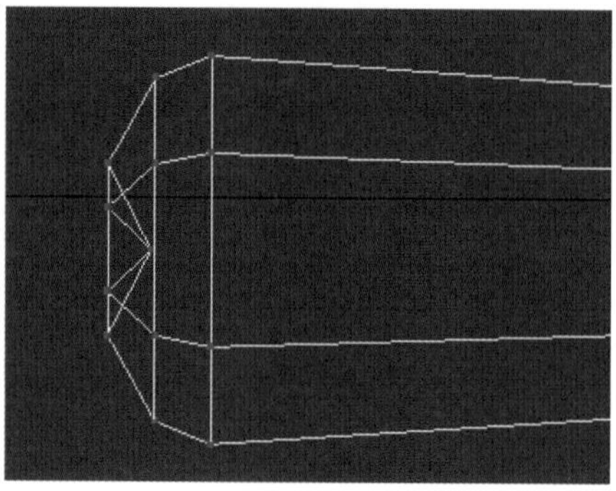

图 7-68　调整粗端形状

5．琴轴形状调整完成后的效果如图 7-69 所示。

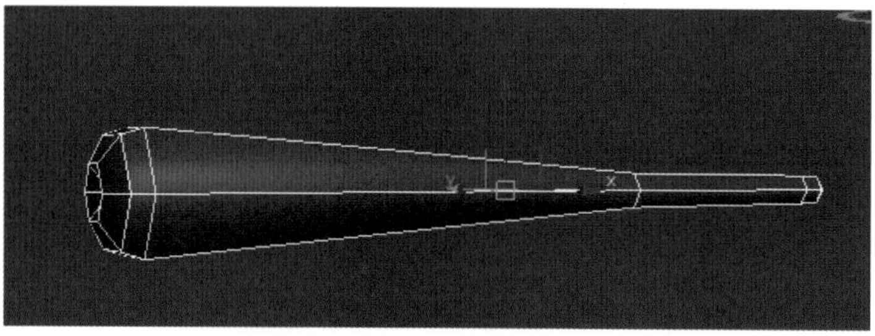

图 7-69　琴轴形状

6．将琴轴部分以复制的方式克隆 3 份并调整放到琴头对应的位置，效果如图 7-70 所示。

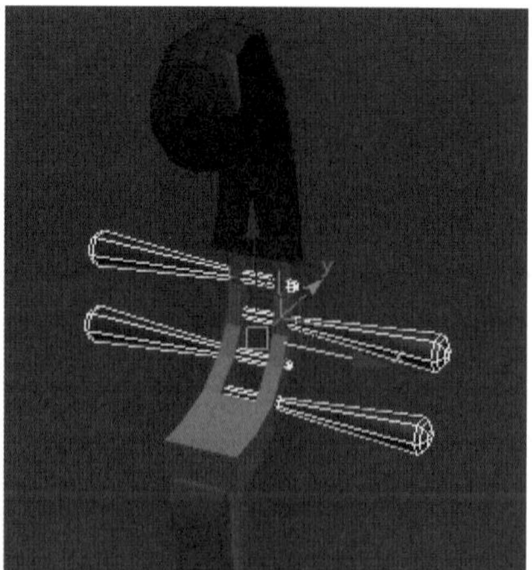

图 7-70　克隆琴轴

7.1.8 琵琶琴弦部分建模

1．选择图形面板中的线，在左视图中从琴轴开始到缚手绘制一条线，效果如图 7-71 所示。

2．进入到顶点层级，选中琴轴部分和缚手部分的顶点，单击鼠标右键，从弹出的快捷菜单中选择 Bezier 角点，如图 7-72 所示。

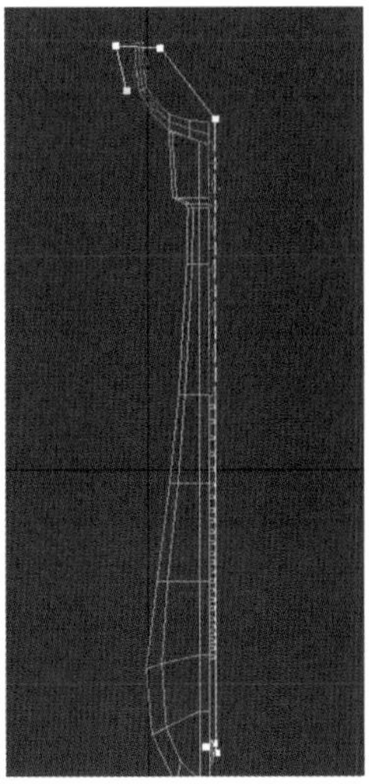

图 7-71 绘制线

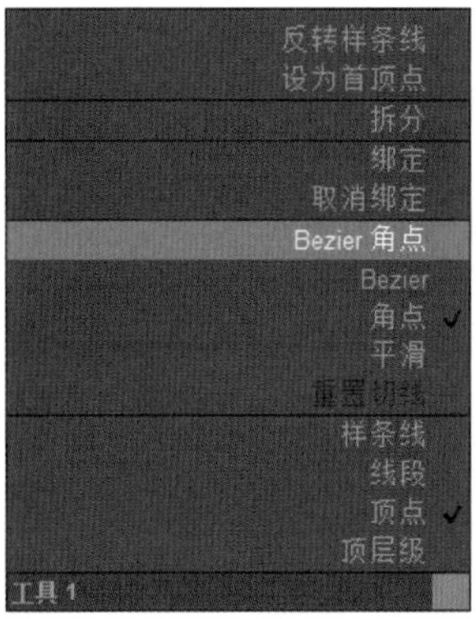

图 7-72 将顶点类型转换为 Bezier 角点

3．单击选中每个角点，调整琴轴部分和缚手部分线的形状，如果顶点不够，可以通过单击鼠标右键，从弹出的快捷菜单中选择“细化”选项，再在需要加点的部分单击即可增加顶点。Bezier 角点在调整过程中，如果在某个轴上无法调整控制柄，可通过按 F8 键来切换控制柄，调整后的效果如图 7-73 所示。

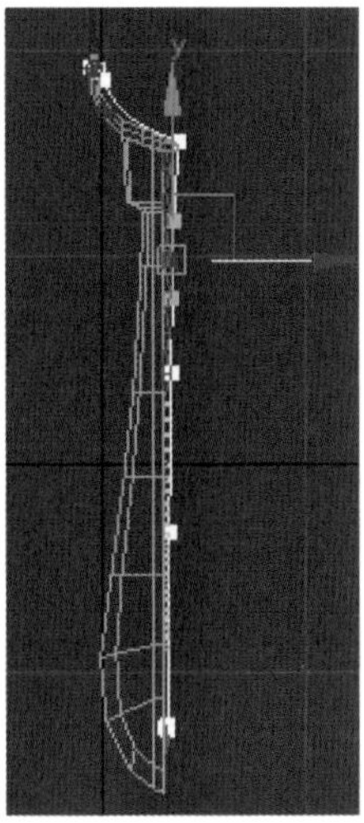

图 7-73 调整线的形状

4．返回 line，打开“渲染”卷展栏，勾选“在渲染中启用”和“在视口中启用”复选项，设置径向厚度为0.001m，边数为6，如图7-74所示，效果如图7-75所示。

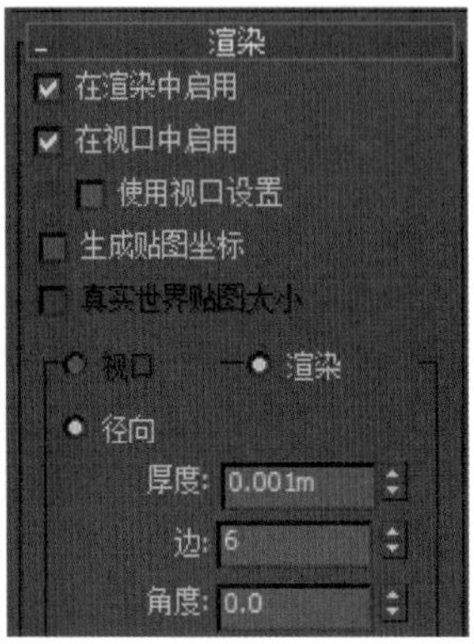

图7-74　设置渲染启用和视口启用

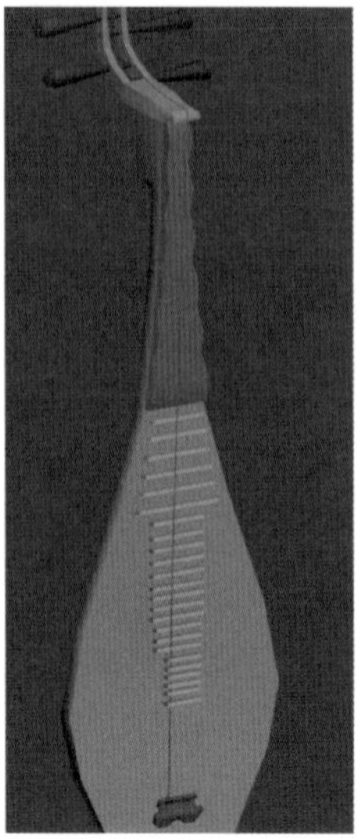

图7-75　琴弦效果

5．将琴弦模型以复制的方式克隆3份，分别绑到另外3个琴轴上，完成之后的效果如图7-76所示。

6．选择一根琴弦，将其转换为可编辑多边形，并和另外3根琴弦附加到一起，如图7-77所示。

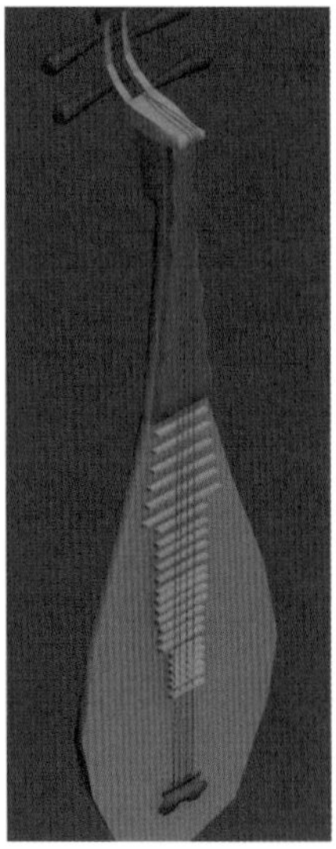

图7-76　克隆琴弦

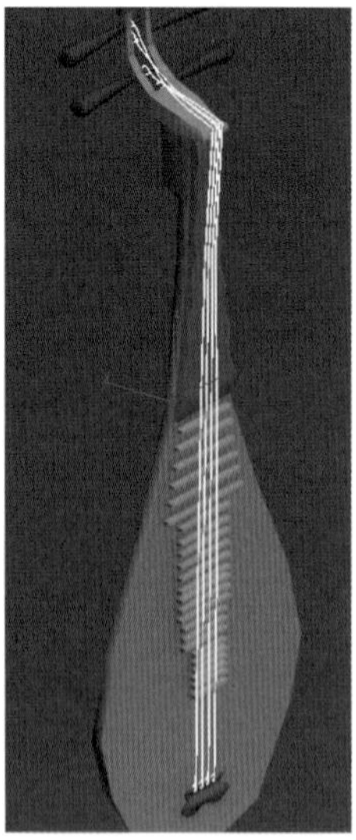

图7-77　附加琴弦

7.1.9　琵琶背板与琴头连接部分建模

1．在前视图中琵琶背板与琴头之间新建长方体模型，长宽高分段数均为2，效果如图7-78所示。

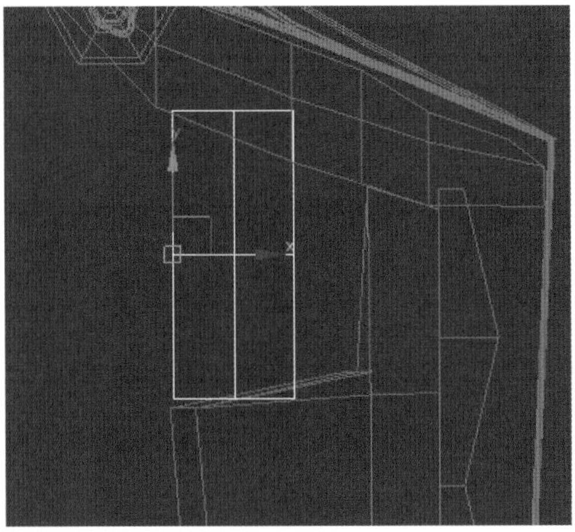

图 7-78 新建长方体

2．将长方体转换为可编辑多边形，删除一半的点，并在 X 轴翻转镜像出另一半模型；进入顶点层级，调整各顶点位置，如图 7-79 所示。

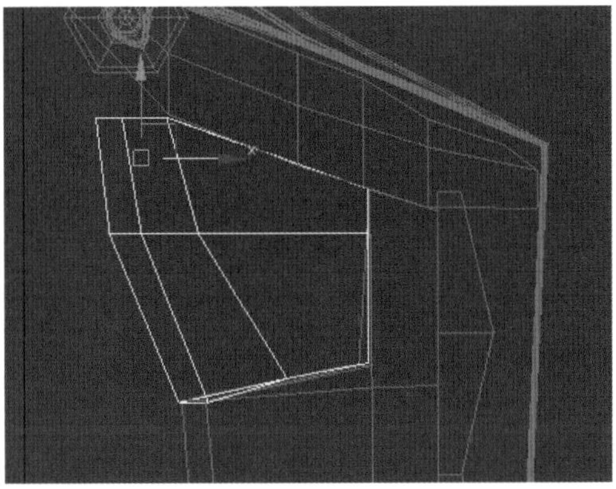

图 7-79 调整长方体形状

3．进入多边形层级，对模型顶部的面向上进行“挤出”操作，效果如图 7-80 所示。

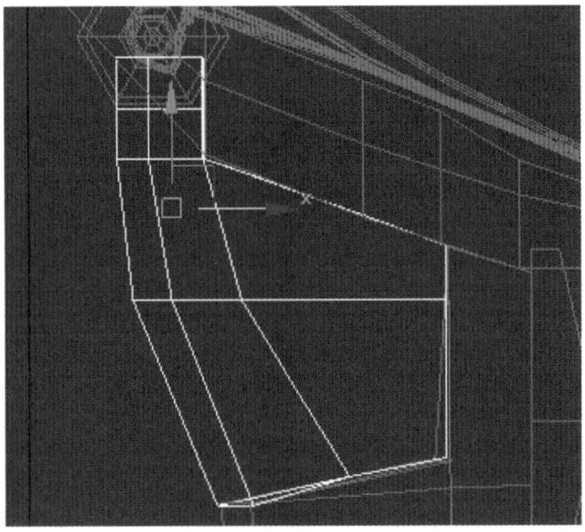

图 7-80 挤出效果

4. 再次进入顶点层级，调整接头部分的形状，效果如图 7-81 所示。

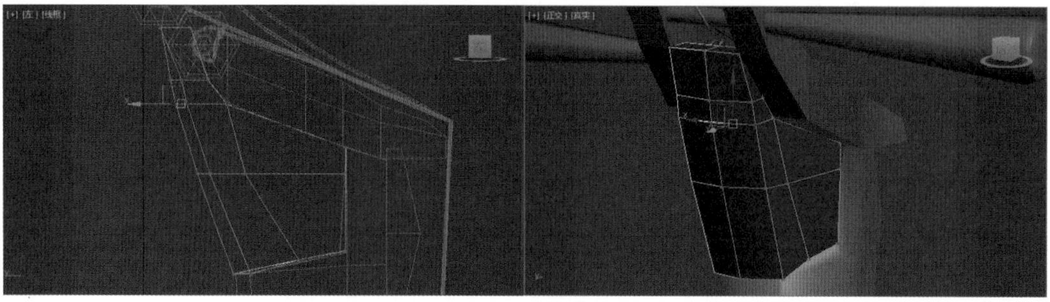

图 7-81　调整形状

5. 接下来需要增加模型细节，进入边层级，通过“环形”命令选择如图 7-82 所示的横向边，使用“连接”命令增加纵向边，如图 7-83 所示。

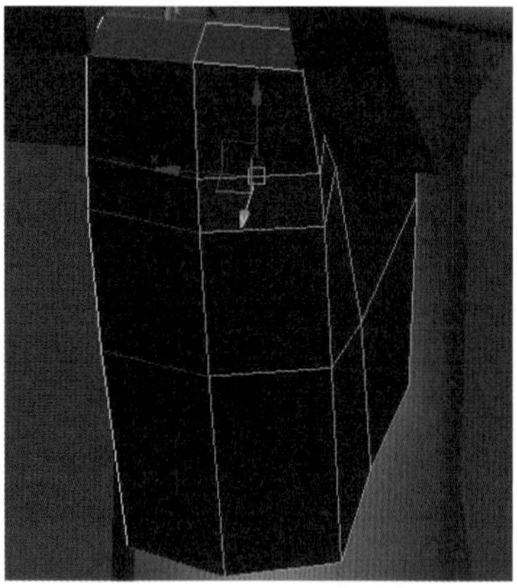

图 7-82　环形选择横向边

图 7-83　连接增加边

6. 通过“环形”命令选择如图 7-84 所示的竖向边，使用“连接”命令增加横向边，效果如图 7-85 所示。

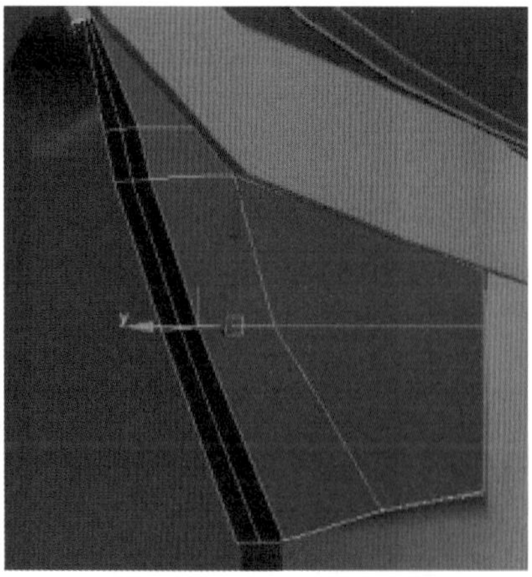

图 7-84　环形选择竖向边

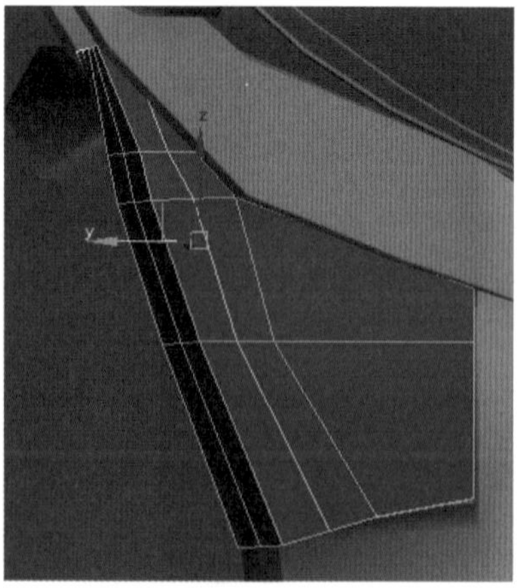

图 7-85　连接增加边

7. 进入顶点层级，继续调整接头部分细节，最终效果如图 7-86 所示。

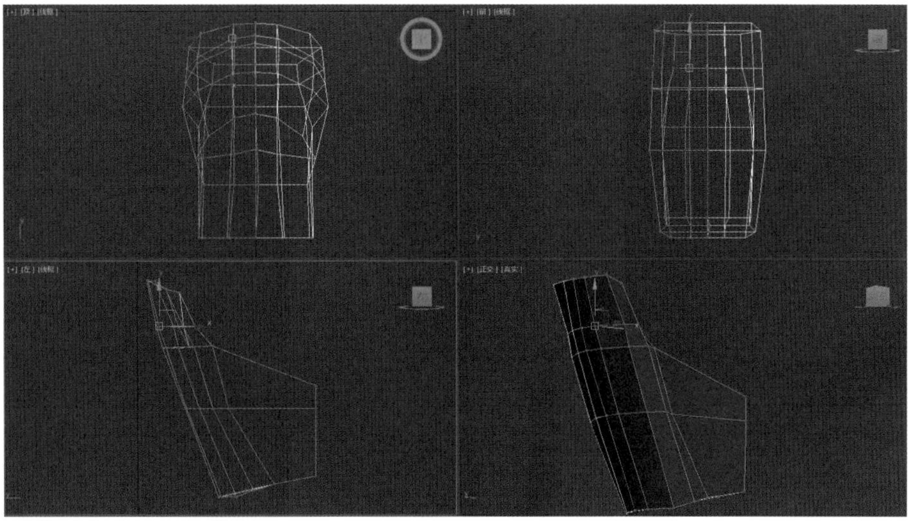

图 7-86　接头部分形状

检查琵琶模型的各个部分，有对称效果的部分将对称效果关闭再检查，将完整模型中看不到的多余的面删除，特别是一些通过挤出新增的面，否则会影响后续的 UV 拆分和贴图绘制，最后将琵琶所有部分附加到一起，如图 7-87 所示。至此，整个琵琶模型建模完毕，保存文件，以备后续的展 UV 和贴图使用。

图 7-87　琵琶模型效果

7.2 琵琶模型 UV 展开

1．添加 UVW 展开修改器，单击“打开 UV 编辑器”命令打开“编辑 UVW”窗口，如图 7-88 所示。

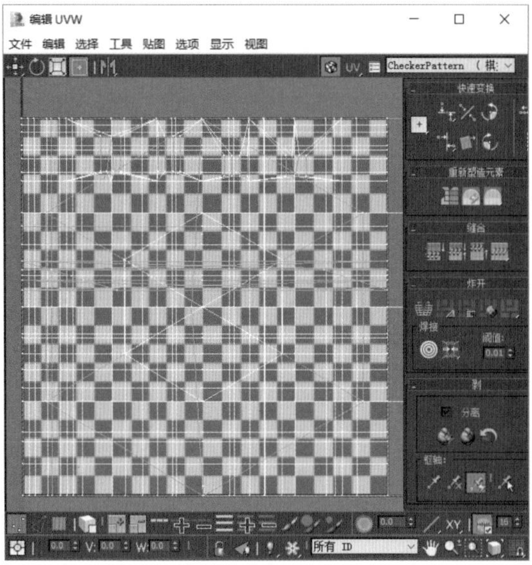

图 7-88　打开“编辑 UVW”窗口

2．进入多边形层级，拖动鼠标选中所有的面，单击“贴图”→“展平贴图”命令，效果如图 7-89 所示。

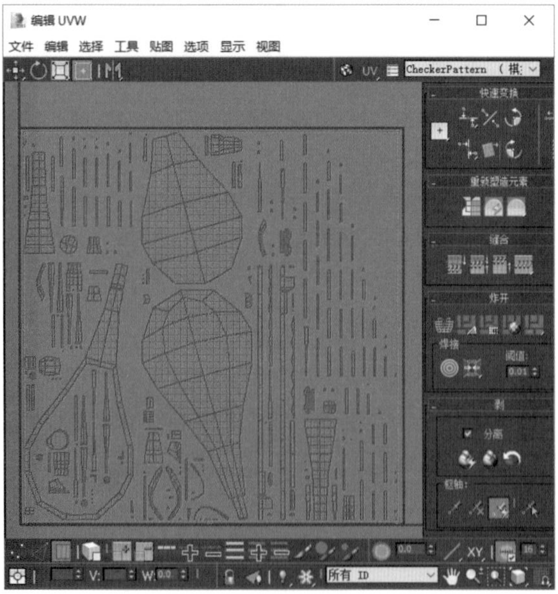

图 7-89　展平贴图

3．按照建模的次序分别对琵琶的不同部分进行 UV 展开，首先对琵琶背板的部分进行拆分，选中背板所在的面，移到空白的区域，如图 7-90 所示。

4. 进入边层级，对边缘属于背板但未选到的部分单击鼠标右键，从弹出的快捷菜单中选择 Stitch Selected 选项进行缝合，缝合完成后的效果如图 7-91 所示。

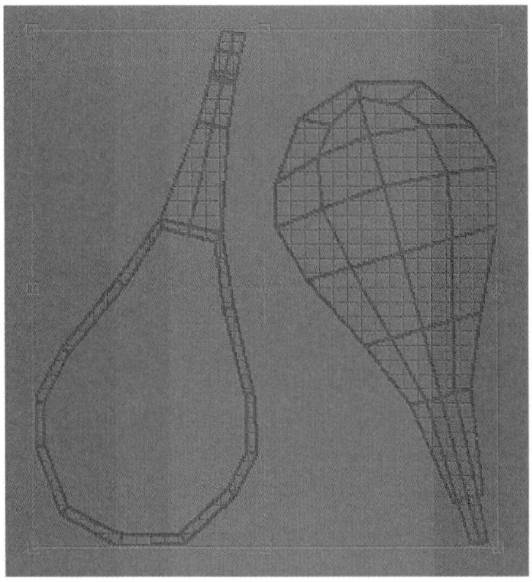

图 7-90 选择背板所在的面

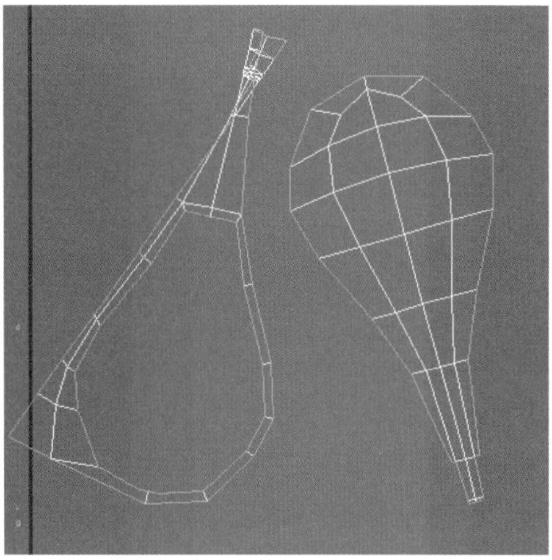

图 7-91 缝合背板部分

5. 此时的 UV 显得较为杂乱，进入多边形层级，选中这些部分，使用 Relax 中的“由多边形角松弛”，效果如图 7-92 所示。

6. 继续对该部分进行缝合，如图 7-93 所示。背板部分 UV 展开完成之后的效果如图 7-94 所示。

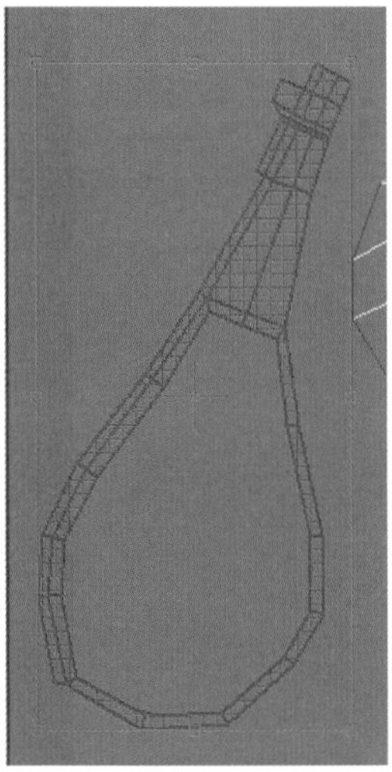

图 7-92 设置松弛

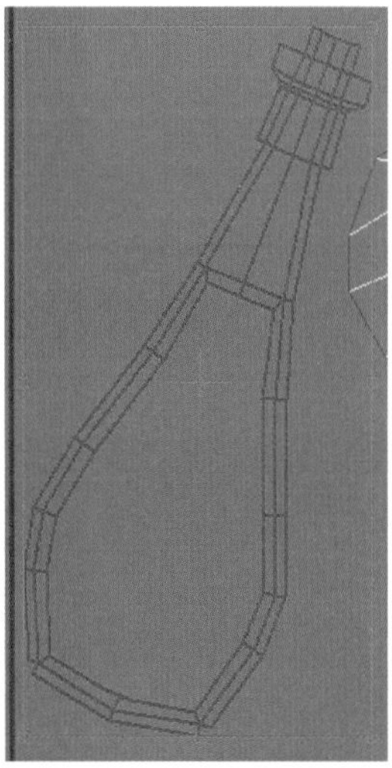

图 7-93 继续缝合

7. 面板所在的 UV 已经是展开完好的，无需再作调整，将其选中后移动到空白位置，如图 7-95 所示。

8. 选中如图 7-96 所示的琴头部分 UV，进入边层级，对该部分附加的面进行缝合，缝合过程中需要注意调整模型 UV 的位置以及由多边形角松弛 UV，效果如图 7-97 所示。

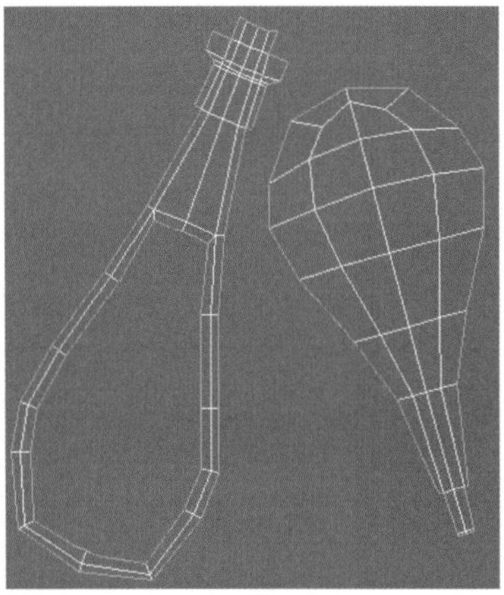

图 7-94　背板 UV

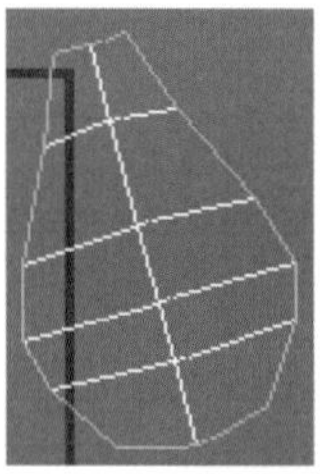

图 7-95　选择面板 UV

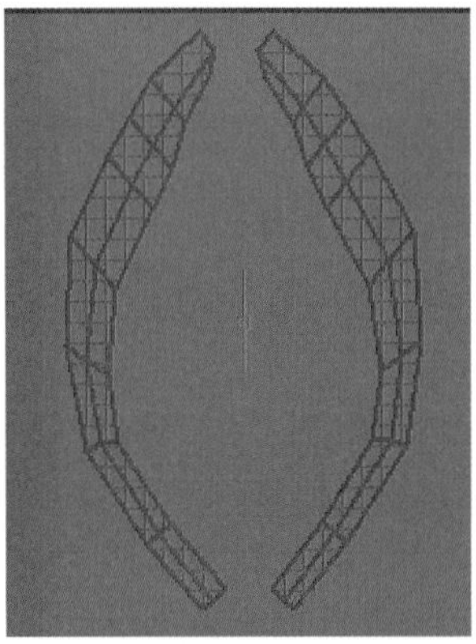

图 7-96　选择琴头部分的面

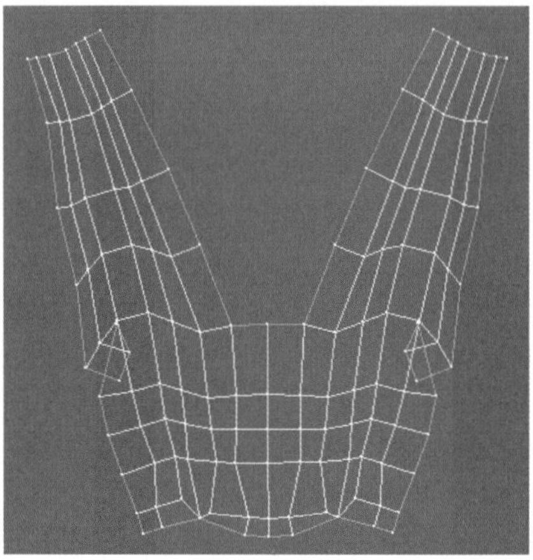

图 7-97　缝合效果

9．注意观察模型的 UV，两边中部靠下的地方 UV 有交叉，不平整，需要手动进行调整，进入点层级，分别选中图中各个需要调整的顶点进行移动位置调整，效果如图 7-98 所示。

10．继续选出琴头顶部的面，如图 7-99 所示。

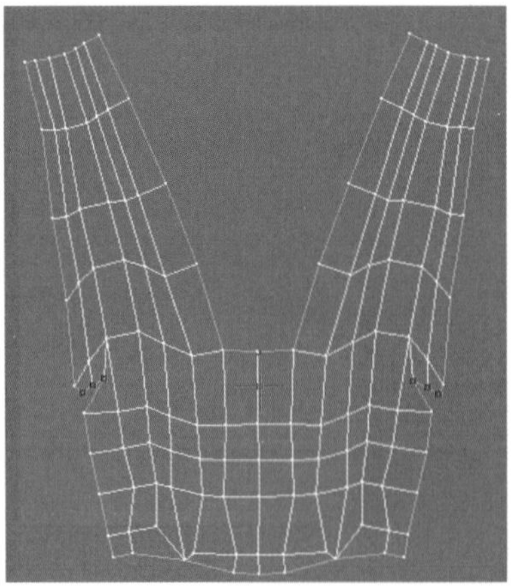

图 7-98　手动调整顶点位置

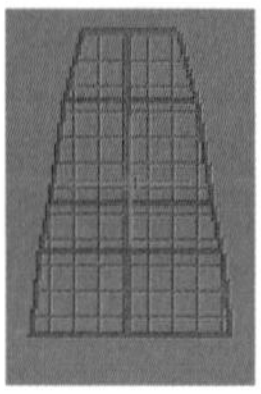

图 7-99　选择面

11．进入边层级，对这个部分模型的 UV 进行缝合操作，在缝合过程中如果模型 UV 变形严重，可通过“由多边形角松弛”进行调整，效果如图 7-100 所示。

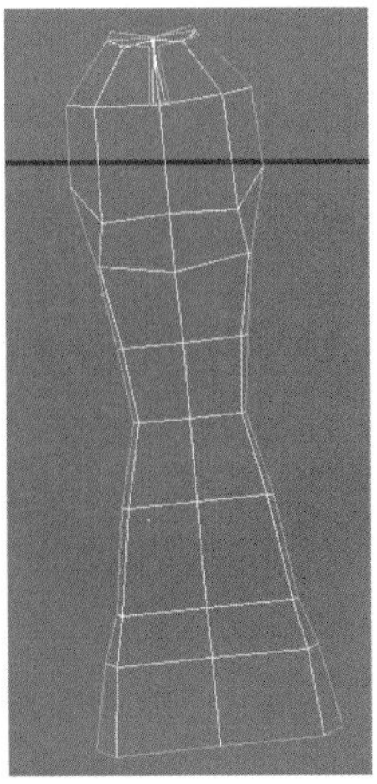

图 7-100　缝合面

12．经过调整之后的 UV 顶端仍然存在问题，进入多边形层级，选中这部分所有的面，单击“剥”卷展栏中的“重置剥”按钮，此时该部分的 UV 展开完成，效果如图 7-101 所示。

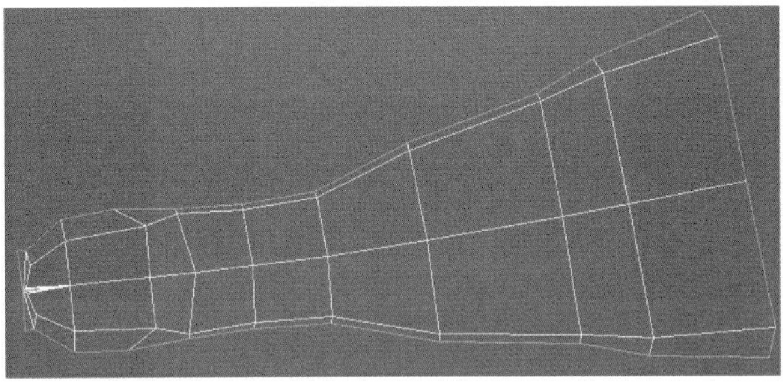

图 7-101　重置剥

13．按照上述方法继续调整另一部分的琴头顶端 UV，如图 7-102 所示。

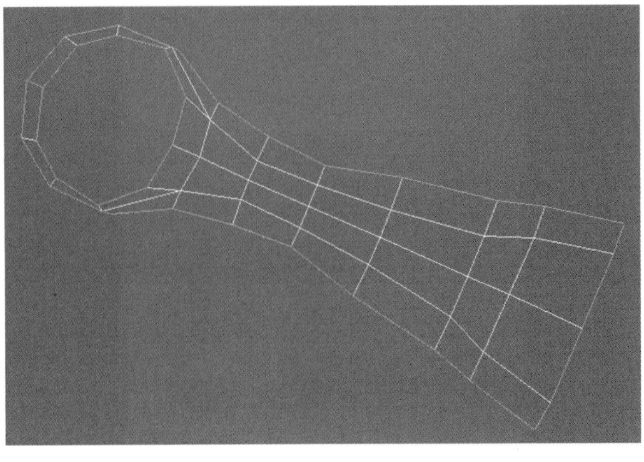

图 7-102　另一半琴头部分效果

14．将琴相部分的面选一部分出来，通过“缝合”操作将琴相部分缝合，效果如图 7-103 所示。

15．选中琴相部分的 UV，选中“由多边形角松弛”对该部分 UV 进行松弛，结果如图 7-104 所示。

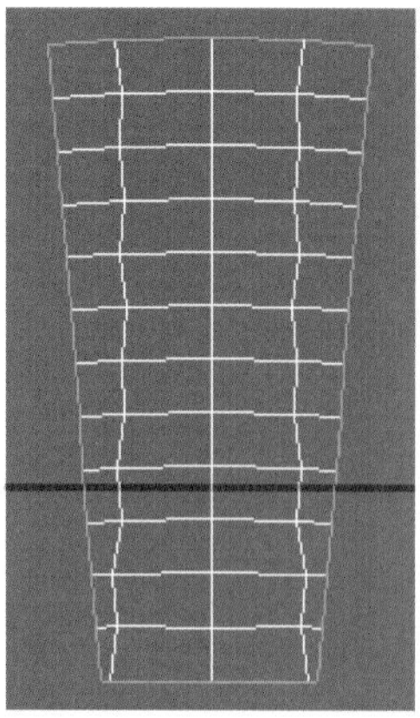

图 7-103　缝合琴相

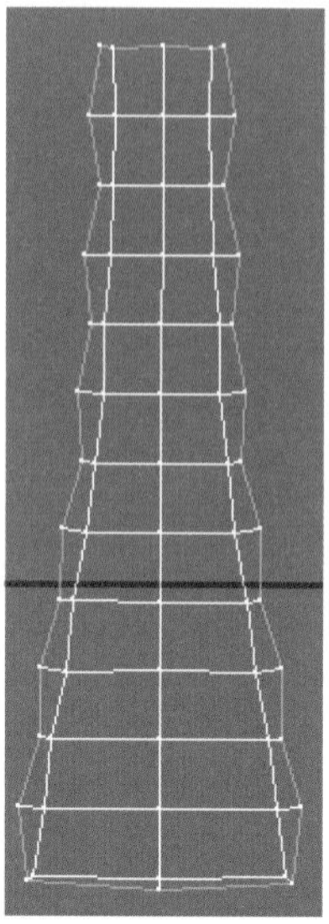

图 7-104　松弛琴相

16．选出一个琴品部分的面，对其进行“缝合”操作，效果如图 7-105 所示。

17．重复上一步的操作，对剩下 23 份的琴品部分分别进行缝合，得到如图 7-106 所示的效果。

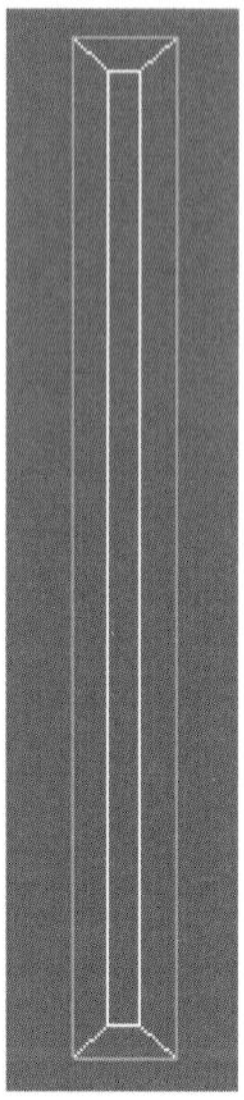

图 7-105　选择琴品缝合

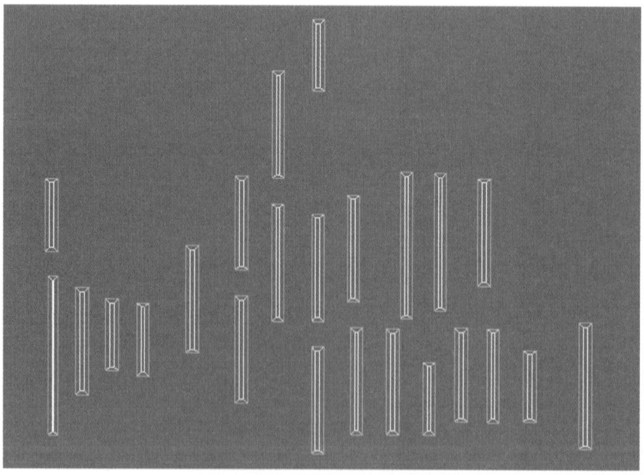

图 7-106　缝合所有琴品

18．由于琴品部分的贴图是一样的，因此将这些部分进行重合成为一个 UV，将其中一个琴品移动到另一个琴品上，得到如图 7-107 所示的效果。

19．使用缩放工具调整该琴品大小，将两个琴品调整得基本重合，得到如图 7-108 所示的效果。

20．进入顶点层级并选择最顶部的顶点，单击“快速变换”卷展栏中的“水平对齐到轴”按钮，得到如图 7-109 所示的效果。

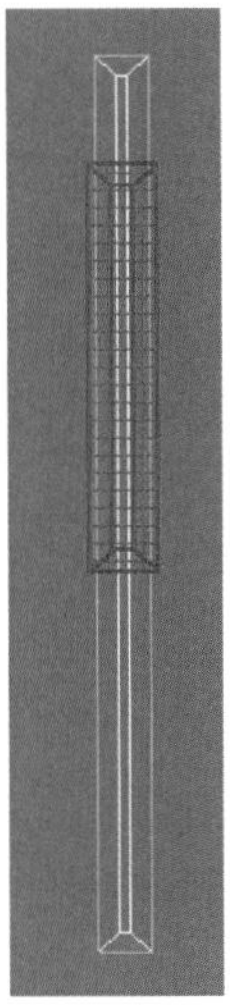
图 7-107　将两个琴品重合

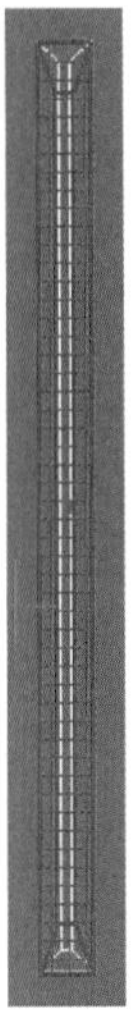
图 7-108　基本重合两琴品

图 7-109　水平对齐到轴

21．重复上述操作，得到如图 7-110 所示的效果。

22．选择竖向的顶点，单击“快速变换”卷展栏中的“垂直对齐到轴”按钮，得到如图 7-111 所示的效果；继续调整竖向顶点，如图 7-112 所示，此时两个琴品的 UV 完全重叠。

图 7-110　水平顶点重合

图 7-111　垂直对齐到轴

图 7-112　调整之后的重合效果

23. 重复上述操作，将所有琴品的 UV 完全重叠在一起，调整完成之后的效果如图 7-113

所示，在“编辑 UVW”窗口中选中琴品部分时视图中所有琴品的部分都会被选中。

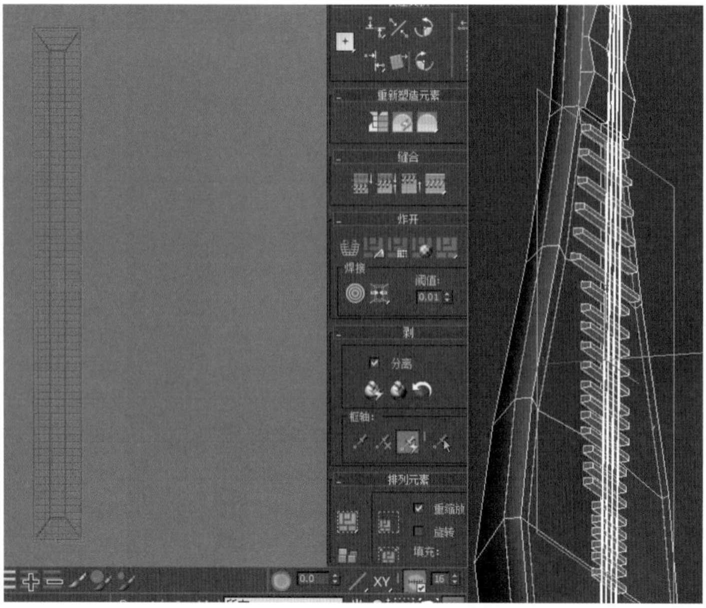

图 7-113　将所有琴品 UV 调整为重合

24．调整琴轴部分的 UV，方法同前，调整一个琴轴后的效果如图 7-114 所示。

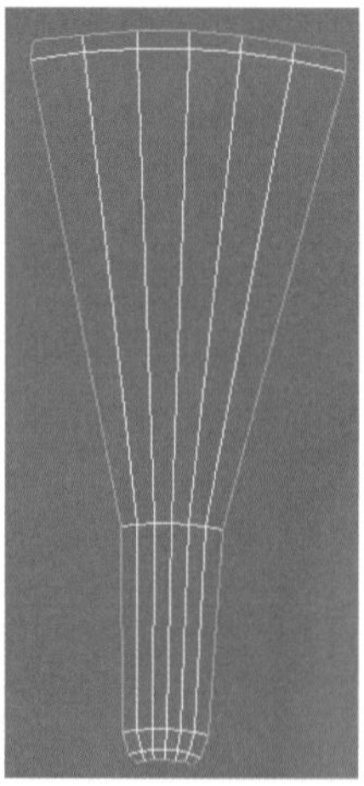

图 7-114　琴轴 UV 调整效果

25．调整其余 3 个琴轴的 UV，效果如图 7-115 所示。

26．将这 4 个琴轴的 UV 两两重叠，效果如图 7-116 所示。对重合的顶点部分重复使用“水平对齐到轴”和“垂直对齐到轴”命令，使得两个琴轴的 UV 完全重叠，效果如图 7-117 所示。

27．将其中两个琴轴旋转，再与另两个琴轴重叠，如图 7-118 所示，再次对重叠部分的顶点两两进行水平对齐和垂直对齐，如图 7-119 所示，对该部分 UV 进行松弛，效果如图 7-120 所示。

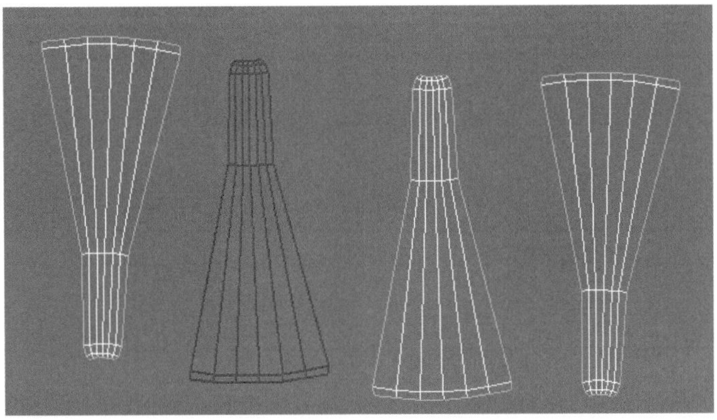

图 7-115　4 个琴轴 UV 效果

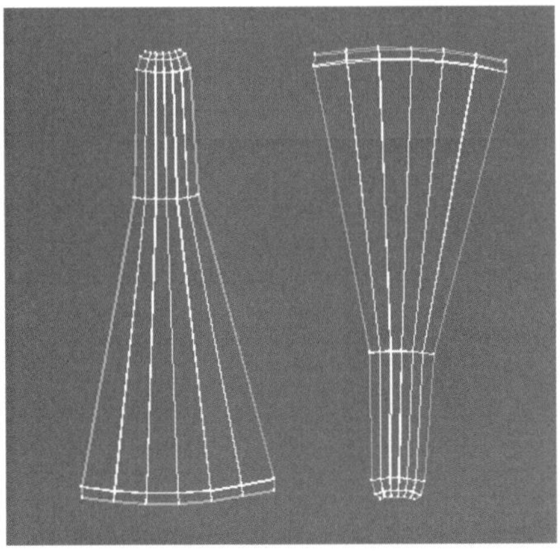

图 7-116　两两重叠琴轴

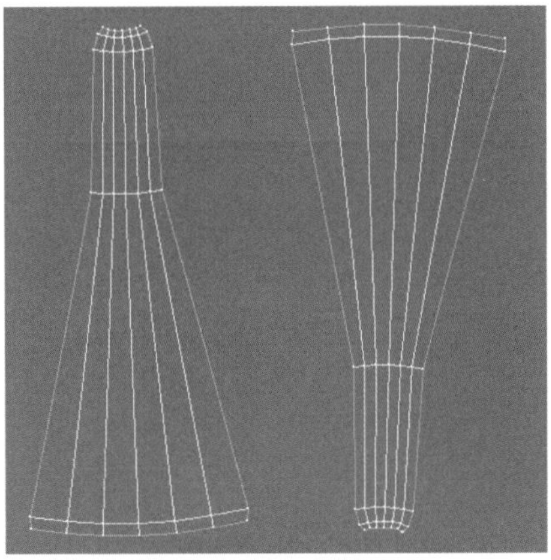

图 7-117　重叠效果

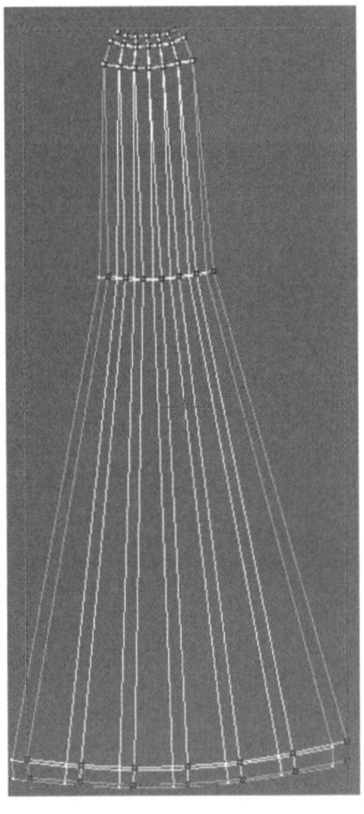

图 7-118　选择琴轴并重叠

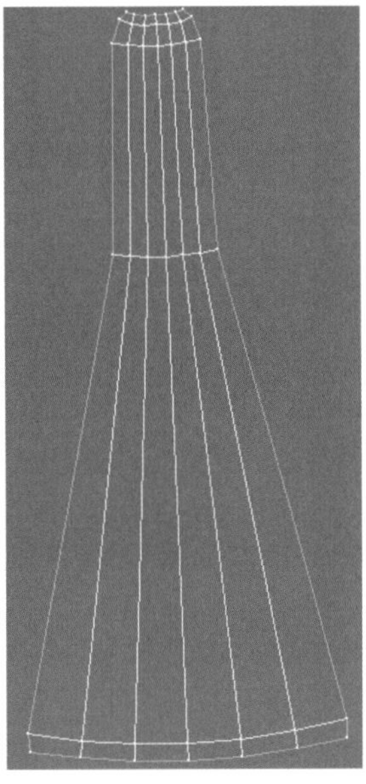

图 7-119　重叠完成效果

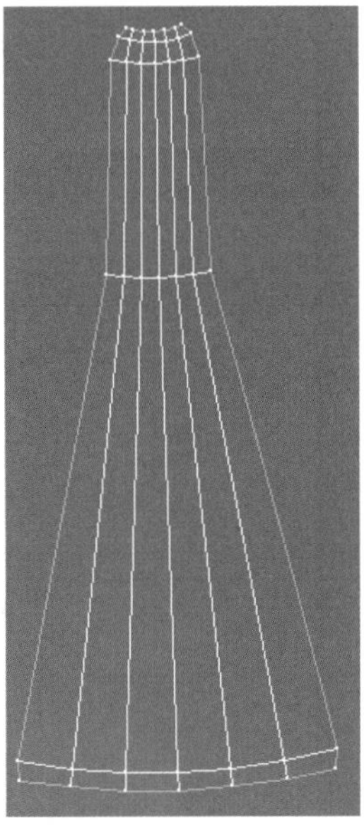

图 7-120　松弛效果

28．接着调整缚手部分的 UV，选中部分属于缚手的 UV，对其进行“缝合”操作，对于变形严重的部分进行“由多边形角松弛”，效果如图 7-121 所示。

29．选中缚手部分的 UV，单击“快速变换”卷展栏中的“环绕轴心旋转 -90°”按钮 ，便于后续的贴图绘制，效果如图 7-122 所示。

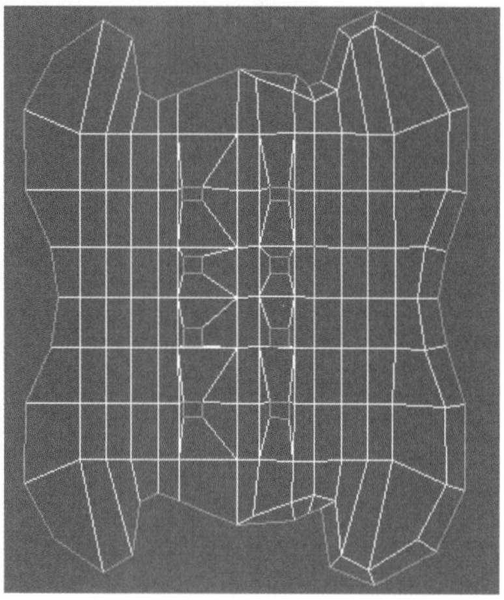

图 7-121　缚手 UV 效果

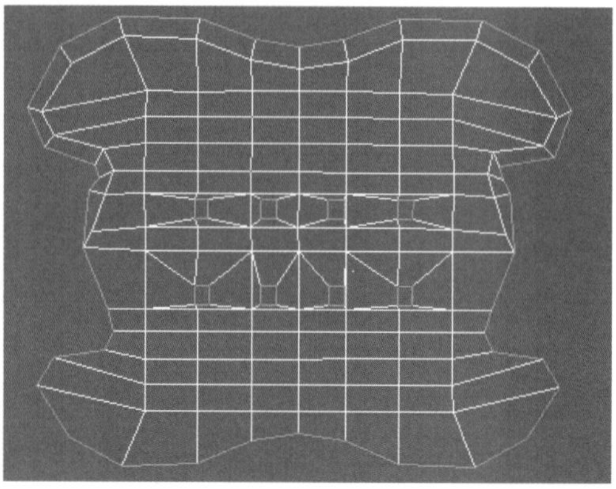

图 7-122　环绕轴心旋转 -90° 效果

30．选中琴弦部分的 UV，使用“重置剥”对琴弦 UV 进行调整调整，调整之后的效果如图 7-123 所示。

31．调整连接部分的 UV，方法同前，不再赘述，效果如图 7-124 所示。

图 7-123　调整琴弦 UV

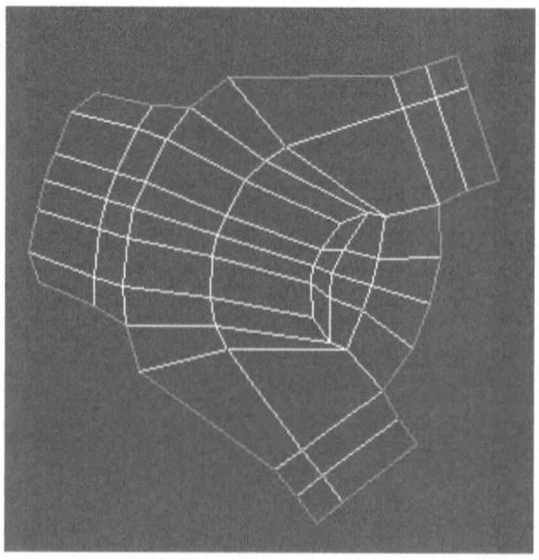

图 7-124　连接部分 UV

32．此时“编辑 UVW”窗口中剩下了一些细小的 UV，这些是由于前面对各个部分缝合的时候，有些细小的 UV 没有缝合到，也有可能是因为前期在删除多余面的时候没有删除干净。对于第一种情况，再次对各个部分进行检查缝合即可；对于第二种情况，需要将模型塌陷为可编辑多边形，然后进入多边形层级删除多余的面。将琵琶模型的各个部分摆放在黑线框内，最终琵琶模型的 UV 如图 7-125 所示。摆放过程中，细节较多模型部分的 UV 适当放大，细节较少的模型 UV 可以适当缩小，直到所有的 UV 均放置在黑线框内，保存文件。

图 7-125　琵琶 UV 展开效果

33．将拆分好的 UV 渲染保存为 pipa.tga，设置宽度和高度均为 512，保存文件。

7.3　琵琶模型贴图绘制

由于琵琶主要是木质的，需要木纹效果，实际需要绘制的纹理较少，因此琵琶的贴图通过 Substance Painter 软件来进行绘制。

7.3.1　琵琶模型贴图绘制前的准备

1．启动 Photoshop，打开 pipa.tga 文件，如图 7-126 所示。

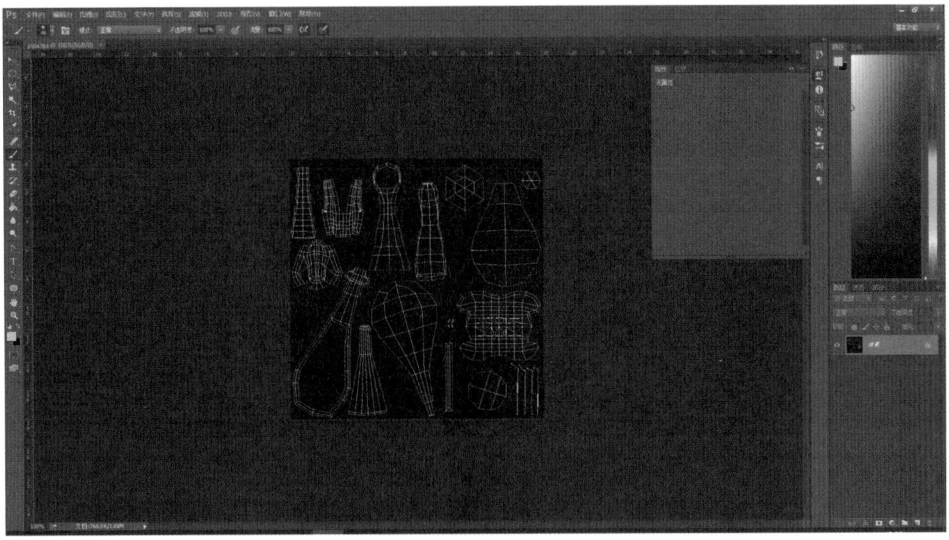

图 7-126　在 Photoshop 中打开琵琶 UV 文件

2．新建图层，使用不同颜色填充琵琶的不同部分，贴图一样的部分使用同一个颜色填充，注意遮住 UV 框线部分，如图 7-127 所示，保存文件为 pipa.jpg。

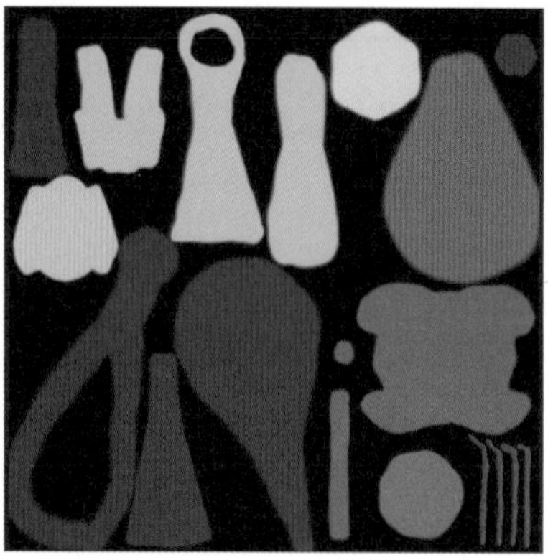

图 7-127　为琵琶的不同部分填充相同的颜色

3. 将拆分好 UV 的琵琶模型导出命名为 pipa.obj，启动 Substance Painter，新建文件，弹出“新建项目”对话框，如图 7-128 所示。

图 7-128　新建 Substance Painter 项目

4. 由于模型将应用于 U3D，因此选择 Template 为 Unity 5；如果模型应用于 UE，则此处设置为 UE。设置网格为 pipia.obj，将 pipa.jpg 文件作为网格贴图导入，如图 7-129 所示。

图 7-129　新建项目设置

5．确定之后新建的项目如图 7-130 所示，保存文件为 pipa.spp。

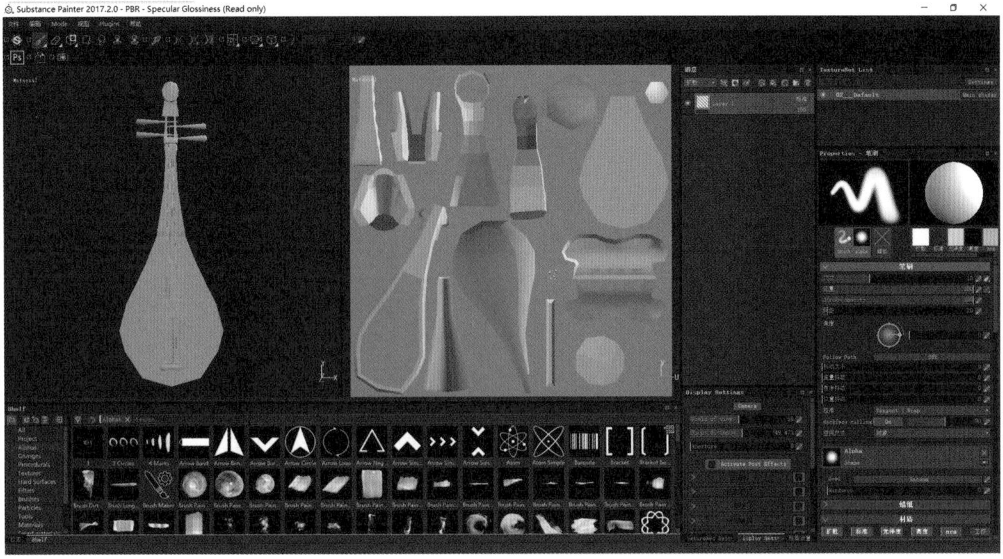

图 7-130　保存项目

7.3.2　琵琶模型贴图绘制

1．在 Textureset Setting 中设置选择 ID 贴图，将 pipa.jpg 作为 ID 贴图导入，如图 7-131 所示。

图 7-131　设置 ID 贴图

2．单击 break texture 按钮，弹出如图 7-132 所示的对话框。

3．把 ID 前面的 √ 去掉，单击 Bake 02__Default textures 按钮进行贴图烘焙，此时 Textureset Setting 面板如图 7-133 所示。

4．单击图层面板上的“添加填充图层”按钮，如图 7-134 所示。

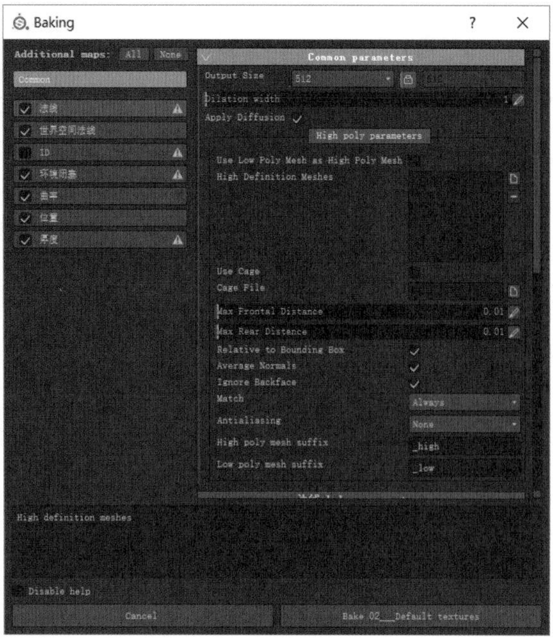

图 7-132　贴图烘焙

图 7-133　贴图面板效果

图 7-134　新建填充图层

5．在材质面板中单击 Material mode，从弹出的窗口中选择木纹材质，如图 7-135 所示。

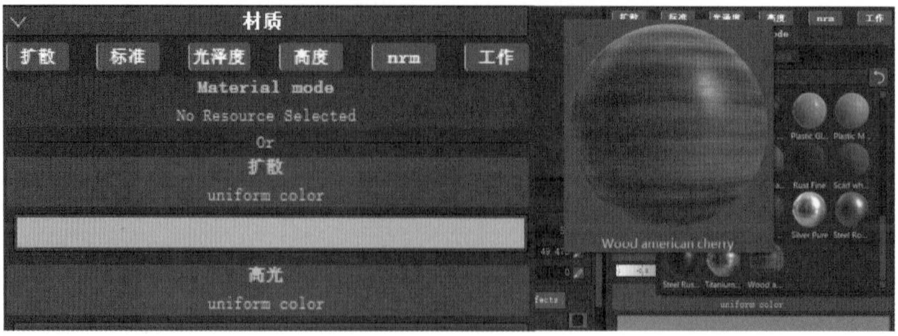

图 7-135　设置木纹材质

此时视图窗口中的三维效果和二维贴图如图 7-136 所示。

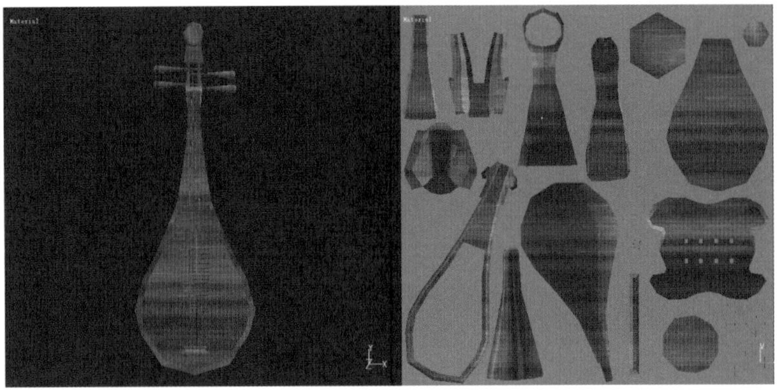

图 7-136　视图窗口效果

6．由于木纹效果应是竖向条纹，需要进行调整，因此在填充面板中设置木纹的方向和数量，使得木纹材质更为真实，如图 7-137 所示。

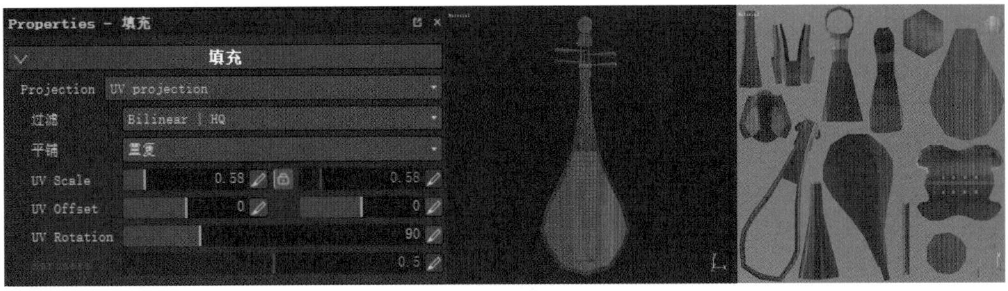

图 7-137　设置木纹效果

7．下面对各个部分进行调整，首先将面板、琴品、缚手琴头顶部装饰、琴轴大头、琴弦和连接部分的木纹效果去掉。

8．在木纹的填充图层上单击鼠标右键，从弹出的快捷菜单中选择 Add mask with color selection 选项，如图 7-138 所示，此时窗口中的木纹效果消失，图层面板如图 7-139 所示。

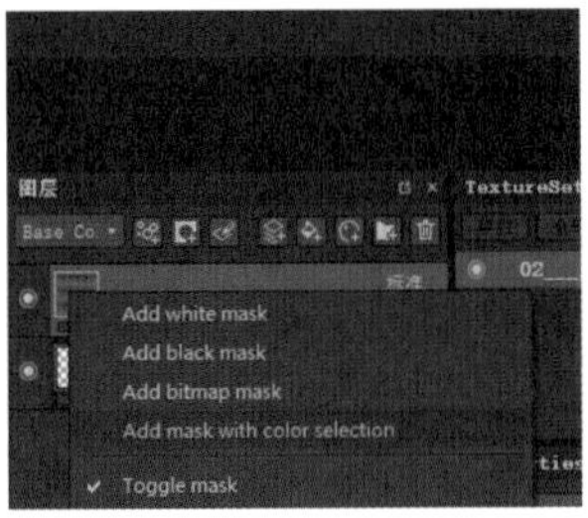

图 7-138　添加蒙版

图 7-139　图层面板效果

9．单击 Color selection 面板中的 Pick color，拾取琵琶背板、琴头、琴相、面板琴轴的部分，如图 7-140 所示，视图效果如图 7-141 所示。

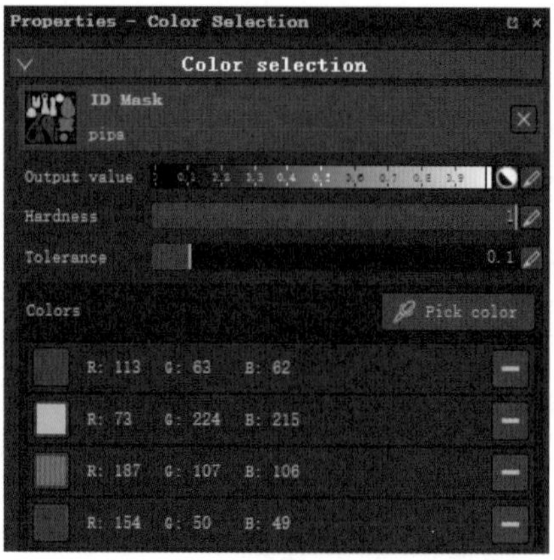

图 7-140　拾取设置木纹效果的颜色

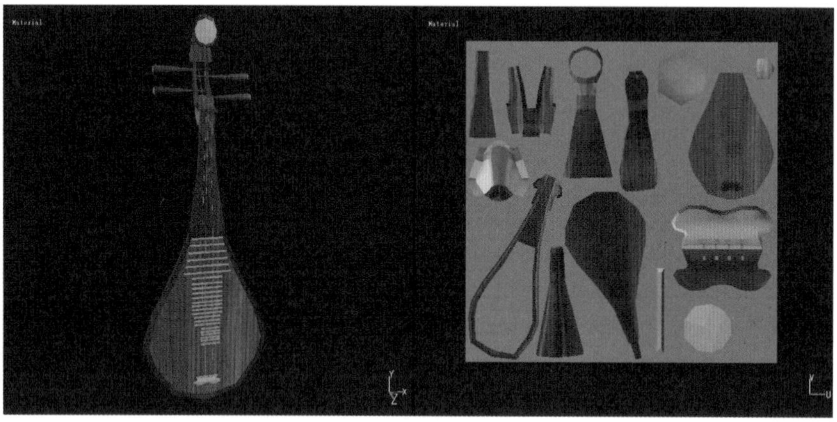

图 7-141　视图效果

10．再次新建填充图层，设置材质为 Piastic Glossy Pure，如图 7-142 所示，视图效果如图 7-143 所示。

图 7-142　设置材质

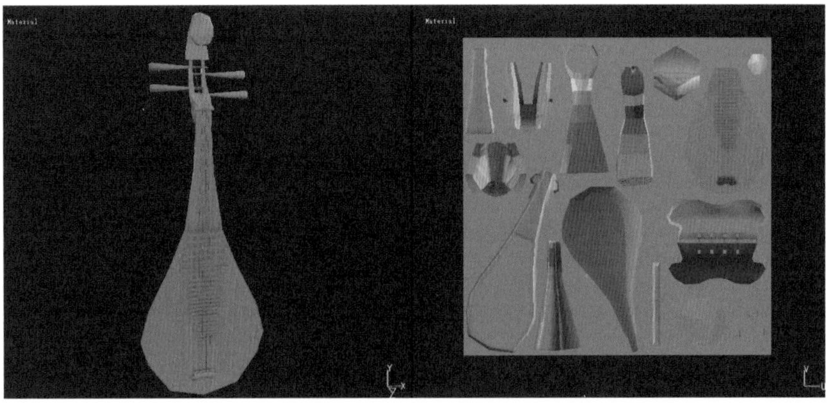

图 7-143　视图效果

11．调整扩散颜色为白色，如图 7-144 所示，视图效果如图 7-145 所示。

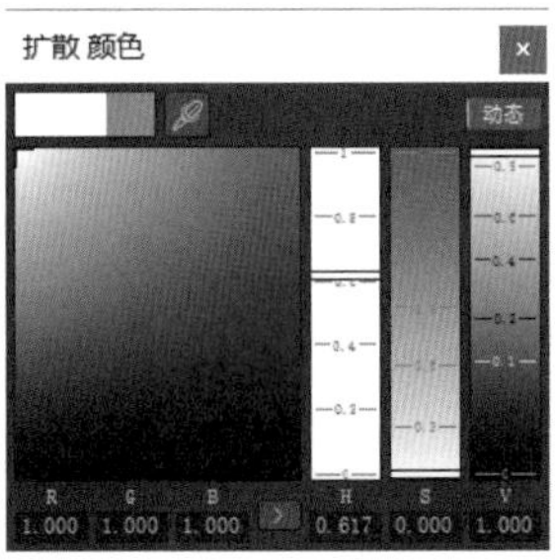

图 7-144　调整材质颜色

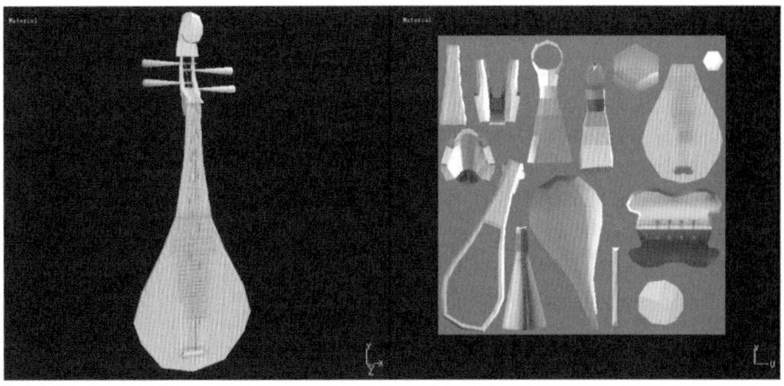

图 7-145　视图效果

12．在填充图层上单击鼠标右键，从弹出的快捷菜单中选择 Add mask with color selection 选项，拾取连接部分和琴轴轴端，如图 7-146 所示，视图效果如图 7-147 所示。

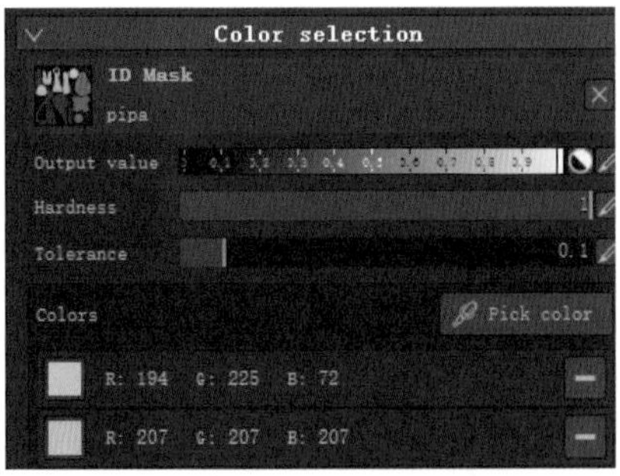

图 7-146　设置蒙版

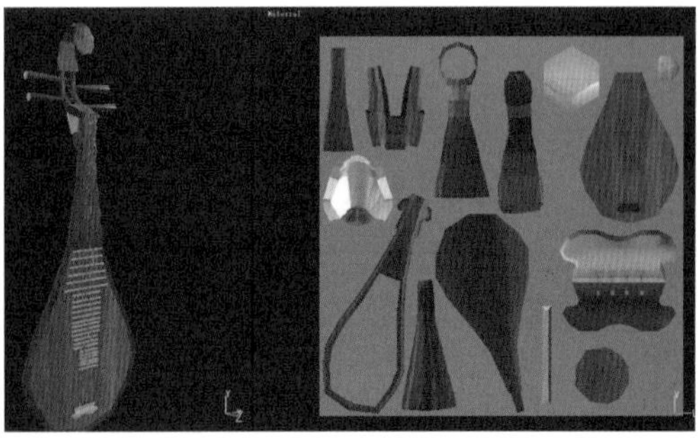

图 7-147　视图效果

13．重复上述步骤，对琴品、面板、缚手和琴弦部分进行设置，其中琴品、缚手、面板部分均用木纹，但是需要对木纹颜色作修改，调整为较浅的木纹颜色，琴弦部分材质为金属，根据图层内容修改图层名字，图层效果如图 7-148 所示，视图效果如图 7-149 所示。

14．对琴头顶端纹饰进行处理，添加图层，命名为“顶花”，选择投射工具，将材质面板只保留扩散，如图 7-150 所示，将“顶花 .psd”文件导入到项目中，导入界面如图 7-151 所示，设置类型为 Texture。

图 7-148 图层效果

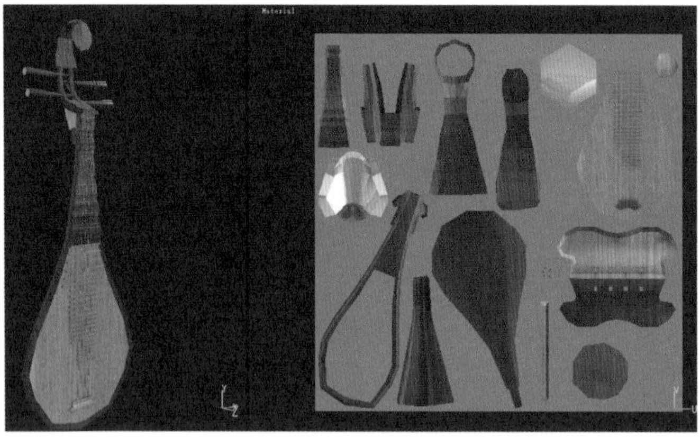

图 7-149 视图效果

图 7-150 材质设置

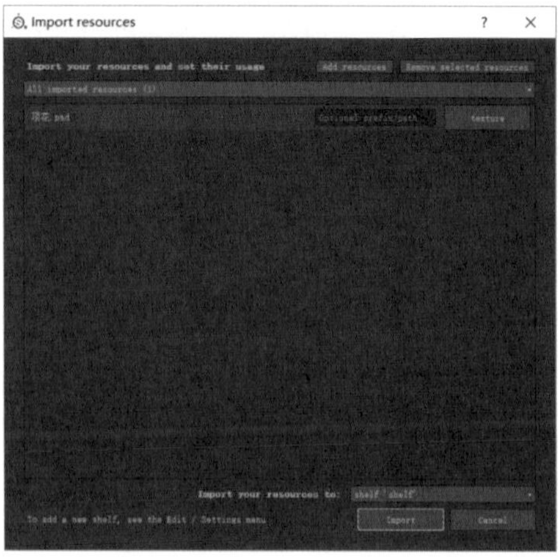

图 7-151 导入顶花素材

15．将导入的顶花图片拖动到“扩散”下方，视图中会出现顶花暗纹效果，滚动鼠标中键对视图进行缩放，直到顶花正好放在琴头顶端，效果如图 7-152 所示。

16．拖动鼠标进行绘制，将顶花在琴头顶端绘制出来，效果如图 7-153 所示。

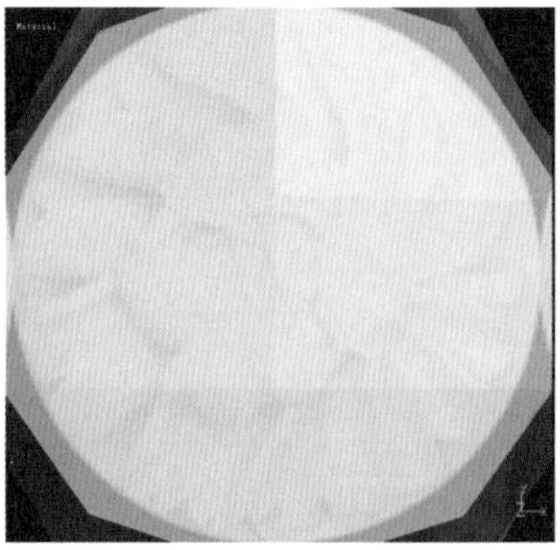

图 7-152　顶花位置设置

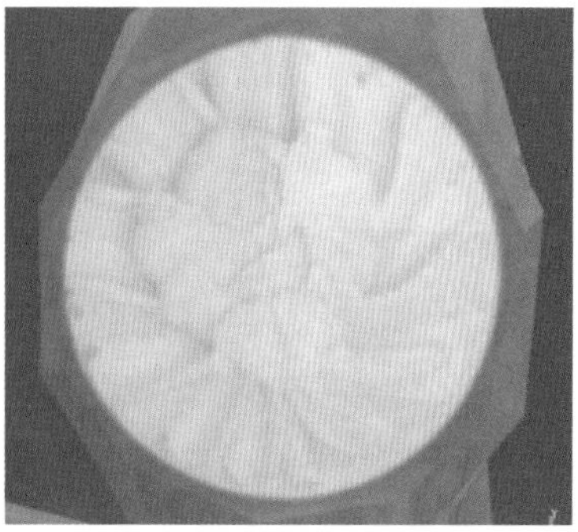

图 7-153　绘制顶花效果

17．再次导入顶花 .psd，设置类型为 alpha，新建图层，选择画笔工具，在材质中只保留高度，在 Alpha 中设置为“顶花”，向右拖动高度滑块，如图 7-154 所示。

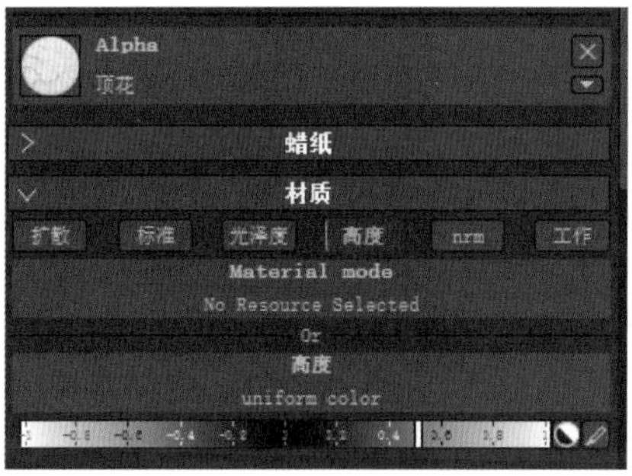

图 7-154　设置 Alpha 和高度

18．在琴头顶部绘制出顶花的凹凸向，如图 7-155 所示。

19．在顶花凸出处单击鼠标右键，从弹出的快捷菜单中选择 Add black mask 选项，选择 Default Hard 画笔工具，放大笔刷至与顶花大小相当，在顶花部分单击鼠标绘制，效果如图 7-156 所示。

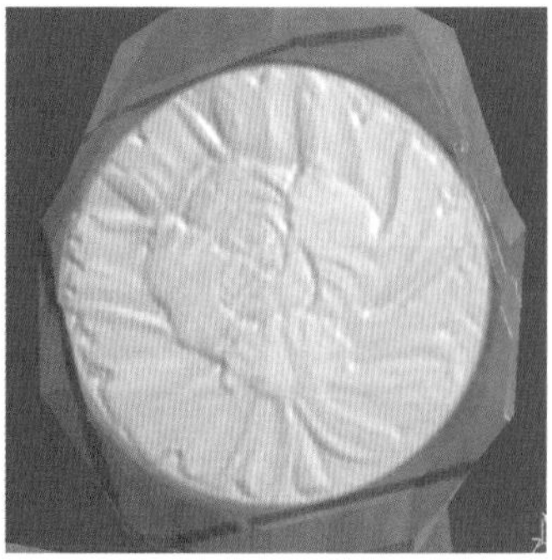

图 7-155　绘制顶花凹凸效果

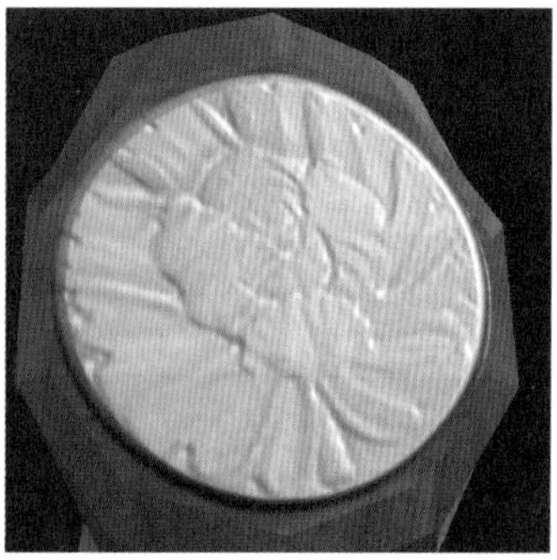

图 7-156　去除边缘凹凸效果

20．新建图层，命名为“琴轴顶端”，在材质中保留高度，采取与顶花制作类似的方法制作琴轴顶端的纹饰，这里采用软件自带的 Alpha 纹饰，效果如图 7-157 所示。

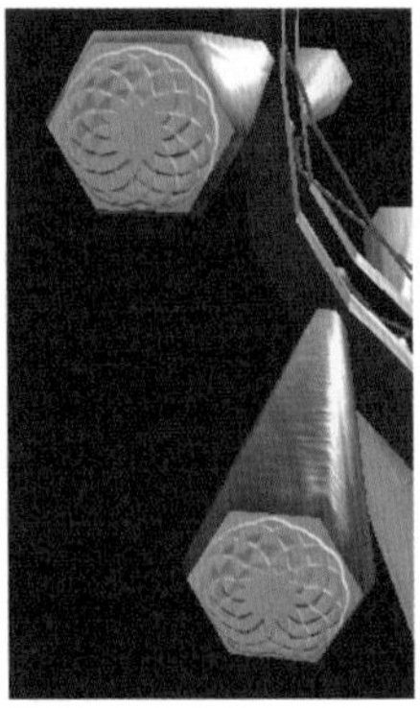

图 7-157　绘制琴轴顶端纹饰

21．制作琴轴效果。新建图层，命名为“琴轴”，在材质中保留高度，调整高度为凹陷，选择画笔工具，在琴轴上绘制，效果如图 7-158 所示，按 Shift 键可以绘制直线效果。

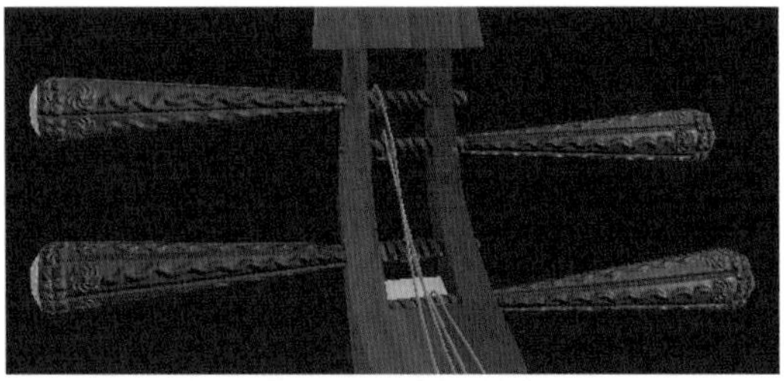

图 7-158　绘制琴轴效果

22．新建图层，命名为“琴相”，制作琴相上的白色部分，在材质中关闭“高度”，打开扩展、光泽度和标准，添加材质球 Piastic Glossy Pure 并将扩散颜色调为白色，选择画笔工具，在琴相上绘制白色直线，效果如图 7-159 所示。

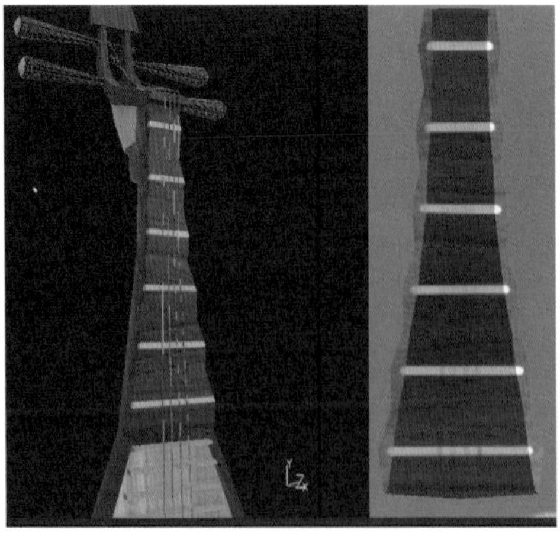

图 7-159　绘制琴相效果

23．再次新建图层，在材质中打开“高度”，使用画笔工具，在琴相上绘制凹陷效果，如图 7-160 所示。

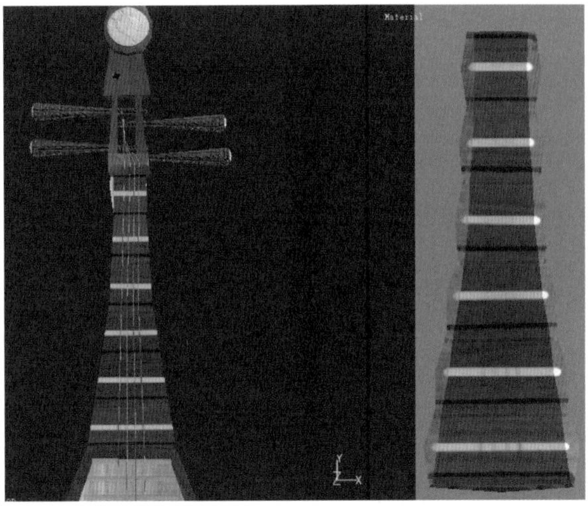

图 7-160　绘制琴相凹陷效果

7.4　琵琶模型烘焙导出

1．在视图中单击鼠标右键，从弹出的快捷菜单中选择 Export Texture 选项，弹出的对话框如图 7-161 所示，设置贴图的保存路径，设置 config 为 Unity 5，单击“保存”按钮，将会导出 3 张贴图，即 AlbedoTransparency 贴图、MetallicSmoothness 贴图和 Normal 贴图，如图 7-162 所示。

图 7-161　导出贴图设置

图 7-162　导出的贴图效果

2．将 pipa.obj 文件和这 3 个贴图文件拷贝到 Unity 的 Assets 文件夹中，启动 Unity，如图 7-163 所示。

3．将琵琶模型拖入场景中，如图 7-164 所示。

4．点开材质球，对琵琶模型的贴图，将 AlbedoTransparency 贴图拖动到 Albedo 中，将 MetallicSmoothness 贴图拖动到 Metallic 中，将 Normal 贴图拖动到 Normal 中，调整之后的效果如图 7-165 所示，视图中的效果如图 7-166 所示，调整琵琶模型的大小和位置，保存项目文件备用。

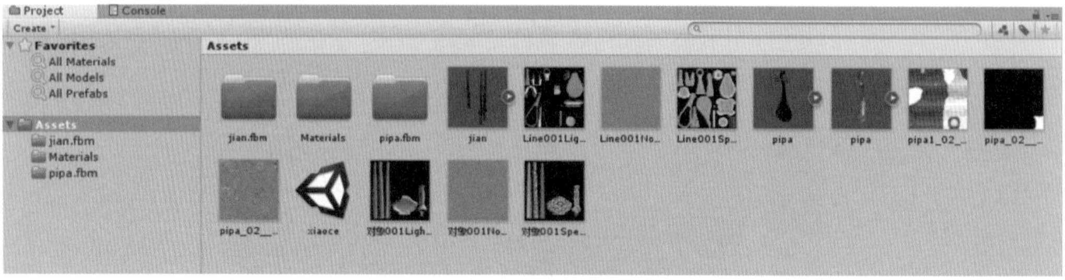

图 7-163　Unity Assets 面板

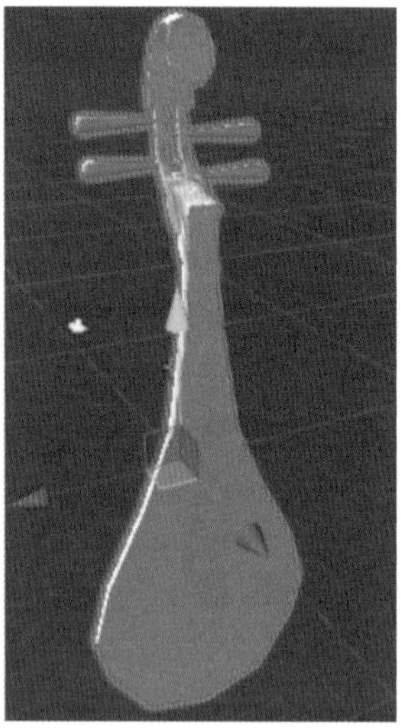

图 7-164　琵琶模型未贴图效果

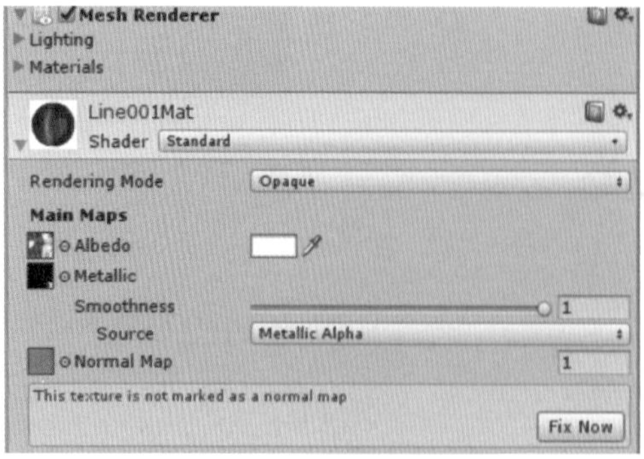

图 7-165　材质球设置

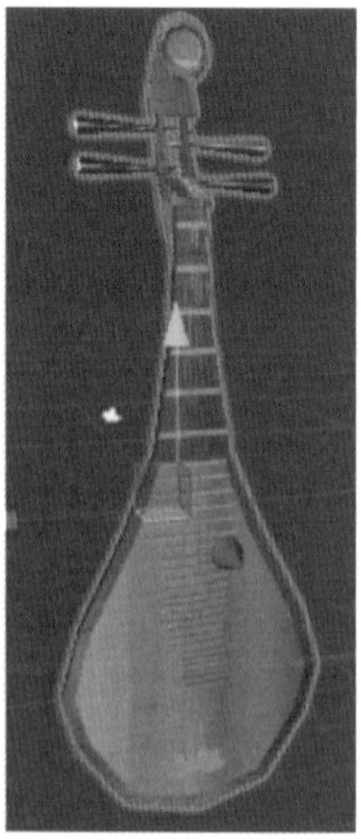

图 7-166　琵琶贴图效果

7.5 拓展任务

根据本章所学知识完成场景中所需道具模型的建模，如大刀、酒瓶、酒杯、玉笛、酒桌、水果、箱子等模型。

本章小结

本章通过对琵琶模型的背板、面板、琴头、琴相、琴品、缚手、琴弦、琴轴以及连接部分的建模，详细讲解了道具模型的建模过程；通过对琵琶模型各个部分的 UV 展开，讲解了道具模型的 UV 展开过程；通过使用 Substance Painter 软件对琵琶模型绘制贴图，讲解了道具模型的贴图绘制方法。

不同的道具模型，建模之前需要对模型进行分解，对各个部分分别建模，然后再附加为一个整体，进行后续的 UV 展开和贴图绘制。

本章中需要着重掌握多边形建模、模型 UV 展开和使用 Substance Painter 软件绘制模型贴图。

第 8 章 虚拟现实（VR）植物建模

本章要点

- 植物建模的方法和流程
- 植物模型 UV 拆分
- 植物模型的贴图绘制
- 植物模型的导出及应用

虚拟现实场景中，除去天空、远山等在场景中距离用户较远的自然元素外，在地表生态环境中最主要的构成元素就是植物。

要想将虚拟现实场景中的植物模型制作得生动自然，必须抓住植物模型的特点。对于虚拟现实场景植物模型而言，其特点主要是从结构和形态两方面来看。所谓结构主要指自然植物的共性结构特征，而形态是指不同植物在不同环境下表现出来的独特生长姿态，只要抓住植物这两方面的特点，就能将植物制作得生动自然，融入到虚拟现实场景中。

树木作为自然界中的木本植物，主要由树干和树叶两大部分构成，而树干又可以细分为主干、枝干和根系。以树木所在的地平面为基点，向下延伸出植物的根系，向上延伸出植物的主干，随着主干的延伸逐渐细分出主枝干，主枝干继续延伸细分出更细的枝干，在这些枝干末端生长出树叶。

树木建模可以通过 3ds Max 建模，也可以通过 U3D 自带的树模块建立模型，本书中只讲解使用 3ds Max 建模。对于 3ds Max 建模而言如果从主干到枝干再到树叶全部采用多边形模型实体，由此产生的模型面数将会很多，无法应用于虚拟现实场景中，所以利用多边形建模的方式来制作植物模型是不现实的。在实际的建模过程中，会使用多边形建模主干部分，而用 Alpha 贴图来制作植物的枝干和树叶，即“插片法”。

本章中所建立的柳树模型是根据第一首诗词《送元二使安西》中的“客舍青青柳色新”而来。

8.1 Alpha 贴图详解

Alpha 贴图也叫做不透明度贴图，是指图片文件的通道信息除了基本的颜色信息通道外还存在 Alpha 黑白通道的图片。Alpha 黑白通道通常是勾勒出图片中主体图像的外部轮廓剪影，然后通过程序计算实现镂空的效果，有时候也被称为镂空贴图。

Alpha 贴图在虚拟现实场景建模中应用十分广泛，在场景建模中为了节省模型面数，可以通过 Alpha 贴图来制作栏杆、围栏、篱笆等，场景植物模型建模中制作枝叶、花草必须应用 Alpha 贴图来实现。

8.1.1 Alpha 贴图绘制

1．启动 Photoshop，新建文件，设置文件大小为 512×512 像素，名称为 Alpha，其余设置保持默认，如图 8-1 所示。

2．如果有参考图片，可以置入参考图；如果没有，则直接新建图层命名为“轮廓”进行绘制，如图 8-2 所示。

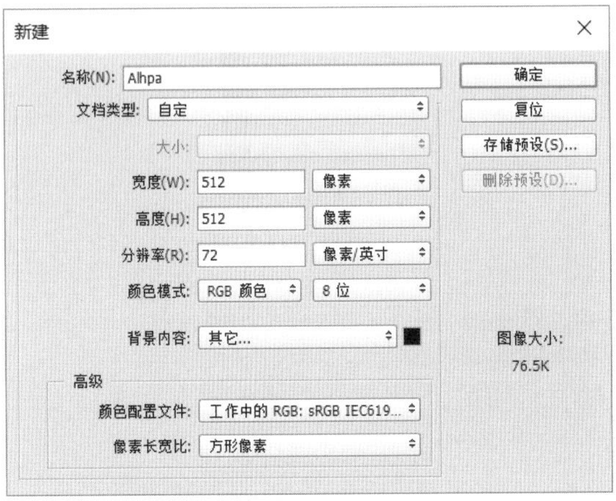

图 8-1　新建文件

图 8-2　导入参考图片

3．选择画笔工具，对植物模型轮廓进行勾勒，如图 8-3 所示。

4．在轮廓层下方新建图层命名为“底色”，使用吸管工具吸取各部分颜色，绘制植物底色，如图 8-4 所示。

图 8-3　绘制轮廓

图 8-4　绘制底色

5．按 Ctrl+C 组合键复制颜色图层，命名为“亮部”，使用减淡工具调整出植物的亮部，如图 8-5 所示。

6. 再次复制图层，命名为“暗部”，使用加深工具调整出植物的暗部，如图 8-6 所示。

图 8-5　调整亮部

图 8-6　调整暗部

7. 新建图层命名为“树干树叶细节”，选择合适的颜色，选择喷溅画笔绘制植物树干和树叶细节，设置混合模式为“柔光”，效果如图 8-7 所示。

8. 新建图层命名为“花细节”，选择合适的颜色，继续使用喷溅画笔工具，调整不透明度和流量，绘制花瓣细节，效果如图 8-8 所示。

图 8-7　绘制树干树叶细节

图 8-8　绘制花瓣细节

9. 调整线框图层的混合模式为“亮光”，效果如图 8-9 所示。

10. 删除背景图层，按 Ctrl+Alt+Shift+E 组合键盖印图层，将树干部分移动到文件正中心，按 Ctrl 键单击盖印图层的缩略图，选出植物的选区，先通过选区收缩功能将选区收缩 1 像素，再通过羽化将选区羽化 1 像素，如图 8-10 所示。

11. 按 Ctrl+C 组合键复制对象，进入通道面板，单击“新建通道”按钮建立 Alpha 通道，按 Ctrl+V 组合键粘贴，效果如图 8-11 所示。

12. 另存文件为 DDS 文件格式或是 PNG 文件格式，注意保持为带 Alpha 通道的

DXT3 或者是 DXT5 格式，如图 8-12 所示，保存文件。

图 8-9　修改混合模式

图 8-10　调整选区

图 8-11　设置 Alpha 通道

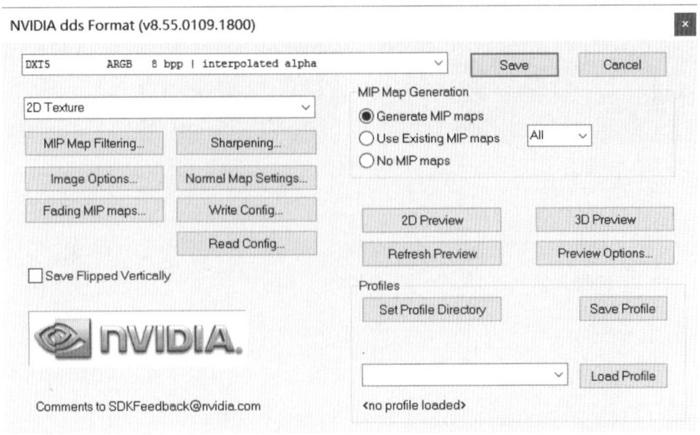

图 8-12　DDS 格式设置

8.1.2 Alpha 贴图应用

1．启动 3ds Max，选择平面工具，在前视图中拖动鼠标绘制一个平面，长度和宽度均为 1m，长度分段和高度分段均为 1，按快捷键 W 进入移动状态，设置 XYZ 坐标轴均为 0，如图 8-13 所示。

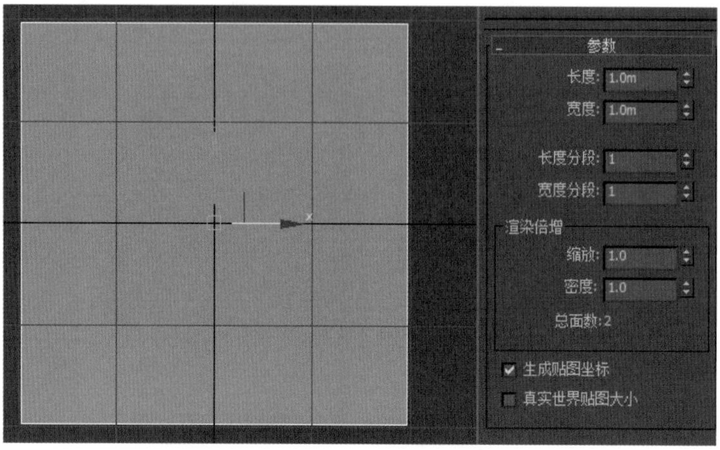

图 8-13　绘制平面

2．按 M 键打开材质编辑器，将保存好的 Alpha.dds 贴图贴到“漫反射颜色”通道，如图 8-14 所示。

3．将贴图设置中的“单通道输出”设置为 Alpha，效果如图 8-15 所示。

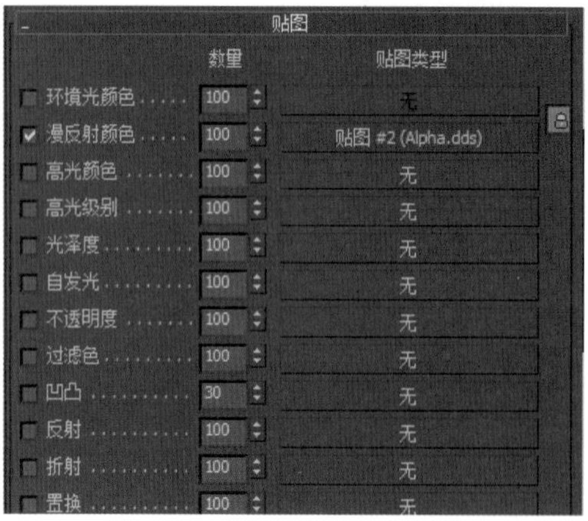

图 8-14　设置贴图

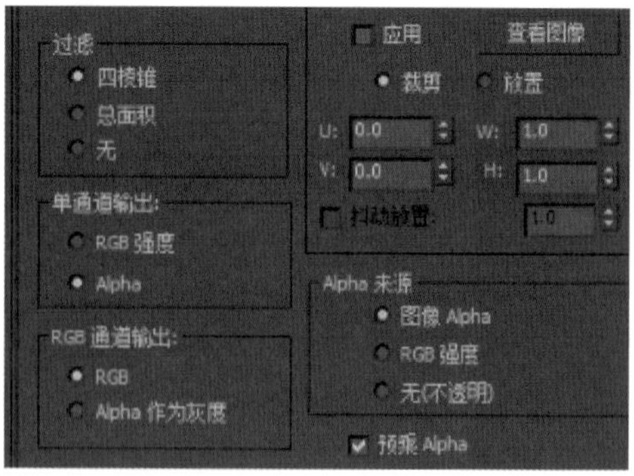

图 8-15　设置“单通道输出”为 Alpha

4．单击“转到父对象”按钮，在贴图上单击鼠标右键，选择“复制”选项，再在不透明度通道上单击鼠标右键，选择“粘贴（复制）”选项，贴图面板如图 8-16 所示，视图中的效果如图 8-17 所示。

5．渲染模型，效果如图 8-18 所示。

6．由于在虚拟现实场景中用户可以从任意角度观察模型，因此当视角转换的时候侧面就会穿帮，解决办法是使用“十字插片法”。选择做好的模型，按快捷键 E 进入旋转状态，在顶视图中按 Shift 键加顺时针旋转 90°，以复制的方式克隆平面对象，效果如图 8-19 所示，此时透视图效果如图 8-20 所示。

图 8-16　复制贴图到不透明度

图 8-17　视图效果

图 8-18　渲染效果

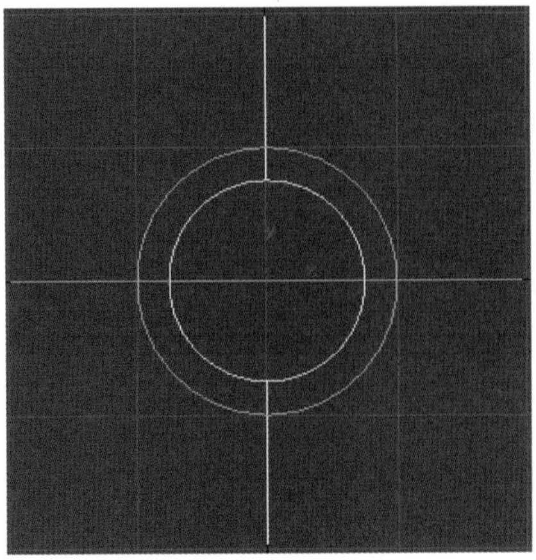

图 8-19　克隆平面

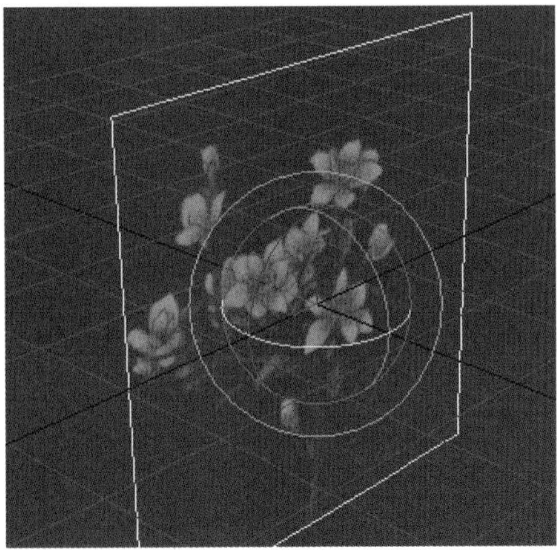

图 8-20　十字插片效果

7. 继续旋转视角，当转到背面的时候模型会消失，这是因为平面模型没有厚度，解决办法有 3 种。

第一种处理方法是在进入材质编辑器后设置明暗器基本参数为“双面”，如图 8-21 所示，此时模型各个角度都不会再有穿帮情况出现，效果如图 8-22 所示。

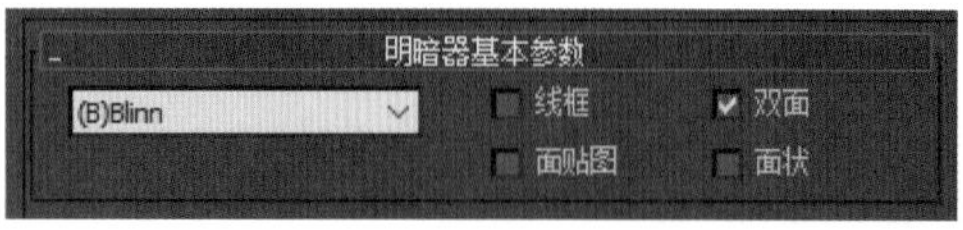

图 8-21　设置双面贴图

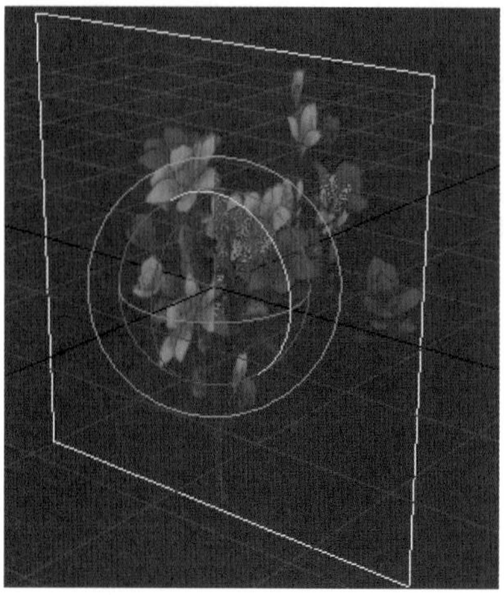

图 8-22　双面贴图效果

第二种处理方法不用修改明暗器参数为双面，将模型分别镜像复制一份即可。

第三种处理方法是选择需要制作成双面效果的模型，按 Ctrl+V 组合键以复制的方式克隆一份模型出来，然后添加“法线”修改器，设置为“翻转法线”即可。

这 3 种方法中，第一种方法简单快捷，模型的面数也较少，广泛地运用于实际的虚拟现实建模中。

模型最终渲染效果如图 8-23 所示，保存文件。

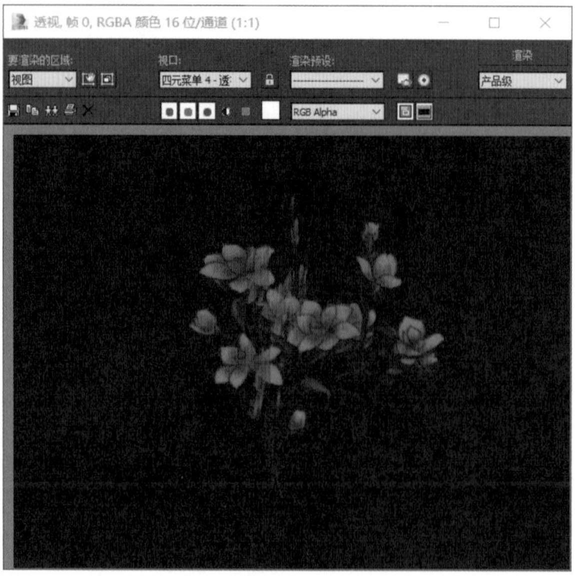

图 8-23　模型最终渲染效果

8.2 植物模型制作

柳树是一类植物的总称，包括垂柳、旱柳、爆竹柳、白柳、枫杨圆头柳、白皮柳、云南柳、紫柳、腺柳、杞柳、大白柳、大叶柳、细柱柳、棉花柳、朝鲜垂柳等。本章中所制作的是较为常见的青皮垂柳。

青皮垂柳为落叶乔木，树高可达 6 米，枝条细长，柔软下垂，小枝绿色，叶互生，线状披针形，树冠婀娜多姿。

8.2.1 柳树模型建模

1．启动 3ds Max，新建场景，命名为 liu.max，保存文件。

2．使用圆柱体工具在顶视图中绘制一个圆柱体，半径为 0.15m，高度为 1.5m，高度分段为 3，端面分段为 1，边数为 8，如图 8-24 所示。

3．将圆柱体转换为可编辑多边形，进入边层级，使用快速切片增加分段数，如图 8-25 所示。

4．进入点层级，调整出柳树的树干形状，如图 8-26 所示。

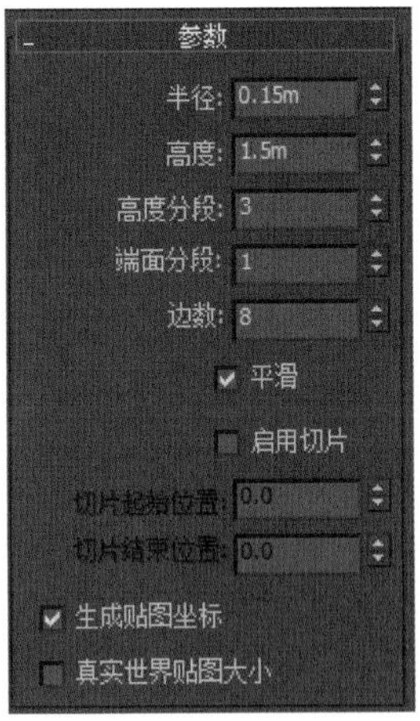

图 8-24　绘制圆柱体

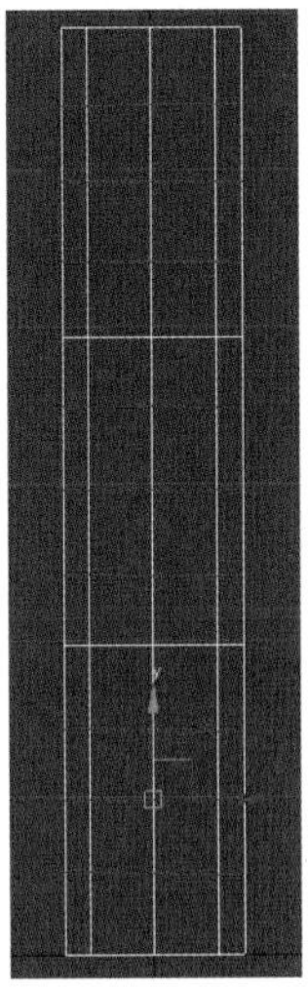

图 8-25　增加分段

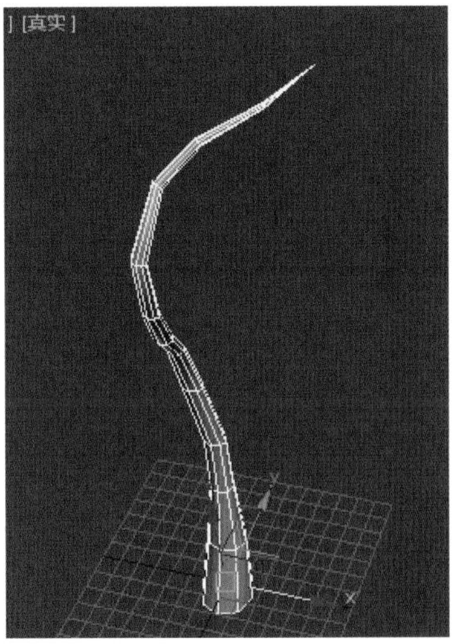

图 8-26　调整树干形状

5．再次新建圆柱体，采用上述方法制作枝干模型，效果如图 8-27 所示。

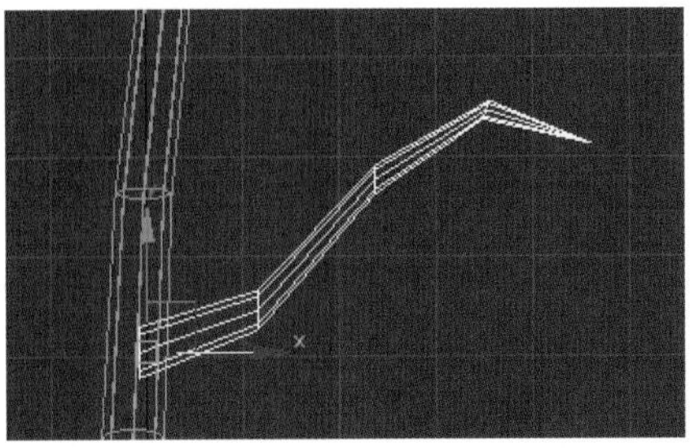

图 8-27　调整枝干模型

6．重复上述操作继续制作枝干模型，如图 8-28 所示。

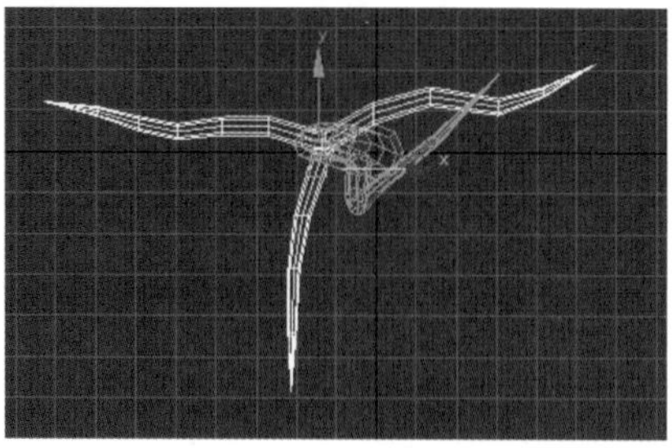

图 8-28　枝干模型效果

7．对制作好的 3 种枝干模型进行克隆，通过调整大小、位置和方向将枝干模型拼接到主干模型上，尽量让树枝自然生动，效果如图 8-29 所示，通过各个角度观察模型效果，尽量不留死角。

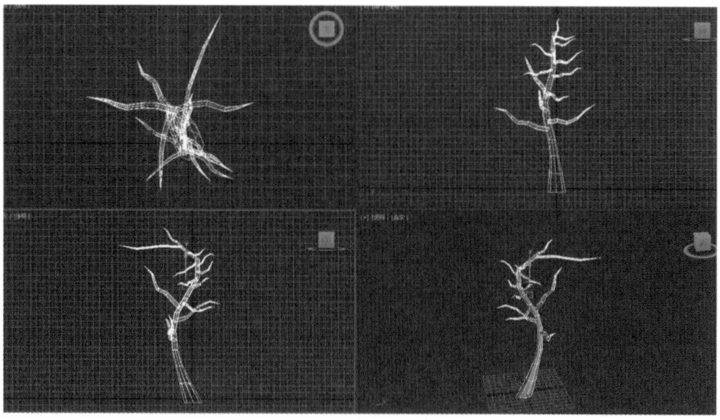

图 8-29　调整枝干

8．接着制作树根部分。树根的部分是使用切割命令从主干底部添加新的边线和分段，然后制作主干上的凹陷效果，如图 8-30 所示。

9．进入多边形层级，选择主干底部的面，利用“挤出”命令制作树根模型结构，效果如图 8-31 所示。

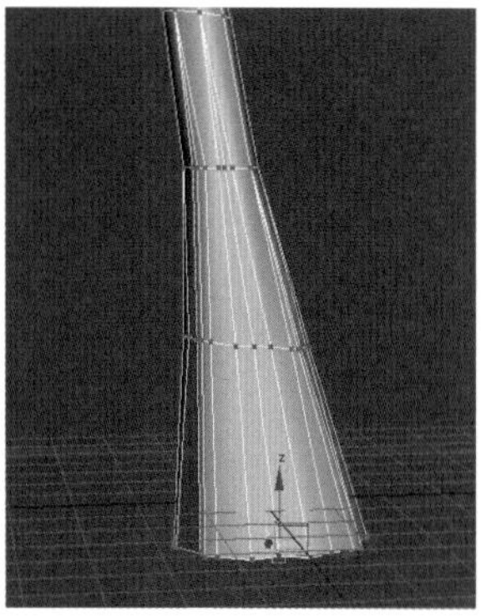

图 8-30　制作根部凹陷效果

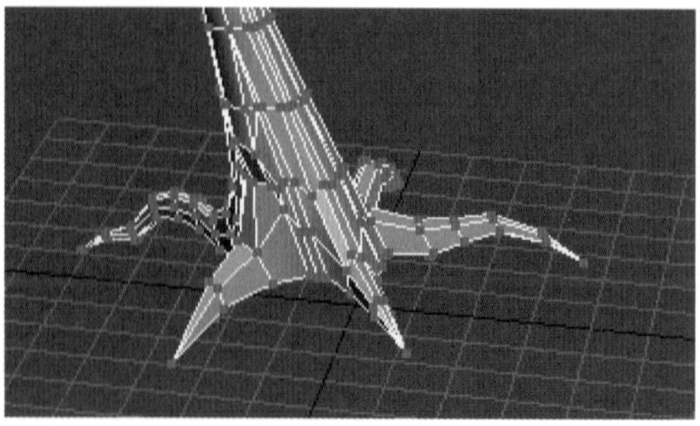

图 8-31　树根效果

10．选择平面工具绘制平面作为树枝的载体，设置宽高均为2m，宽高分段数均为1，放置在树干上，如图8-32所示。

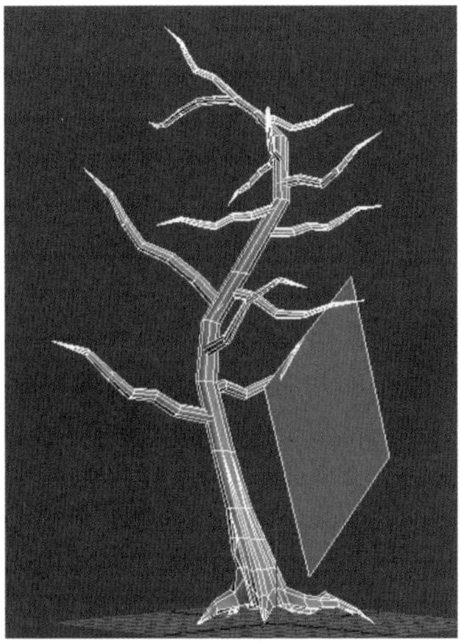

图8-32　绘制平面

11．由于树叶部分可以通过复制调整得到，因此先做一个平面即可。将所有对象附加在一起，保存文件，以备UV展开。

8.2.2　柳树模型UV展开

由于主干部分和枝干部分是由圆柱体模型编辑而成，因此模型自带圆柱体的贴图坐标映射，可以逐条对树根和树干UV进行展开，方法如下：

1．选择主干对象，进入多边形层级，选择一条树根所在的面，添加UVW展开修改器，如图8-33所示。

2．进入边层级，选择底部的两条边，如图8-34所示。

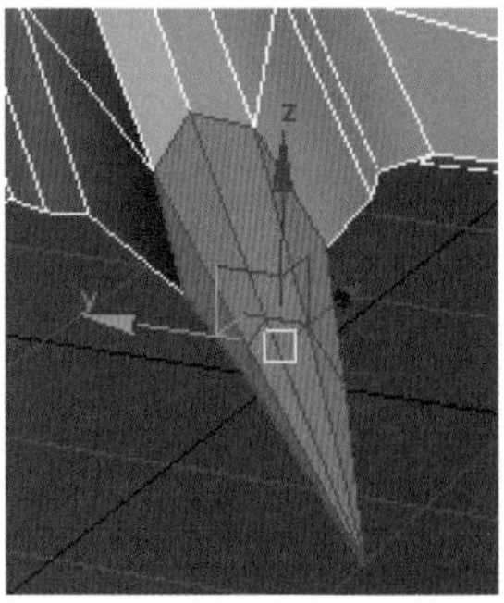

图8-33　选择树根

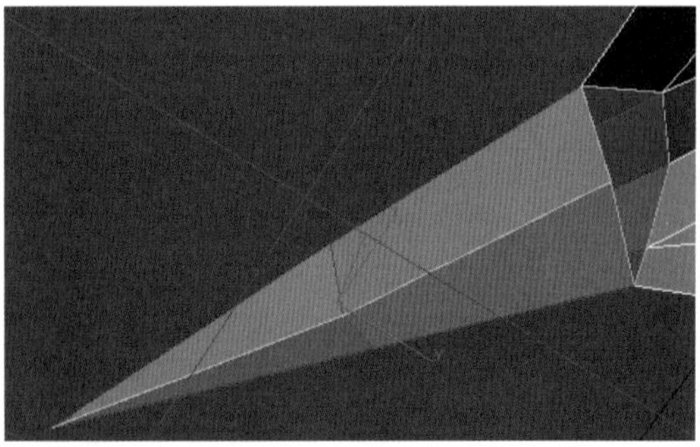

图8-34　选择底部的边

3．单击按钮将选中的边设置为接缝，效果如图8-35所示。

4．进入多边形层级，单击“快速剥”按钮，效果如图8-36所示，即可得到这条树根的UV效果。

图 8-35　设置接缝

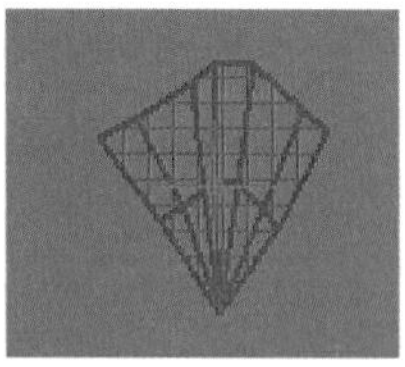

图 8-36　快速剥效果

5．塌陷全部，再次进入多边形层级，选择另一条树根部分，重复上述操作完成该条树根的 UV 展开。逐条树根按上述操作对 UV 进行调整，直到将树根部分 UV 调整完成。

6．塌陷全部，进入元素层级，选择主干部分，如图 8-37 所示，添加 UVW 展开修改器，打开 UV 编辑器，之前已经展开的树根模型 UV 没有发生变化，只需要调整树根以外的主干部分 UV。

图 8-37　选择主干部分

7．进入多边形层级，选择主干部分的面，单击“快速剥”按钮，如图 8-38 所示，对这部分的 UV 进行缝合，效果如图 8-39 所示。

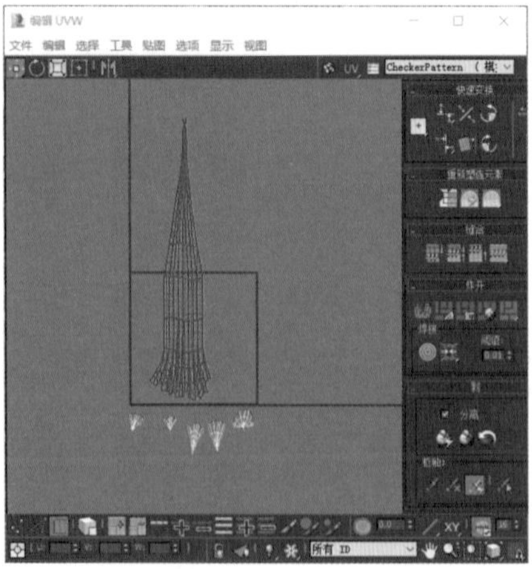

图 8-38　快速剥主干部分

8. 进入多边形层级，选择顶部有重叠的面，进行松弛，设置为“由多变形角松弛”，效果如图 8-40 所示。

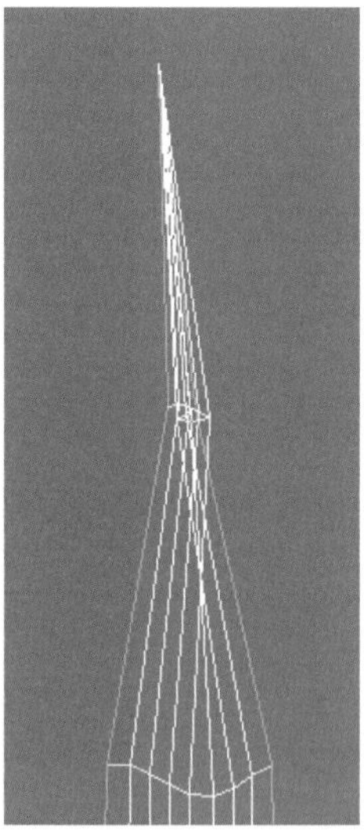

图 8-39　主干顶部效果

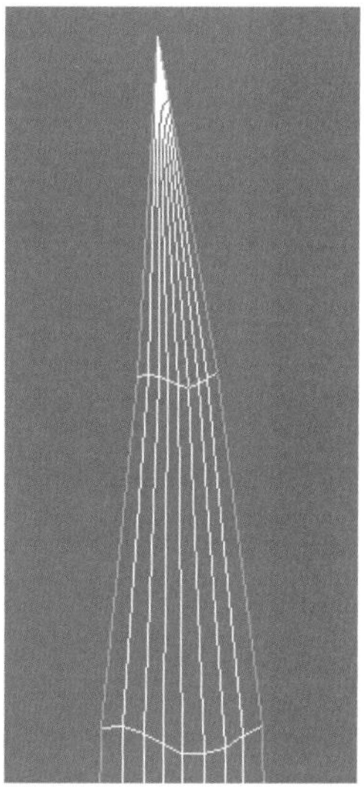

图 8-40　松弛主干顶部

9. 塌陷全部，再次进入元素层级，选择主干和一条枝干，重复上述操作进行 UV 展开，直到把所有部分 UV 展开完成，如图 8-41 所示。

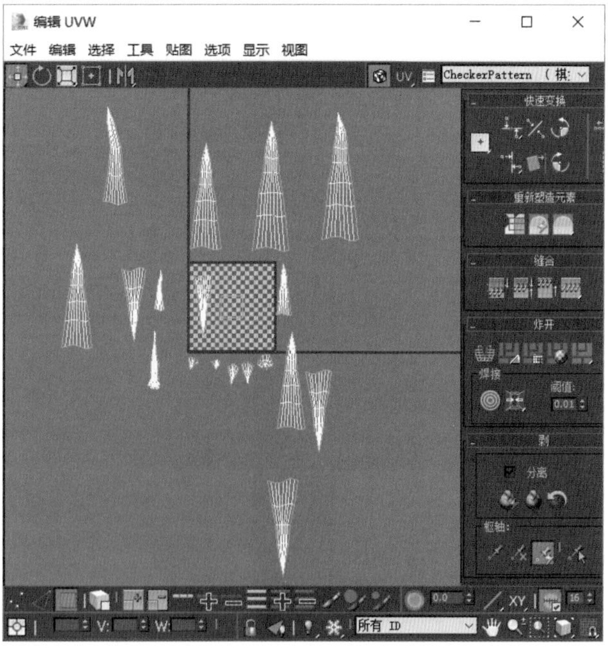

图 8-41　柳树 UV 效果

10. 选择所有的对象 UV，单击“排列元素”卷展栏中的“紧缩规格化”按钮，排列之后的效果如图 8-42 所示。

图 8-42　紧缩规格化

8.2.3　柳树模型贴图设置

1．启动 PixPlant，单击“文件”→“加载纹理”命令，将柳树皮图片导入，选择“种子”→“从纹理画布添加种子”命令，拼贴设置为“全部”，单击“生成”按钮制作树皮的四方连续贴图，如图 8-43 所示。

图 8-43　树干四方连续贴图

2．启动 Photoshop，新建文件，设置尺寸为 512×512，其余设置保持默认，将文件保存为 liu_Alpha_1.psd，如图 8-44 所示。

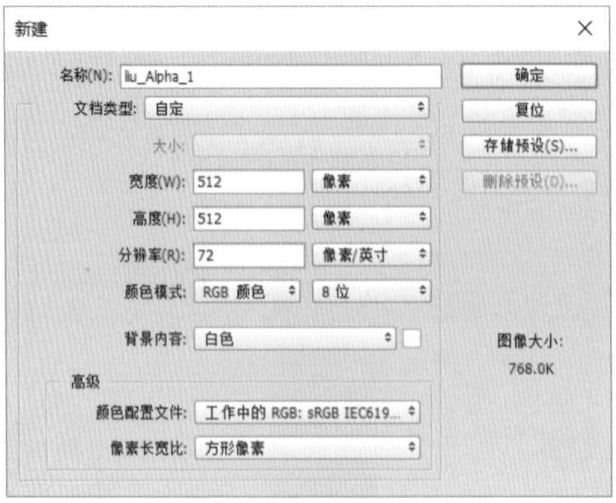

图 8-44　新建文件

3．新建图层，采用前面所讲的 Alpha 贴图绘制方法绘制柳枝与柳叶贴图，需要注意的是将柳枝放置于画布中心，如图 8-45 所示。

4．将绘制好的柳枝贴图保存为 PNG 贴图格式。

5．新建文件，大小为 512×512 像素，将做好的树皮贴图和树枝贴图组合在一起，制作为 Alpha 贴图，命名为 liu.png，如图 8-46 所示。

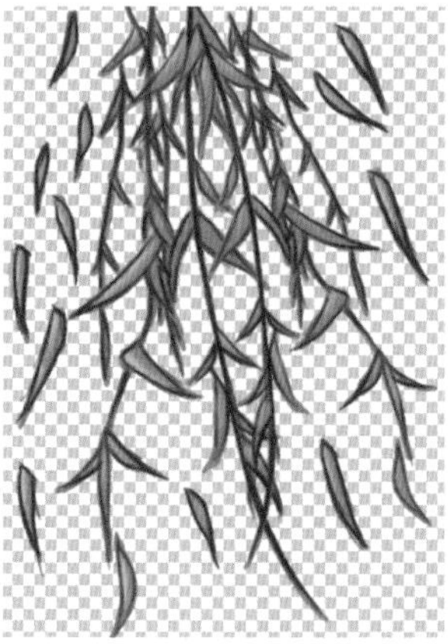

图 8-45　绘制柳枝贴图

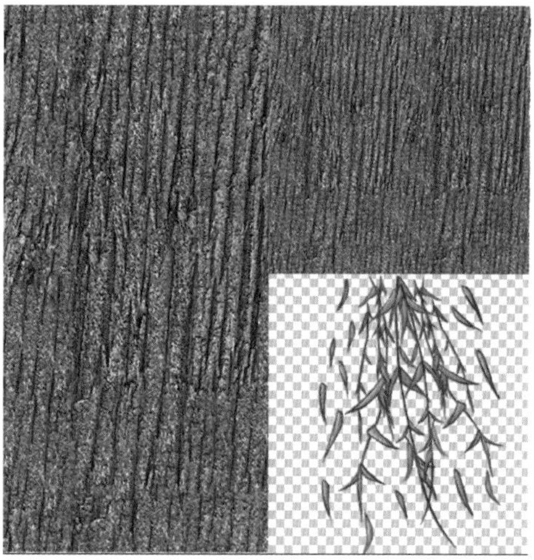

图 8-46　合并树皮贴图和树枝贴图

6．将 liu.png 作为 Alpha 贴图贴到柳树模型上，设置为双面贴图，效果如图 8-47 所示。

图 8-47　贴图到柳树模型

7．进入 UV 编辑器，调整贴图在活动窗口中的显示，如图 8-48 所示。

图 8-48　设置显示贴图

8．进入多边形层级，调整模型各个部分在贴图中的位置，效果如图 8-49 所示。

图 8-49　调整 UV 对应到贴图

此时视图中的效果如图 8-50 所示。

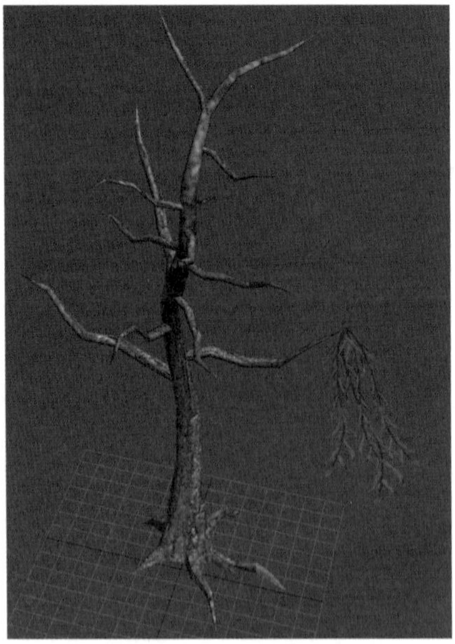

图 8-50　贴图效果

9．塌陷全部，进入元素层级，选择柳枝所在的平面，将其作为对象分离，如图 8-51 所示。

10．以复制的方式克隆平面对象并调整为十字插片，如图 8-52 所示。

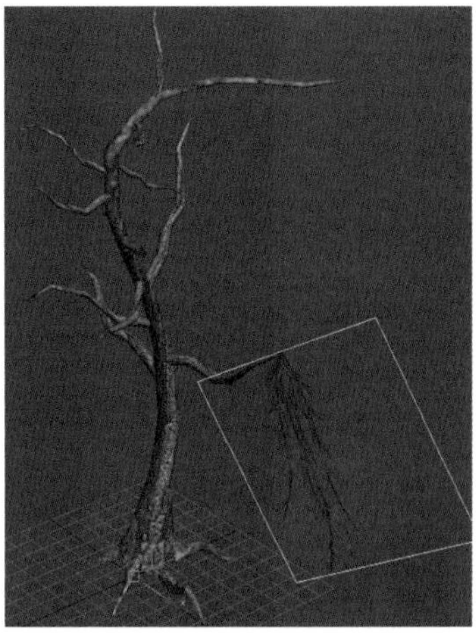

图 8-51　分离柳枝部分

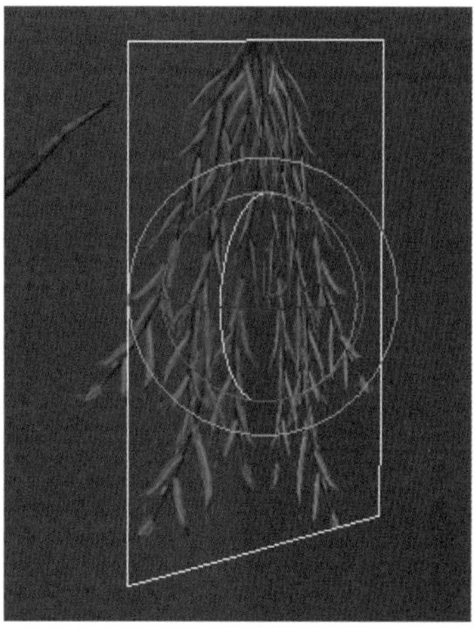

图 8-52　制作十字插片

11．将这两个对象附加在一起，反复复制，调整大小、位置和方向，制作出整棵柳树的树枝，效果如图 8-53 所示。

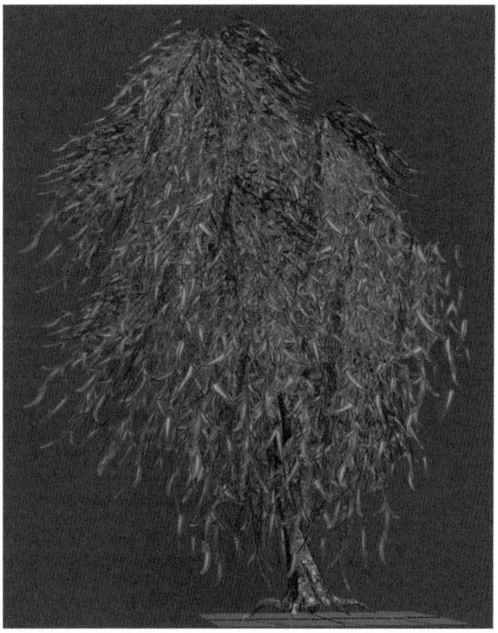

图 8-53　柳树效果

8.2.4　柳树模型的导出及应用

1．切换到命令面板，选择“塌陷”，单击“塌陷选定对象”按钮，将所有对象塌陷为一个整体，如图 8-54 所示。

2．塌陷后的对象会转换为可编辑网格，将其转换为可编辑多边形。

3．导出模型，将其导出为 FBX 文件，保存路径为 unity\Assets，设置如图 8-55 所示，命名为 liu.fbx。

图 8-54　塌陷模型

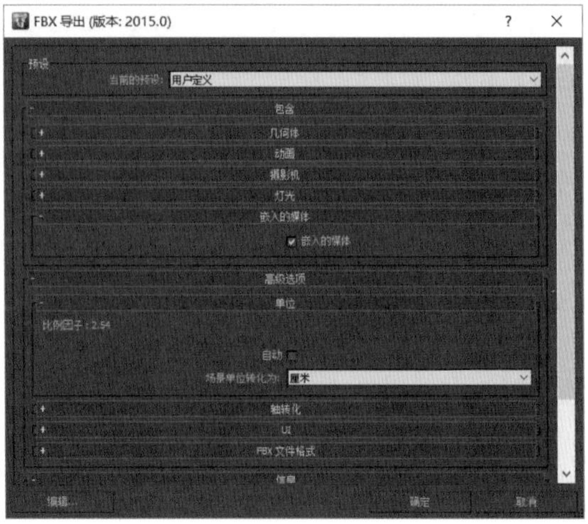

图 8-55　导出设置

4．启动 Unity，将柳树模型拖动到场景中，如图 8-56 所示。

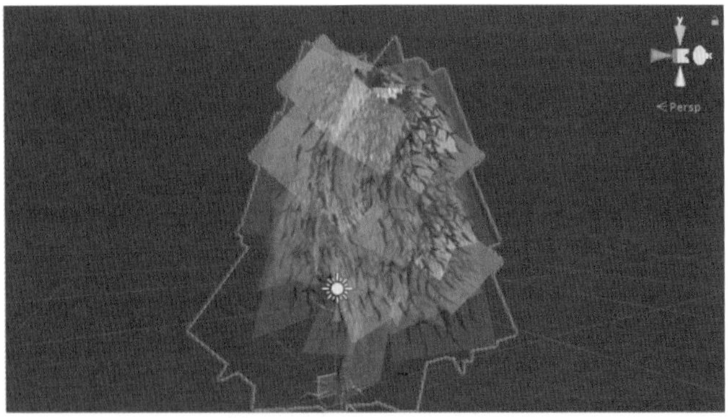

图 8-56　导入柳树模型到 U3D 中

5．将材质球的 Shader 设置为 Nature/SpeedTree，Geometry Type 设置为 Leaf，Render Queue 设置为 AlphaTest，如图 8-57 所示。

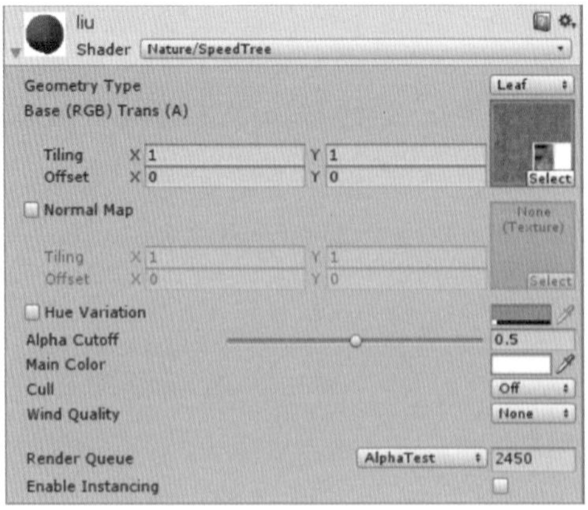

图 8-57　柳树材质球设置

此时柳树模型效果如图 8-58 所示。

图 8-58 柳树模型效果

8.2.5 其他植物模型制作

其他植物模型的制作方法与柳树的制作方法类似，只需要制作主干和较粗枝干的基本模型，其余的部分均可以通过制作 Alpha 贴图的方式制作。下面以竹子为例，介绍植物建模过程中的另一种常用的贴图方法——田字法贴图。

1．新建场景，使用圆柱体工具制作竹子主干，将圆柱体转化为可编辑多边形，调整竹节形状，顶端的所有顶点塌陷为一个顶点，如图 8-59 所示。

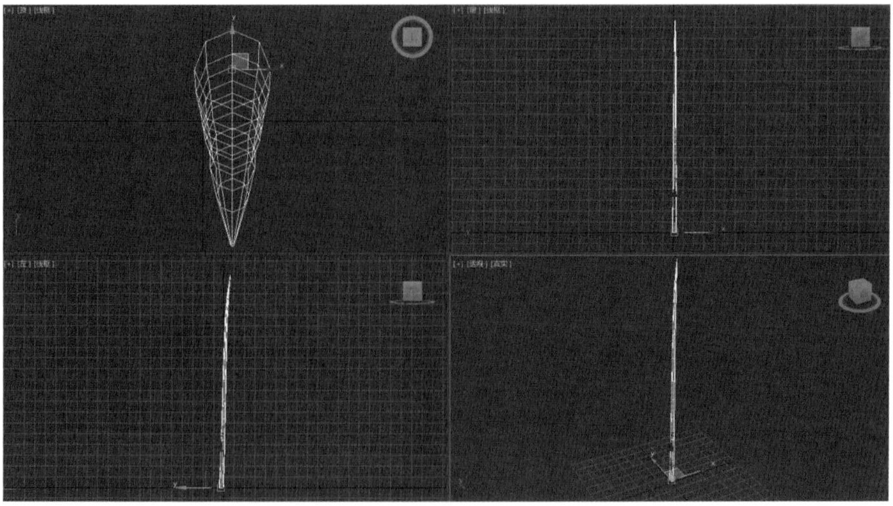

图 8-59 制作竹子主干

2．绘制平面，设置长宽分段数均为 2，转换为可编辑多边形，如图 8-60 所示。

3．进入顶点层级，选择正中心的顶点，将其在 Z 轴上向上移动，如图 8-61 所示。

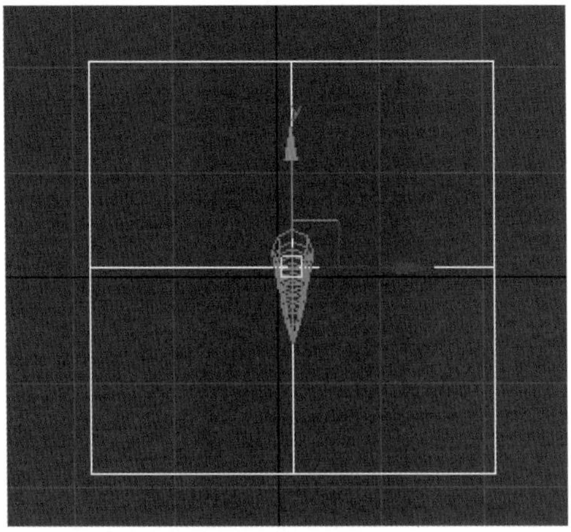

图 8-60　绘制平面

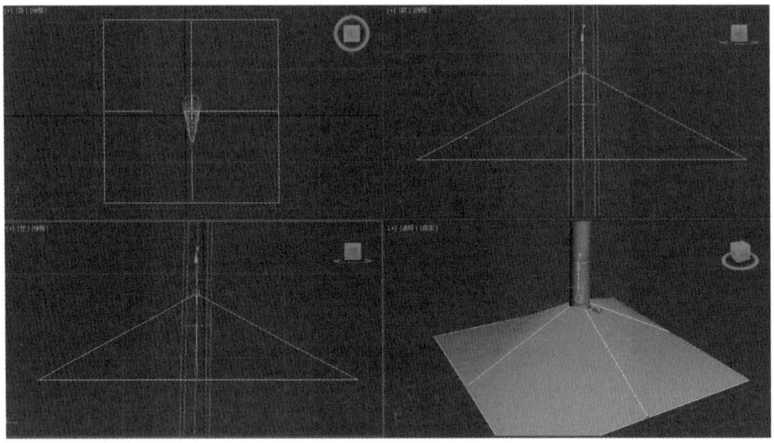

图 8-61　调整中心顶点位置

4. 制作竹竿贴图和竹叶贴图并将其合并到一张图中，如图 8-62 所示。
5. 将主干和平面附加在一起，删除主干底部的面，设置 Alpha 贴图，如图 8-63 所示。

图 8-62　设置竹子贴图

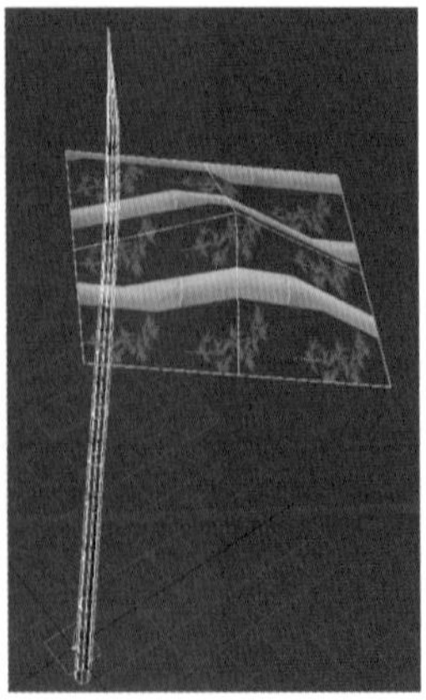

图 8-63　设置 Alpha 贴图

6．添加 UVW 修改器，如图 8-64 所示。

7．进入多边形层级，单击“快速剥”按钮，得到如图 8-65 所示的竹子 UV。

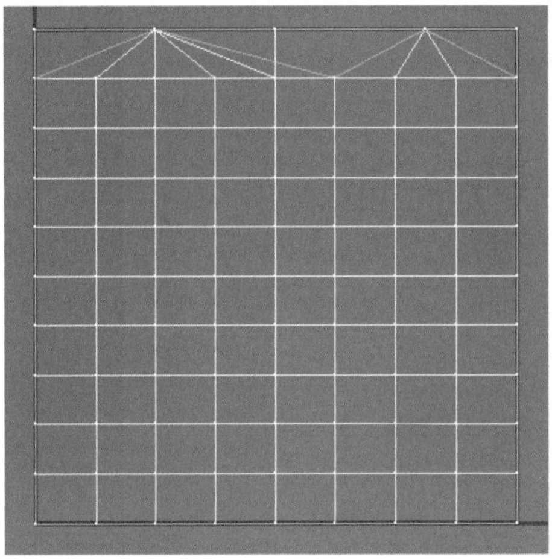

图 8-64　添加 UVW 修改器

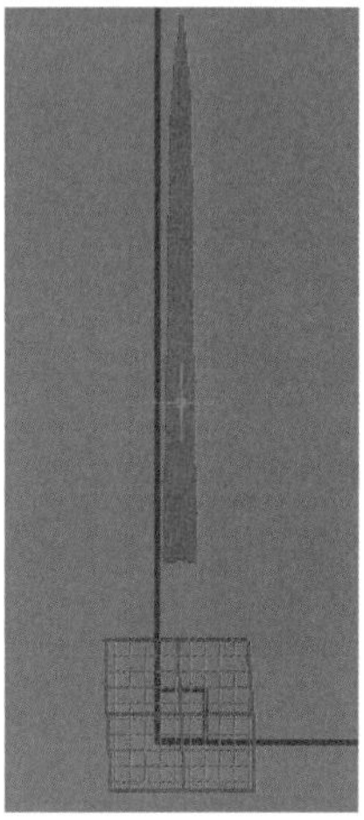

图 8-65　竹子 UV

8．将贴图在 UV 窗口中显示，如图 8-66 所示。

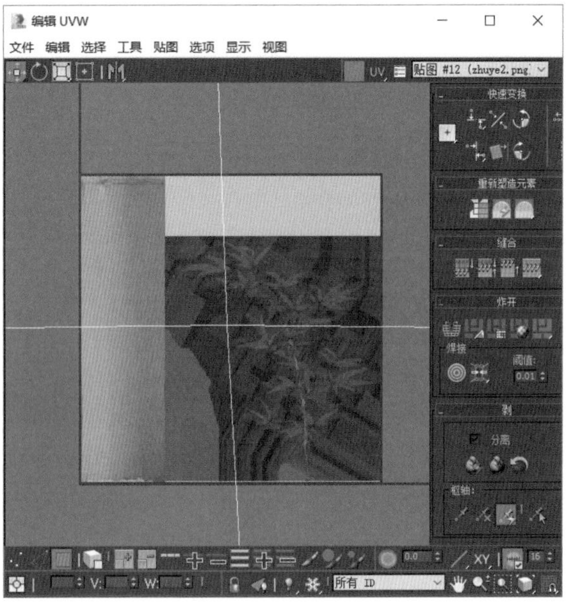

图 8-66　显示贴图在 UV 窗口中

9．进入边层级，调整竹子 UV 以符合贴图，竹枝调整效果如图 8-67 所示。

10．由于贴图部分只有一个竹节，所以竹竿部分的 UV 需要一节一节断开拆分后重叠在贴图上。选择如图 8-68 所示的边，单击“循环”按钮，选择一圈的边，如图 8-69 所示。

11．单击鼠标右键并选择“断开”选项，或者单击“断开”按钮，将第一个竹节分出来，此时边线会变为绿色，如图 8-70 所示。

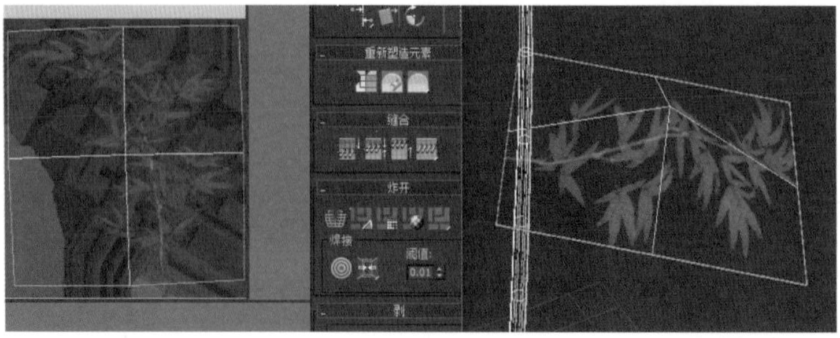

图 8-67　调整竹枝 UV

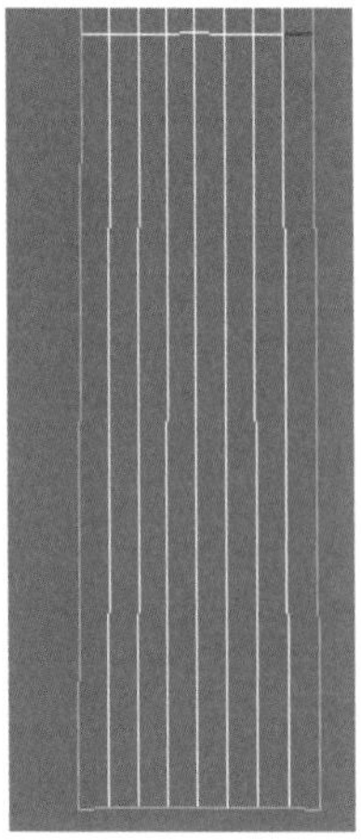

图 8-68　选择边

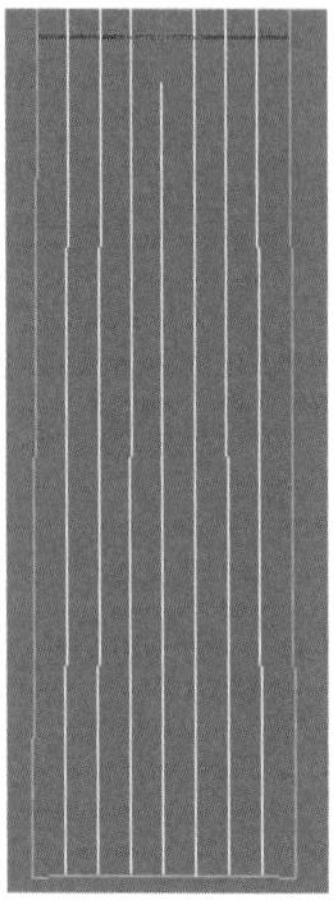

图 8-69　循环边

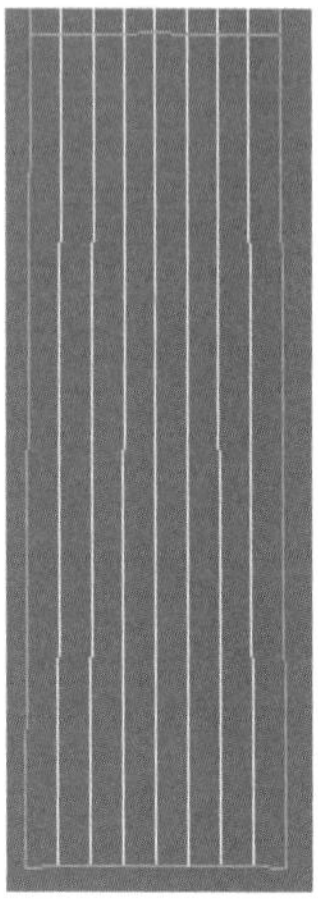

图 8-70　断开边

12．选择拆分出来的竹节部分，将其移动到贴图竹节位置，调整大小和位置，效果如图 8-71 所示。

13．进入顶点层级，选择顶层顶点，水平对齐到轴，再选择底层顶点，水平对齐到轴，效果如图 8-72 所示。

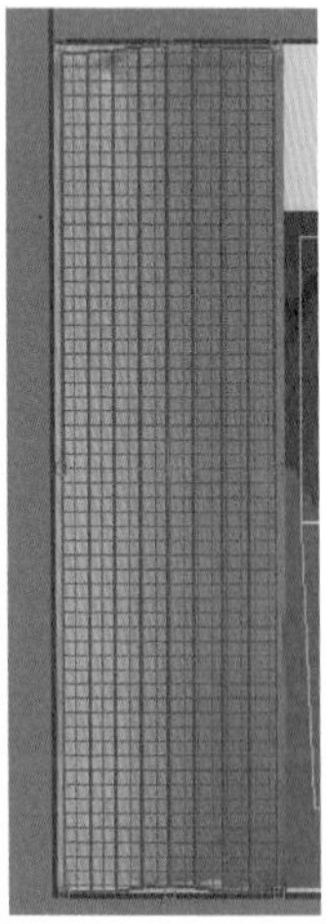

图 8-71　调整竹节位置

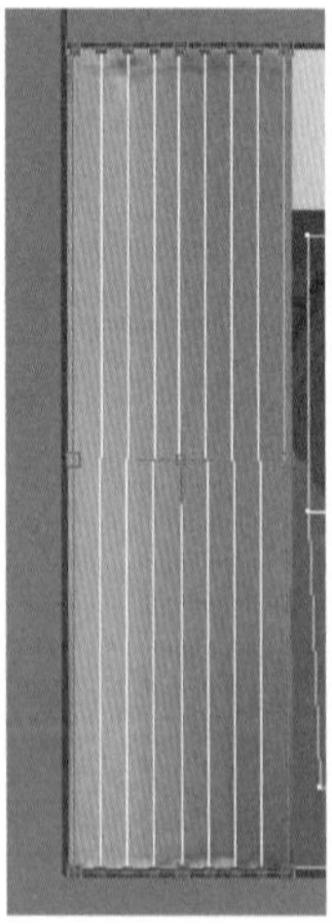

图 8-72　水平对齐到轴

14．重复上述操作，将所有竹节调整完，如图 8-73 所示。

15．塌陷全部，将 UV 展开的模型转化为可编辑多边形，进入元素层级，选择竹枝所在的元素，将其分离，如图 8-74 所示。

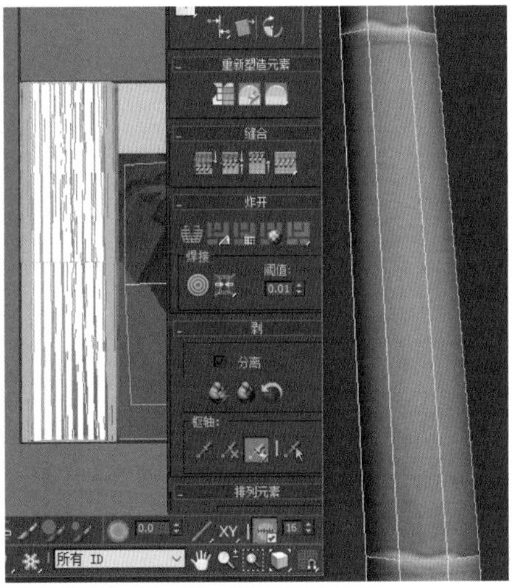

图 8-73 竹节 UV 效果

图 8-74 分离竹枝对象

16．反复复制和调整竹枝所在的位置、方向和大小，调整出竹子整体的形状，效果如图 8-75 所示。

17．塌陷所有对象，将其转换为可编辑多边形，即可导出到 U3D 中，按照柳树材质的设置方法设置竹子材质即可，效果如图 8-76 所示。

图 8-75 竹子效果

图 8-76 U3D 中的竹子效果

8.3 拓展任务

根据本章所学知识完成场景中所需植物模型的建模，如植物盆栽、白杨等模型。

本章小结

本章通过详细介绍 Alpha 贴图的制作以及十字插片法的应用，介绍了基础的植物模型制作过程，再以柳树和竹子为例，介绍了复杂植物模型的建模流程。

本章中需要着重掌握 Alpha 贴图、十字插片法、以元素为单位进行 UV 展开和田字贴图法。

第 9 章
虚拟现实（VR）动物建模

本章要点

- 动物建模的方法和流程
- 动物模型 UV 展开
- 动物模型的贴图绘制

在虚拟现实场景中，动物也是场景构成的一个部分，动物的种类有鱼类、两栖动物类、爬行动物类、鸟类、哺乳动物类和昆虫类。

鱼类：终生生活在水里的低等脊椎动物，有在水里呼吸的器官鳃、用于游泳和维持身体平衡的鳍，多数体外有鳞片。

两栖动物类：由古代的鱼类进化而来的脊椎动物，特点是一生分为两个完全不同的阶段：水生的幼年时期和陆生的成年时期。

爬行动物类：由古代的两栖动物进化而来的陆生脊椎动物，体表有角质鳞片或有真皮形成的盾片。

鸟类：在空中飞行的高等脊椎动物，特征是全身披有羽毛，有翅膀。

哺乳动物类：最高等的脊椎动物，身体一般分为头、颈、躯干、四肢和尾，本章案例中所讲的马便属于哺乳动物类。

昆虫类：是动物中种数最多的一个类群，特征是身体分为头、胸、腹三部分。胸部由胸节构成，共有三对足，腹部末端有肛门。

本章中所建立的马模型，四首诗词中均有或明或隐的体现。由于古代的条件有限，马在古代曾是农业生产、交通运输和军事等活动的主要动力。

9.1 马模型建模

动物模型的建模方法基本相同，由于模型都是对称的，建模的时候只需要制作一半模型，另一半通过对称或者镜像即可得到。即首先新建长方体，删除一半模型，然后根据动物的结构使用“挤出”命令制作模型大轮廓，使用“加线”命令增加分段，使用“切割”命令调整模型布线，再进入顶点层级调整模型细节轮廓，直到最终完成模型。

本案例中所讲解的马模型也是如此，马的身体分为头、颈、躯干、四肢和尾 5 个部分，再加上骑马需要用到的马鞍和缰绳。在建模过程中，根据马头的轮廓绘制长方体，然后按照上述的建模流程调整头部、颈部、躯干和尾巴模型。由于颈部模型与头部模型连接紧密，结构也较为简单，因此直接与头部模型一并讲解。

9.1.1 马模型头部建模

1. 启动 3ds Max，选择平面工具，在前视图中拖动鼠标绘制一个平面，长度为 2m，宽度为 2m，长度分段和高度分段均为 1，按快捷键 W 进入移动状态，设置 XYZ 坐标轴均为 0，进入材质编辑器，将漫反射颜色设置为“马 .jpg”，作为建模的参考图，如图 9-1 所示。

图 9-1　马模型参考图

2. 切换到前视图，将贴图效果显示出来，使用长方体工具在马头部的位置根据头部大小绘制一个长方体，长度分段为 1，宽度分段为 4，高度分段为 2，如图 9-2 所示。

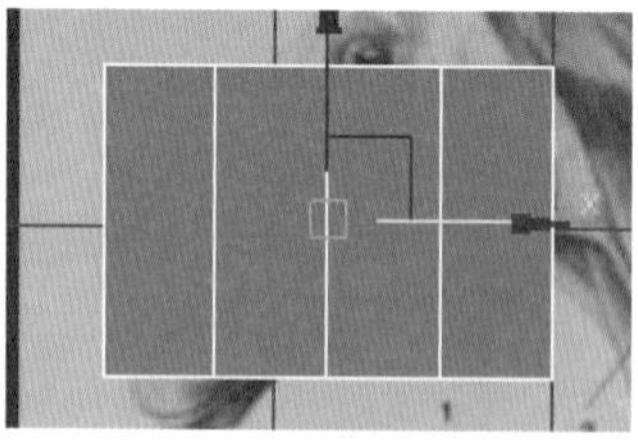

图 9-2　绘制长方体

3. 将长方体转换为可编辑多边形，在左视图中删除左边一半的面，再沿 Z 轴对称镜像另一半的面，如图 9-3 所示。

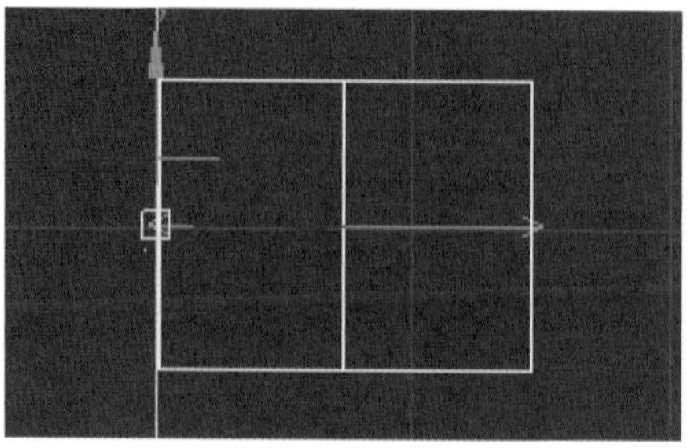

图 9-3　对称多边形

4. 切换到前视图，进入顶点层级，根据头部轮廓调整长方体形状，分段数不够的时候，可以通过前面建模过程中所讲的方法，通过连接或者切割增加分段数，对左视图中的马头结构进行调整，初调后的马头轮廓如图 9-4 所示。

5. 继续调整头部细节，调整过程中可以随时按 Alt+X 组合键来半透明显示所选择的物体，以确保模型的结构准确，如图 9-5 所示。

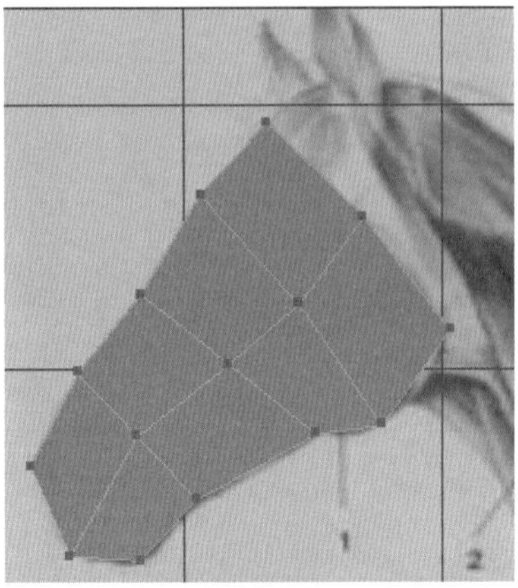

图 9-4 调整马头侧面轮廓

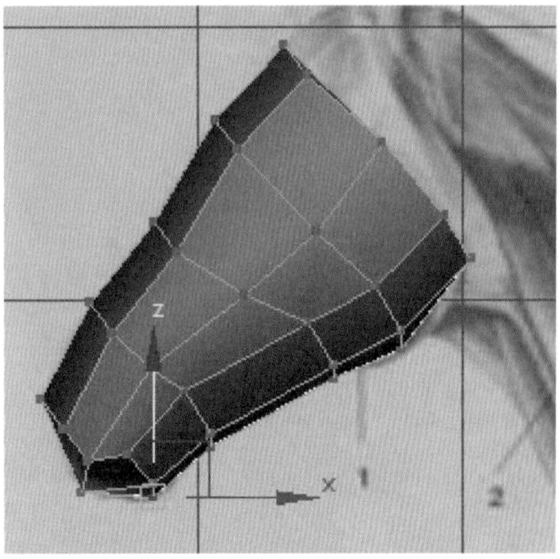

图 9-5 调整头部细节

6. 在透视图中调整鼻子轮廓，调整完成后左视图中的头部效果如图 9-6 所示。

7. 进入多边形层级，选择头部后端的面，通过“挤出”命令挤出马的脖子部分，通过旋转、移动等操作调整模型形状，效果如图 9-7 所示。

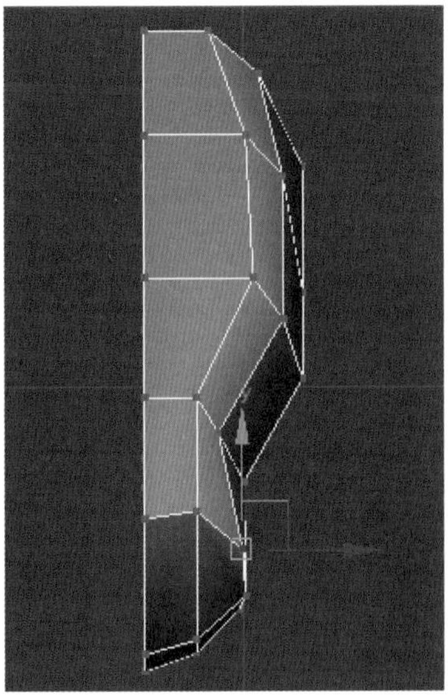

图 9-6 调整鼻子轮廓

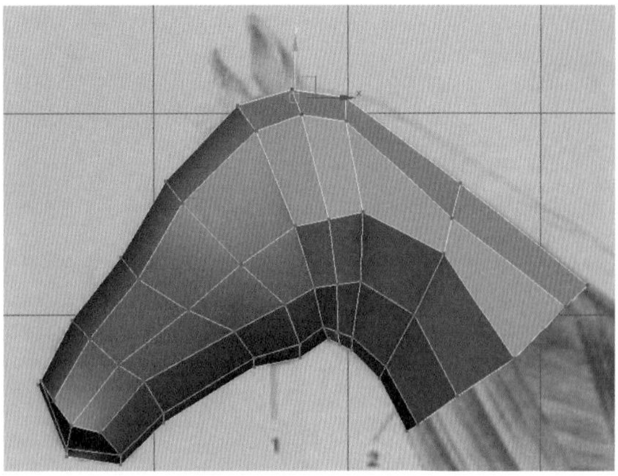

图 9-7 制作脖子轮廓

8. 使用“切割”命令在马头部后上方添加布线，如图 9-8 所示。

9. 调整顶点位置，调整出马耳朵的轮廓，效果如图 9-9 所示。

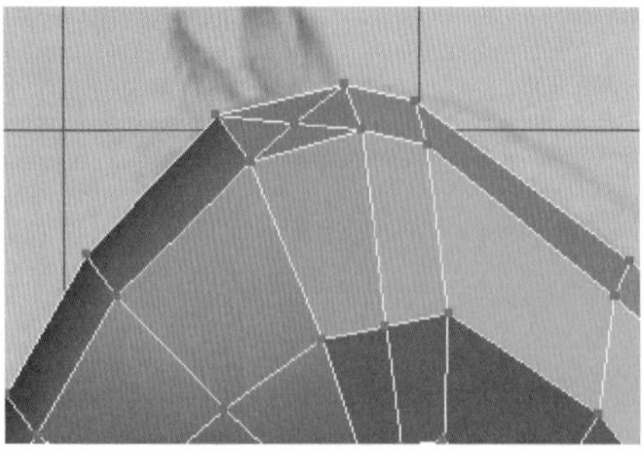

图 9-8　添加布线

图 9-9　调整耳朵轮廓

10．选择耳朵所在的面，使用“挤出”命令挤出耳朵轮廓，如图 9-10 所示。

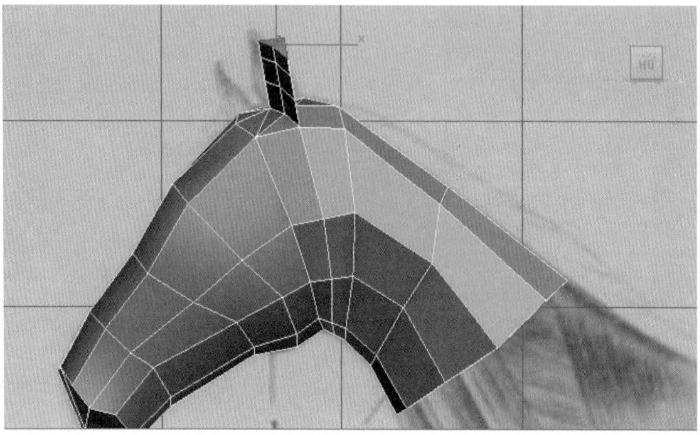

图 9-10　挤出耳朵轮廓

11．使用塌陷命令将顶端的面塌陷为一个点，再进入顶点层级调整耳朵形状，效果如图 9-11 所示。

图 9-11　调整耳朵细节

12．增加布线，调整嘴唇部分的轮廓，如图 9-12 所示。

13．选择如图 9-13 所示的面，向内倒角，做出嘴唇效果，如图 9-14 所示。

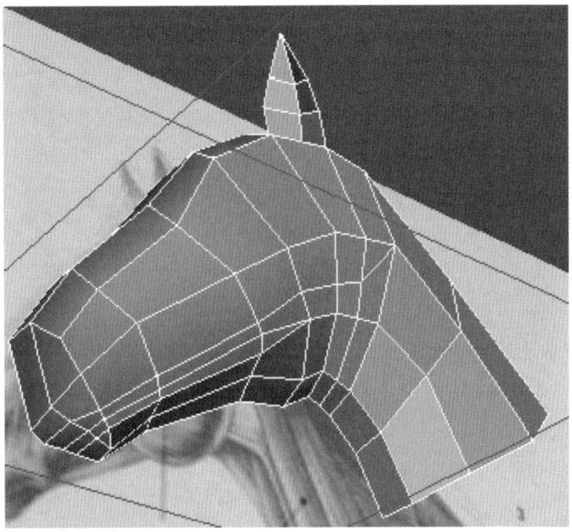

图 9-12　增加布线

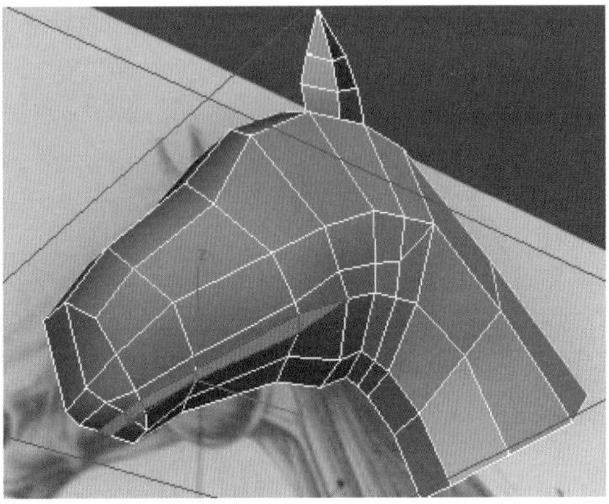

图 9-13　向内倒角

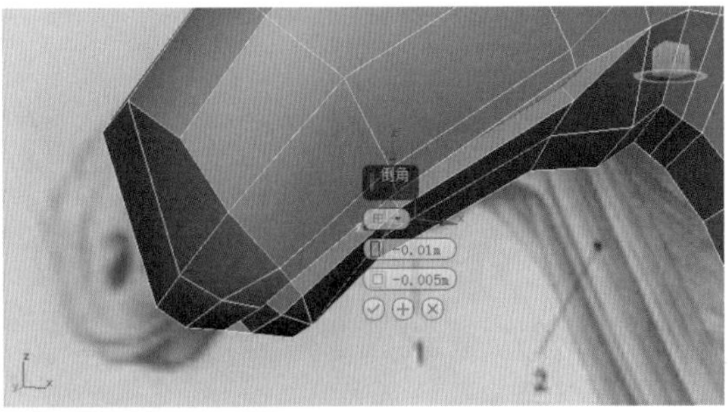

图 9-14　倒角设置与效果

14．进入顶点层级，继续调整唇部顶点位置，删除倒角多余的面，效果如图 9-15 所示。

15．采用同样的方法调整眼睛部分的形状，增加分段，效果如图 9-16 所示。

16．调整顶点形状，调出眼睛轮廓，使得眼睛向内凹陷，效果如图 9-17 所示。

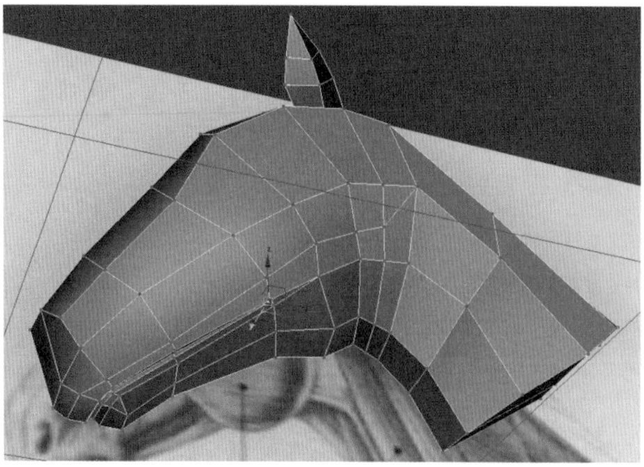

图 9-15　调整唇部轮廓

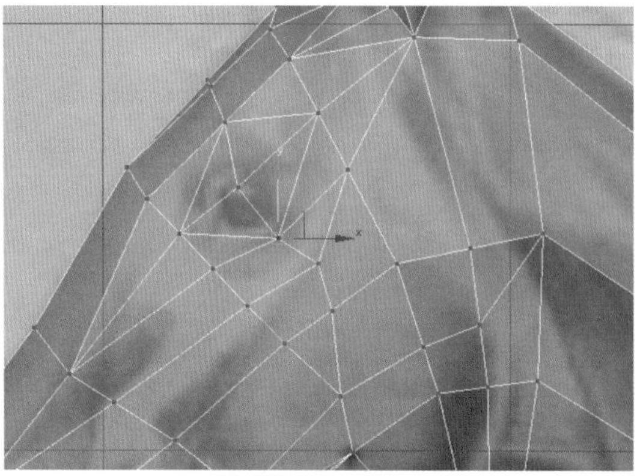

图 9-16　增加分段

图 9-17　调整眼睛轮廓

17. 选择眼睛正中心的顶点，使用“切角”命令，使用默认设置，效果如图 9-18 所示，也可以根据需要自行加线调整眼睛轮廓。

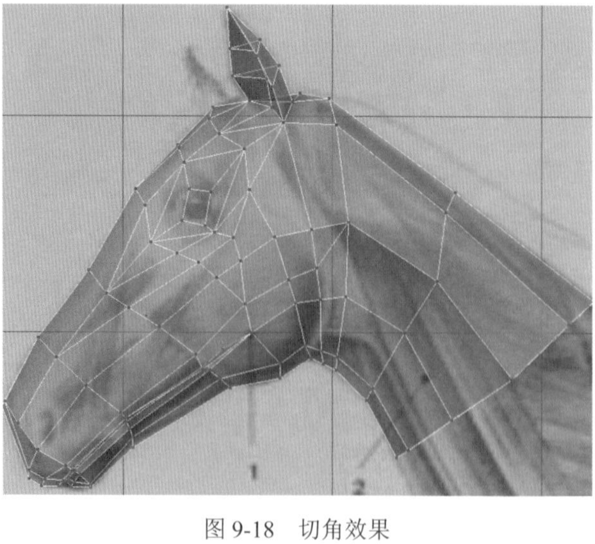

图 9-18　切角效果

18．继续调整鼻孔部分，方法同前，利用切割加线，切角形成面，再使用倒角向内挤出凹陷的鼻孔，效果如图 9-19 所示。

图 9-19　调整鼻孔轮廓

19．使用挤出的方式制作脖子部分，效果如图 9-20 所示，注意删除挤出之后侧面多余的面。

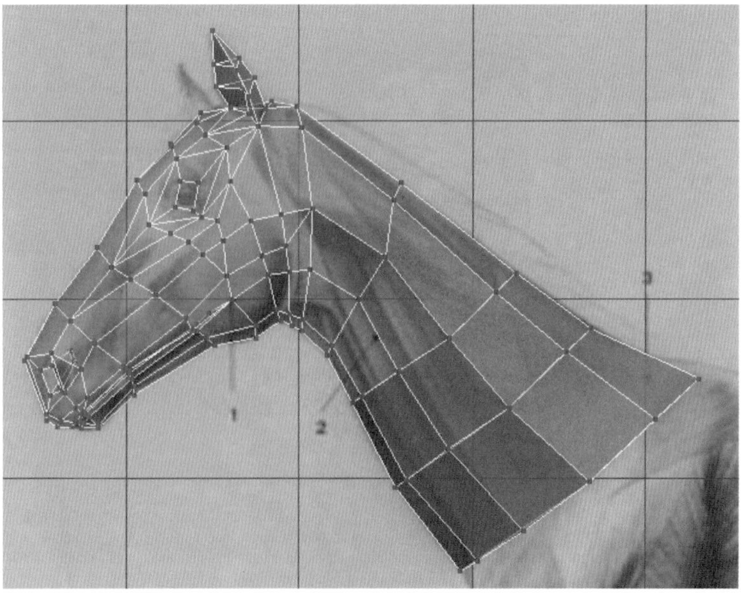

图 9-20　挤出脖子轮廓

20．打开对称效果，此时马头模型如图 9-21 所示。

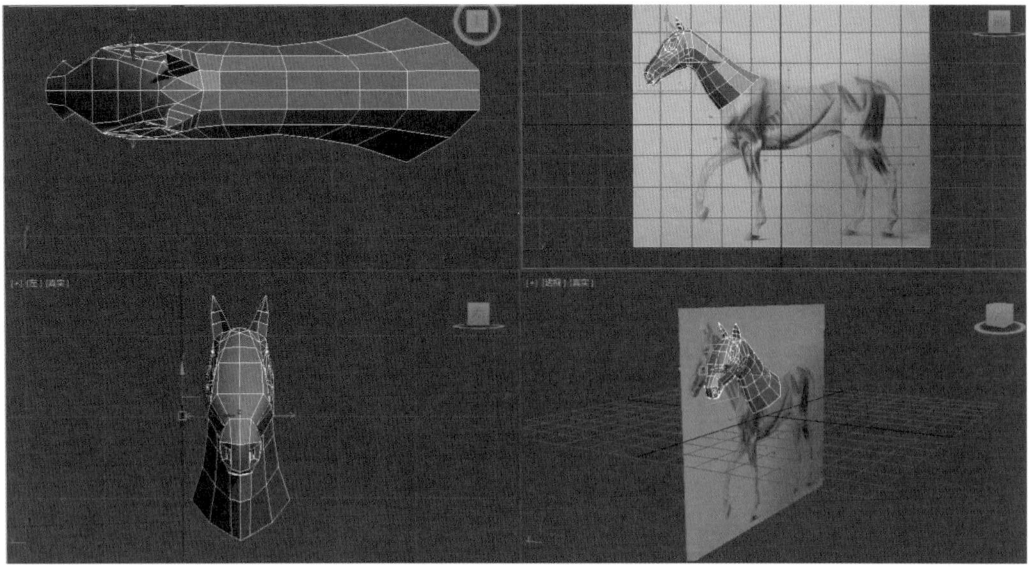

图 9-21　马头模型效果

9.1.2　马模型身体建模

1．选择颈部底部的面，继续按照制作脖子部分的方法，使用“挤出”命令分段挤出身体模型，效果如图 9-22 所示。

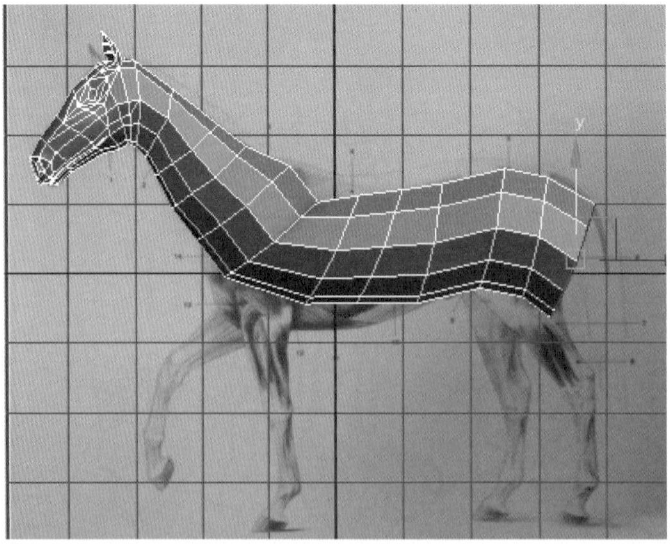

图 9-22　挤出身体部分

2．进入顶点层级，调整顶点的位置，效果如图 9-23 所示。

3．旋转视图，可以看到通过“挤出”命令会出现多余的面，如图 9-24 所示，进入多边形层级，选择多余的面，将其删除。

4．切换到左视图，可以看到马身体很瘦，如图 9-25 所示，所以需要再作调整，继续调整顶点位置。

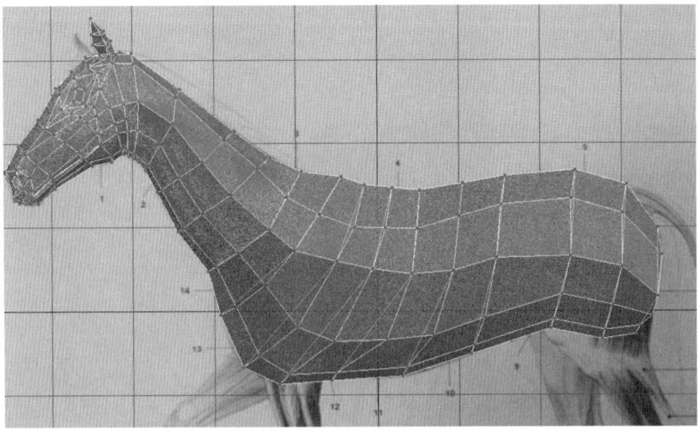

图 9-23　调整身体轮廓

图 9-24　删除多余的面

图 9-25　左视图效果

5．根据效果切换视图调整顶点位置，注意身体的结构，前肢与腹部连接部分和腹部与后肢连接部分，顶视图效果如图 9-26 所示，前视图效果如图 9-27 所示。

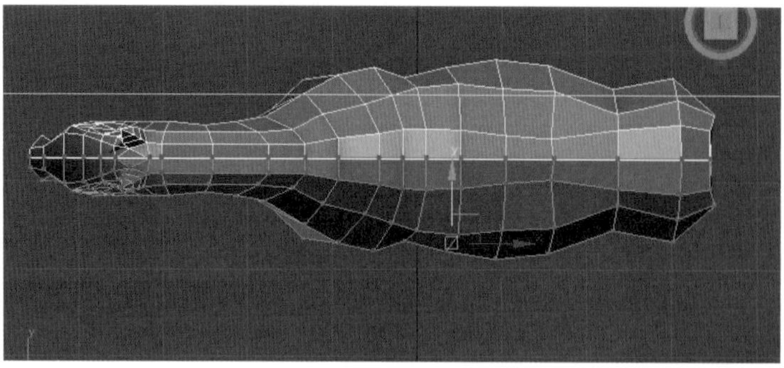

图 9-26　顶视图效果

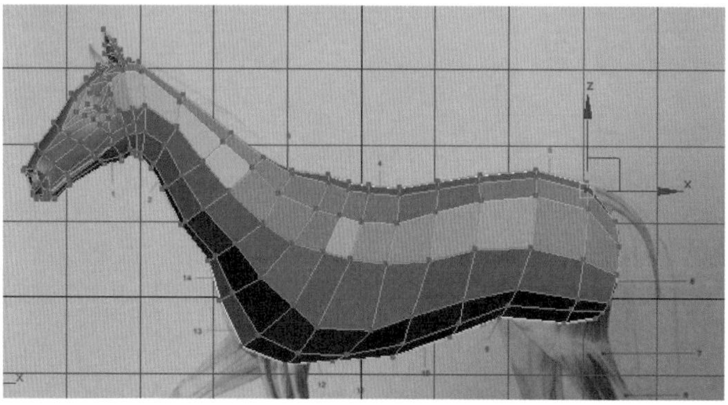

图 9-27　前视图效果

9.1.3　马模型四肢建模

1．根据参考图片调整前肢位置的顶点，如图 9-28 所示。

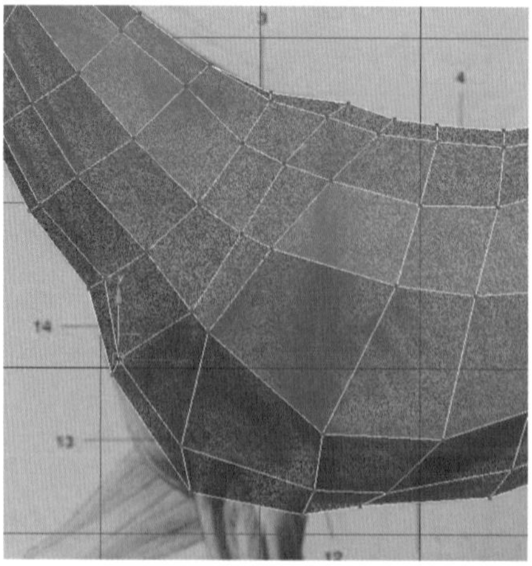

图 9-28　调整前肢顶点

2．使用“切割”命令增加前肢与身体连接部分的分段数，注意在调整过程中旋转视图查看调整效果，也不要出现超过四边形的面，如图 9-29 所示。

图 9-29　增加分段

3．进入多边形层级，选择如图 9-30 所示的多边形，将其向下移动少许位置，如图 9-31 所示。

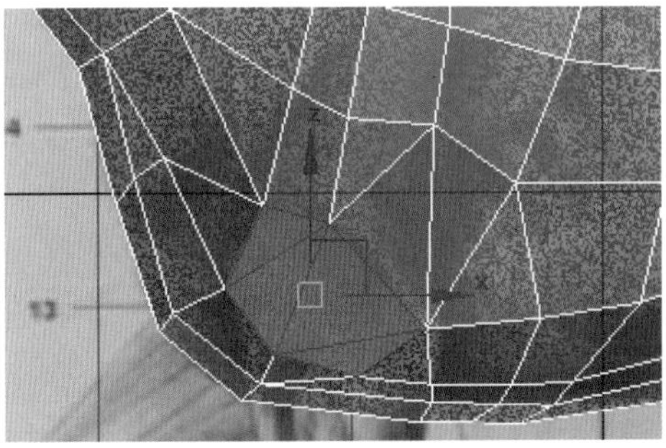

图 9-30　选择面

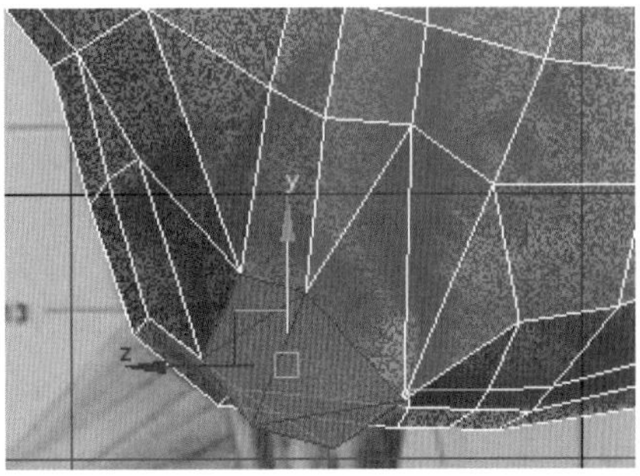

图 9-31　移动面效果

4．使用“挤出”命令将选中的多边形向下挤出，调整大小和位置，如图 9-32 所示。

5．根据参考图调整前肢轮廓，分段不够可以通过“连接”命令加线，调整效果如图 9-33 所示。

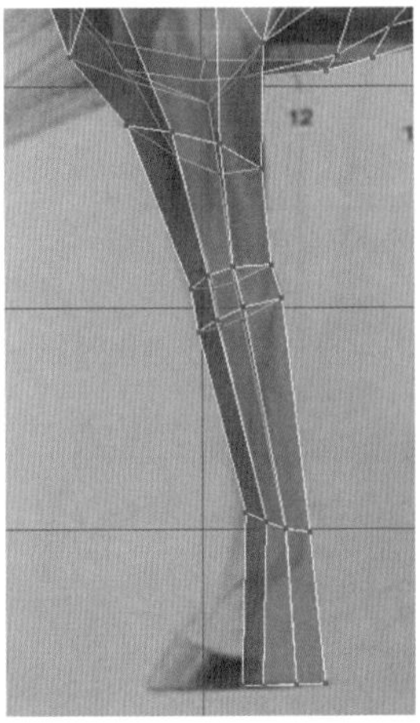

图 9-32　挤出多边形

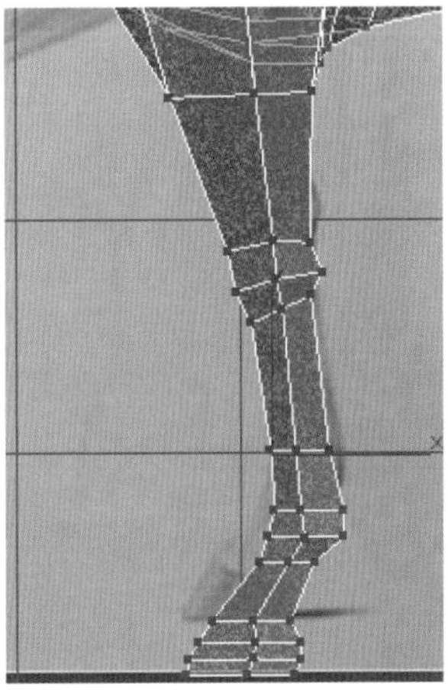

图 9-33　加线调整前肢轮廓

6．重复上述操作，继续调整前肢形状，注意清理在切割过程中产生的多余的线和顶点，前视图效果如图 9-34 所示，左视图效果如图 9-35 所示。

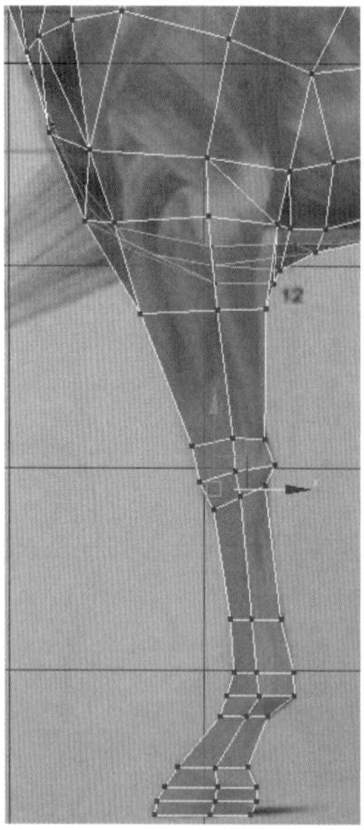

图 9-34　前视图效果

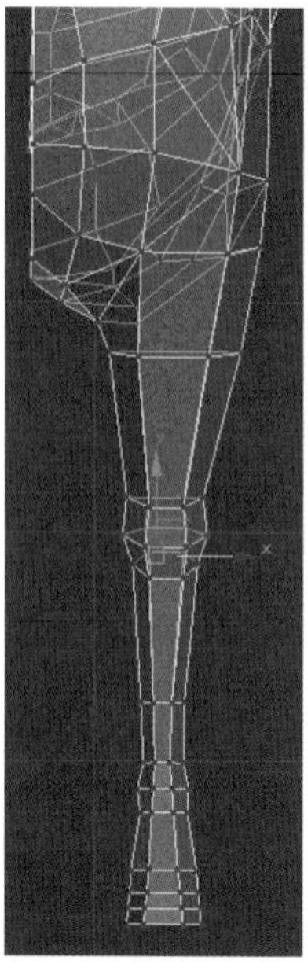

图 9-35　左视图效果

7．按照制作前肢的方法制作后肢，附带调整臀部形状，前视图效果如图 9-36 所示，右视图效果如图 9-37 所示。

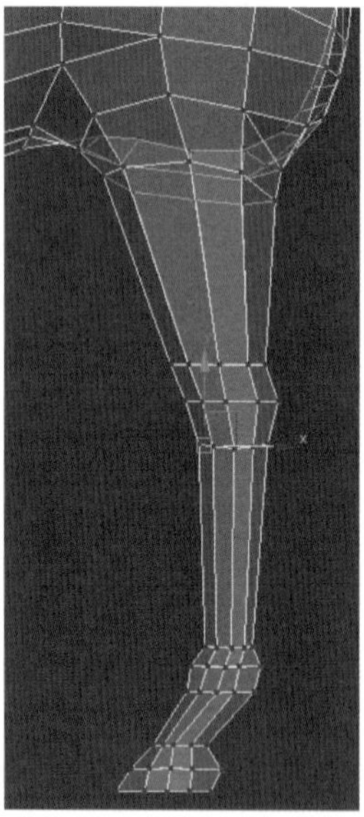

图 9-36　后肢前视图效果

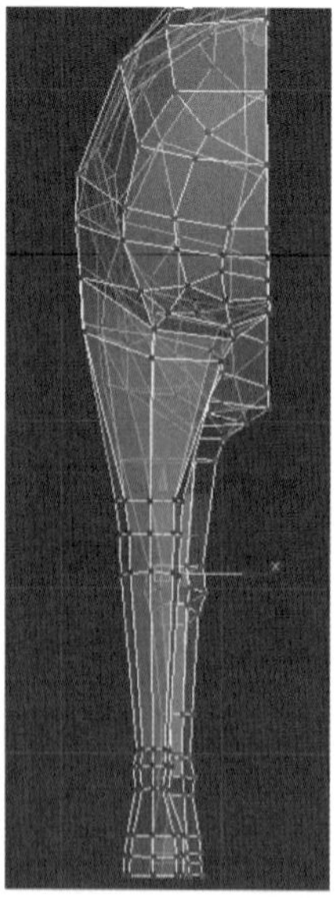

图 9-37　后肢右视图效果

8．清理四肢部分的布线，使得模型的面为四边形或者三角形，不能出现超过四边形的面，四肢部分的调整效果如图 9-38 所示。

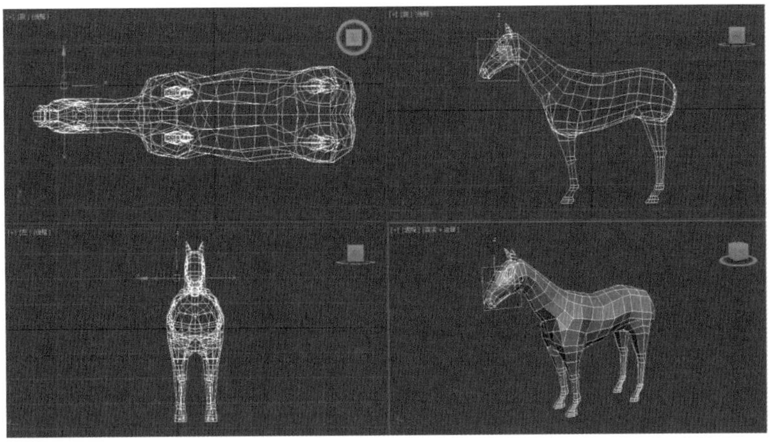

图 9-38　四肢调整效果

9.1.4　马模型尾巴及鬃毛部分建模

1．增加马臀部的分段数，调整出尾巴所在的面，如图 9-39 所示。

2．进入多边形层级，选择尾巴根部所在的面，如图 9-40 所示。

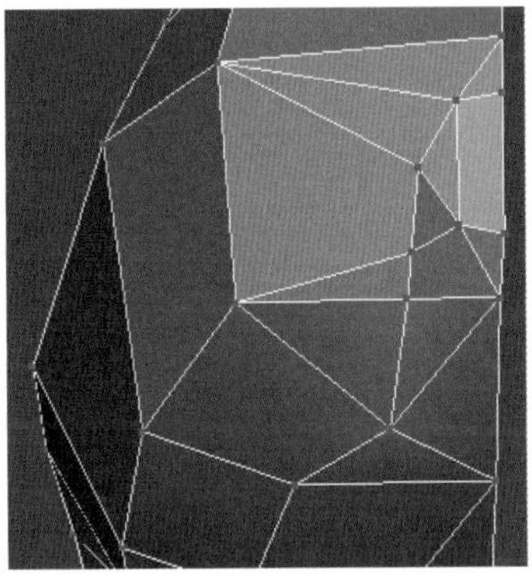

图 9-39　调整尾巴所在的面

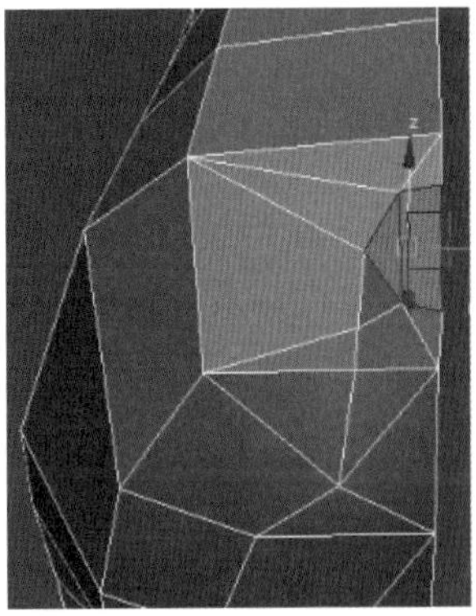

图 9-40　选择尾巴根部的面

3．使用“挤出”命令挤出尾巴部分，效果如图 9-41 所示。

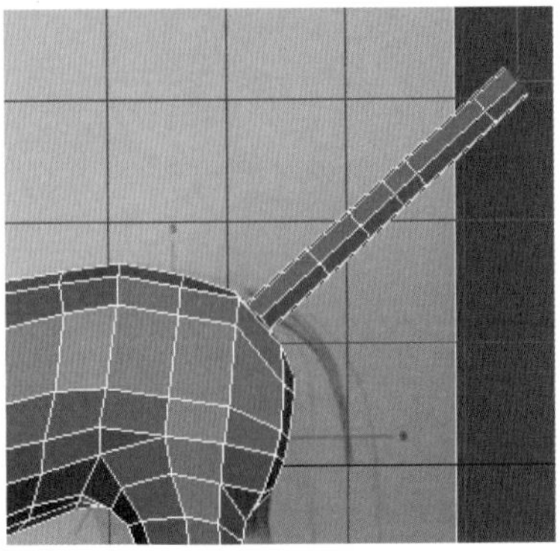

图 9-41　挤出尾巴部分

4. 将通过挤出产生的多余的面删除，进入顶点层级，通过移动、旋转和缩放调整尾巴形状，效果如图 9-42 所示。

5. 使用“切割”和“移除”命令调整臀部的布线，如图 9-43 所示。

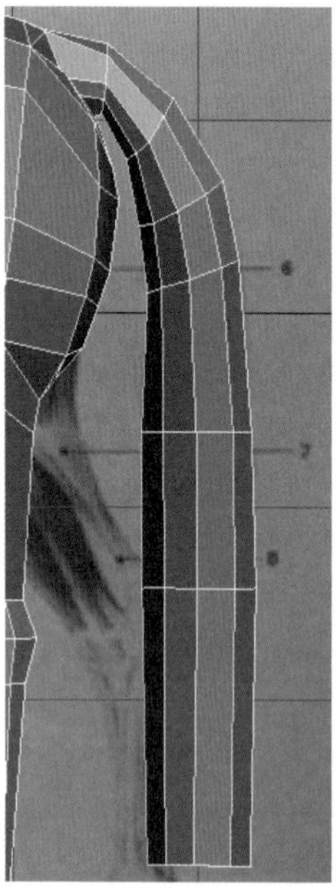

图 9-42　调整尾巴形状

图 9-43　调整臀部布线

6. 鬃毛部分可以直接新建模型制作，也可以直接从现有模型对应的面进行挤出和调整，本案例中采用现有模型挤出的方式制作。使用“切割”命令切割出需要制作鬃毛部分的面，效果如图 9-44 所示。

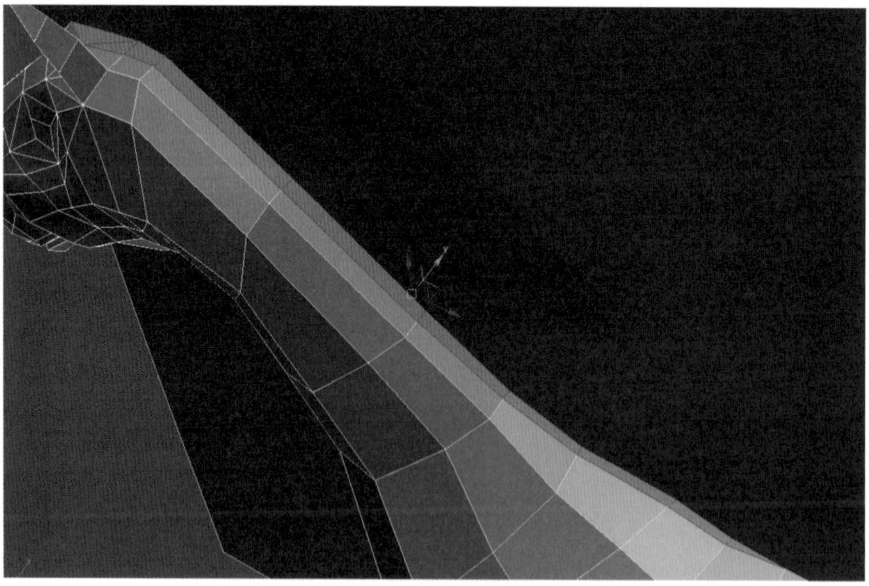

图 9-44　切割鬃毛面

7. 使用“挤出”命令挤出鬃毛部分，效果如图 9-45 所示。

图 9-45　挤出鬃毛部分

8. 删除侧面挤出之后多余的面，如图 9-46 所示。

图 9-46　删除多余面

9. 进入顶点层级，调整鬃毛效果，如图 9-47 所示。

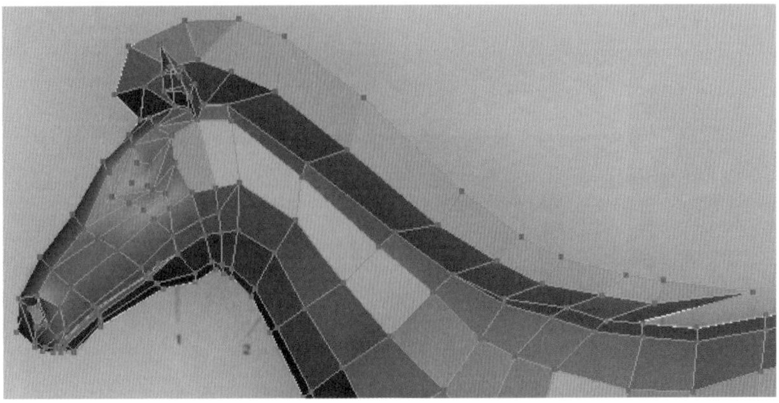

图 9-47　调整鬃毛效果

9.1.5 马鞍和缰绳模型制作

1．进入多边形层级，选择马背部分的面，如图 9-48 所示。

2．将选中的面以克隆对象分离，用于调整马鞍，如图 9-49 所示。

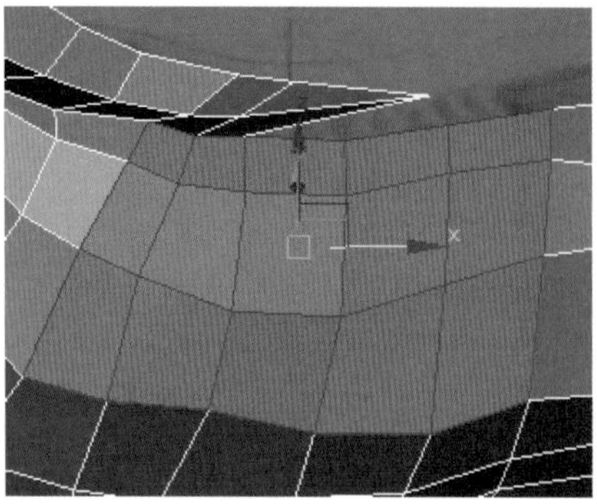

图 9-48 选择背部的面

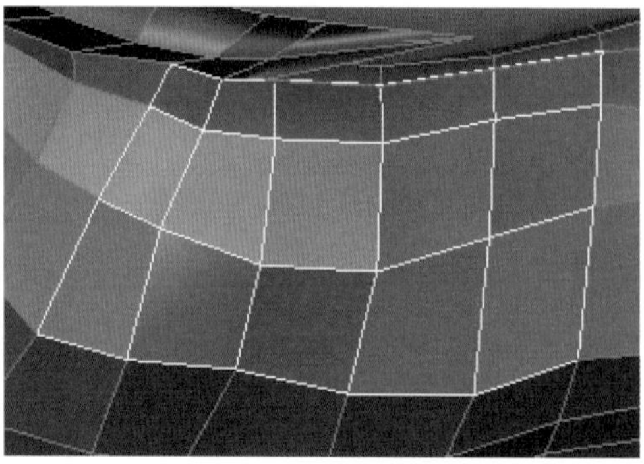

图 9-49 分离对象

3．进入顶点层级，调整马鞍形状，效果如图 9-50 所示。

4．通过“切割”命令增加分段和调整布线，如图 9-51 所示。

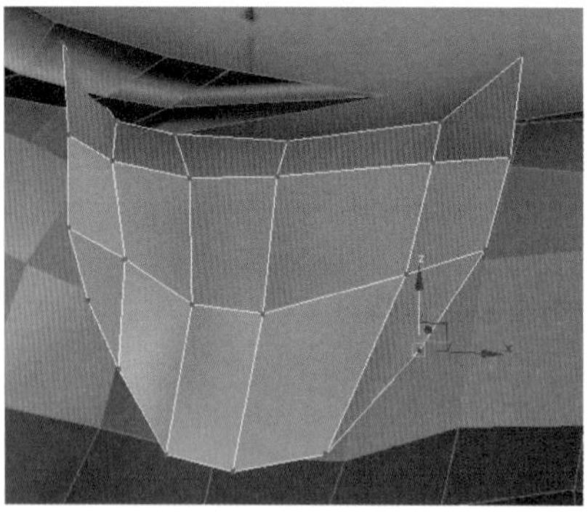

图 9-50 调整马鞍形状

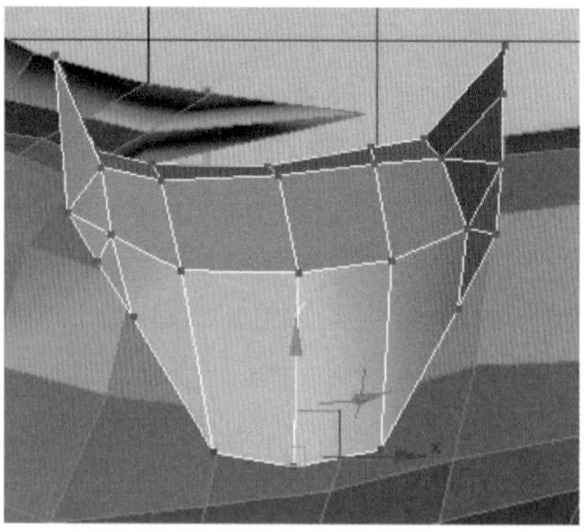

图 9-51 增加布线

5．返回顶层，为马鞍添加壳修改器，设置外部量为 0.025m，制作出马鞍的厚度，效果如图 9-52 所示。

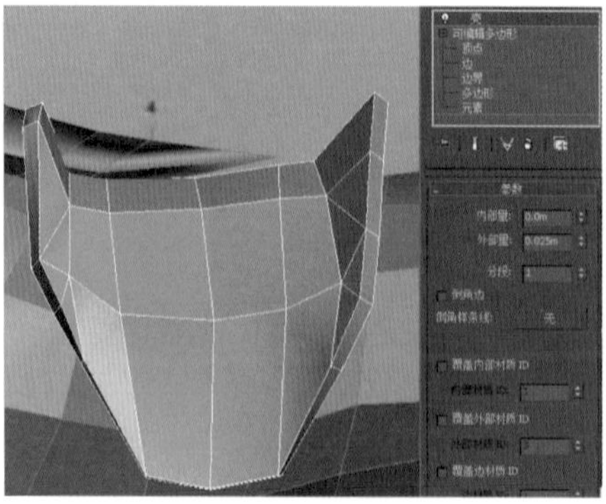

图 9-52 添加壳修改器

6．将马鞍对象转换为可编辑多边形，进入多边形层级，删除侧面多余的面，如图 9-53 所示。

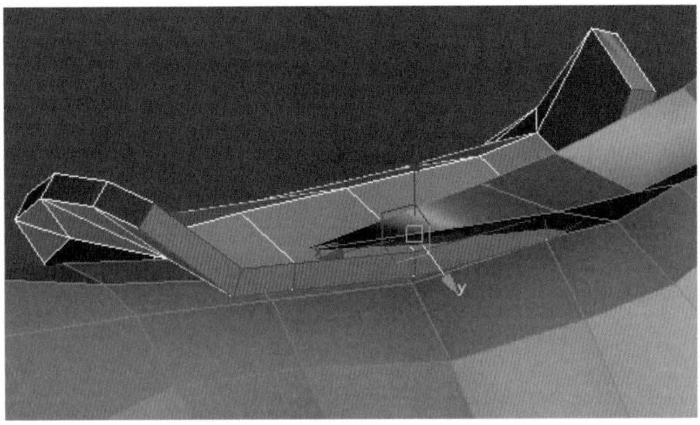

图 9-53　删除多余的面

7．进入顶点层级，调整马鞍细节，前视图效果如图 9-54 所示，透视图效果如图 9-55 所示。

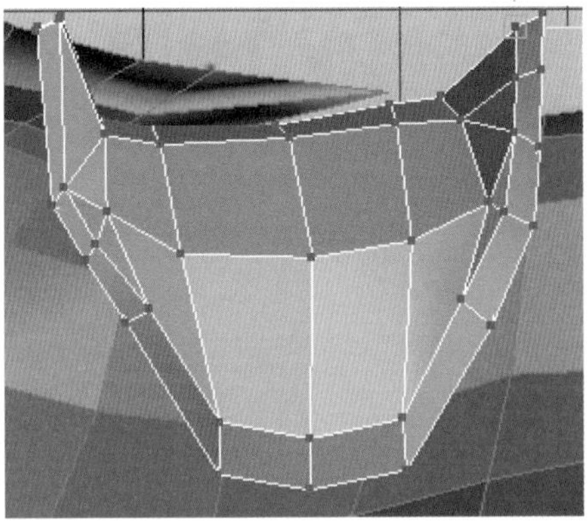

图 9-54　前视图效果

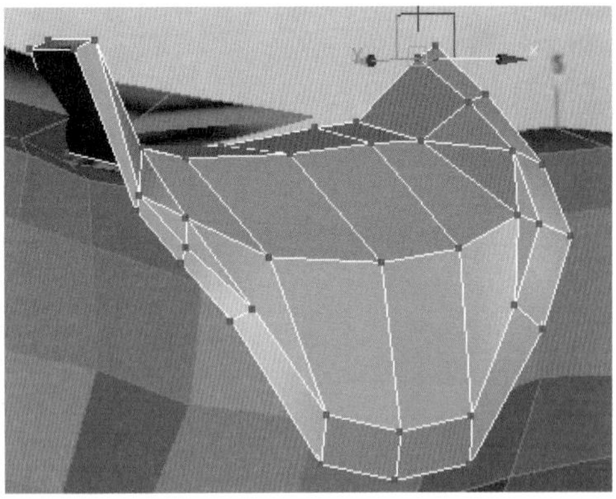

图 9-55　透视图效果

8．在前视图中新建长方体，制作缰绳部分，高度分段设置为 2，转换为可编辑多边形，删除一半的模型，对称出另一半，如图 9-56 所示。

9．进入顶点层级，调整顶点的位置和形状，使其和马头部接合，效果如图 9-57 所示。

图 9-56　新建长方体

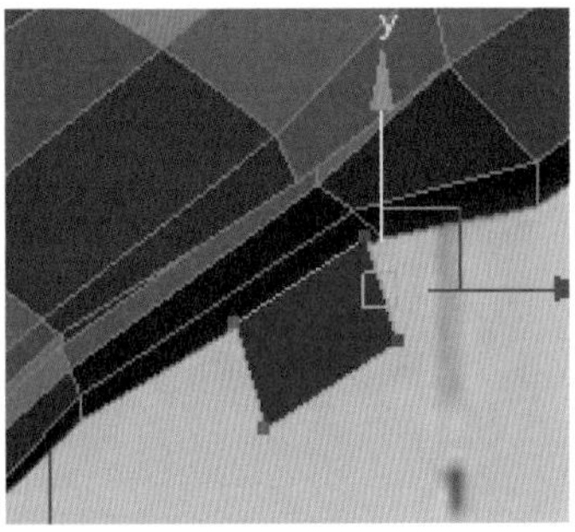

图 9-57　调整顶点位置

10. 通过连接加线、挤出加面调整制作出缰绳效果，注意删除多余的面，如图 9-58 所示。

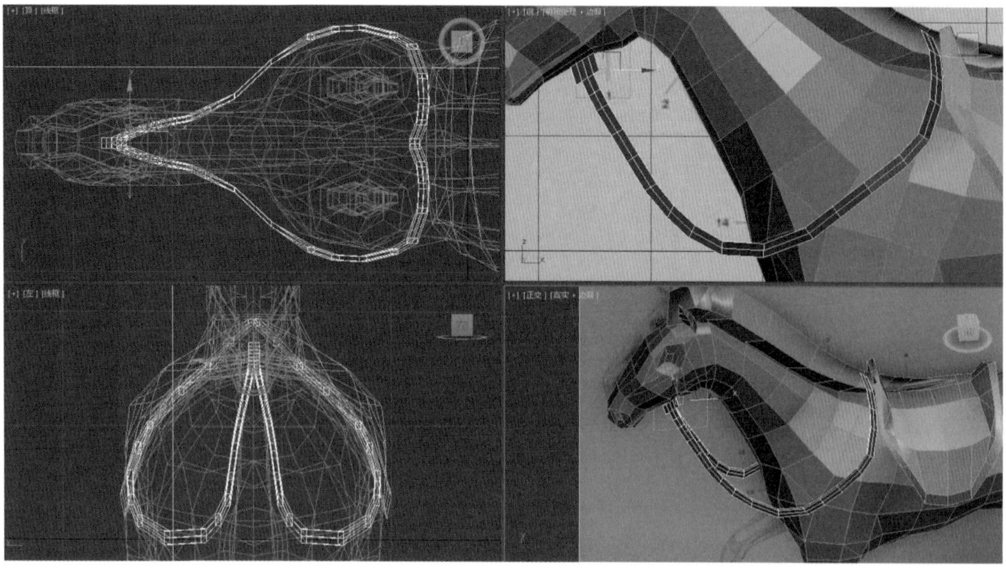

图 9-58　制作缰绳效果

9.2　马模型 UV 展开

1. 去掉模型的对称效果，将所有对象附加在一起，如图 9-59 所示。

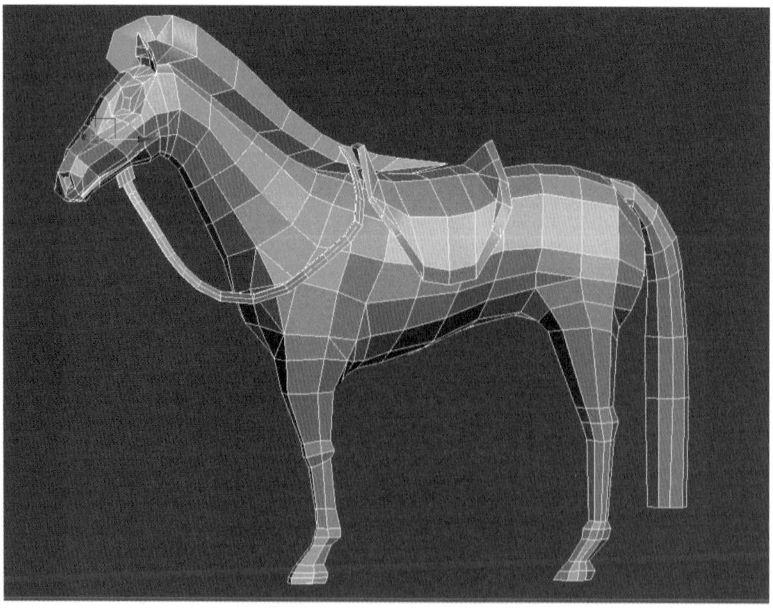

图 9-59　附加所有对象

2. 进入多边形层级，选择所有多边形，设置自动平滑，平滑量为 100，为马模型应用平滑效果，如图 9-60 所示。

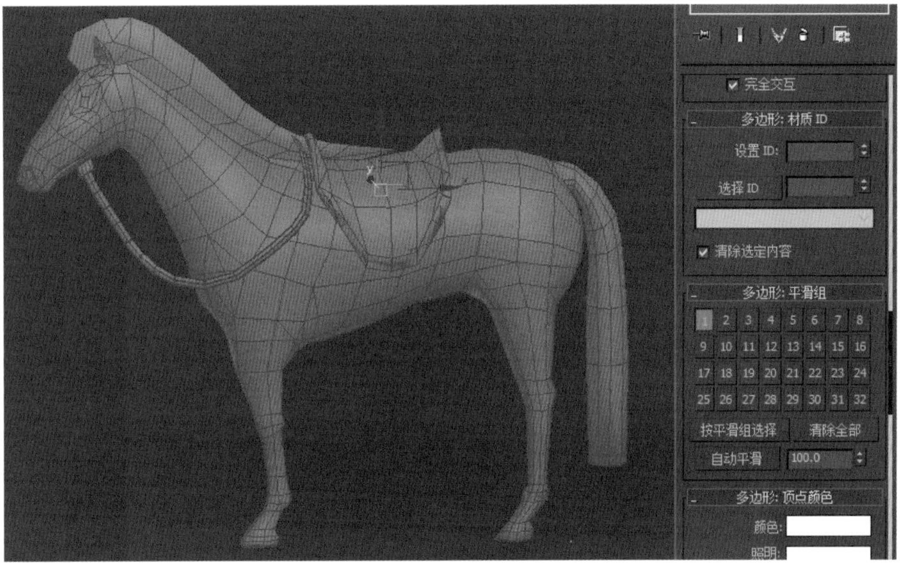

图 9-60　平滑马模型

3．进入顶点层级，选中所有顶点，单击“焊接”按钮，用默认设置对顶点进行焊接。

4．返回顶层，添加 UVW 展开修改器，单击“打开 UV 编辑器”按钮打开“编辑 UVW”窗口，如图 9-61 所示，此时马模型中会有自动产生的接缝，如图 9-62 所示，图中绿色的边即为接缝边。

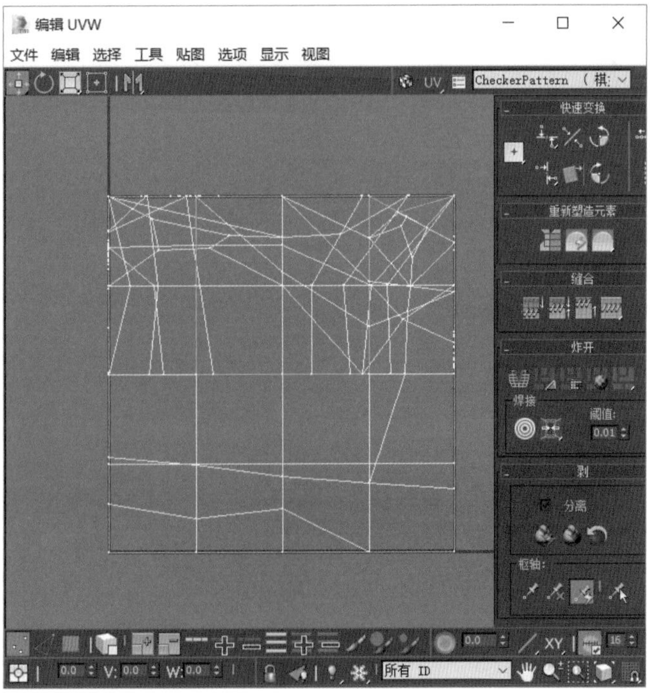

图 9-61　打开“UVW 编辑”窗口

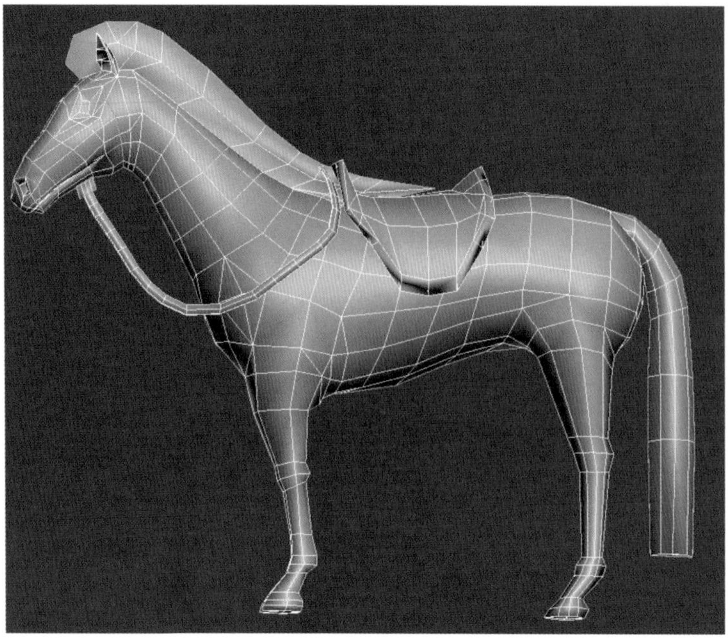

图 9-62　默认的接缝效果

5．进入边层级，调整马模型头部的接缝，需要分开的部位设置为接缝，不需要接缝的部分进行缝合，马头部现有接缝太多，如图 9-63 所示，设置头部与脖子的接缝，选中头部所有的多边形，使用“毛皮”命令将马头部的 UV 初步展开，注意耳朵部分的 UV 要和头部分开，调整后的效果如图 9-64 所示。

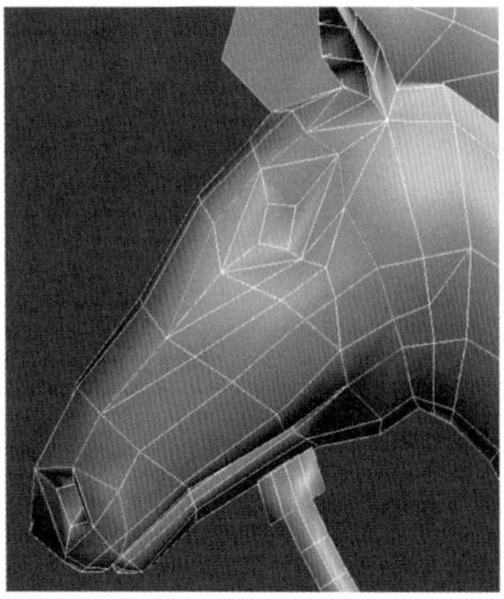

图 9-63　头部接缝效果

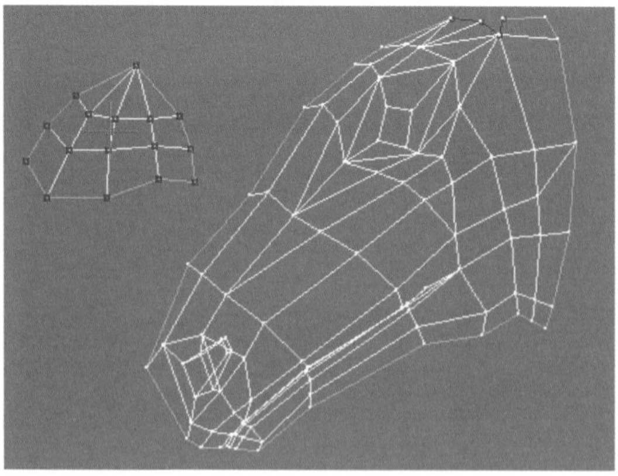

图 9-64　头部 UV 初步展开效果

6．注意观察头部 UV，嘴唇和鼻孔部分有重合的面，进入顶点层级，调整这些部分顶点的位置，直到没有重合的面，如图 9-65 所示。

7．此时头部的接缝效果如图 9-66 所示，头部原有的多余的接缝变为普通边，只保留头部与脖子的接缝和头部与耳朵的接缝。

8．设置身体与尾巴部分的接缝，选择如图 9-67 所示的边，单击“将边选择设置为接缝”按钮，将身体和尾巴部分的 UV 分开，设置的接缝显示为蓝色线条，如图 9-68 所示。

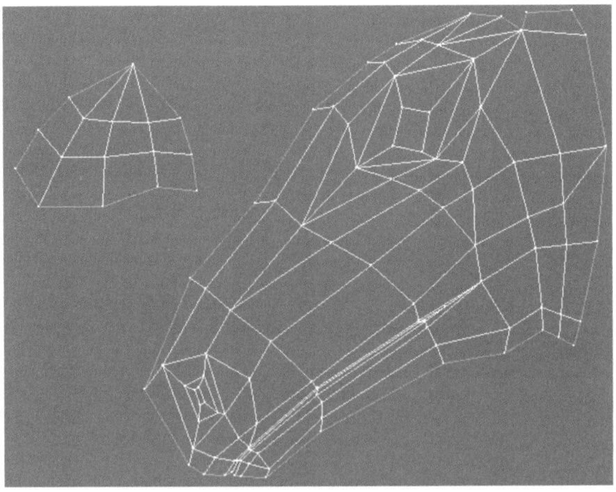

图 9-65　调整 UV 顶点位置

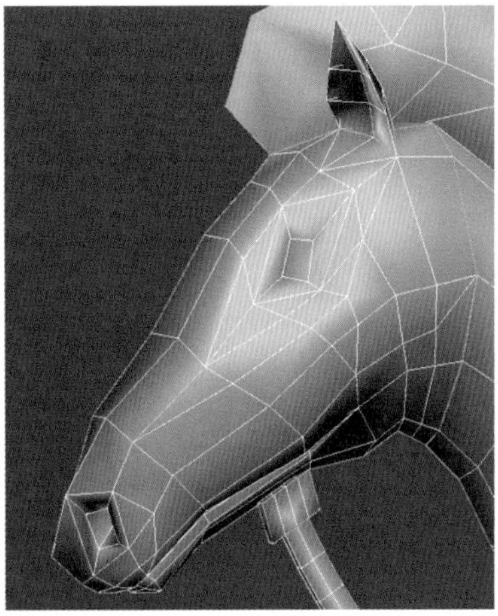

图 9-66　调整后的头部接缝效果

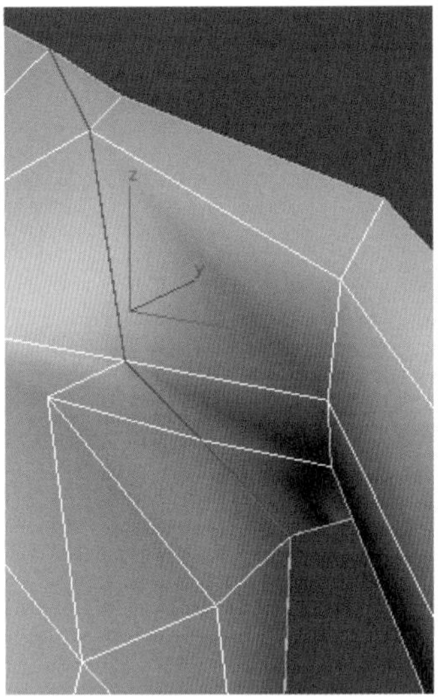

图 9-67　选择边

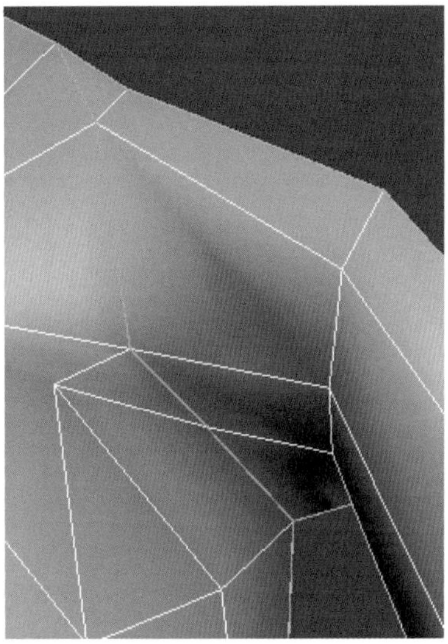

图 9-68　设置接缝

9. 进入多边形层级，选择尾巴部分所在的面，单击“快速剥”按钮，尾巴部分 UV 效果如图 9-69 所示。

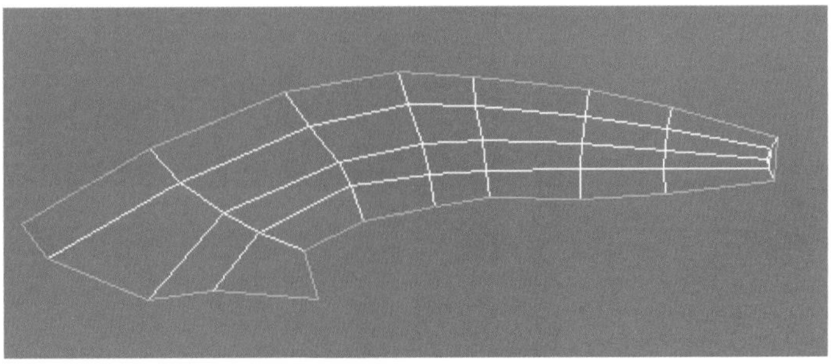

图 9-69　尾巴 UV 效果

10．进入边层级，设置前肢与后肢从中间剖开的接缝，如图 9-70 所示，一般会将接缝设置在内侧。

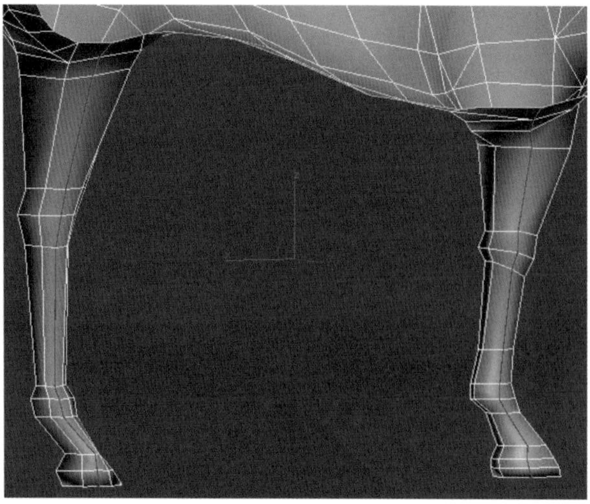

图 9-70　设置接缝

11．进入多边形层级，选择脖子部分、身体部分、鬃毛部分和四肢部分所在的面，使用“毛皮”命令对 UV 进行调整，效果如图 9-71 所示，注意旋转视角，以确保所有面都被选中，但也不要选到多余的面。

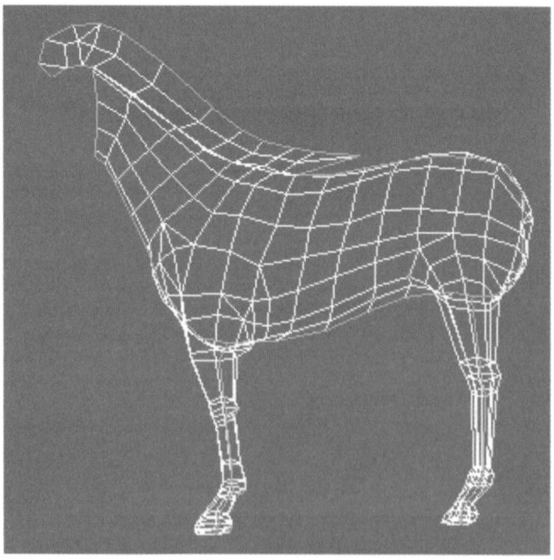

图 9-71　身体及四肢部分 UV

12．此时四肢部分的 UV 并未展平，边界位置也有重叠的面，首先进入顶点层级，调整重叠的面，效果如图 9-72 所示。

13．再次进入多边形层级，选中前肢部分所在的面，使用“快速剥”，效果如图 9-73 所示。

14．使用“由多边形角松弛”，效果如图 9-74 所示。

15．将前肢部分缝合到身体上，结果如图 9-75 所示。

16．采用同样的方法处理后肢部分，效果如图 9-76 所示。

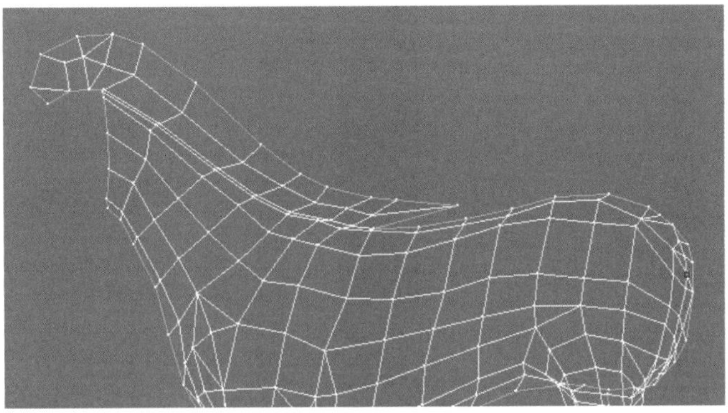

图 9-72　调整顶点位置

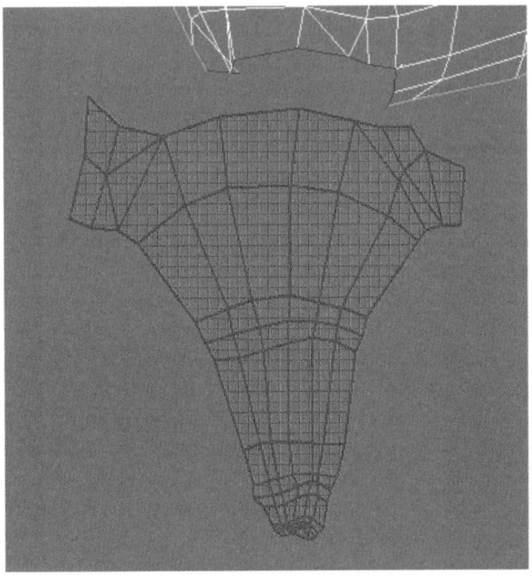

图 9-73　调整前肢 UV

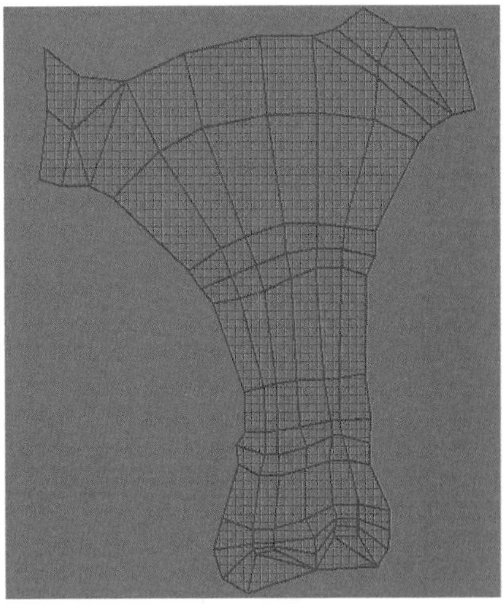

图 9-74　松弛前肢 UV

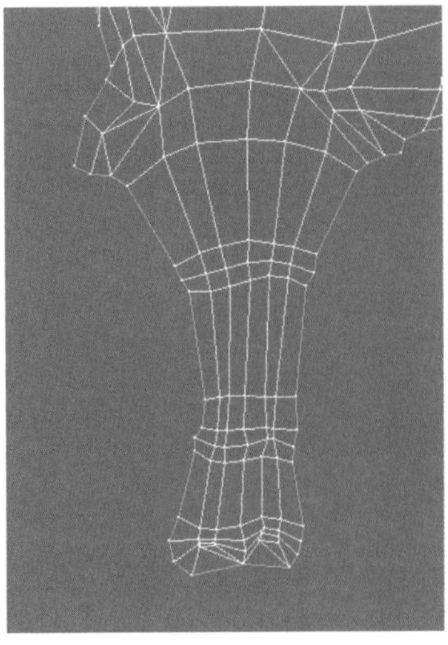

图 9-75　缝合前肢 UV 到身体上

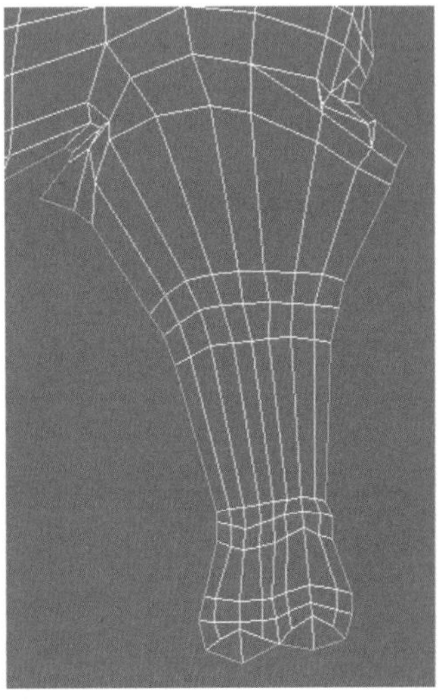

图 9-76　后肢 UV 效果

此时马模型的脖子、身体、四肢和鬃毛部分的UV效果如图9-77所示。

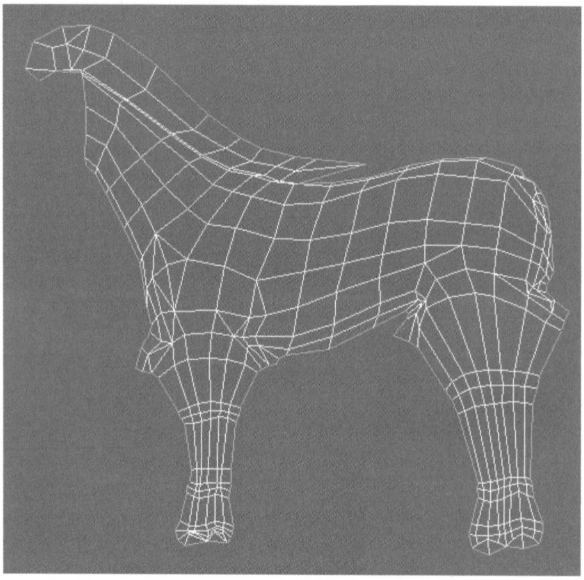

图9-77　马身体UV效果

17．塌陷全部，进入元素层级，选择马鞍部分，添加UVW展开修改器，如图9-78所示。

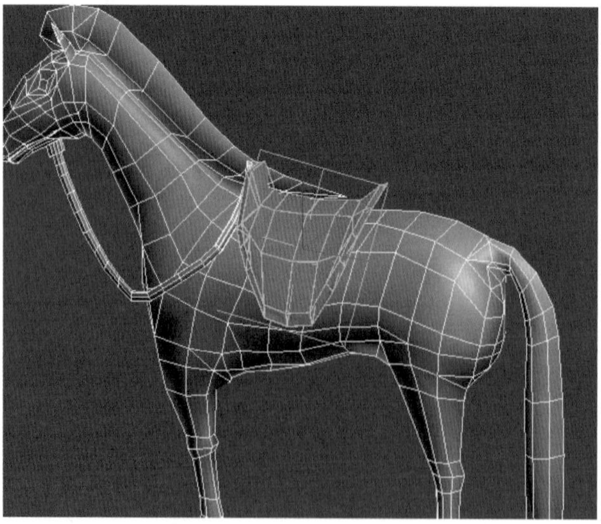

图9-78　选择马鞍部分

18．进入边层级，选择周围一圈的边，设置为接缝。

19．进入多边形层级，使用“毛皮”命令，得到如图9-79所示的UV效果。

20．选择马鞍顶部的面，将其移开，得到如图9-80所示的效果。

21．塌陷全部，进入元素层级，选择缰绳部分，添加UVW展开修改器，按照马鞍的UV展开方法展开缰绳，效果如图9-81所示。

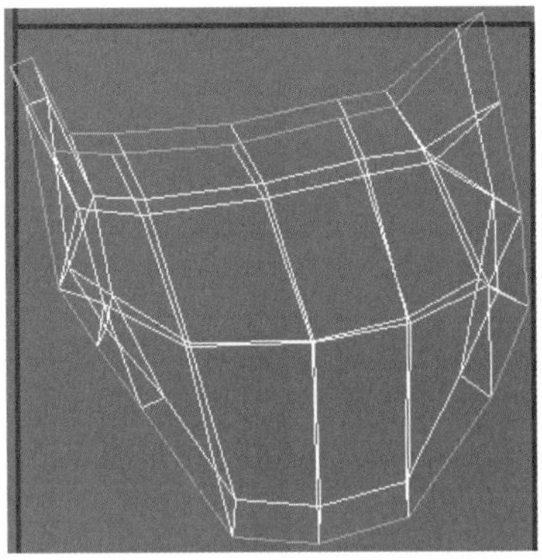

图 9-79　马鞍初步 UV 效果

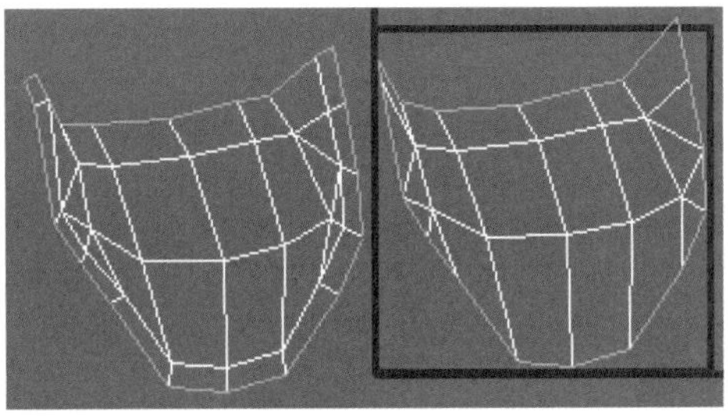

图 9-80　马鞍顶部 UV 调整效果

22．为了节约贴图绘制时间，可以将缰绳部分的 UV 进行重叠，如图 9-82 所示，此时两个 UV 完全重叠。

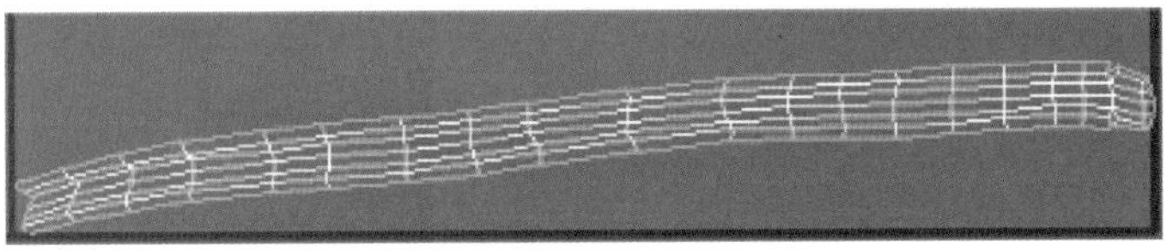

图 9-81　缰绳部分 UV 初步效果

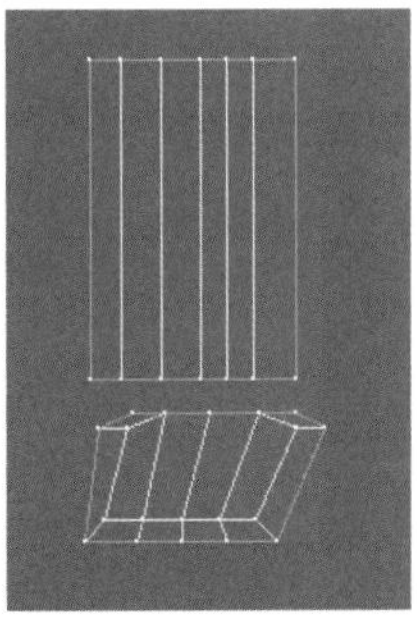

图 9-82　缰绳 UV 效果

23．塌陷全部，转换为可编辑多边形，添加 UVW 展开修改器，进入“编辑 UVW”窗口，选中除了缰绳之外的所有 UV，进行紧缩规格化，效果如图 9-83 所示。

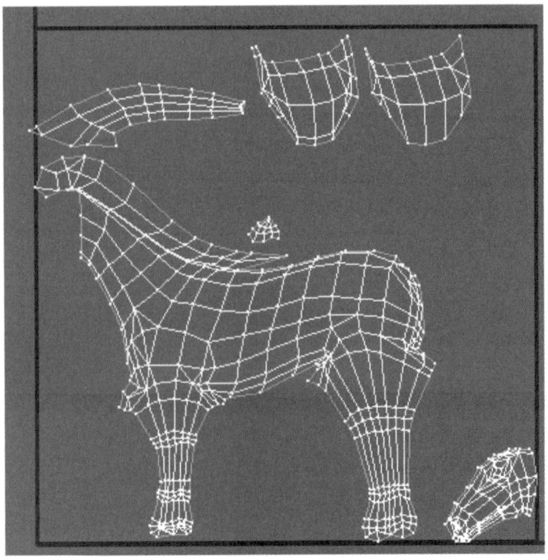

图 9-83　马的 UV 效果

24．将缰绳部分的 UV 移入黑框，调整各个部分在 UVW 窗口中的位置，马模型的最终 UV 效果如图 9-84 所示。

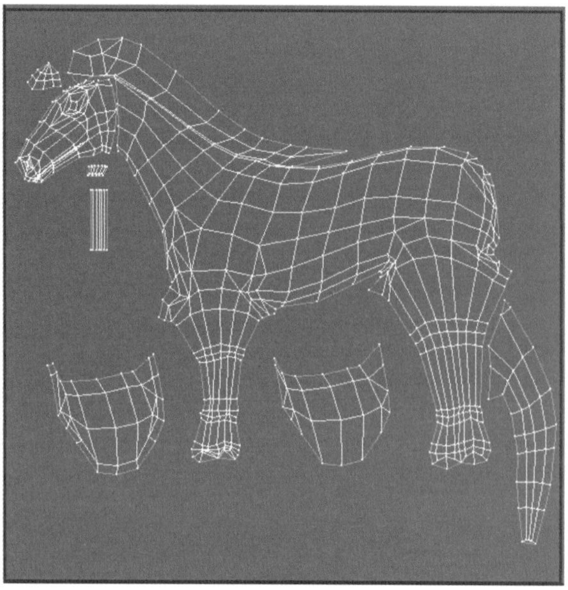

图 9-84　马模型的最终 UV 效果

25．可以将头部和尾巴继续缝合到身体上，效果如图 9-85 所示。

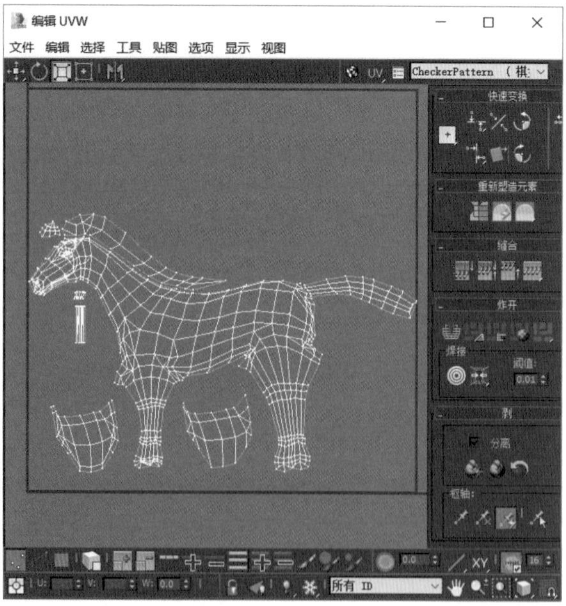

图 9-85　UV 缝合效果

26．塌陷全部，镜像另一半的马模型，效果如图 9-86 所示。

27．将两个部分附加，进入顶点层级，选择对称中间的顶点进行焊接，将两个部分的马焊接为一个整体，效果如图 9-87 所示。

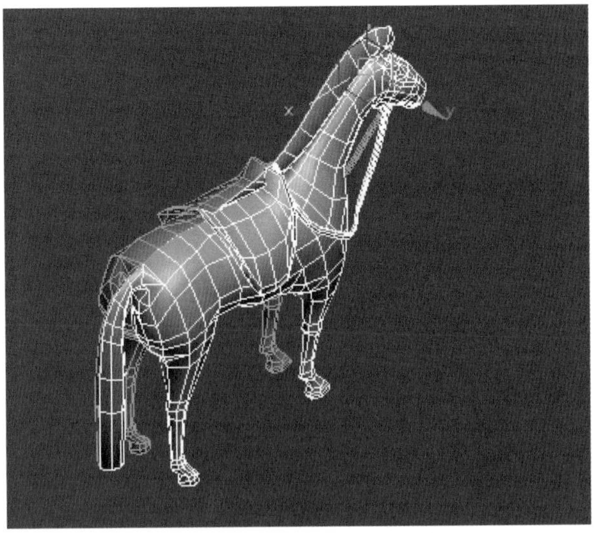

图 9-86　镜像马模型

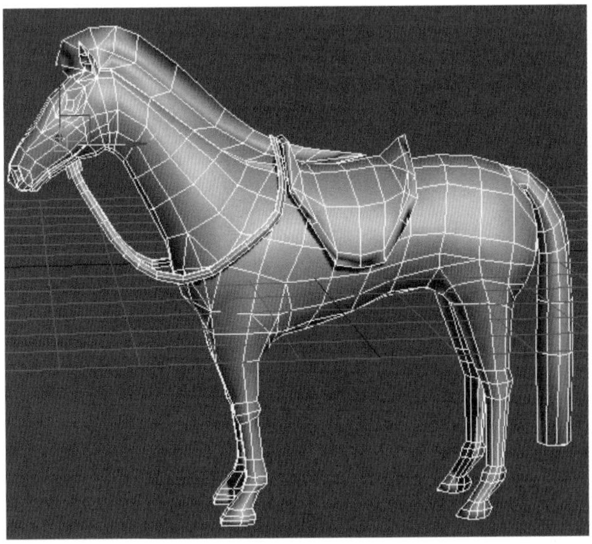

图 9-87　马模型效果

9.3　马模型贴图绘制

9.3.1　马模型贴图绘制前的准备

1．选中马模型，设置其 XYZ 坐标均为 0，即将马模型对齐到原点。

2．添加 UVW 修改器，将拆分好的 UV 渲染保存为 ma.tga，设置宽度和高度均为 1024，保存文件。

3．导出模型，以 OBJ 格式导出，命名为 ma.obj，设置如图 9-88 所示。

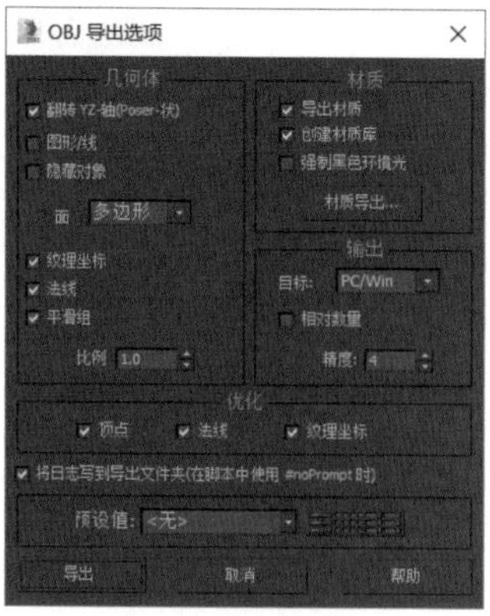

图 9-88　导出 OBJ 格式文件

4．启动 Photoshop，打开 ma.tga 文件，如图 9-89 所示。

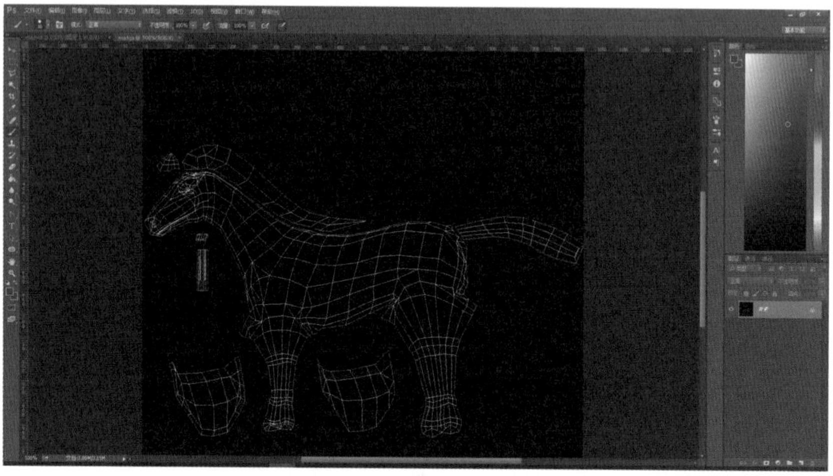

图 9-89　在 Photoshop 中打开 ma.tga 文件

5．切换到通道面板，按住 Ctrl 键并单击 Alpha1 通道缩略图，如图 9-90 所示。

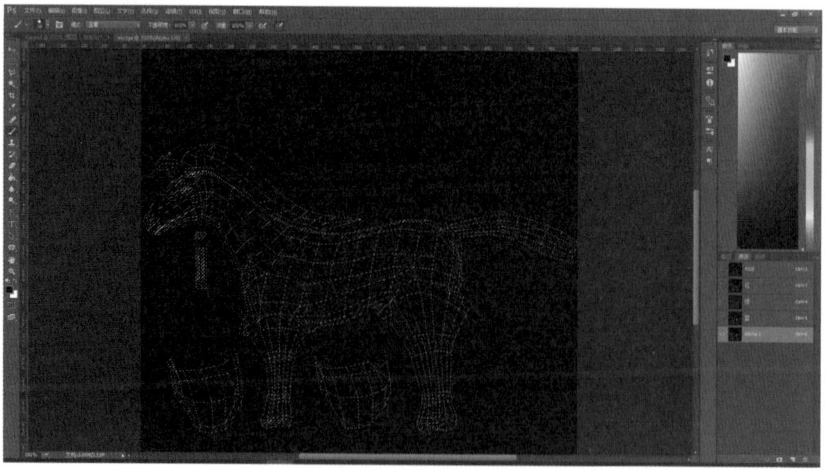

图 9-90　选择 Alpha 通道轮廓

6．返回图层面板，新建图层，填充为红色，如图 9-91 所示。

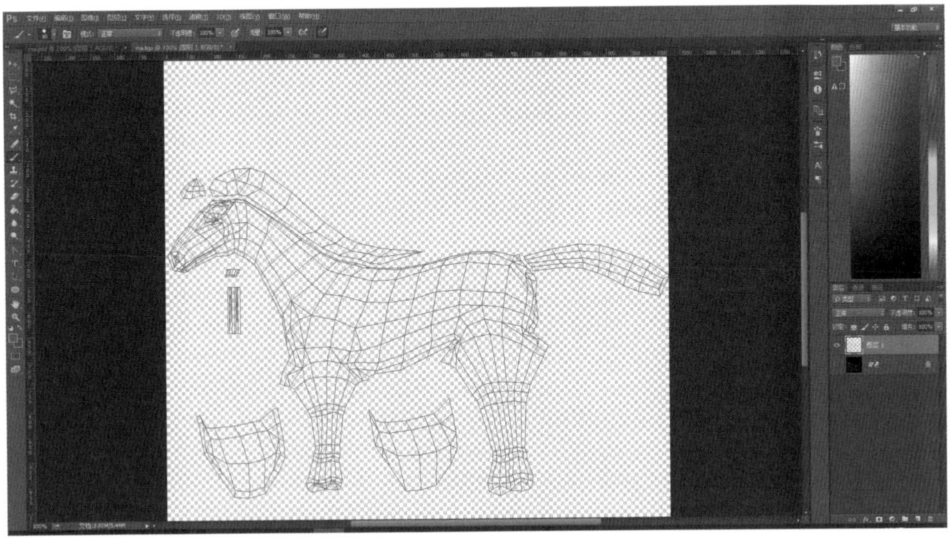

图 9-91　填充颜色

9.3.2　马模型贴图绘制

下面开始在背景层和线框图层之间新建图层，分别绘制马的不同部分。

1．绘制底色，效果如图 9-92 所示。

2．在笔刷中载入皮肤纹理笔刷，如图 9-93 所示，新建图层绘制皮肤细节，效果如图 9-94 所示。

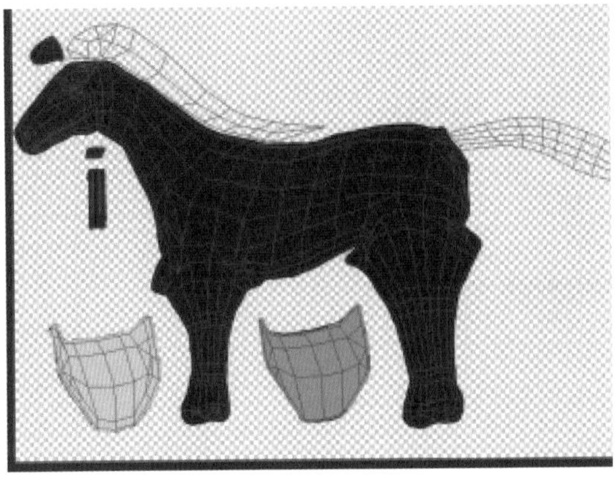

图 9-92　绘制底色效果

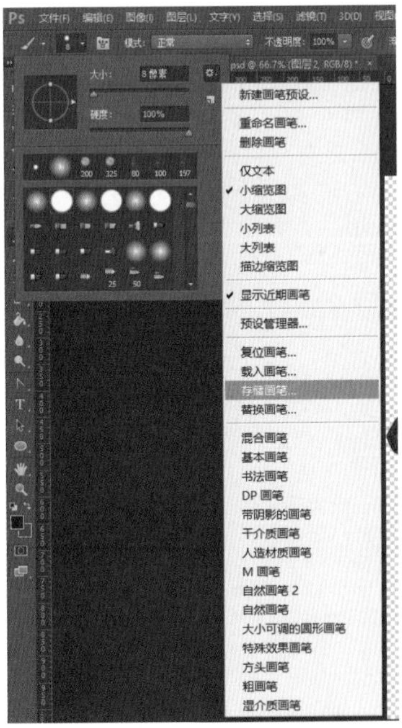

图 9-93　载入皮肤纹理笔刷

图 9-94　绘制皮肤纹理

3. 继续使用不同的皮肤笔刷绘制马鞍部分细节，效果如图 9-95 所示。

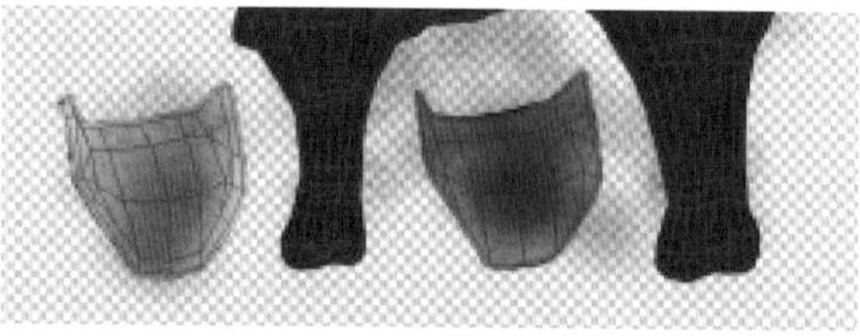

图 9-95　绘制马鞍细节

4. 置入马肌肉结构图片，如图 9-96 所示。

图 9-96　马肌肉结构图片

5. 根据参考图片绘制马的肌肉结构，如图 9-97 所示。
6. 选择画笔工具，绘制马的头部细节，效果如图 9-98 所示。

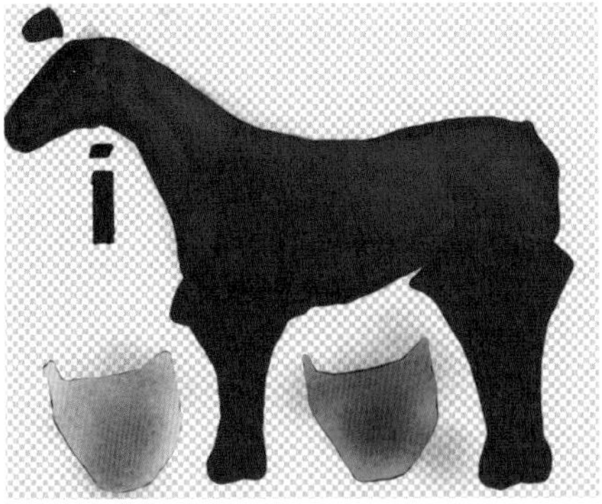
图 9-97　绘制肌肉结构

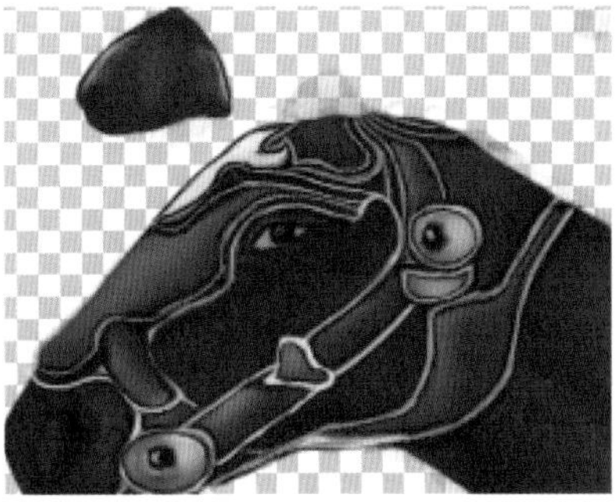
图 9-98　绘制头部细节

7．保存文件为 ma1.psd，启动 Body Paint 3D，打开 ma.obj 文件，如图 9-99 所示。

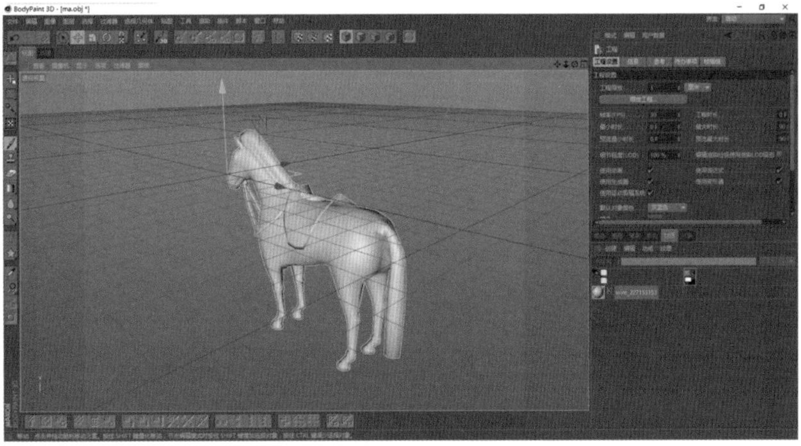
图 9-99　启动 Body Paint 3D

8．为材质球添加纹理 ma.psd，效果如图 9-100 所示。

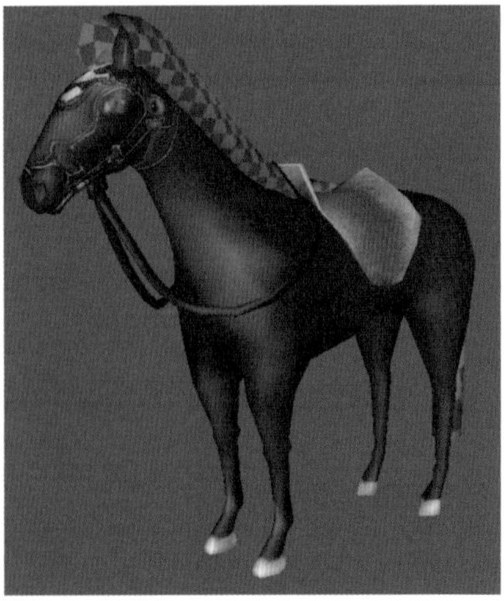
图 9-100　添加纹理

9．绘制缰绳部分，效果如图 9-101 所示。

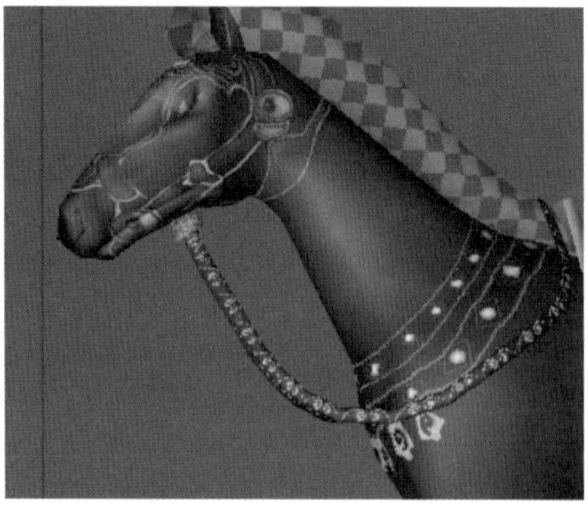

图 9-101　绘制缰绳

10．将纹理另存为 ma1.psd，启动 Photoshop，继续绘制细节部分，如图 9-102 所示。

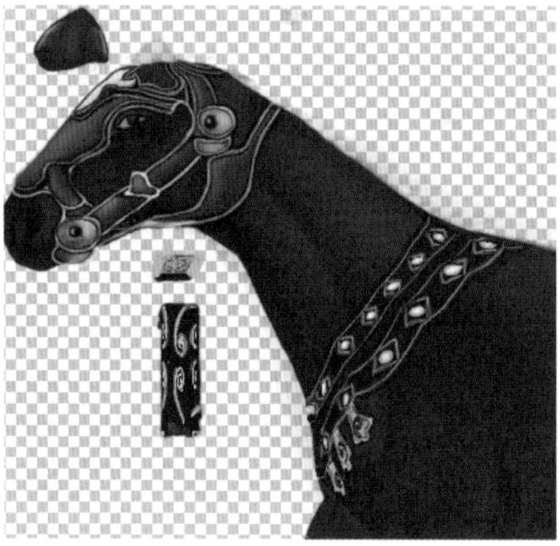

图 9-102　绘制缰绳细节

11．保存文件，切换到 Body Paint 3D，单击“重载图像”按钮更新材质球，如图 9-103 所示。

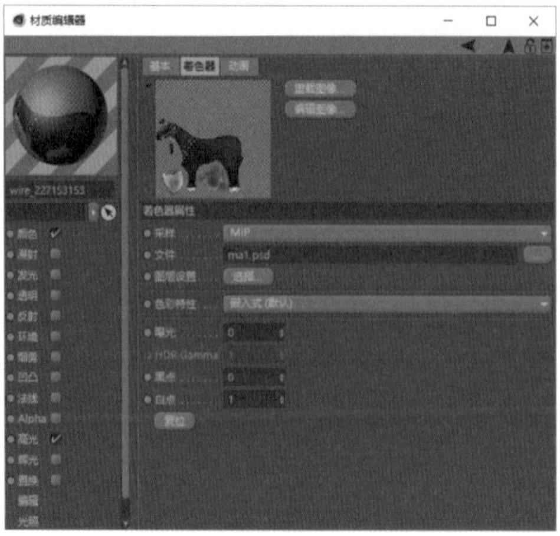

图 9-103　更新材质球

12．切换到 Photoshop 中继续对马鞍部分进行绘制，效果如图 9-104 所示。

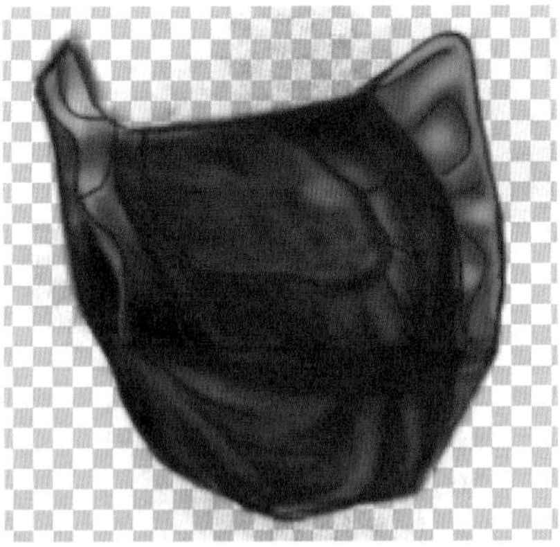

图 9-104　绘制马鞍细节

13．新建图层，绘制鬓毛部分，效果如图 9-105 所示。

图 9-105　绘制鬓毛效果

14．新建图层，绘制尾巴部分，效果如图 9-106 所示。

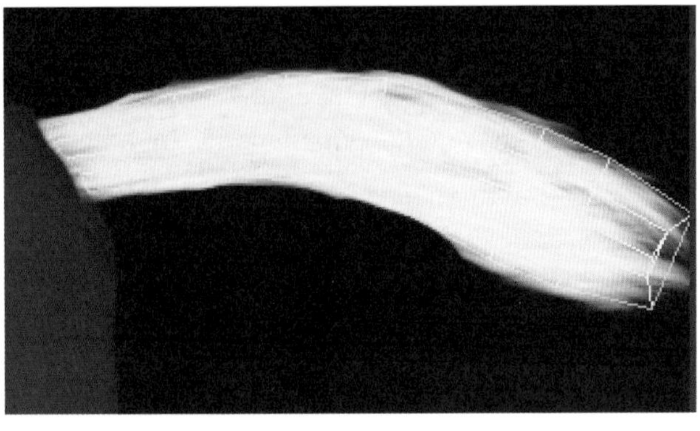

图 9-106　绘制尾巴效果

15．使用制作 Alpha 贴图的方法将 ma1.psd 存储为 ma.png，启动 3ds Max，将 ma.png 设置为漫反射颜色和不透明度，并调整其单通道输出为 Alpha，效果如图 9-107 所示。

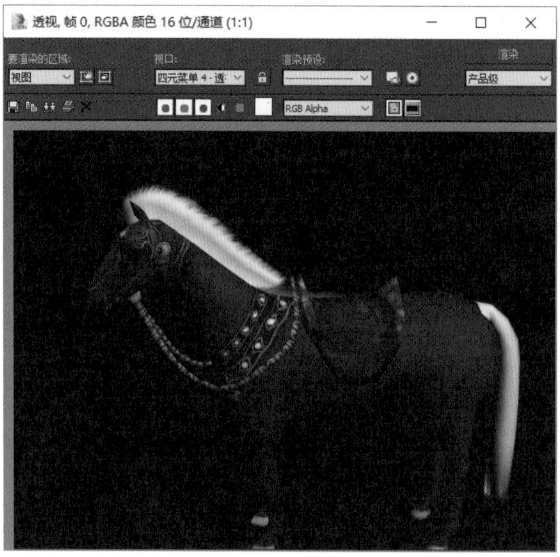

图 9-107　设置贴图效果

16. 将 ma.png 通过 CrazyBump 软件转换出法线贴图和高光贴图，分别设置到“凹凸”和“高光级别”贴图部分，最终效果如图 9-108 所示。

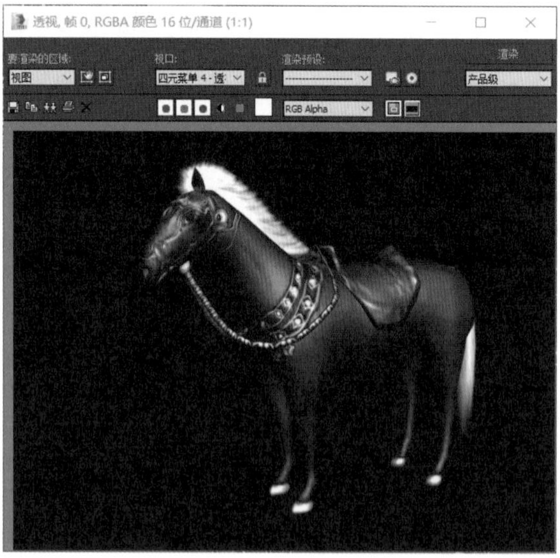

图 9-108　最终效果

模型的烘焙与导出方法前面已经多次讲解过，这里不再赘述，根据自己的需求设置烘焙导出使用即可。

9.4　拓展任务

根据本章所学知识完成场景中所需道具模型的建模，如骆驼、大雁等模型。

本章小结

本章通过介绍马模型各个部分的建模以及调整方法、马模型的UV展开、使用Photoshop和Body Paint 3D软件配合绘制马模型贴图，对虚拟现实建模中动物模型的建模方法进行了详细讲解。

动物模型的建模方法基本相同，由于模型都是对称的，建模的时候只需要制作一半模型，另一半通过对称或者镜像即可得到。即首先新建长方体，删除一半模型，然后根据动物的结构使用“挤出”命令制作模型大轮廓，使用“加线”命令增加分段，使用“切割”命令调整模型布线，再进入顶点层次调整模型细节轮廓，直到最终完成模型。

本章中需要着重掌握多边形建模方法、UV展开中“毛皮”命令的使用、Body Paint 3D绘制模型贴图。

第 10 章 虚拟现实（VR）建筑建模

本章要点

- 建筑建模的方法和流程
- 建筑模型 UV 拆分
- 建筑模型的贴图制作

建筑模型是 VR 场景制作的主要内容之一，建筑场景模型主要可以分为单体建筑模型和复合式建筑模型，单体建筑模型是指在 VR 建筑中用于构成复合建筑的独立建筑模型，它与道具模型一样，是构成场景的基础模型单位，单体建筑模型除了具备独立性外还具有兼容性，即不同的单体建筑模型之间可以通过衔接结构相互连接，进而形成复合式建筑模型。

对于建筑场景模型来说最重要的就是结构，只要抓紧模型的结构特点，制作就会变得简单，所以在制作前需要对对象的整体结构进行分析。

另外，VR 场景模型很重要的特点就是真实性，所谓真实性是指在场景中，用户可以从各个角度去观察 VR 场景中的模型和各种元素，因此在制作中需要保证模型各个角度都要具备模型结构和贴图细节的完整性，在制作中要随时旋转模型，从各个角度观察模型，及时完善和修正制作中的疏漏和错误。

本案例中所制作的建筑模型是玉门关城门模型，是根据第三首诗词《凉州词》中的“春风不度玉门关”以及第四首《从军行》中的“孤城遥望玉门关”而来，制作了一个古典风格的城门模型。

10.1 城门模型建模

城门模型可以分为城楼、城墙、门洞、门 4 个部分，下面就分别对这 4 个部分建模，然后得到完整的城门模型。

10.1.1 城楼部分建模

1．启动 3ds Max，选择长方体工具，在顶视图中拖动鼠标绘制一个长方体，长度为 6m，宽度为 6m，高度为 2m，长宽高分段均为 1，按快捷键 W 进入移动状态，设置 XYZ 坐标轴均为 0，如图 10-1 所示。

2．将长方体转换为可编辑多边形，进入多边形层级，选择顶部的面，使用“挤出”命令制作城楼顶部效果；进入顶点层级，使用“缩放”命令，得到如图 10-2 所示的效果。

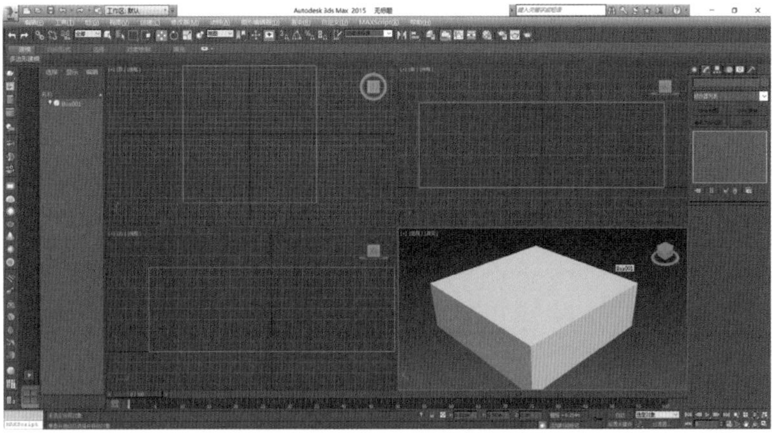

图 10-1　新建长方体

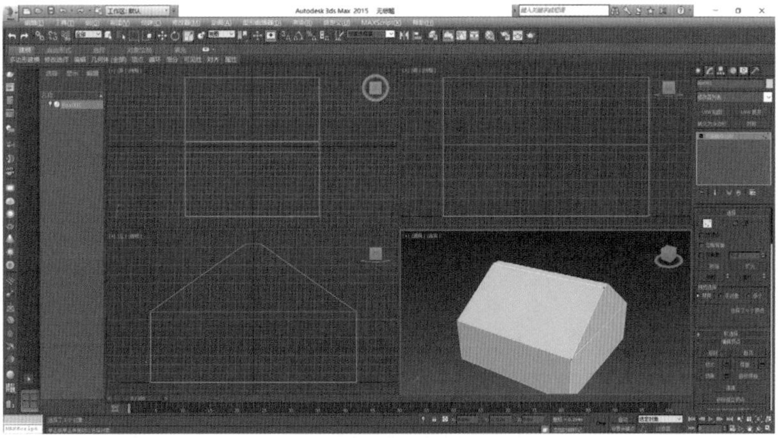

图 10-2　制作城楼顶部效果

3．进入多边形层级，选择顶部的面，使用“挤出”命令得到屋脊部分，调整之后的效果如图 10-3 所示。

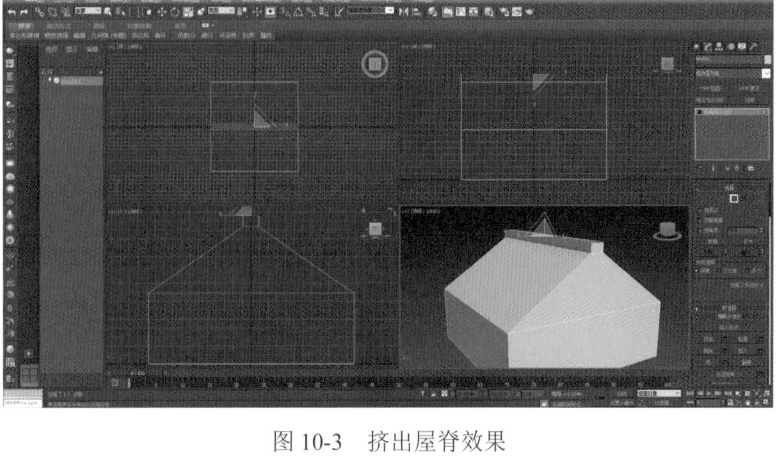

图 10-3　挤出屋脊效果

4．进入边层级，增加竖向分段，删除一半的模型，效果如图 10-4 所示。

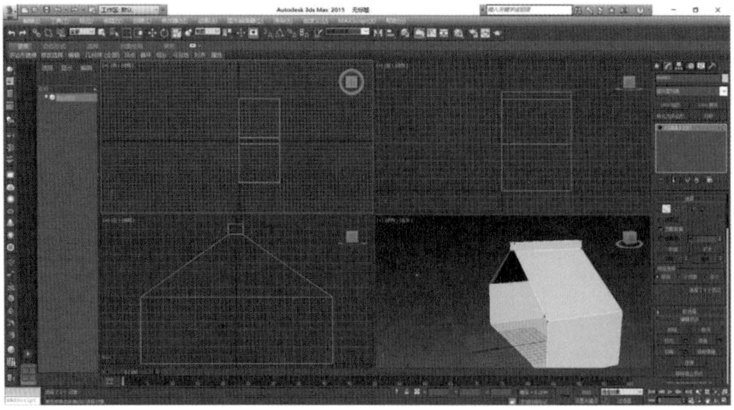

图 10-4　增加分段

5．继续调整屋脊细节，效果如图 10-5 所示。

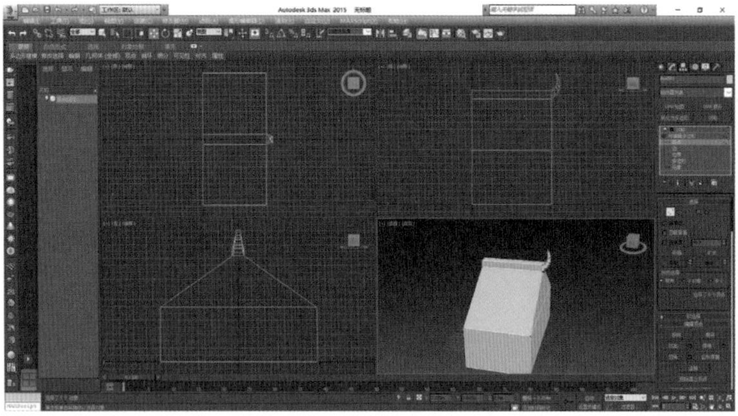

图 10-5　调整屋脊细节

6．再次进入边层级，增加横向分段，删除一半的模型，如图 10-6 所示。

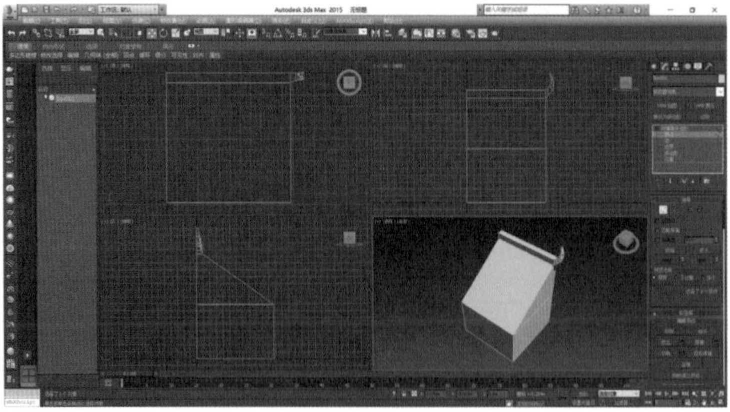

图 10-6　增加分段

7. 进入多边形层级，继续使用“挤出”命令调整屋脊部分，效果如图 10-7 所示。

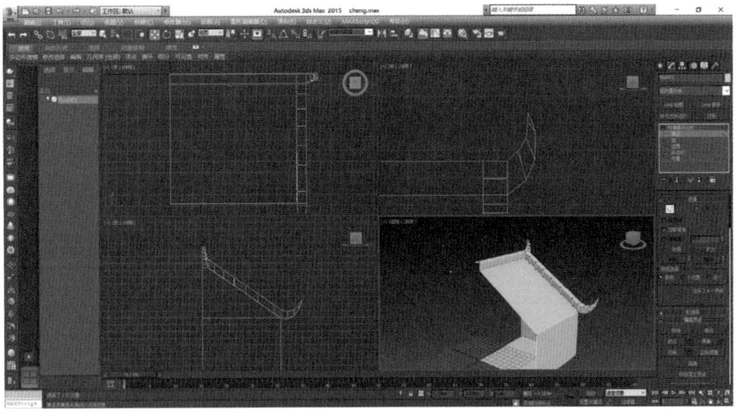

图 10-7　再次调整屋脊效果

8. 进入多边形层级，选择底部的面，使用“挤出”命令向下挤出城楼底面，删除多余的面，如图 10-8 所示。

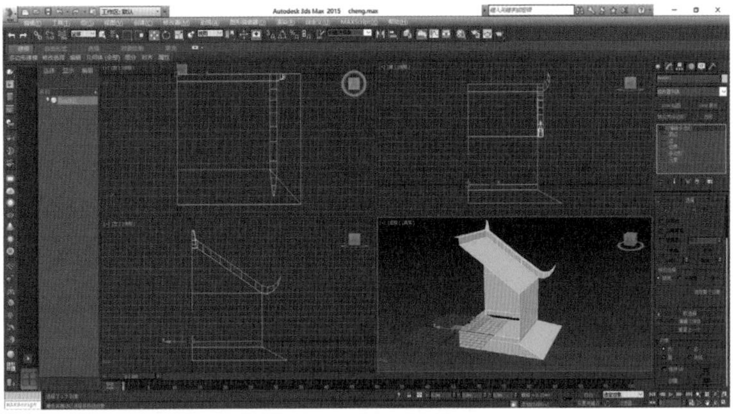

图 10-8　挤出城楼底面

9. 进入边层级，增加横向分段，调整效果如图 10-9 所示。

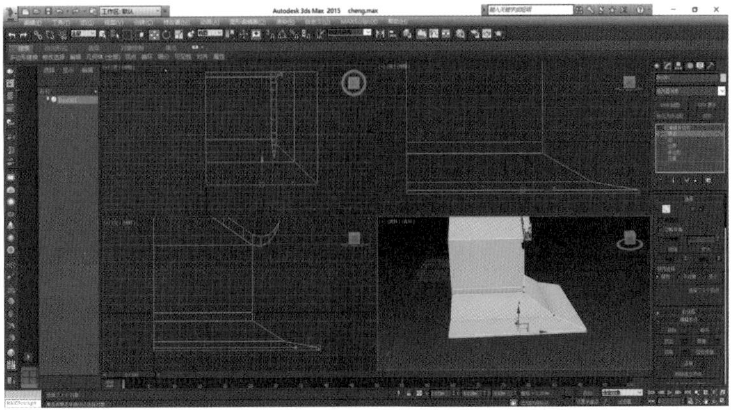

图 10-9　增加分段

10．使用“切割”命令切割出屋檐细节，如图 10-10 所示。

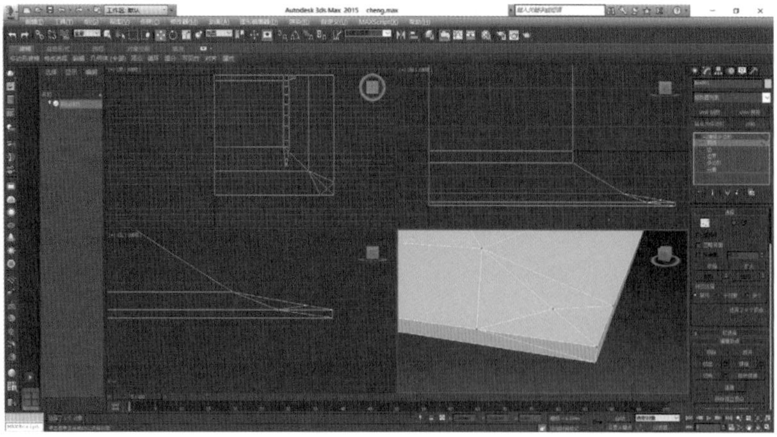

图 10-10　切割屋檐细节

11．调整屋檐细节轮廓，效果如图 10-11 所示。

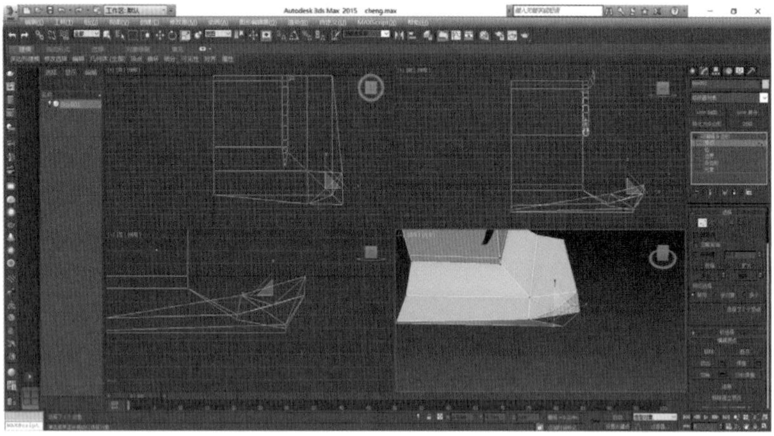

图 10-11　调整屋檐细节

12．使用“插入”命令和“切割”命令，移除多余的边和顶点，制作出下一级城楼的面，效果如图 10-12 所示。

图 10-12　制作下一级城楼的面

13．选择如图 10-13 所示的面，向下挤出，制作下一级城楼，删除多余的面，如图 10-14 所示。

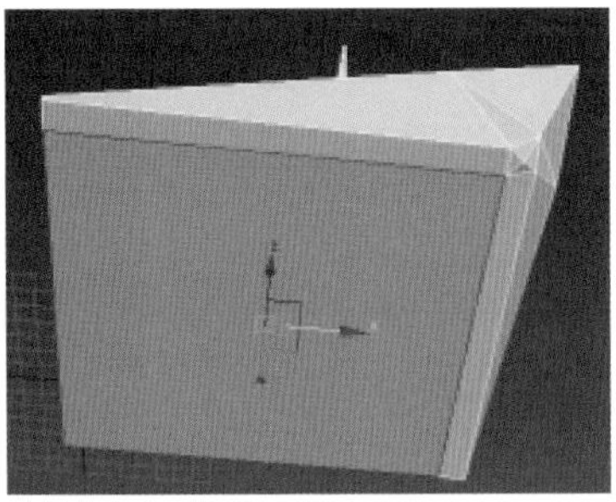

图 10-13　选择面

图 10-14　挤出下一级城楼

14．重复上述步骤，继续制作城楼，效果如图 10-15 所示。

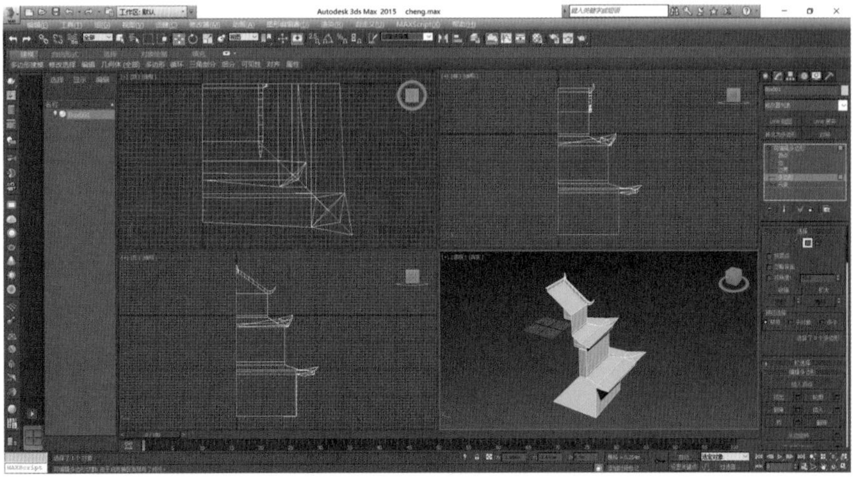

图 10-15　制作城楼效果

15．使用“对称”命令先将一半的城楼模型做出来，效果如图 10-16 所示。

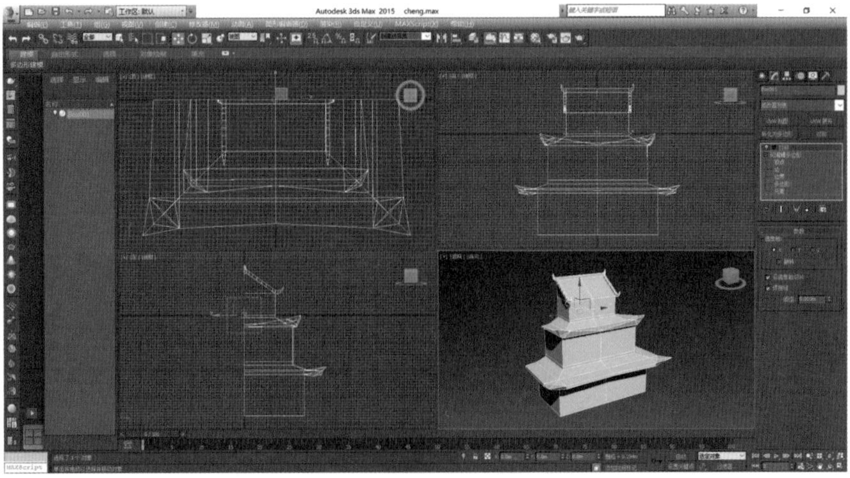

图 10-16　对称城楼

16．再次使用“对称”命令制作出完整的城楼，效果如图 10-17 所示。

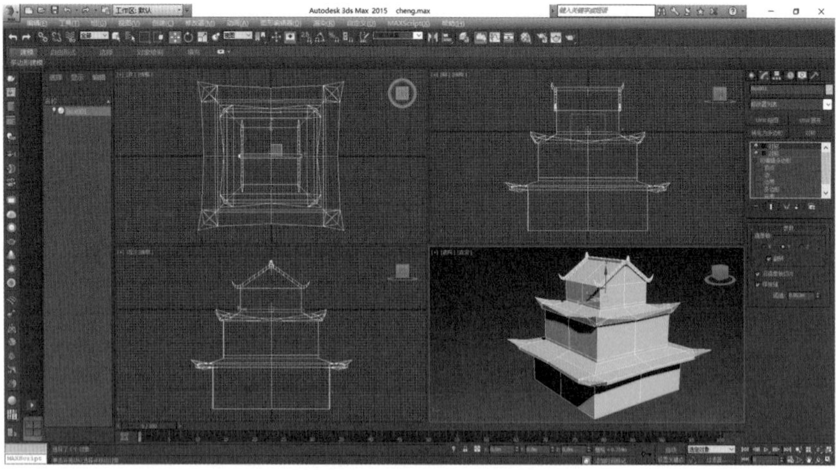

图 10-17　对称出完整城楼

17. 塌陷全部模型，将其转换为可编辑多边形，效果如图 10-18 所示。

18. 调整城楼模型，效果如图 10-19 所示。

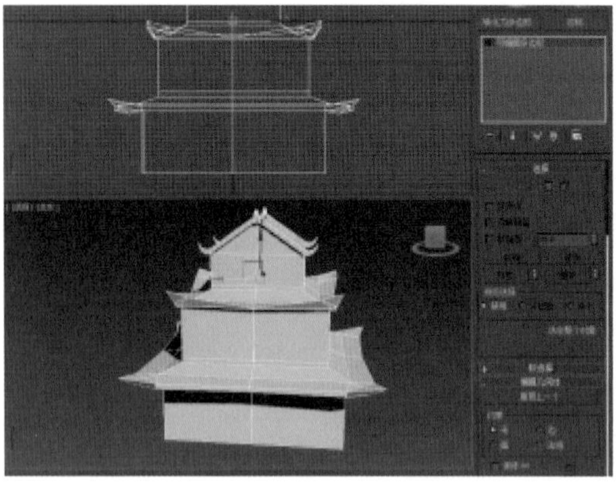

图 10-18　塌陷为可编辑多边形

图 10-19　调整城楼模型细节

19. 在顶视图中新建圆柱体作为城楼的立柱，设置边数为 6，高度分段和端面分段为 1，效果如图 10-20 所示。

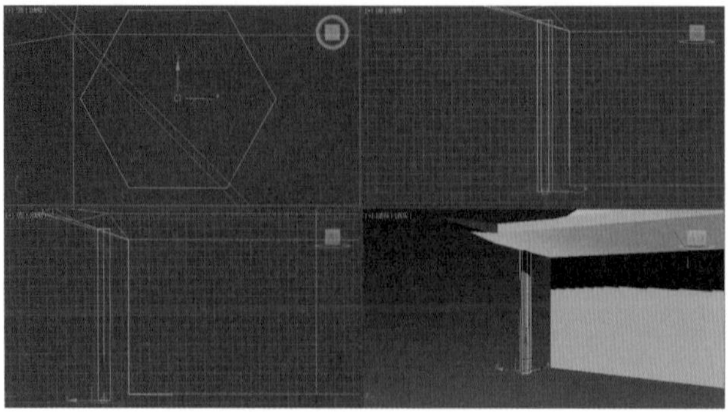

图 10-20　新建圆柱体

20．复制圆柱体模型，放置在各个楼层对应的位置，最终效果如图 10-21 所示。

图 10-21　复制圆柱体

21．将全部对象转换为可编辑多边形并附加在一起，删除两端以及底部的面，效果如图 10-22 所示。

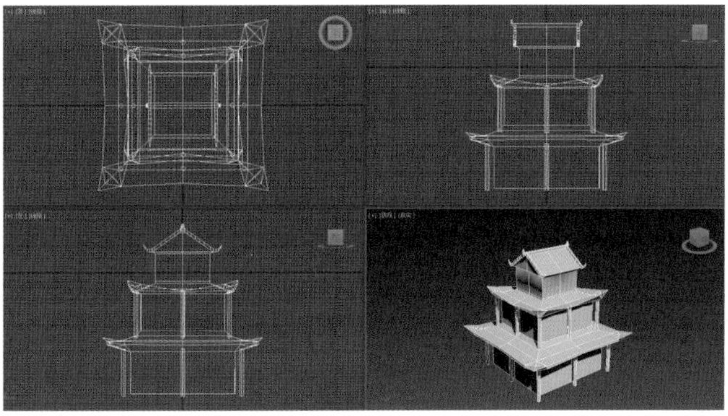

图 10-22　附加全部对象

10.1.2　城墙部分建模

1．在顶视图中绘制一个长方体，设置长宽分段均为 2，将其移动到城楼下方，并在 Z 轴上对齐城楼，效果如图 10-23 所示。

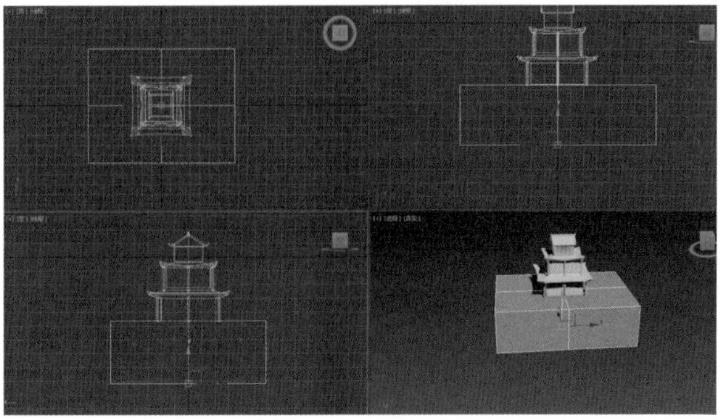

图 10-23　绘制长方体

2．将长方体转换为可编辑多边形，删除四分之三的模型，如图 10-24 所示。

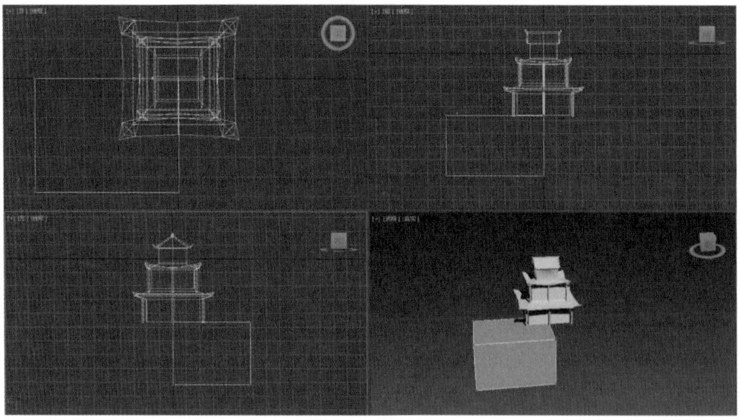

图 10-24　删除对称的模型

3．进入边层级，通过“连接”命令新增边，用于制作城墙边缘，如图 10-25 所示。

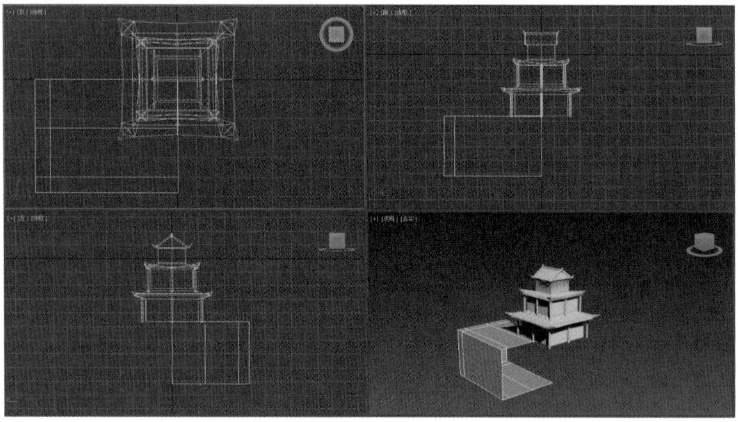

图 10-25　增加边

4．进入多边形层级，选择如图 10-26 所示的面，向上挤出，效果如图 10-27 所示。

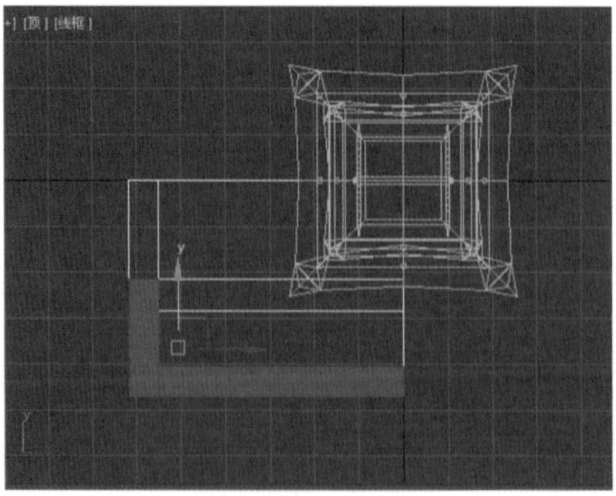

图 10-26　选择面

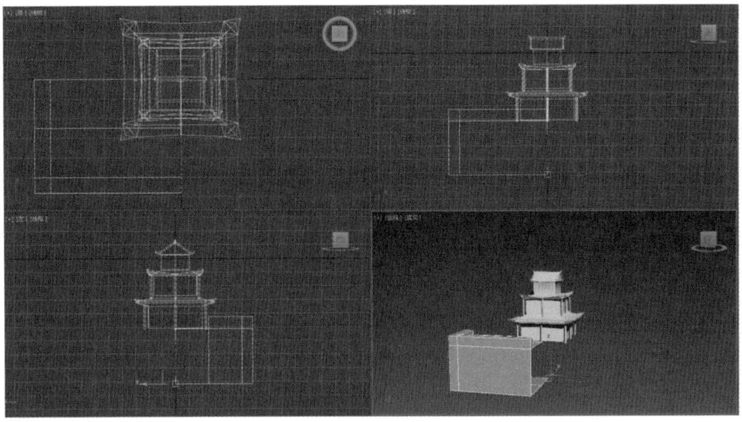

图 10-27　挤出效果

5．再次进入边层级，新增边用于制作城墙，如图 10-28 所示。

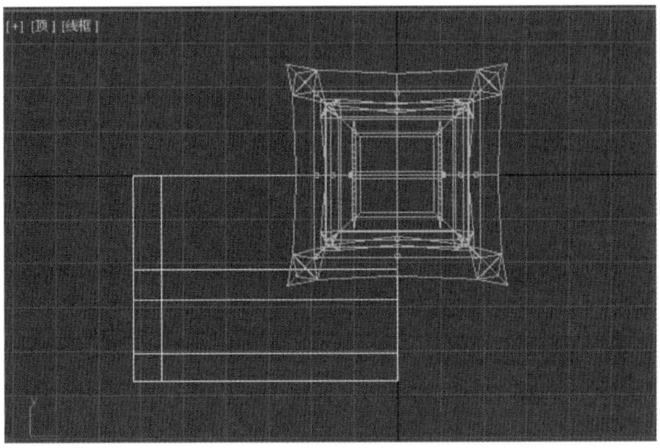

图 10-28　新增边

6．进入多边形层级，选择如图 10-29 所示的面，向左挤出，删除多余的面，效果如图 10-30 所示。

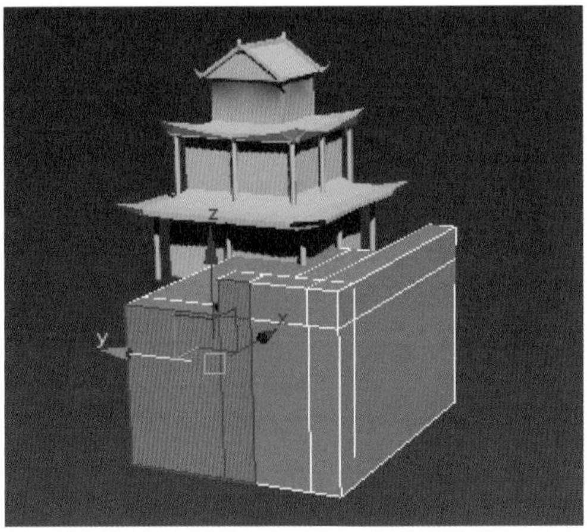

图 10-29　选择面

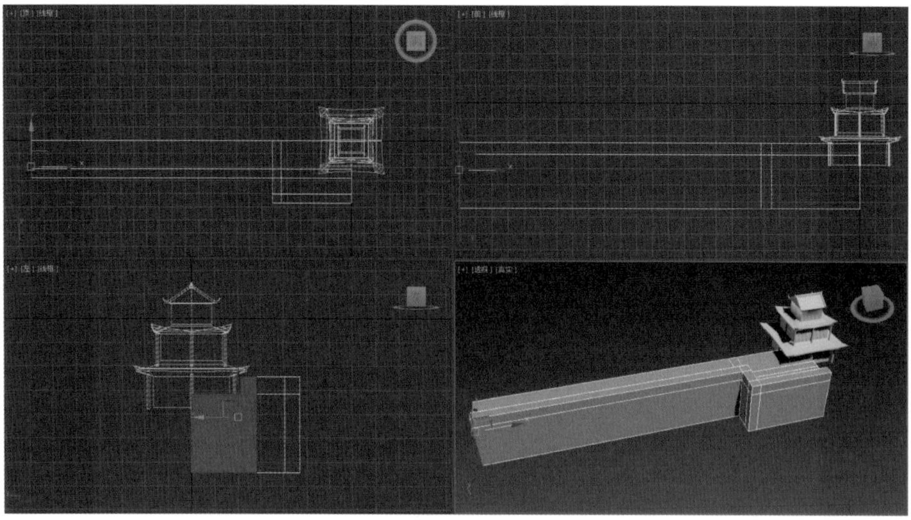

图 10-30 挤出面

7. 再次增加城墙的分段，用于制作城墙尾部效果，如图 10-31 所示。

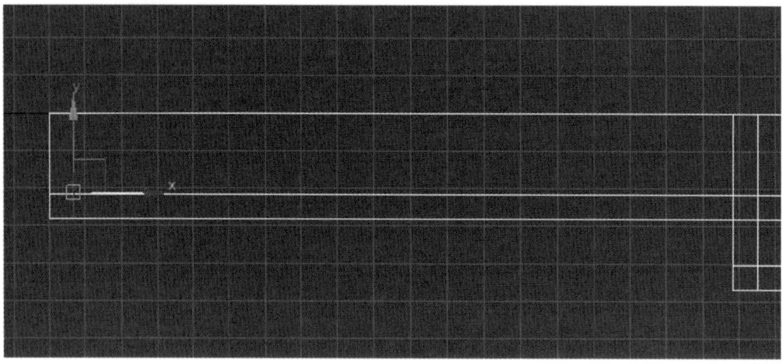

图 10-31 制作城墙尾部效果

8. 选择如图 10-32 所示的面并删除。

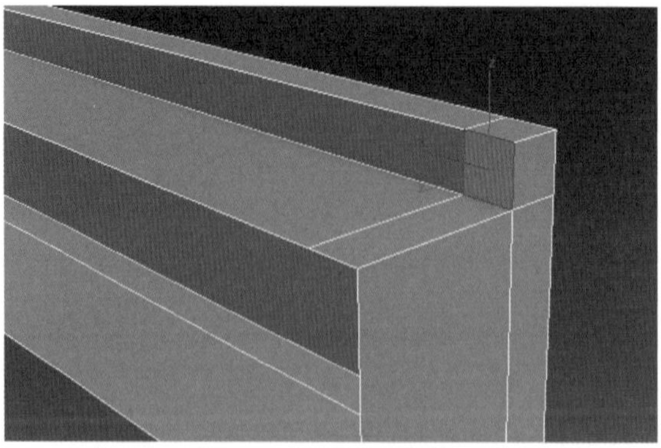

图 10-32 选择面并删除

9. 选择如图 10-33 所示的面，向上挤出和城墙齐平，删除两端的面。

图 10-33　挤出面

10．进入顶点层级，对连接部分的顶点进行焊接，如图 10-34 所示。

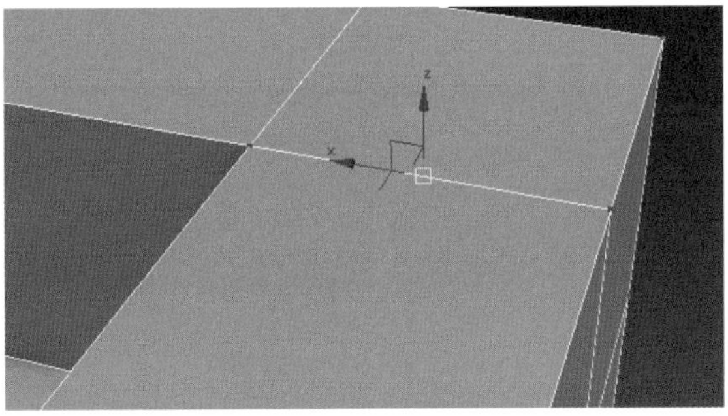

图 10-34　焊接顶点

11．两次使用“对称”命令制作出完整的城墙，第一次沿 Y 轴对称，第二次沿 X 轴对称，效果如图 10-35 所示。

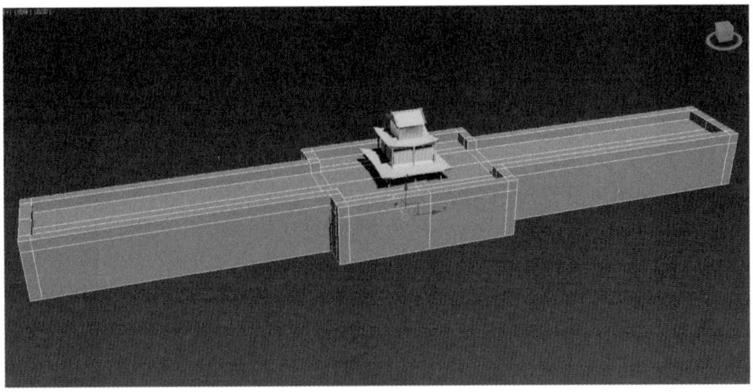

图 10-35　完整的城墙效果

10.1.3　门洞部分建模

1．删除第二次的对称效果，塌陷全部将其转换为可编辑多边形，继续调整门洞部分的效果，使用“快速切片”命令增加分段，如图 10-36 所示。

2．使用“切割”命令将前后两个部分中超过四边的面增加分段，效果如图 10-37 所示。

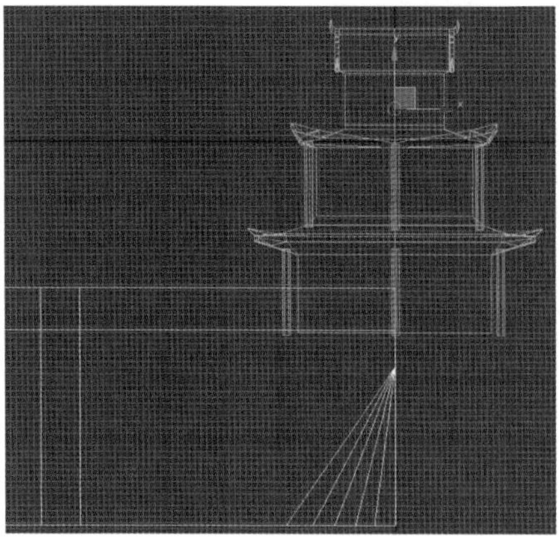

图 10-36　快速切片增加分段

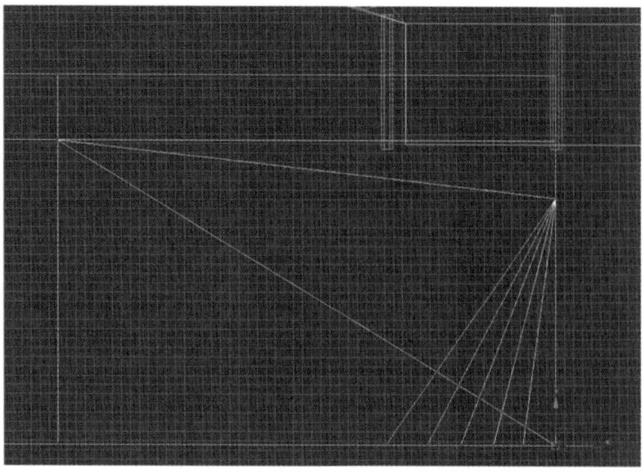

图 10-37　切割增加分段

3．进入顶点层级，调整出门洞的基本轮廓，效果如图 10-38 所示。

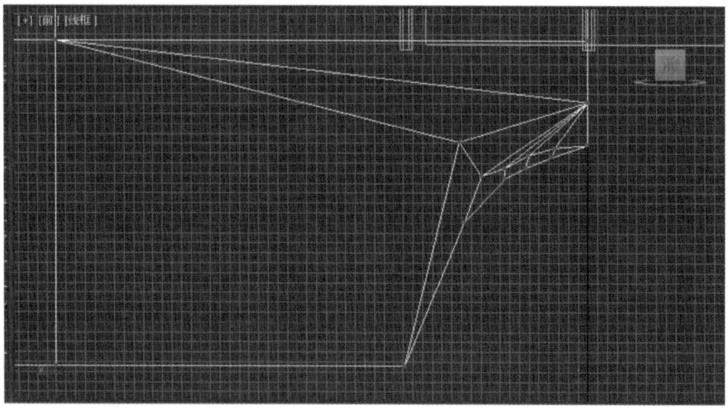

图 10-38　调整门洞轮廓

4．继续新建分段调整门洞，移除多余的边和顶点，注意顶点之间的焊接，效果如图 10-39 所示。

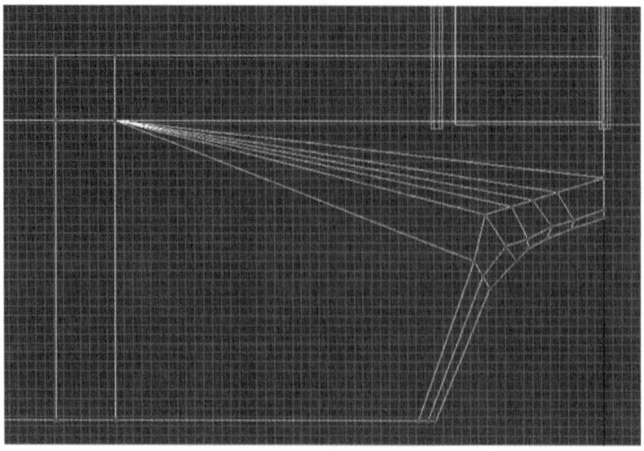

图 10-39　新增分段调整门洞

5．调整门洞细节，效果如图 10-40 所示。

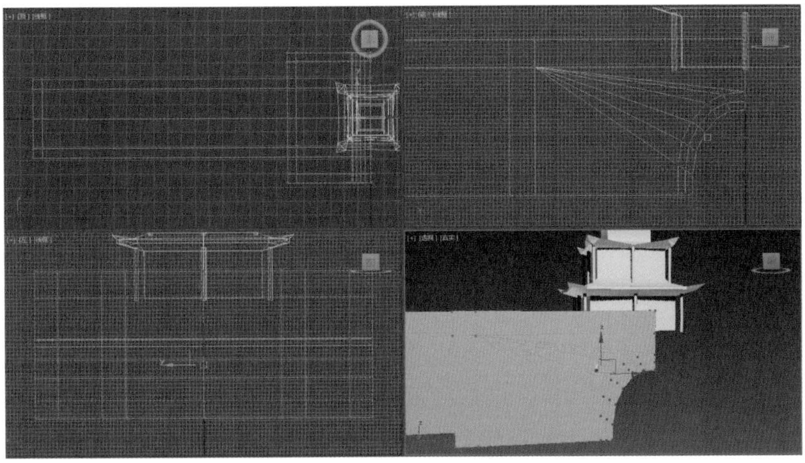

图 10-40　调整门洞细节

6．进入多边形层级，选择门洞所在的面，将其以克隆的方式分离，如图 10-41 所示。

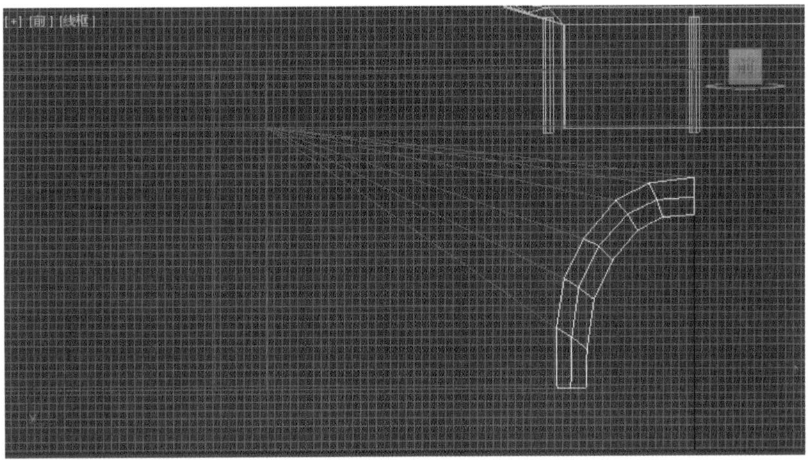

图 10-41　分离门洞部分

7．进入分离对象的多边形层级，选择门洞所在的面，挤出门洞效果，如图 10-42 所示。

图 10-42　挤出门洞效果

8．删除被遮住看不到的多余面，如图 10-43 所示。

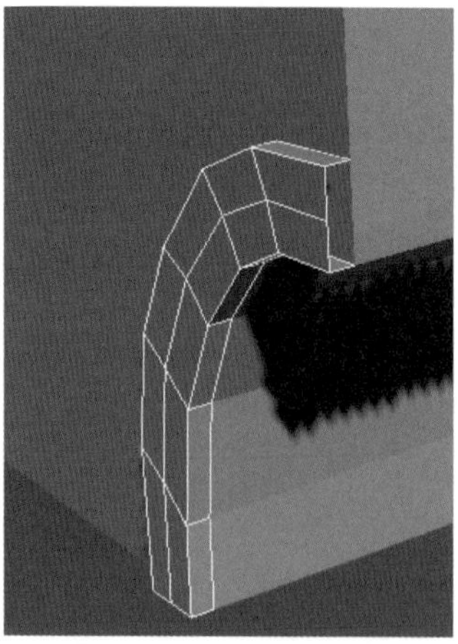

图 10-43　删除多余面

9．对门洞部分进行对称，塌陷全部将其转换为可编辑多边形，如图 10-44 所示。

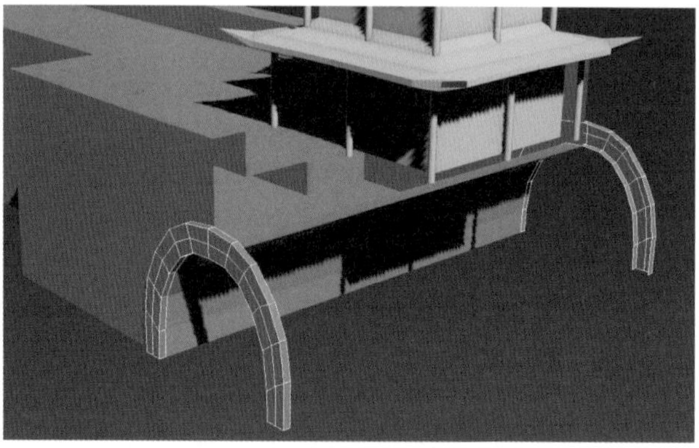

图 10-44　对称门洞

10．将城墙部分在 X 轴上对称，塌陷全部转换为可编辑多边形，如图 10-45 所示。

图 10-45　塌陷模型

11．在城墙正面顶部位置增加分段，用于调整城楼牌匾的位置，如图 10-46 所示。

12．选择牌匾所在的面，向内挤出，效果如图 10-47 所示。

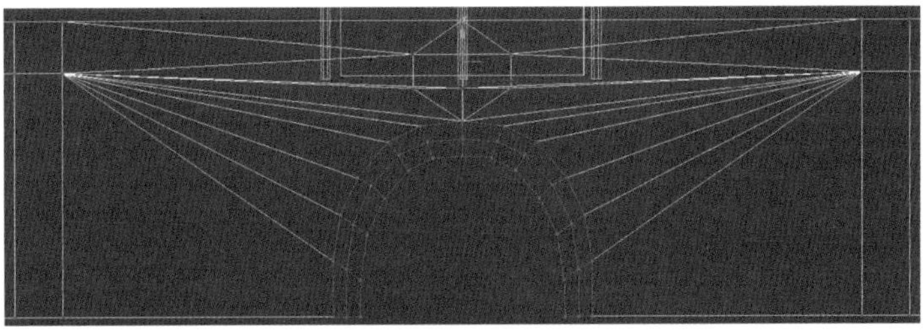

图 10-46　增加分段

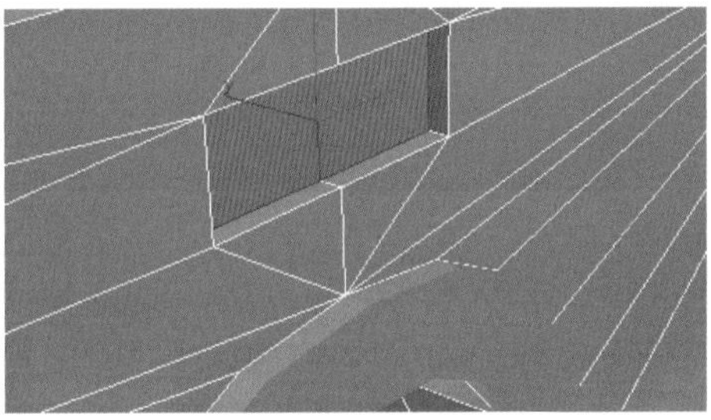

图 10-47　向内挤出

13．将牌匾所在的面分离出来，进入多边形层级，使用“插入”命令，得到如图 10-48 所示的效果。

14．对插入的面向外倒角，效果如图 10-49 所示。

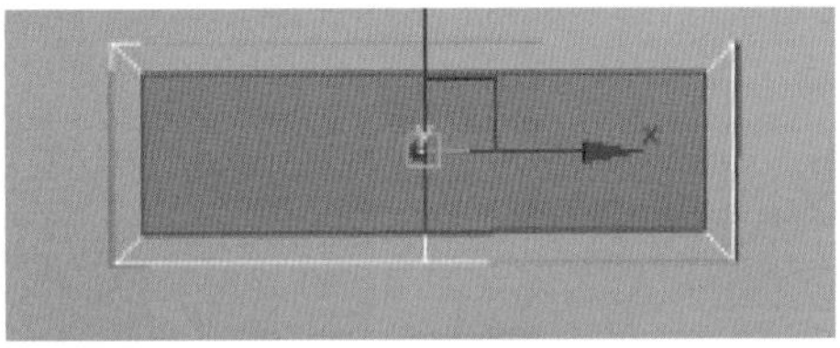

图 10-48　插入效果

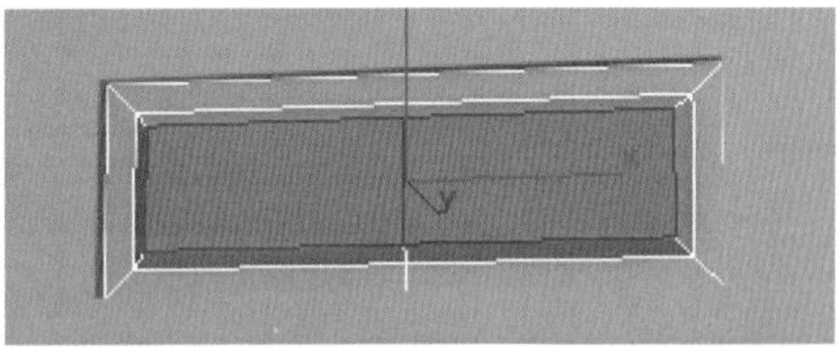

图 10-49　向外倒角效果

15．整个城门门洞部分的效果如图 10-50 所示。

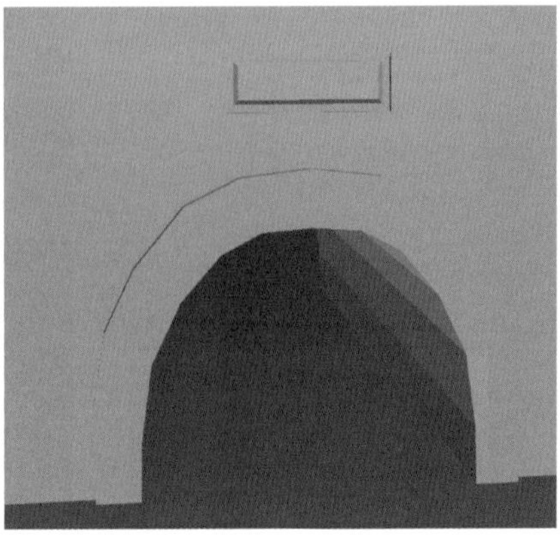

图 10-50　城门门洞部分效果

10.1.4 门部分建模

1. 在前视图中使用线条工具沿着门洞轮廓绘制一条封闭的样条线，得到一扇门的效果，如图 10-51 所示。

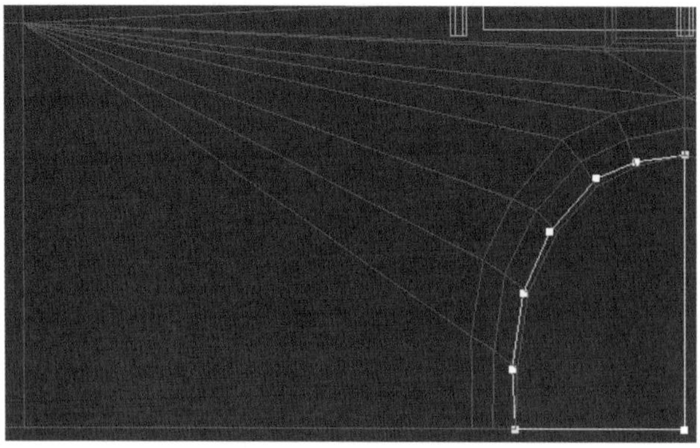

图 10-51 绘制样条线

2. 开启 2.5D 捕捉，设置捕捉到顶点，将线条的顶点与门洞的顶点进行完全重合，如图 10-52 所示。

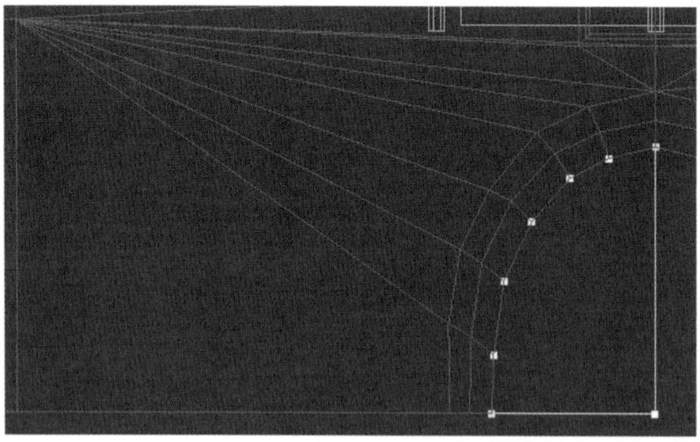

图 10-52 重合顶点

3. 添加挤出修改器，制作出门的厚度，效果如图 10-53 所示。

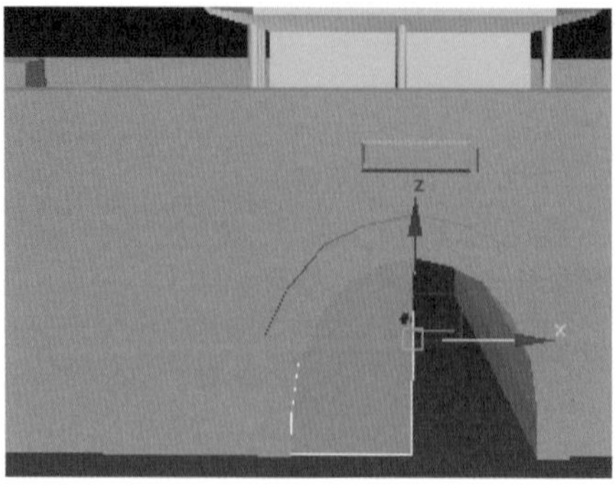

图 10-53 挤出门的厚度

4．塌陷全部将其转换为可编辑多编辑，使用“快速切片”命令将超过四边的部分增加分段，对快速切片后多余的顶点进行焊接，如图 10-54 所示。

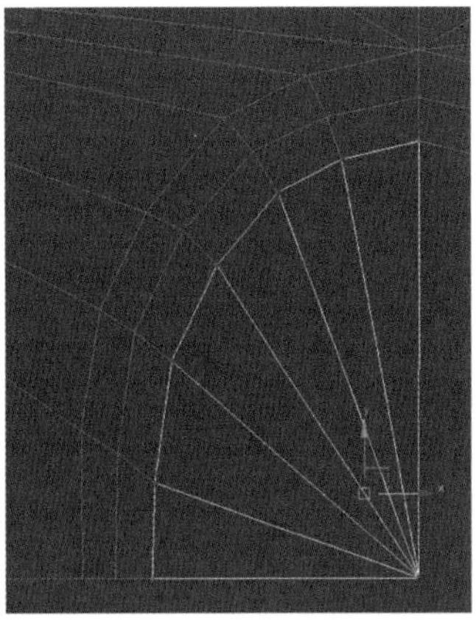

图 10-54　新增分段并焊接

5．在 X 轴上以复制的方式镜像出另一扇门，如图 10-55 所示。

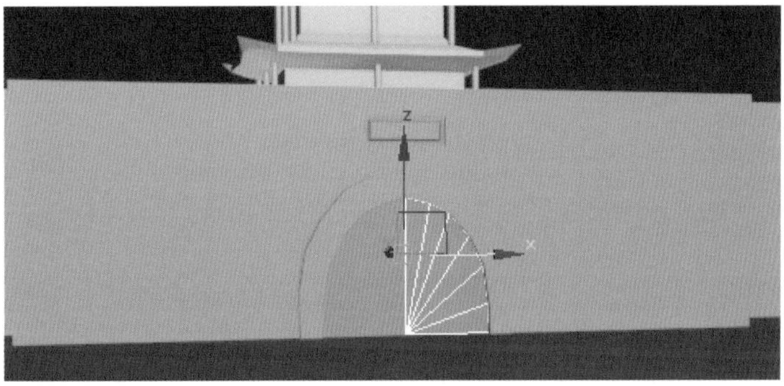

图 10-55　镜像复制门

10.1.5　城门模型调整

1．选择城楼部分，将其以复制的方式克隆一份，如图 10-56 所示。

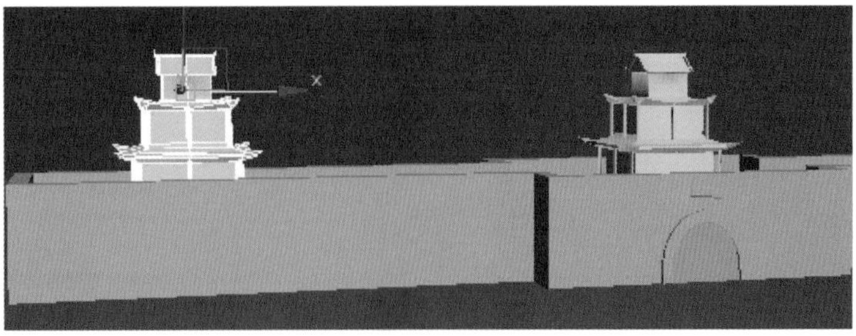

图 10-56　克隆城楼

2．进入多边形层级，选中底层所有的面并删除，保留两层的城楼效果，如图 10-57 所示。

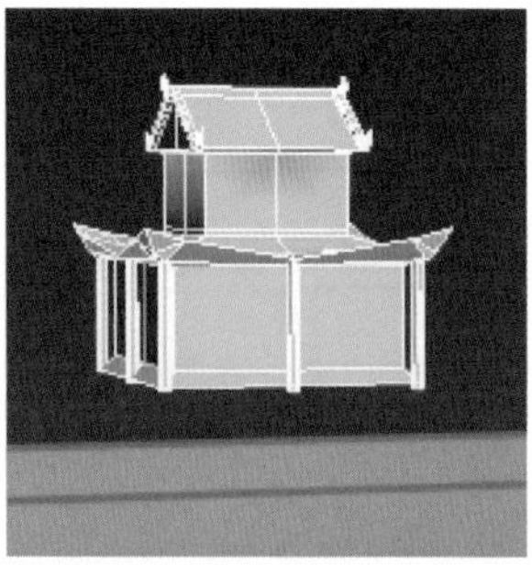

图 10-57　保留两层城楼效果

3．调整两层城楼所在的位置和结构，如图 10-58 所示。

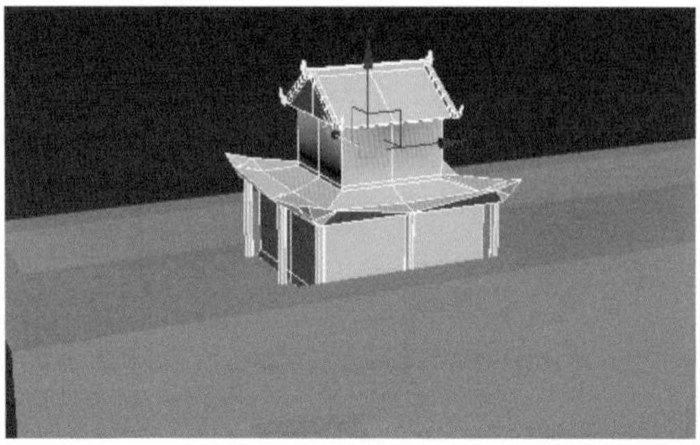

图 10-58　移动位置

4．将两层城楼复制一份放置在城门另一侧，如图 10-59 所示。

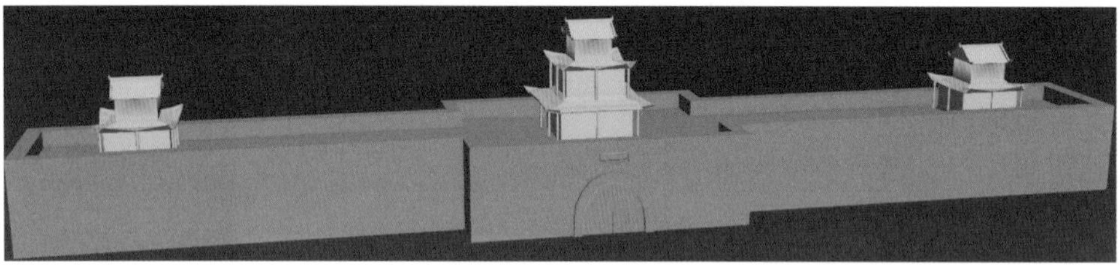

图 10-59　复制城楼

5．将城门所有部分附加在一起（除牌匾外），得到完整的城门模型，如图 10-60 所示。

图 10-60　附加所有对象

6．保存文件，以备后续的 UV 展开和贴图设置。

10.2 城门模型 UV 展开

由于城门模型除牌匾外都是对称的，因此在 UV 展开的时候只需要展开一半模型的 UV 即可。

1．进入顶点层级，删除一半的城门模型，如图 10-61 所示。

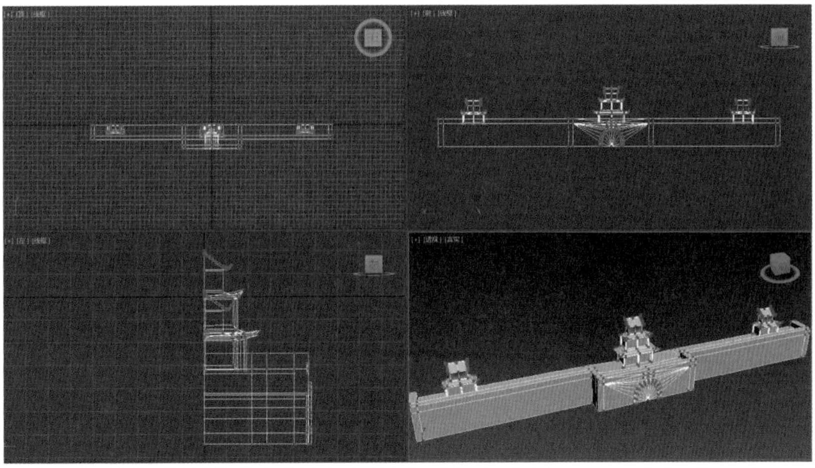

图 10-61 删除一半模型

2．进入元素层级，选择门洞部分，添加 UVW 展开修改器，得到如图 10-62 所示的 UV。

3．进入多边形层级，选择所有的面，单击“重置剥”按钮，得到如图 10-63 所示的 UV 效果。

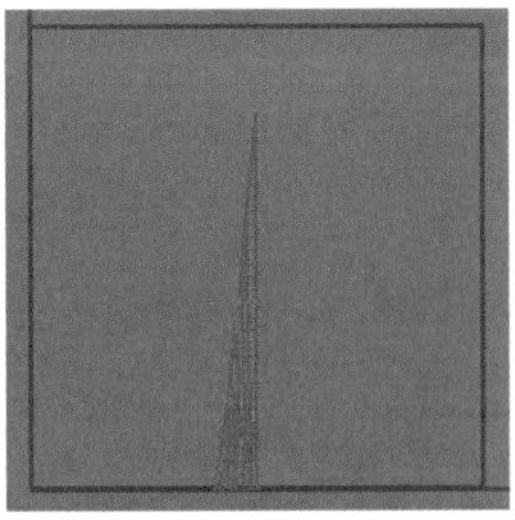

图 10-62 门洞初始 UV

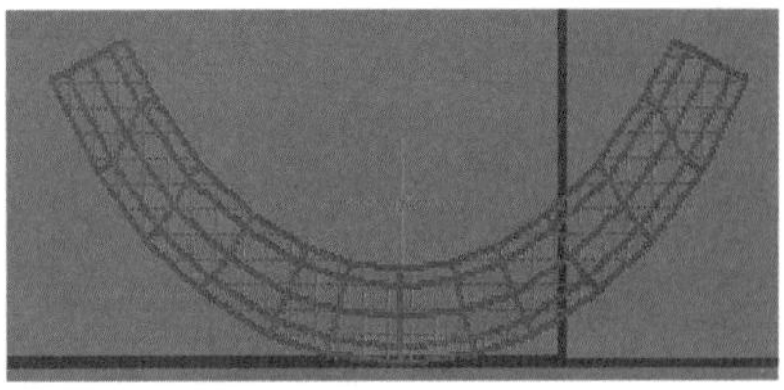

图 10-63 重置剥效果

4．此时门洞部分的 UV 基本展开完成，将其环绕轴心旋转 180°，再将底部的点水平对齐即可得到门洞 UV，如图 10-64 所示。

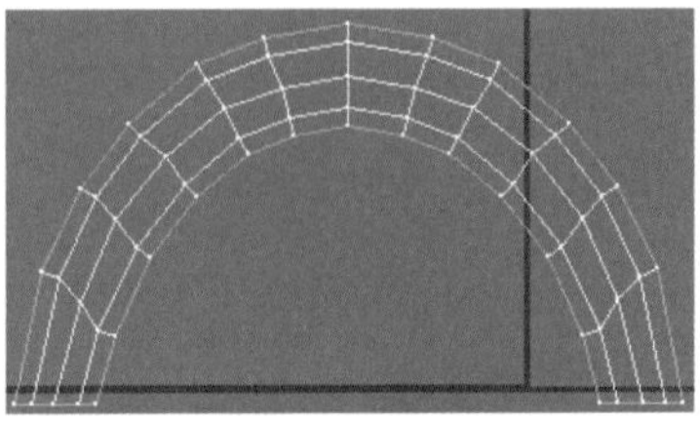

图 10-64 门洞 UV 效果

5．塌陷全部，将调整好门洞 UV 的模型转换为可编辑多边形，再次进入元素层级，选择门部分，添加 UVW 展开修改器调整门的 UV，进入 UVW 修改器后展平贴图，效果如图 10-65 所示。

6．调整门的 UV，将 UV 相同的部分重叠，得到门的 UV 效果如图 10-66 所示。

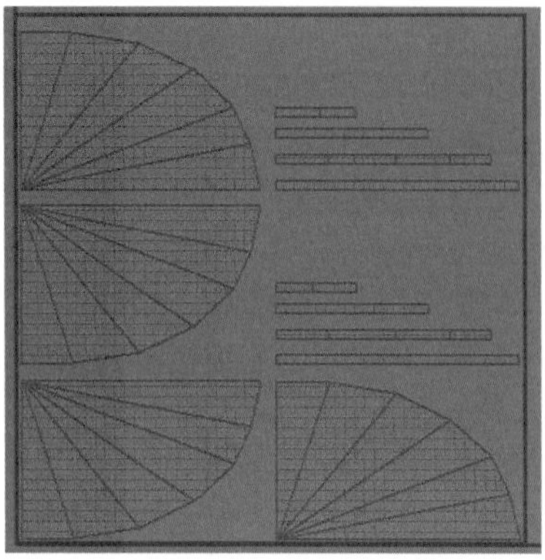

图 10-65　门的初始 UV

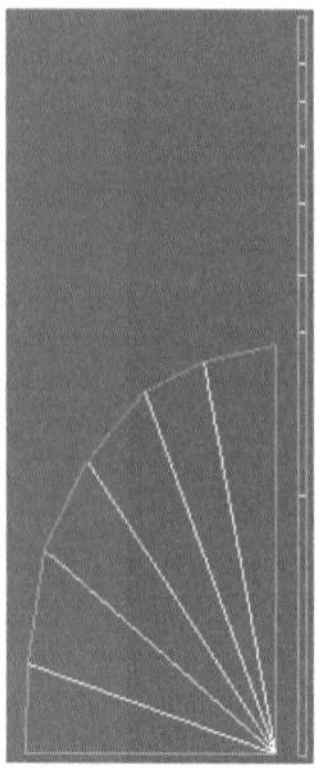

图 10-66　门 UV 效果

7．进入多边形层级，选择城墙地面部分的面，如图 10-67 所示。

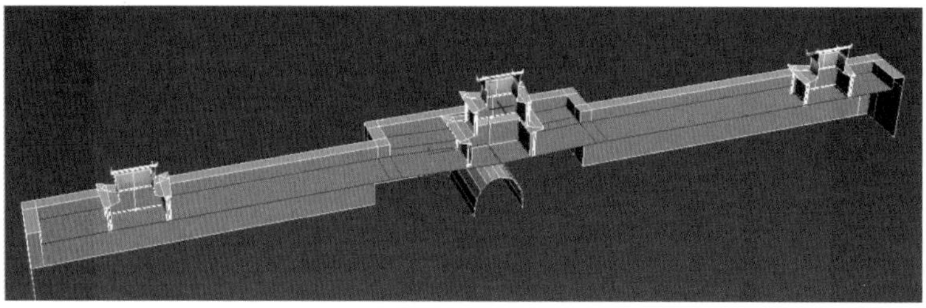

图 10-67　选择地面部分

8．添加 UVW 展开修改器，效果如图 10-68 所示。

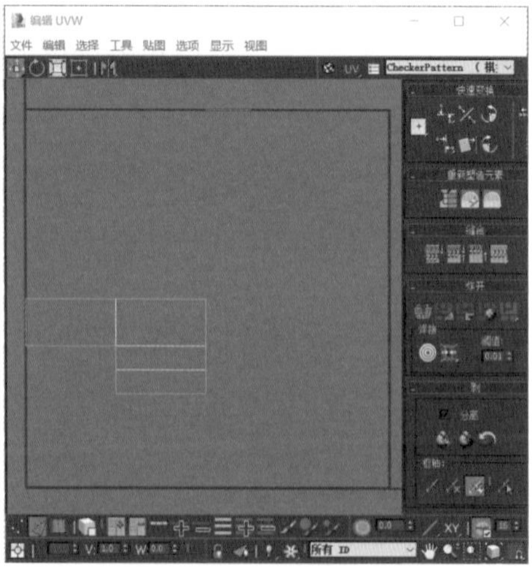

图 10-68　添加 UVW 修改器

9．进入多边形层级，展平贴图，效果如图 10-69 所示。

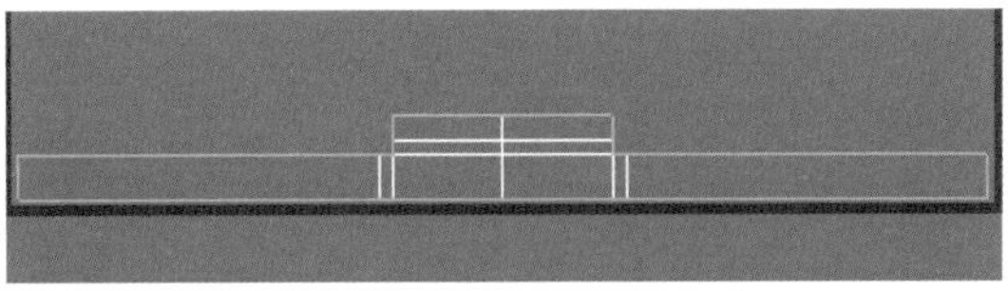

图 10-69　展平贴图效果

10．采用同样的方法处理两端城墙部分，效果如图 10-70 所示。

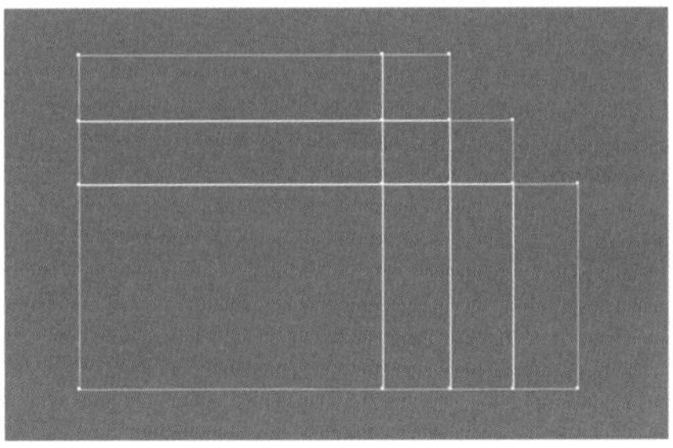

图 10-70　两端城墙 UV

11．重复上述操作处理城墙两边的部分，UV 效果如图 10-71 所示。

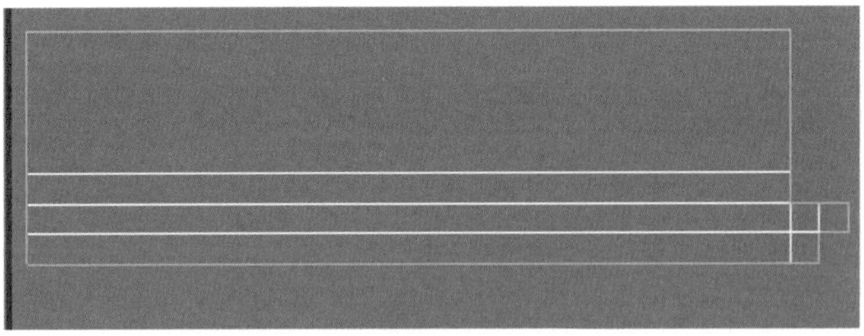

图 10-71　城墙两边 UV 效果

12．继续调整正门部分的 UV，效果如图 10-72 所示。

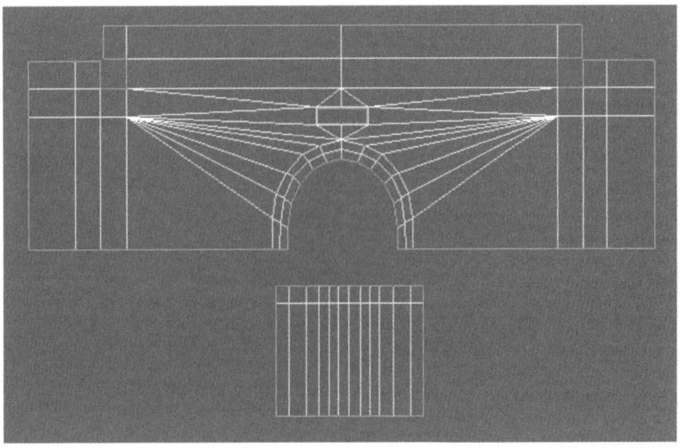

图 10-72　正门部分 UV 效果

此时城墙部分的 UV 调整完成，得到如图 10-73 所示的 UV 效果。

13．接着调整城楼的 UV，方法同前，城楼顶部屋檐 UV 效果如图 10-74 所示。

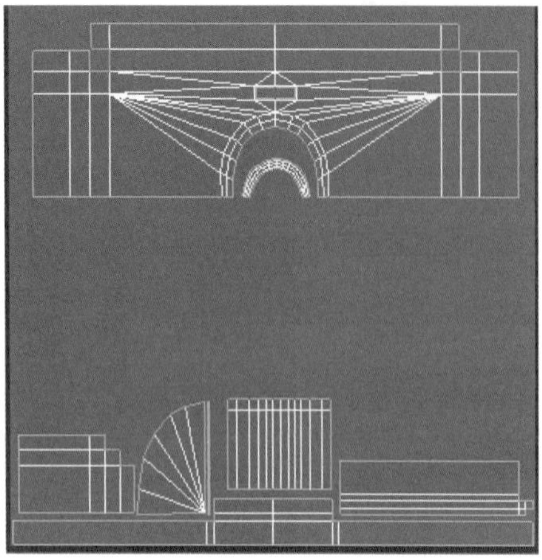

图 10-73　城墙部分的完整 UV

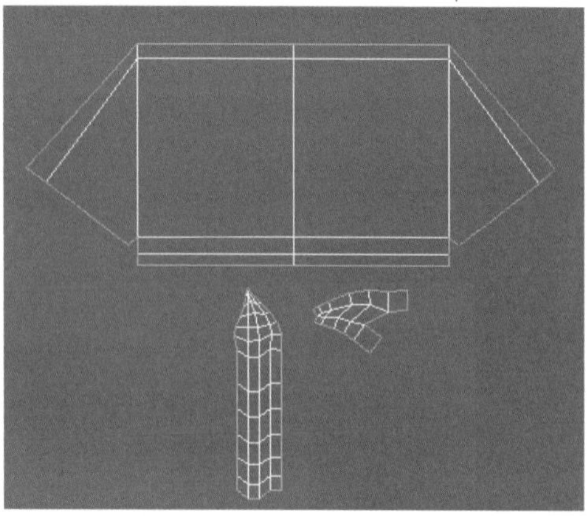

图 10-74　屋檐 UV 效果

14．调整顶层城楼的 UV，得到如图 10-75 所示的效果。

图 10-75　城楼顶层 UV

15．继续调整城楼 UV，第二层屋檐 UV 效果如图 10-76 所示。

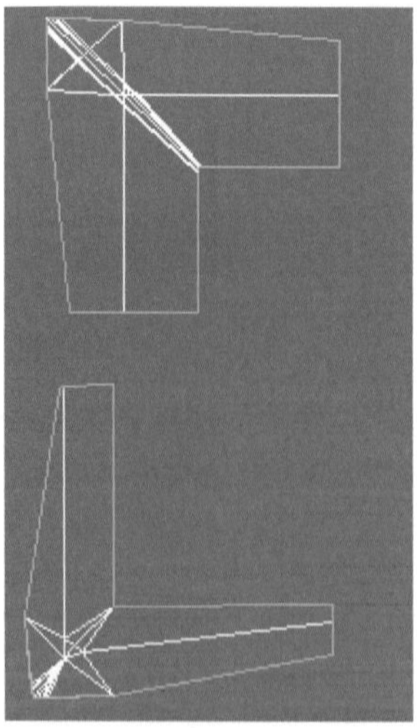

图 10-76　第二层屋檐 UV

立柱 UV 效果如图 10-77 所示，第一层屋檐 UV 效果如图 10-78 所示。

图 10-77　立柱 UV

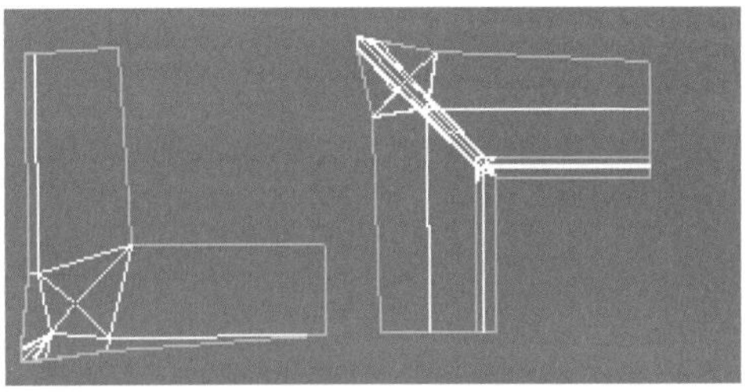

图 10-78　第一层屋檐 UV

各个层楼的 UV 都很规范，因此不需要做拆分，制作贴图的时候调整贴图设置即可，城门部分的 UV 效果如图 10-79 所示。

图 10-79　城门 UV 效果

16. 塌陷 UV 展开的模型，沿 Y 轴翻转对称模型，再次塌陷为可编辑多边形，效果如图 10-80 所示。

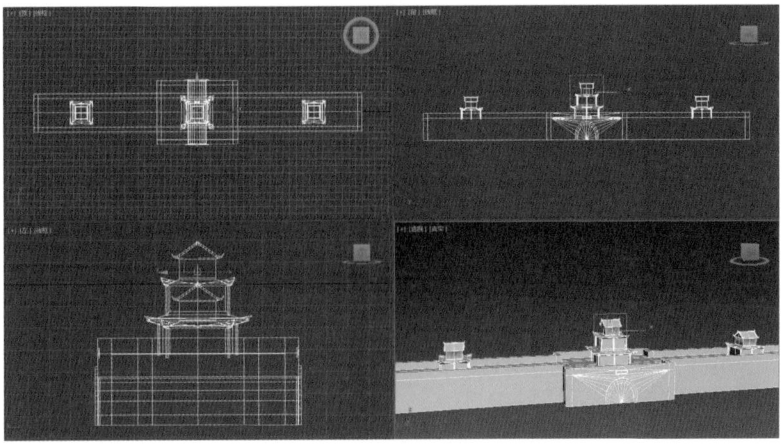

图 10-80　对称城门效果

17．进入元素层级，删除城内的城门部分，效果如图 10-81 所示。

图 10-81　删除内侧城门

10.3　城门模型贴图制作

10.3.1　城门模型贴图制作前的准备

1．选中城门模型，设置其 XYZ 坐标均为 0，即将城门模型对齐到原点。

2．进入 UVW 修改器，将拆分好的 UV 渲染保存为 cheng.tga，设置宽度和高度均为 1024，保存文件。

3．导出模型，以 OBJ 格式导出，命名为 cheng.obj。

4．启动 Photoshop，打开 cheng.tga 文件，如图 10-82 所示。

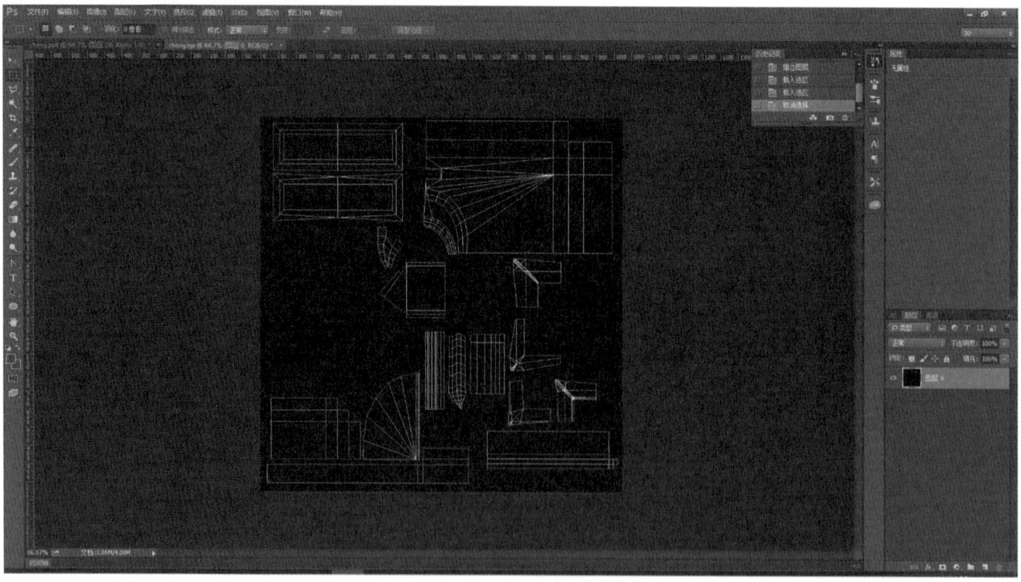

图 10-82　启动 Photoshop

5．切换到通道面板，按住 Ctrl 键单击 Alpha1 通道缩略图，如图 10-83 所示。

6．返回图层面板，新建图层，填充为红色，如图 10-84 所示。

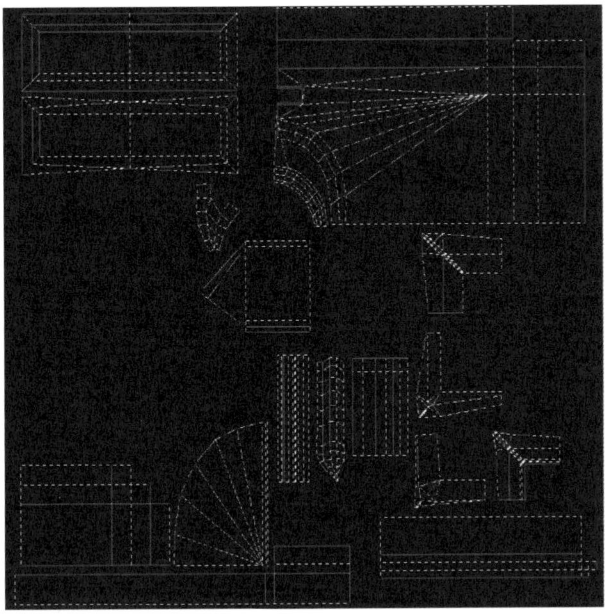

图 10-83　选择选区

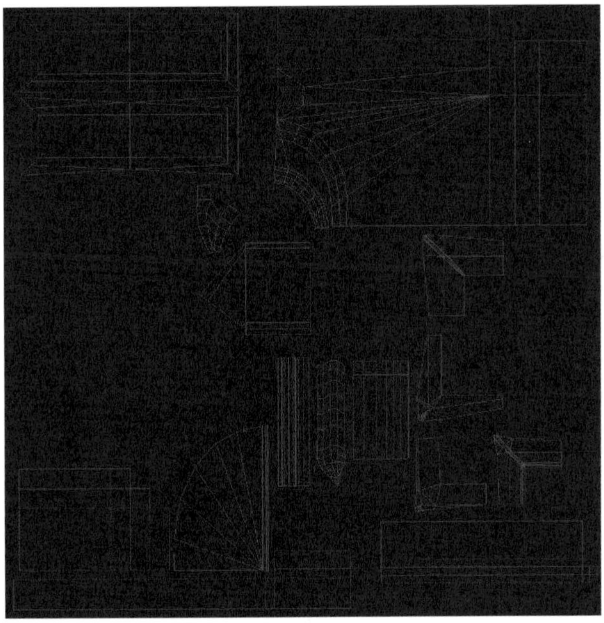

图 10-84　填充颜色

10.3.2　城墙部分贴图制作

案例中所使用的贴图可以通过手绘完成，也可以在网络中查找素材，再通过调整得到。本案例中使用网络素材来完成，其中城墙和柱子部分的贴图在导出的 UV 文件中进行设置，城楼部分的贴图通过各个部分设置单独贴图得到。

1．通过网络查找城墙素材，将其制作为二方连续贴图，效果如图 10-85 所示。

图 10-85　二方连续贴图效果

2．将城墙贴图放置在城墙的位置，将该部分城墙复制一份，垂直翻转并调整大小，注意调整出城墙上的孔洞，效果如图 10-86 所示。

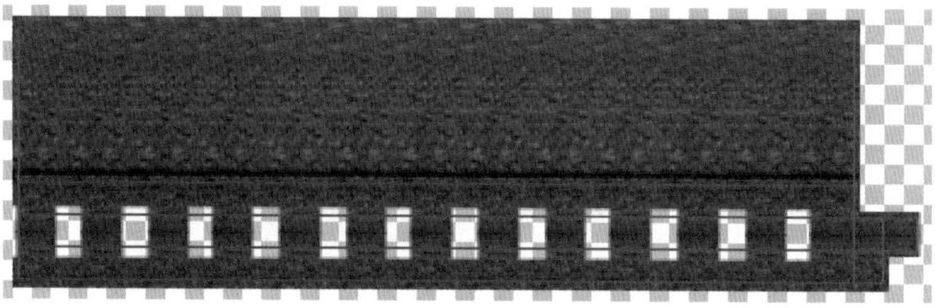

图 10-86　制作城墙贴图

3．继续调整其余部分的城墙贴图，效果如图 10-87 所示。

图 10-87　城墙部分贴图设置

4．将设置好城墙贴图的文件保存为 PNG 格式，并将其设置为模型的贴图，注意需要设置为 Alpha 贴图和双面贴图才会有孔洞效果，此时城墙效果如图 10-88 所示。

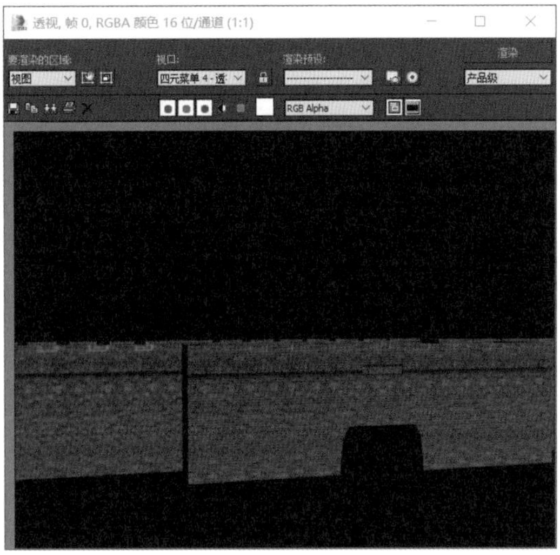

图 10-88　城墙贴图效果

5．按照同样的方法设置地面的贴图，如图 10-89 所示，效果如图 10-90 所示。

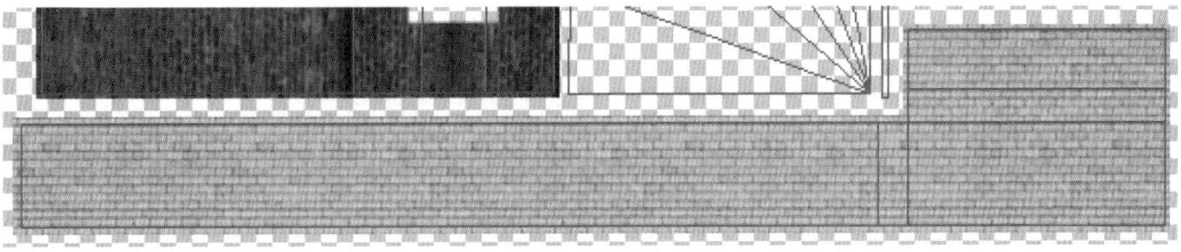

图 10-89　设置地面的贴图

图 10-90　地面贴图效果

6．设置城门门洞的贴图，如图 10-91 所示，效果如图 10-92 所示。

图 10-91　设置门洞的贴图

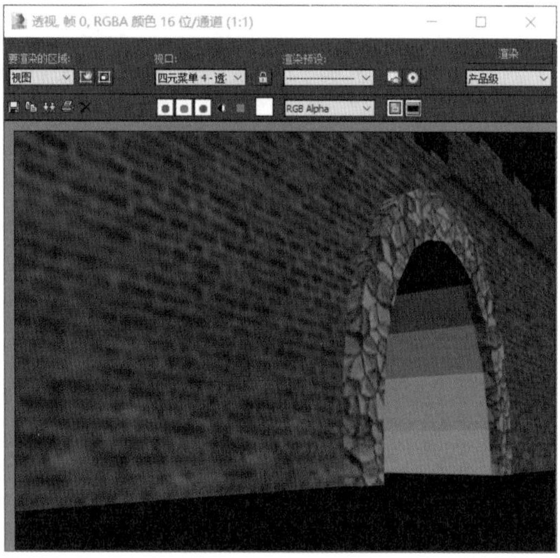

图 10-92　门洞贴图效果

7．设置门的贴图，如图 10-93 所示，效果如图 10-94 所示。

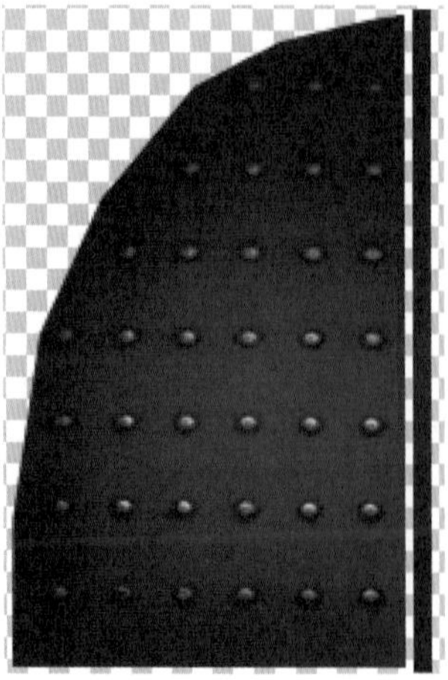

图 10-93　设置门的贴图

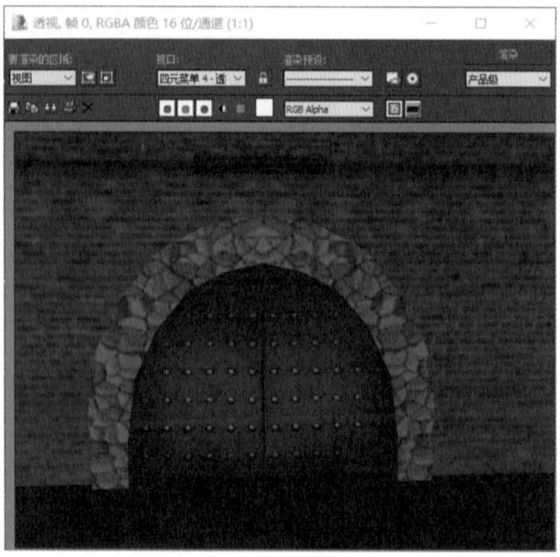

图 10-94　门贴图效果

8．设置城门牌匾的贴图，如图 10-95 所示，效果如图 10-96 所示。

图 10-95　设置牌匾的贴图

图 10-96　牌匾贴图效果

9．设置柱子部分的贴图，如图 10-97 所示，效果如图 10-98 所示。

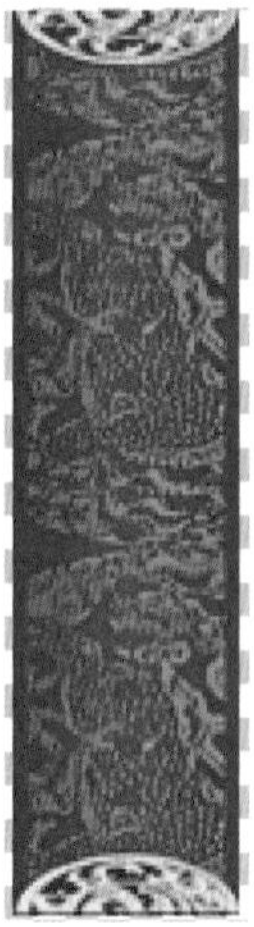

图 10- 97　设置柱子的贴图

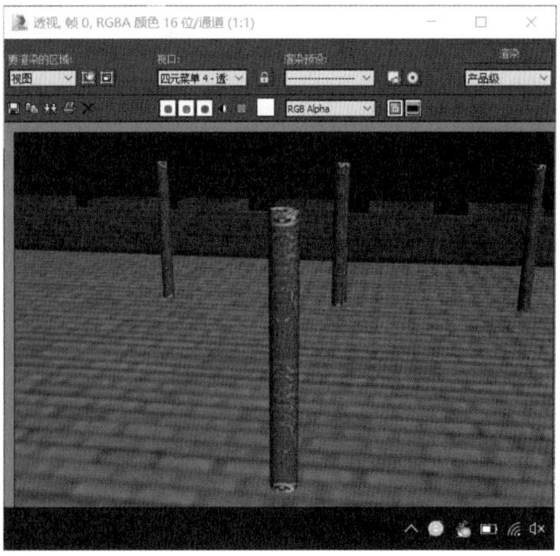

图 10-98　柱子贴图效果

10.3.3　城楼部分贴图制作

1．制作四方连续的瓦片贴图，如图 10-99 所示。

图 10-99　制作瓦片贴图

2．将瓦片设置为贴图，进入多边形层级，选择顶层两边的多边形，将瓦片材质赋给多边形，注意调整瓷砖数量，视图效果如图 10-100 所示。

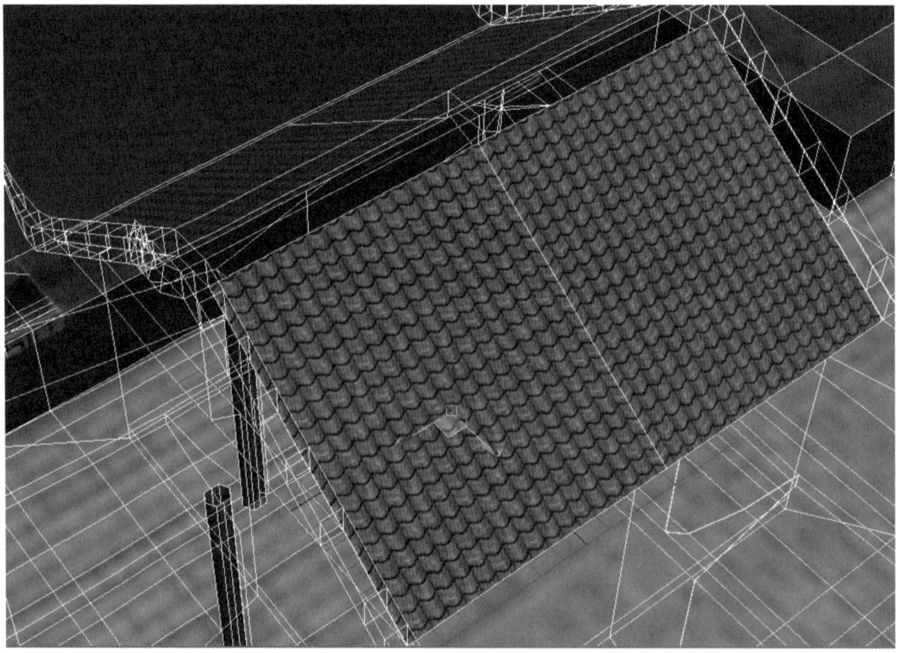

图 10-100　瓦片贴图效果

3．选择第二层和底层的屋檐部分，再次设置瓦片贴图，注意调整瓷砖数量，另外，4 个方向的瓦片贴图需要两两分别设置，否则方向会出错，效果如图 10-101 所示。

4．继续按照上述方法对城楼第二层和底层的城楼门设置贴图，城楼门的贴图如图 10-102 所示，将其添加到新材质球的漫反射颜色中，选择底层门的部分，将设置好贴图的材质球赋给所选择的多边形部分，如图 10-103 所示。

5．调整 U 方向上的瓷砖数量为 4，V 方向上的瓷砖数量为 1 保持不变，效果如图 10-104 所示。

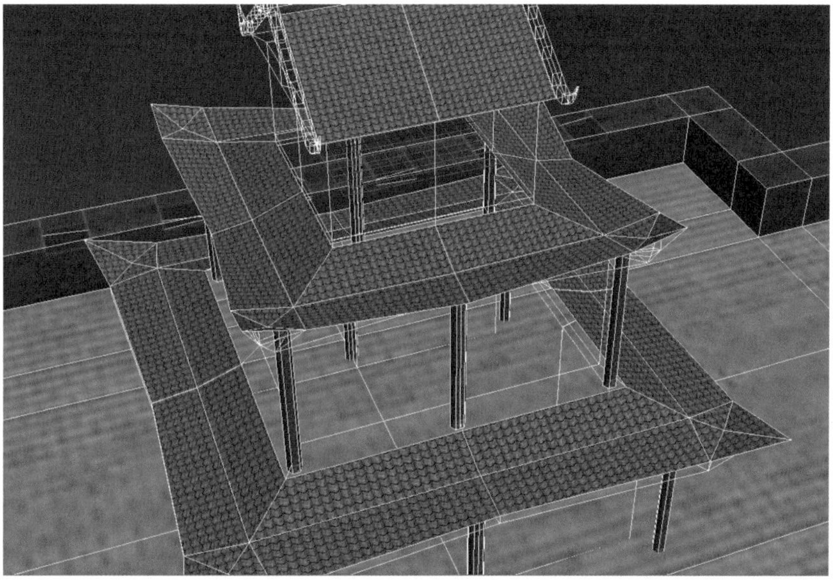

图 10-101　瓦片贴图完成效果

图 10-102　城楼门贴图

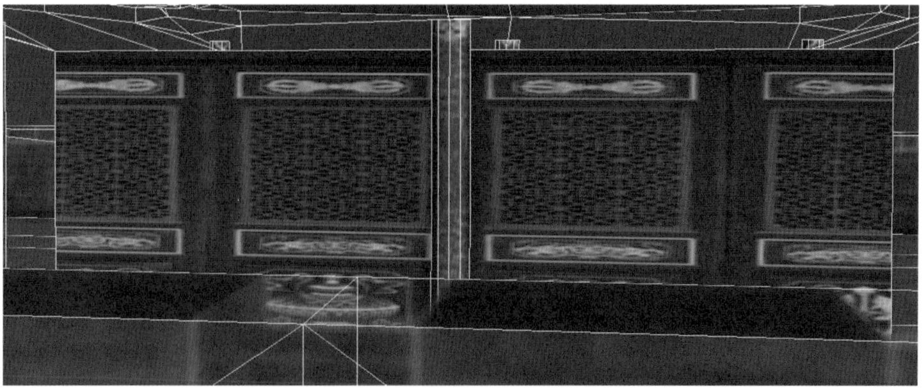

图 10-103　城楼门贴图初始效果

图 10-104 调整瓷砖数量效果

6．调整 U 方向上的位移为 1.625，将门柱的部分调整到两端，效果如图 10-105 所示。

图 10-105 调整位移效果

7．按照同样的方法设置第二层的城楼门贴图，U 方向上偏移为 1.499，瓷砖数量为 4，效果如图 10-106 所示。

图 10-106 调整第二层城楼门贴图效果

8．为新的材质球添加窗的贴图，选择第二层城楼两边墙壁的部分，赋予材质，如图10-107所示。

图10-107　添加窗户贴图

9．添加UVW贴图修改器，设置类型为柱形，修改瓷砖数量U方向上为4.2，偏移为0.012，效果如图10-108所示。

图10-108　第二层窗户贴图效果

10．塌陷全部，按照同样的方法设置城楼余下的窗户，效果如图10-109所示。

图10-109　窗户贴图效果

11．采用同样的方法分别对城楼的屋檐部分进行贴图，效果如图10-110所示。

图 10-110　设置屋檐贴图

12．以透明贴图的方式对栏杆的部分进行贴图，效果如图 10-111 所示。

图 10-111　栏杆贴图效果

城楼部分贴图完成，渲染效果如图 10-112 所示。

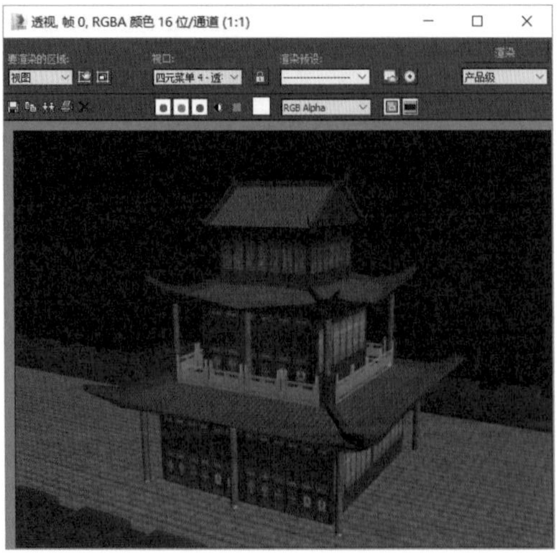

图 10-112　城楼贴图效果

13．进入元素层级，将左右两侧的小城楼部分删除，再进入多边形层级，将设置好贴图的城楼复制到左右两侧，效果如图 10-113 所示。

此时材质编辑器面板效果如图 10-114 所示，从中可以看到，除去城墙部分的贴图，城楼部分用了 16 张贴图，只是由于方向或者大小需要在城楼的不同位置进行不同的设置，因此有不少重复的贴图，比如屋顶的瓦片贴图设置了 5 张，分别对应顶楼一张、二楼屋顶两张、底楼两张；窗的部分用了 5 张贴图；门的部分用了两张贴图；地面用了两张贴图；栏杆部分用了一张贴图；梁部分用了一张贴图。

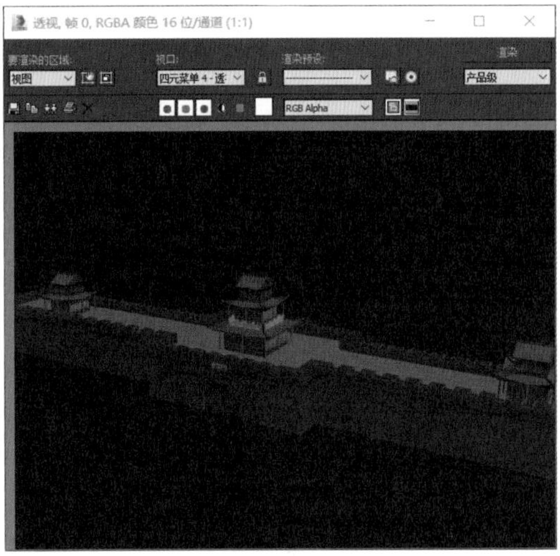

图 10-113　复制城楼效果

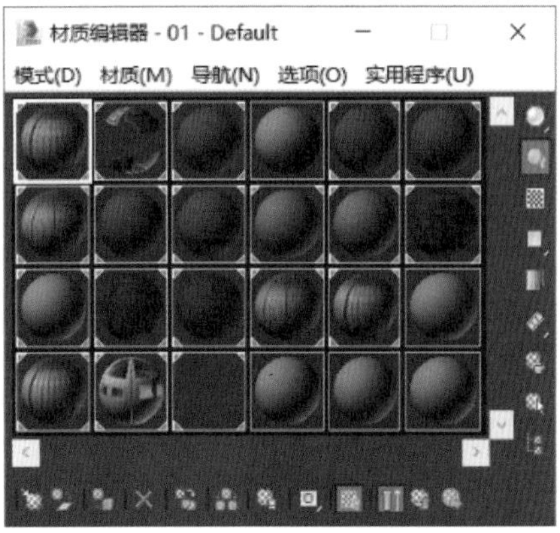

图 10-114　材质编辑器面板

14．直接将模型导出为 FBX 格式，设置如图 10-115 所示，将其保存路径设置为 Unity\Assets，启动 Unity，修改位置和角度参数，由于在贴图中有透明贴图，按照第 8 章透明贴图的材质球设置修改材质球，最终城楼的效果如图 10-116 所示。

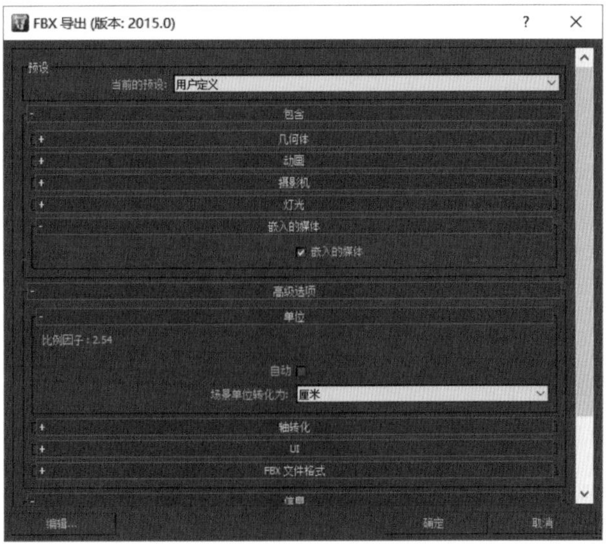

图 10-115　导出设置

图 10-116 U3D 中的效果

10.4 拓展任务

根据本章所学知识完成场景中所需建筑模型的建模，如渭城城门、酒馆、军帐、楼兰街道等模型。

本章小结

本章通过介绍城门模型各个部分的建模以及调整方法、城门模型的 UV 展开、城门模型的贴图制作及设置，对虚拟现实建模中建筑模型的建模方法进行了详细讲解。

对于建筑场景模型来说最重要的就是结构，只要抓紧模型的结构特点，制作就会变得简单，所以在制作前需要对对象的整体结构进行分析。

本章中需要着重掌握多边形建模、模型 UV 展开、为不同部分设置不同贴图效果的方法。

第 11 章 虚拟现实（VR）角色建模

本章要点

- 角色建模的方法和流程
- 角色模型 UV 拆分
- 角色模型的贴图绘制

VR 场景中的角色模型与游戏角色模型相同，可分为低精度模型和高精度模型两大类。对于角色模型而言，其模型在多边形面数上仍然受到诸多因素的限制，通常来说，一个角色模型的面数要控制在 5000 面左右，即使使用次时代技术，角色模型的面数也不应超过 2 万面。只要通过合理的模型布线控制，再加上出色的贴图绘制，在 VR 引擎渲染下，角色模型仍然能够呈现很好的视觉表现效果。

与传统的低精度模型相比，次时代模型最大的特点就是模型面数的提升，对于虚拟现实技术来说，模型面数是视觉效果表现的最基本条件，无论贴图和引擎技术如何强大，没有高面数的模型作为基础，其最终效果仍然不会有质的飞跃。

除此之外，法线贴图技术的应用对于次时代模型也起到了重要作用。法线贴图是一种凹凸感更强的 BUMP 贴图，对于视觉效果而言，它的效率和效果比原有的凹凸贴图更强，若在特定位置上应用光源，可以产生精确的光照方向和反射，法线贴图的应用极大地提高了画面的真实感和自然感。

对于 VR 角色模型来说，其角色在模型的整体制作流程和方法上与传统的低精度模型并无太多不同，主要是要根据项目来合理控制模型的面数，不同之处在于模型的 UV 细分方式。VR 角色模型要对角色整体进行模块化处理，在 UV 展开的时候通常不会把模型的 UV 全部平展到一张贴图上，而是进行一定的划分，制作多张贴图，如角色头部为一张独立贴图，身体衣服为独立贴图，腿部和裤子为一张贴图，胳膊和手套为一张贴图，诸如此类，这样方便对角色进行相应的贴图制作。

除了模块化外，VR 角色模型制作的重点更多的时候是放在贴图的制作和表现上，尤其是法线贴图的制作。在制作模型时需要根据角色设计制作高精度角色模型，用于烘焙法线贴图，具体的法线贴图烘焙方法将在案例中进行讲解。

高精度模型和低精度模型都是通过多边形编辑命令制作出来的，低精度模型在编辑完成后即可直接导入引擎进行应用，而高精度模型在完成多边形编辑后，还需要对模型整体添加平滑命令，将模型整体进行圆滑和更加精细的细分处理。

本案例中所制作的角色模型是大唐使者模型，作为贯穿整个故事情节的角色而存在。角色模型一般可以由头部、躯干、上肢、下肢、发饰、服饰、鞋子 7 个部分构成，对于不同的角色而言，建模时可以根据实际的情况来选择建模的部分，比如本案例中的使者角色模型，衣服会把躯干和手臂的部分完全覆盖，裤子部分会把下肢完全覆盖，鞋子会把脚的部分完全覆盖，因此，为了节约建模的时间，可以直接对服饰部分建模，不必再对躯干和四肢建模。

11.1 使者模型建模

使者模型在建模中分为头部、发型及发饰、服饰及配饰、手 4 个部分，在制作的时候要分别对这些部分制作高精度模型和低精度模型。下面就分别对这些部分进行建模，然后得到完整的使者模型。

11.1.1 头部建模

头部模型的建模方法仍然是采用多边形建模，首先绘制一个长方体，然后再转换为可编辑多边形，通过增加分段调整顶点位置来得到最终的头部模型，具体方法可参考马头部模型建模。这里为了节省时间，借助脸部生成器建模插件来完成头部模型建模。

1．将提供的素材文件夹中的 Face_Maker.ini 文件拷贝到 MAX 安装的根目录 \plugcfg 文件夹中，facemaker 文件夹放到 MAX 安装的根目录 \scripts\startup 文件夹中；重新启动 MAX，在 MAX 的创建命令面板的“几何体”面板中选择“优一插件”，如图 11-1 所示。

2．创建长方体模型作为人体模型比例参考，设置长宽高分别为 0.2m、0.4m 和 1.8m，高度分段为 8，得到如图 11-2 所示的效果。

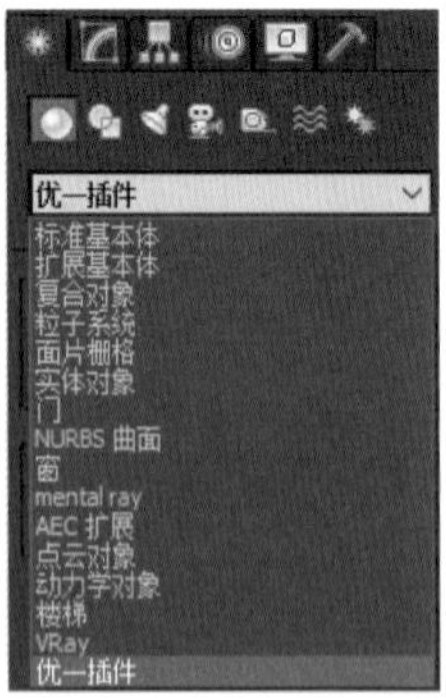

图 11-1　使用插件

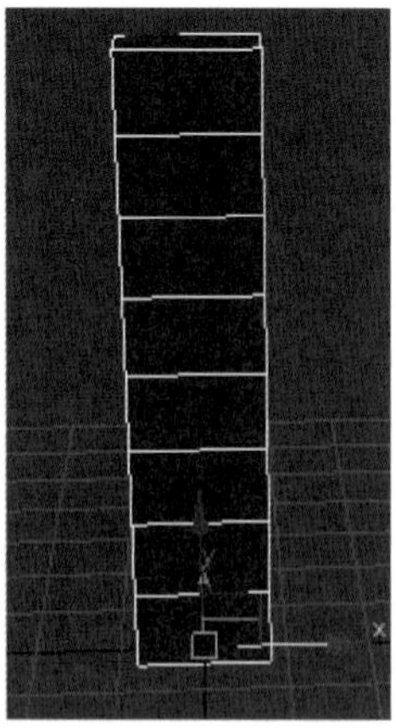

图 11-2　创建长方体

3．选择优一插件，单击人脸生成器，在顶视图中拖动鼠标建立脸部模型，设置其坐标轴均为 0，如图 11-3 所示。

4．进入修改器面板，调整人脸参数，包括性别、头 / 前额、头 / 下部、眼睛、鼻子、嘴、耳朵，如图 11-4 所示。

调整好的脸部效果如图 11-5 所示，注意将头部大小调整到参考长方体的一个分段大小。

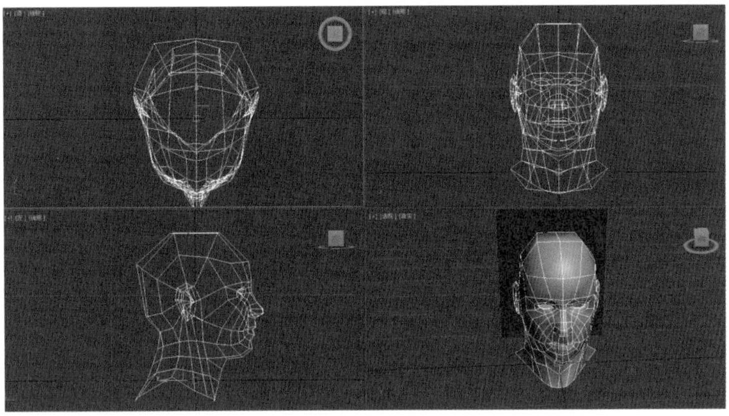

图 11-3　绘制脸部模型

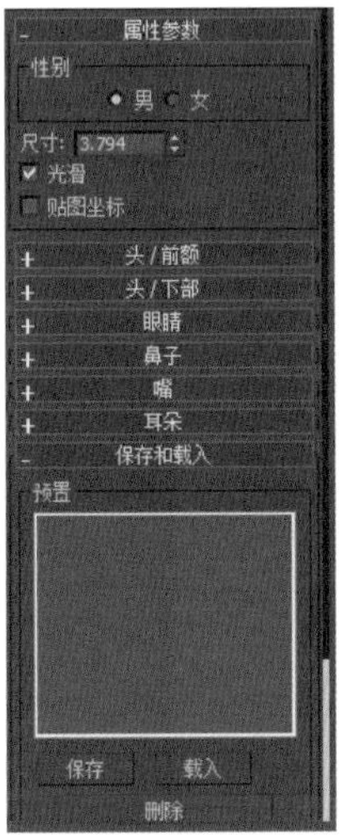

图 11-4　调整人脸参数

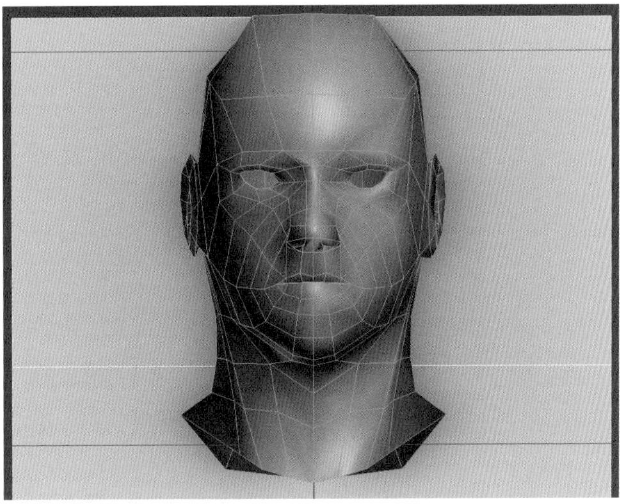

图 11-5　调整脸部效果

5．将调整好效果的对象转换为可编辑多边形，删除一半的模型，如图 11-6 所示。

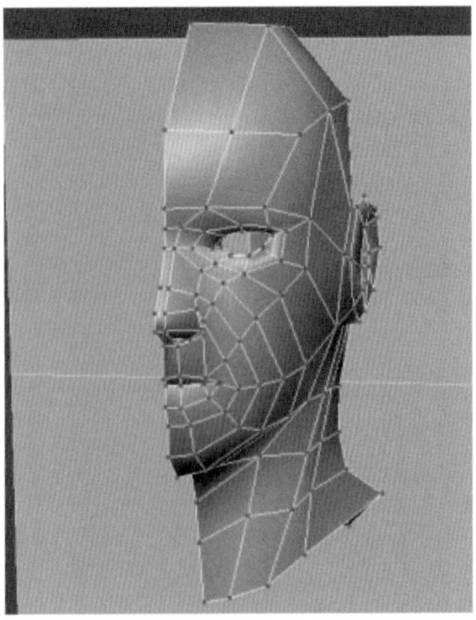

图 11-6　删除一半模型

6．进入边界层级，选择眼睛部分的边界，将其封口产生眼睛所在的面，如图 11-7 所示。

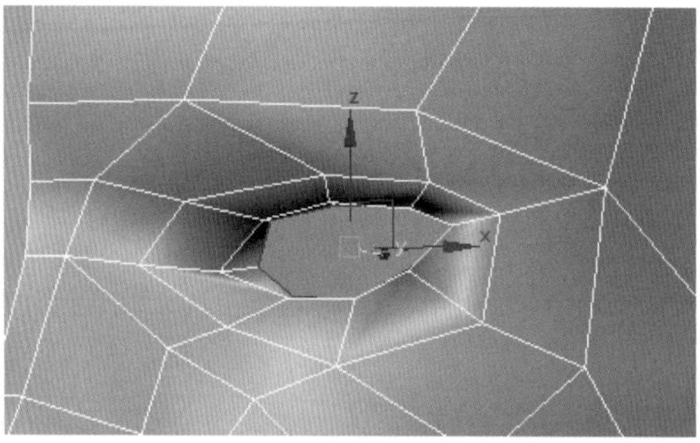

图 11-7　将眼睛部分封口

7．进入顶点层级，调整眼睛四周的顶点，得到眼睛轮廓，如图 11-8 所示。

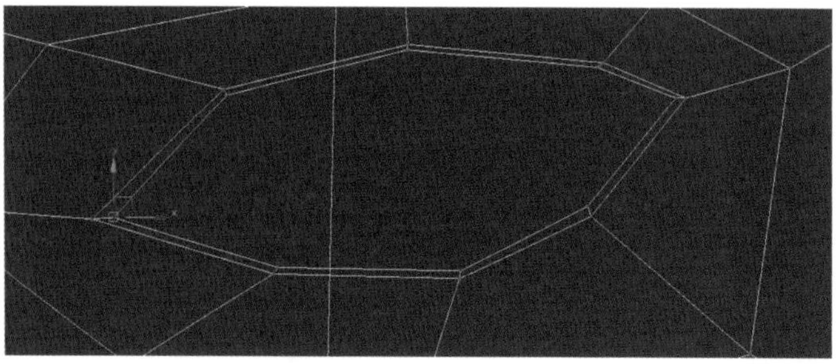

图 11-8　调整眼睛轮廓

8．使用“切割”命令对眼睛部分增加布线，使眼睛部分的面不超过四边形，调整效果如图 11-9 所示。

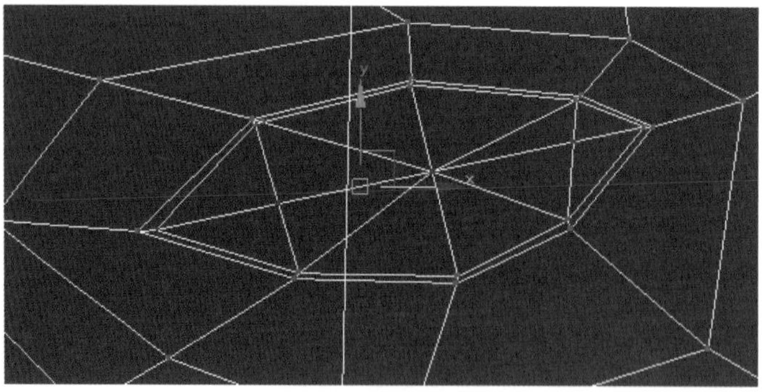

图 11-9　调整效果

9．进入顶点层级，调整眼睛轮廓，细节不够的时候可通过切割再次加线得到，效果如图 11-10 所示。

10．调整面部其他部分的细节，特别是后脑勺部分，以及眉毛、唇部等，同样可以通过“切割”命令加线再调整，效果如图 11-11 所示。

11．使用“对称”命令得到另一半的头部模型，效果如图 11-12 所示。

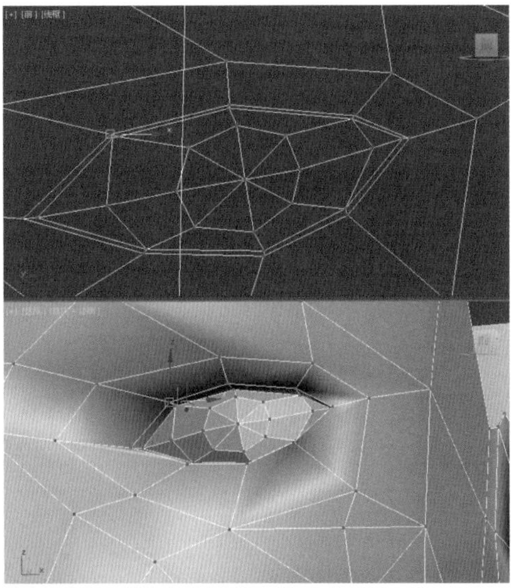

图 11-10　调整眼睛细节

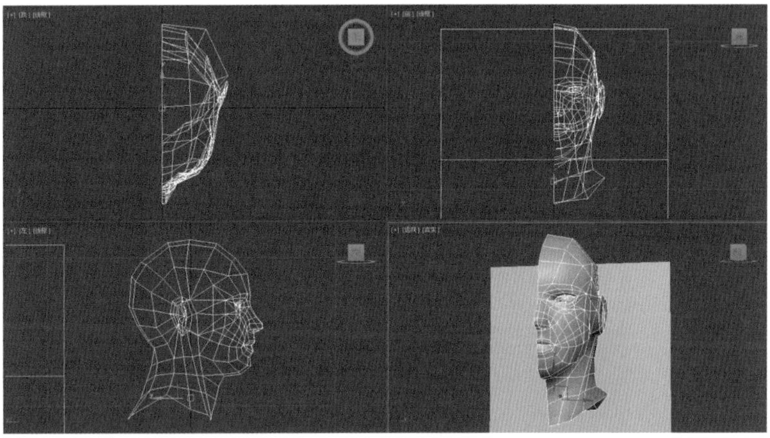

图 11-11　调整头部其他细节

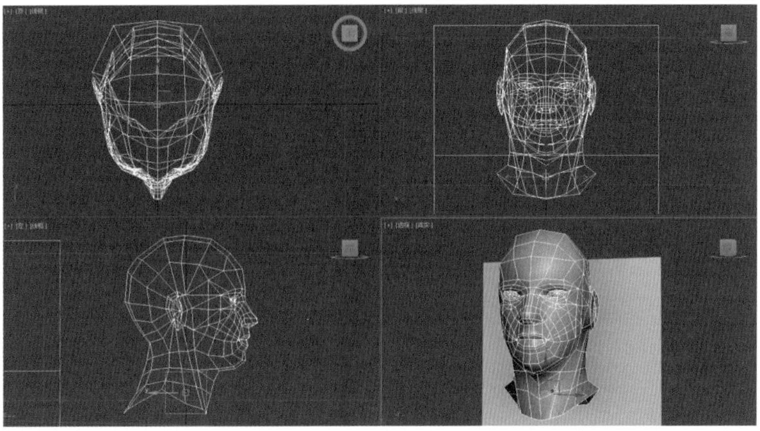

图 11-12　对称得到头部模型

11.1.2 发型及发饰部分建模

唐朝男人们大多置纱冠、着幞头，而把头发挽在头顶或脑后，幞头最初是一块四方皂帛，由前幞后包住发髻并缚结。北朝末至隋之际，发展为在方帕上裁接出四角，覆于头上，后面两角朝前包抄系结于额顶，前面两角绕至脑后缚结下垂。幞头脑后的两角逐渐变长，并发展出各种各样的系结方式和形态。

幞头本为柔软布帛，裹于头上难以成型，不甚美观，所以早期幞头形象也十分平矮。初唐开始在幞头内衬以硬质“巾子”，幞头裹在巾子上，使外观硬挺。巾子与幞头需配套使用，巾子的材质有木、竹篾、丝葛，其流行样式也随风潮频频改易。自初唐以来有“平头小样”“内样”“武家诸王样”“英王踣样”“圆头官样”“仆射样”等多种。

本案例中所制作的发型及发饰即是幞头，参考图如图 11-13 所示，下面详述具体制作步骤。

图 11-13 幞头参考图

1．返回可编辑多边形，打开“显示最终结果”开关，仍然对一半的模型进行建模，选择如图 11-14 所示的多边形，将其分离出来，命名为 fa。

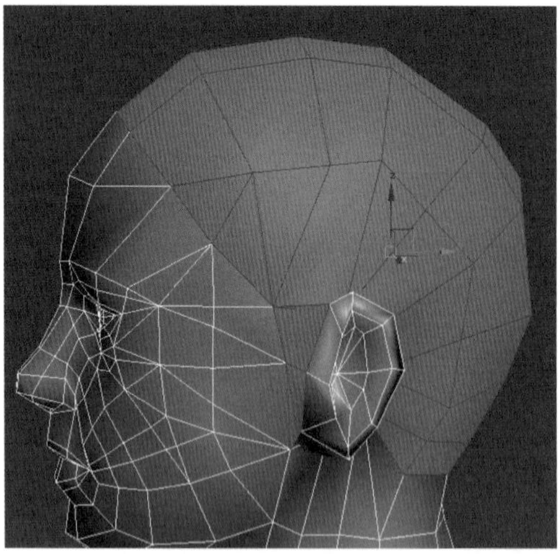

图 11-14 选择多边形

2．选择 fa 对象，进入多边形层级，选择所有的面，挤出头发的厚度，效果如图 11-15 所示。

3．进入顶点层级，调整头发部分的顶点，效果如图 11-16 所示。

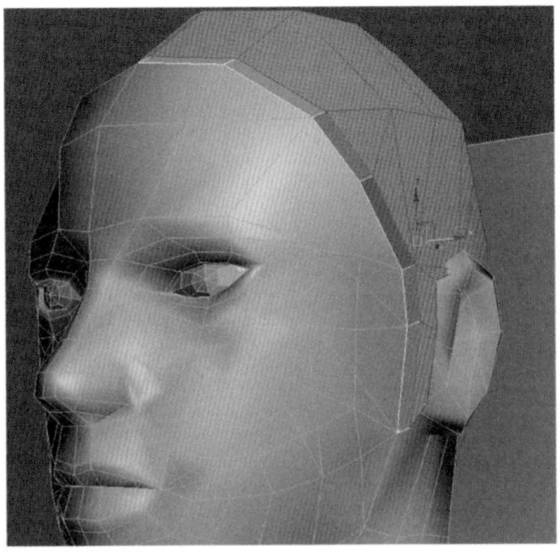

图 11-15　挤出头发厚度

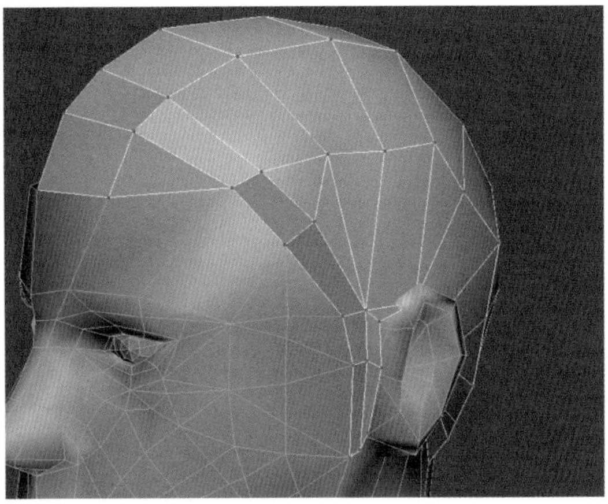

图 11-16　调整头部顶点效果

4．删除挤出后多余的面，继续调整幞头下边缘顶点，效果如图 11-17 所示。

图 11-17　调整幞头下边缘顶点

5．调整幞头前端，效果如图 11-18 所示。

6．选择顶部的面，使用“挤出”命令调整幞头顶部，效果如图 11-19 所示。

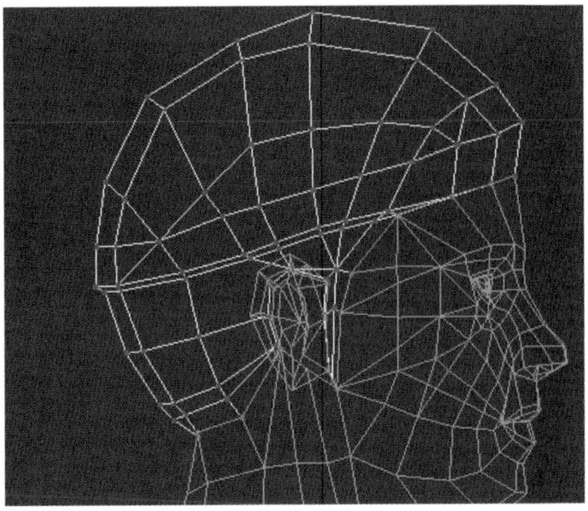

图 11-18　调整幞头前端效果

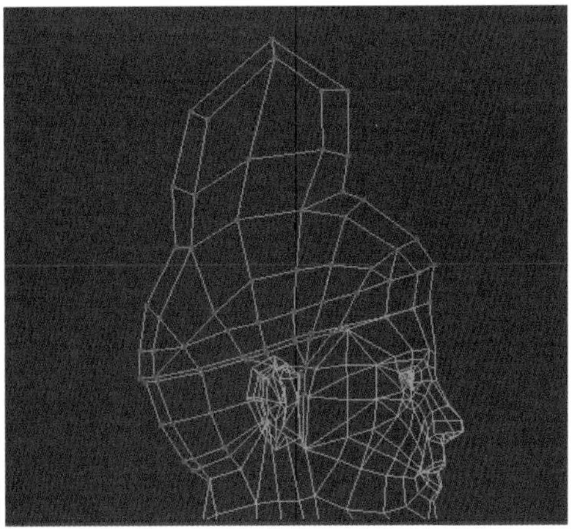

图 11-19　挤出幞头顶部

7. 采用同样的方法制作幞头尾部，效果如图 11-20 所示。

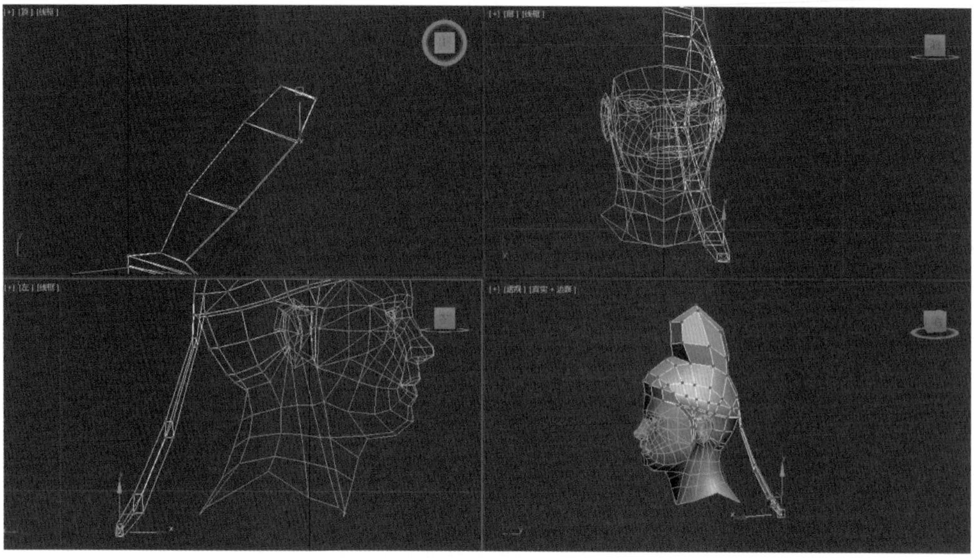

图 11-20　幞头尾部效果

8. 使用“对称”命令复制出另一半幞头及头发部分，最终效果如图 11-21 所示。

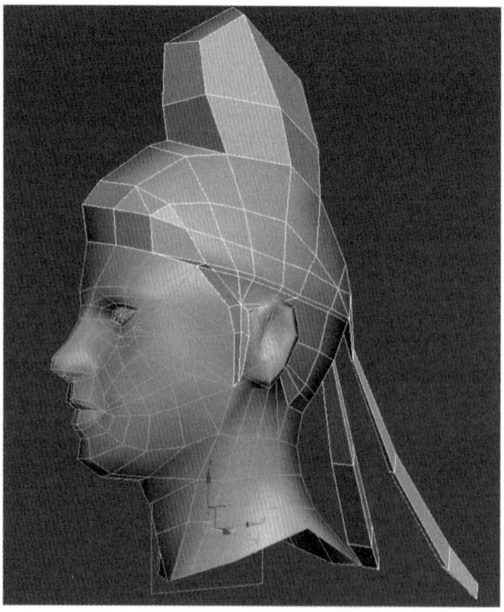

图 11-21　完整幞头效果

11.1.3　服饰建模

在唐代，日常所穿的正式服装称为“常服”，又称“时服”。“时服”者，流行时兴之服装，又以四时而略有不同，是使用最多的服饰。唐代日常男装为我们所熟知的圆领袍靴，包括身服外衣袍、衫，中衣半臂、长袖、袄子，里衣汗衫，下服袴、裈，首服幞头、巾子，足服鞋、靴、袜等。

在建模的时候不需要把所有服饰都建模出来，只需要对看得到的服饰部分建模即可，参考图如图 11-22 所示，下面详述具体制作步骤。

图 11-22　服饰参考图

1．选择头部模型，进入多边形层级，选择脖子部分的多边形，以克隆的方式分离，效果如图 11-23 所示。

2．进入顶点层级，调整衣领部分顶点位置，效果如图 11-24 所示。

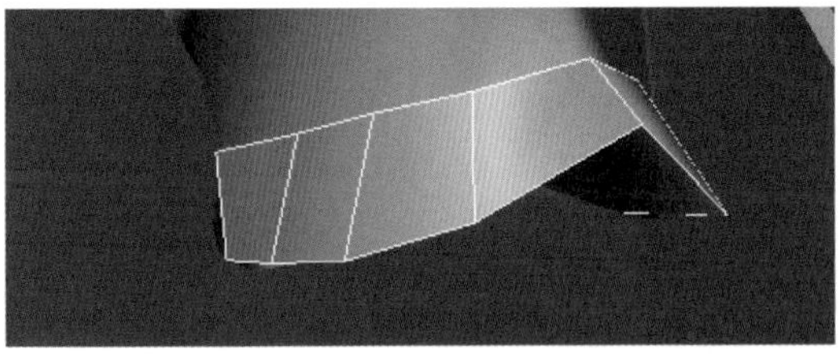

图 11-23　分离脖子部分

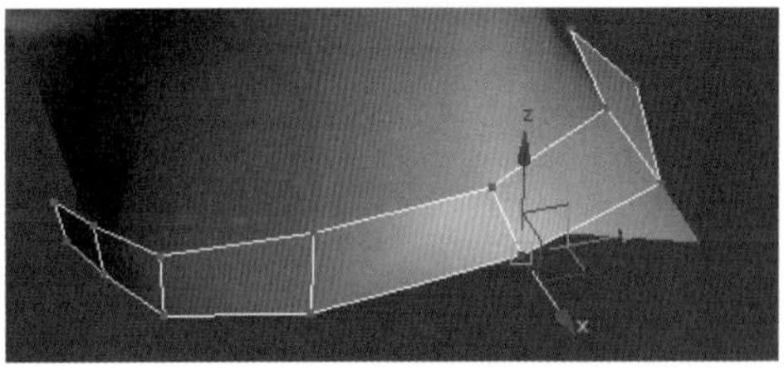

图 11-24　调整衣领效果

3．进入边层级，选择衣领下边缘的所有边，按住 Shift 键向下拖动鼠标，得　　到新的多边形面，如图 11-25 所示。

4．进入顶点层级，调整各顶点位置，如图 11-26 所示。

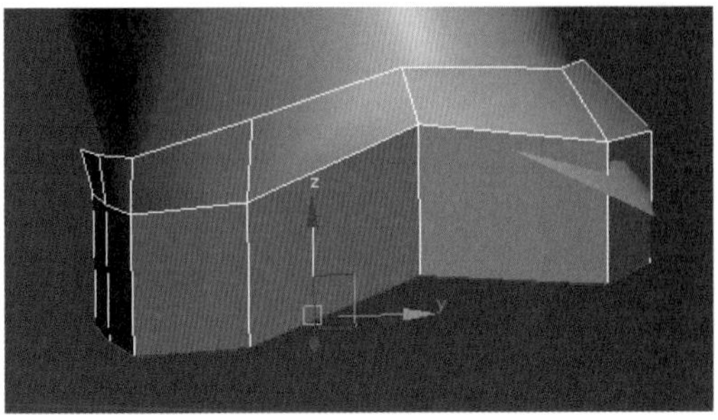

图 11-25　复制边

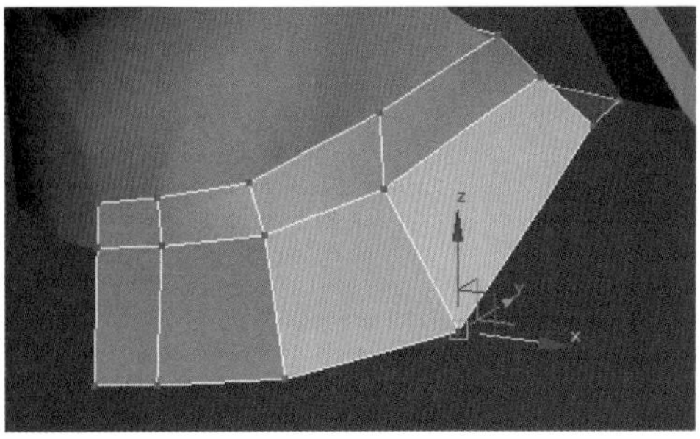

图 11-26　调整顶点位置

5．重复上述操作，反复复制边，效果如图 11-27 所示。

6．调整左视图顶点的大体轮廓，效果如图 11-28 所示。

7．调整前视图顶点的大体轮廓，效果如图 11-29 所示。

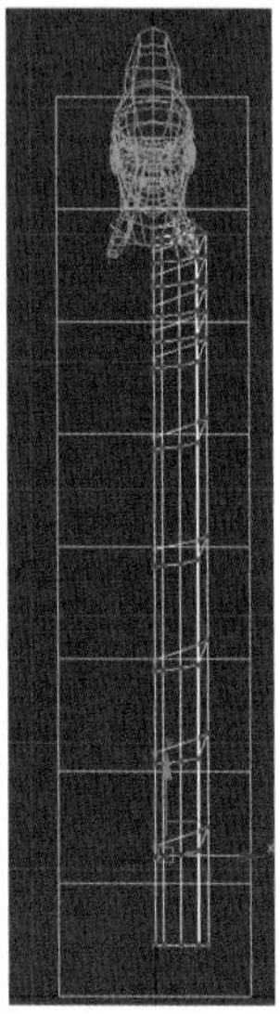
图 11-27　复制边

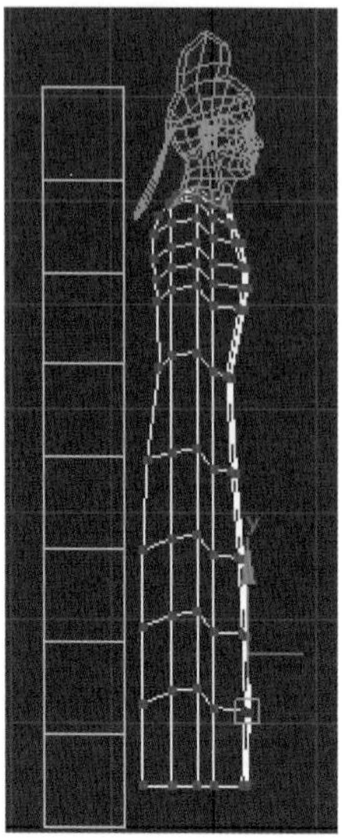
图 11-28　调整身体轮廓

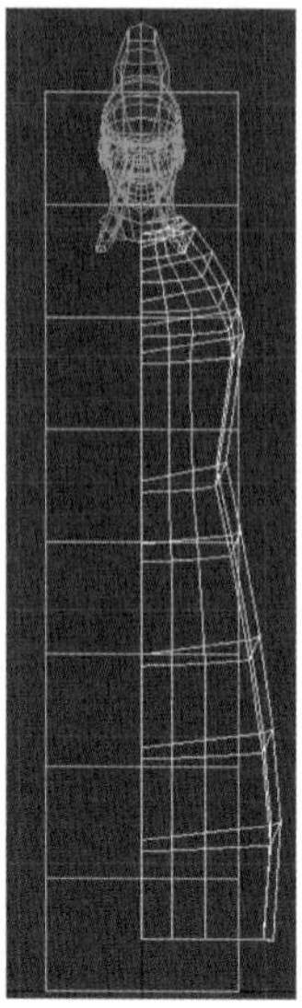
图 11-29　调整前视图轮廓

8．进入透视图细致调整各顶点位置，细节不够的部分可以加线增加分段数再调整，效果如图 11-30 所示。

9．使用“切割”命令切割出衣袖所在的面，使用“挤出”命令挤出衣袖大体轮廓，如图 11-31 所示。

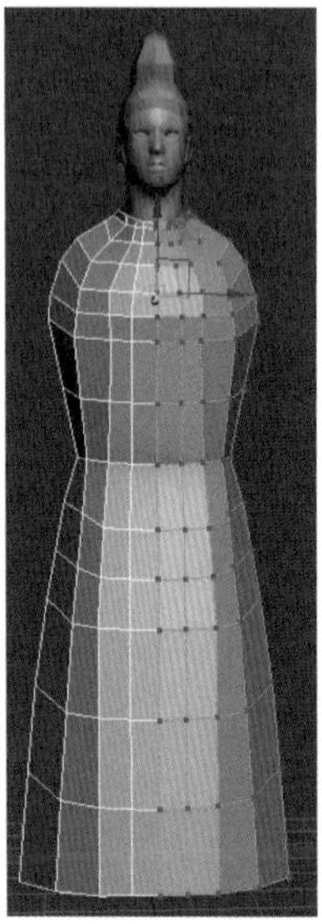
图 11-30　增加衣服细节

图 11-31　挤出衣袖

10．进入顶点层级，调整衣袖轮廓，效果如图 11-32 所示。

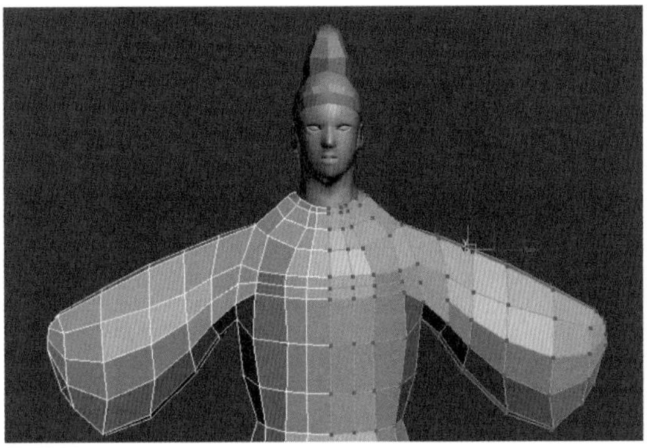

图 11-32　调整衣袖轮廓

11．选择下半身所在的面，以克隆的方式分离，用于制作裤子，效果如图 11-33 所示。

12．进入顶点层级，调整顶点位置，如图 11-34 所示。

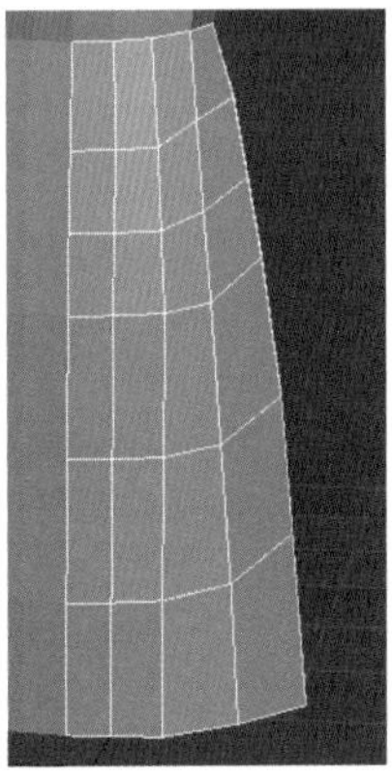

图 11-33　分离下半身模型

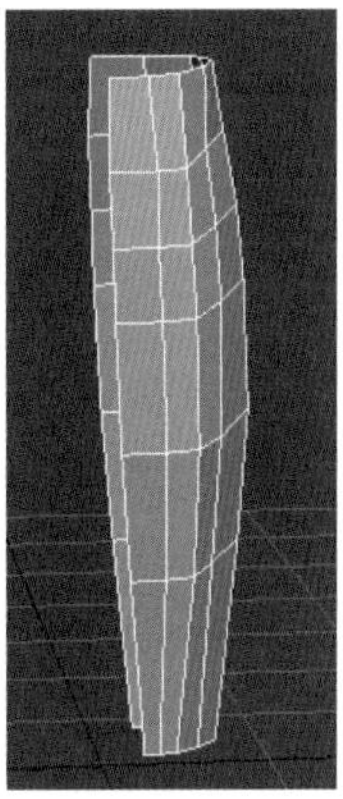

图 11-34　调整顶点位置

13．进入边层级，选择侧面的边并按住 Shift 键进行拖动复制，如图 11-35 所示。

14．使用目标焊接将裤子缝合起来，效果如图 11-36 所示。

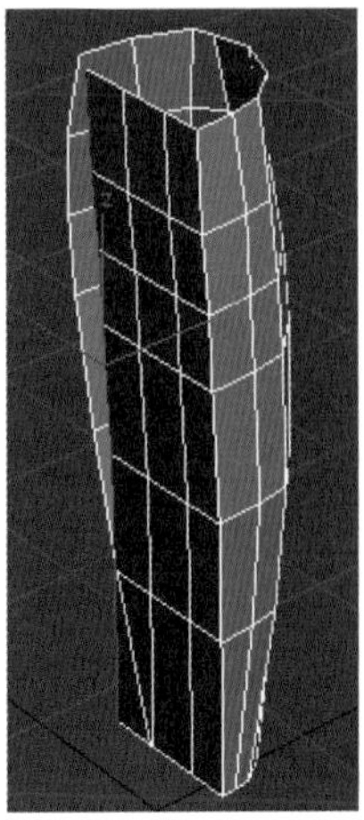

图 11-35　复制边

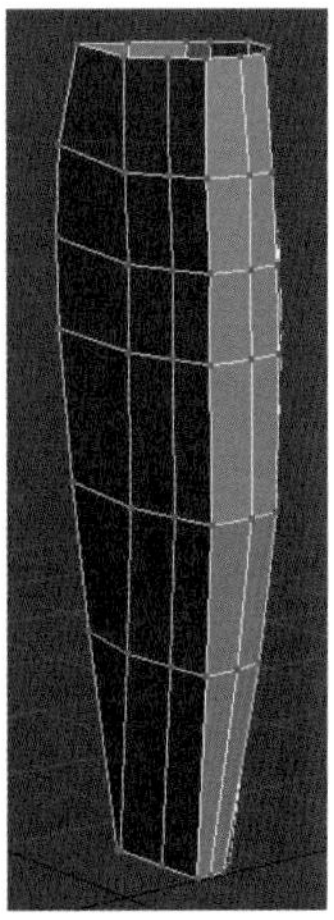

图 11-36　缝合裤子

15．调整裤子轮廓，删除裤子连接部分的多边形，效果如图 11-37 所示。

16．将裤脚部分封口，增加分段调整裤脚部分轮廓，效果如图 11-38 所示。

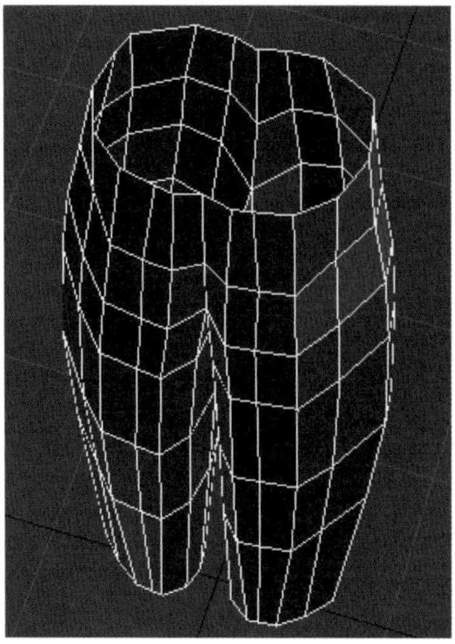

图 11-37 删除多余的多边形

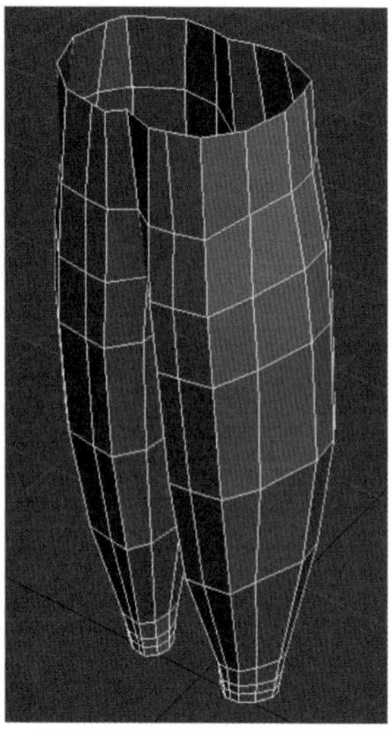

图 11-38 调整裤脚轮廓

17．制作靴子的部分。唐代较为常见的是勾头鞋，如图 11-39 所示。在裤脚部分新建一个平面，长宽分段均为 4，将平面转换为可编辑多边形，增加分段数调整出靴子底部形状，效果如图 11-40 所示。

图 11-39 靴子参考图

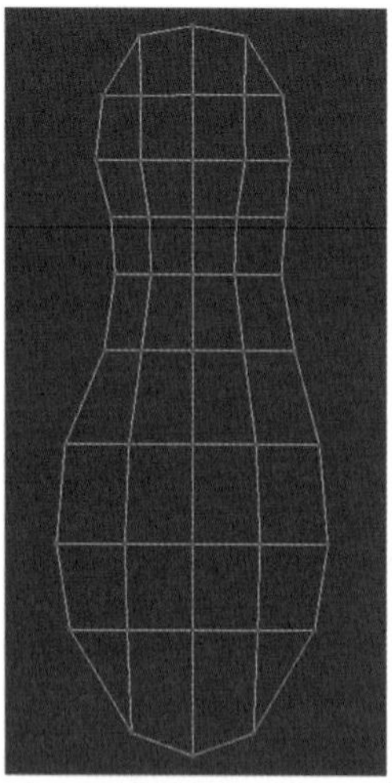

图 11-40 靴子底部轮廓

18．进入边层级，选择靴子四周的边，按住 Shift 键拖动复制出靴子的厚度，效果如图 11-41 所示。

19．进入边界层级，将表面封口，并使用切割工具对表面进行切割，效果如图 11-42 所示。

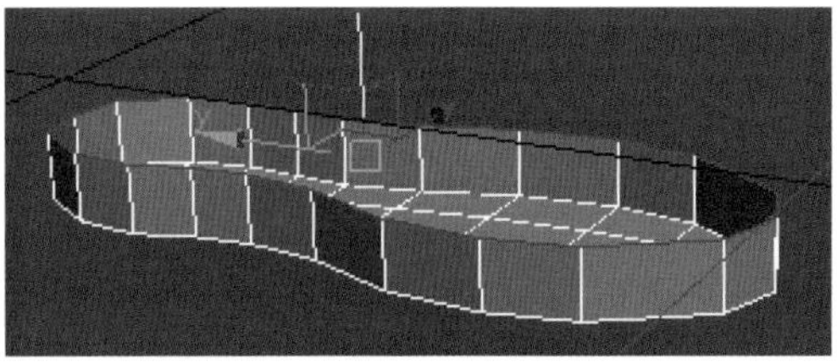

图 11-41　复制出靴子厚度

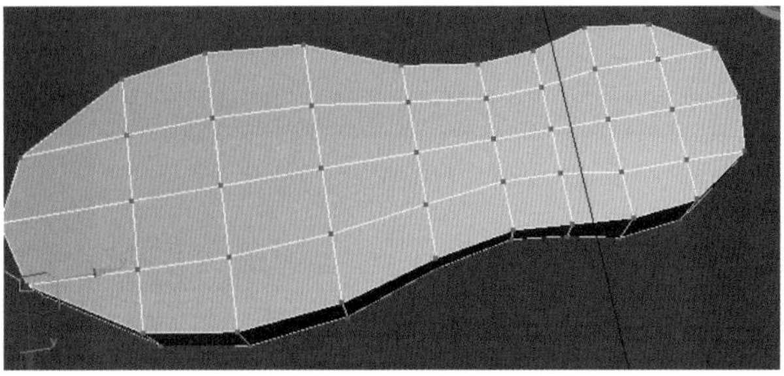

图 11-42　靴子封口并切割

20．在左视图中调整靴子底部轮廓，如图 11-43 所示。

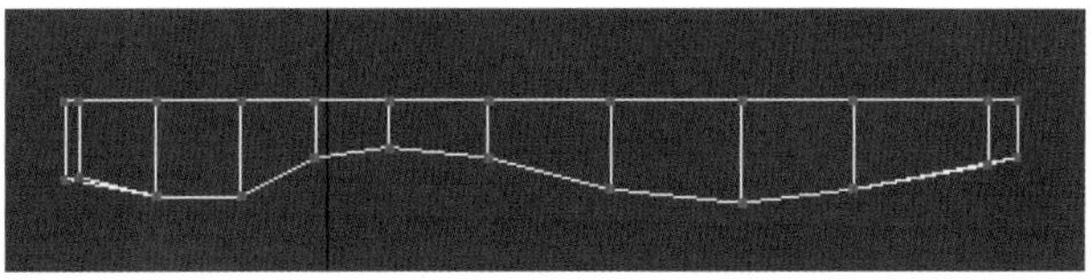

图 11-43　调整靴子底部轮廓

21．选择表面的面，挤出靴子轮廓，如图 11-44 所示。

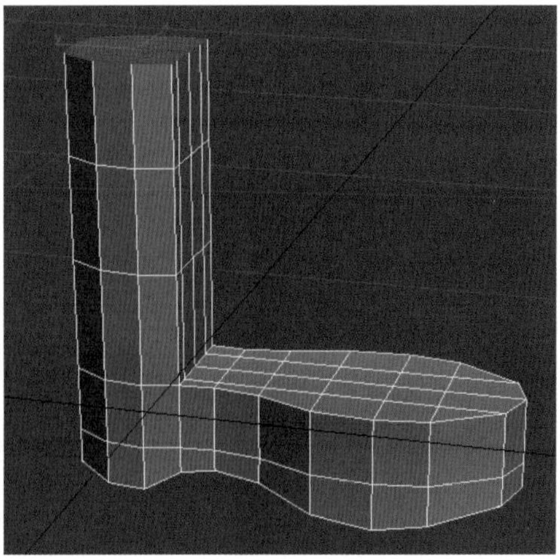

图 11-44　挤出靴子轮廓

22．进入顶点层级，调整靴子轮廓，如图 11-45 所示。

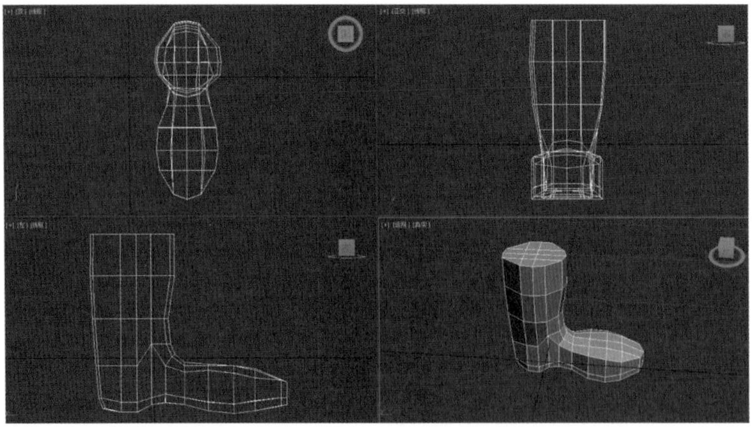

图 11-45　进一步调整靴子轮廓

23．选择靴子尖部的面，使用“挤出”命令调整靴尖效果，如图 11-46 所示。

24．删除顶部的面，将靴子模型和裤子模型附加在一起，再次调整靴子轮廓，如图 11-47 所示。

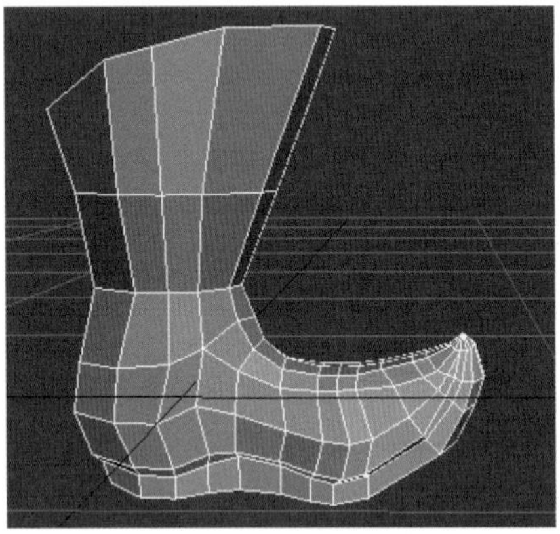

图 11-46　调整靴子尖效果

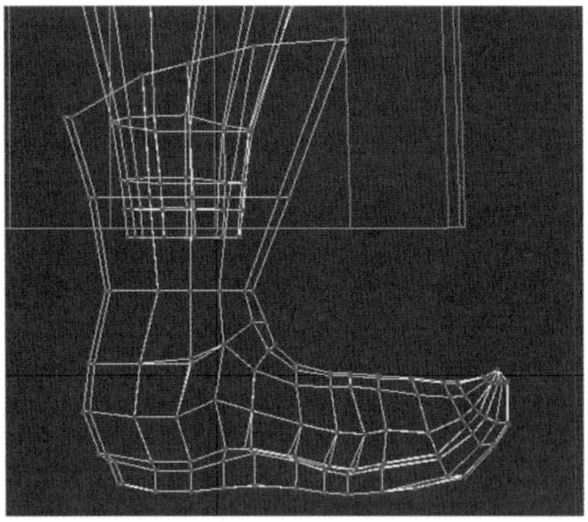

图 11-47　将靴子和裤子附加

25．制作腰带部分。选择腰部的面，使用“挤出”命令，效果如图 11-48 所示。

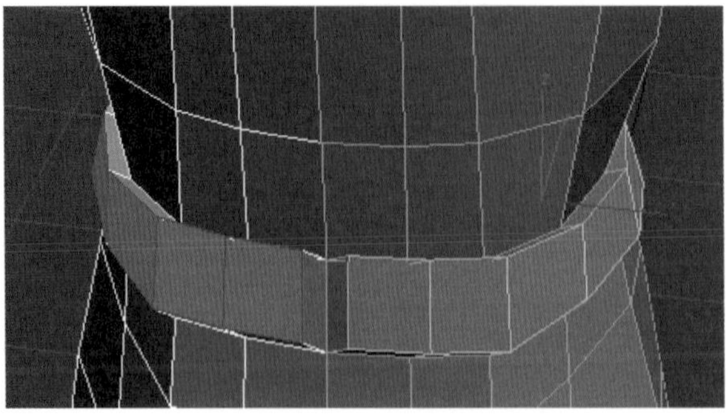

图 11-48　挤出腰带

26．进入顶点层级，调整腰带形状，得到如图 11-49 所示的效果。

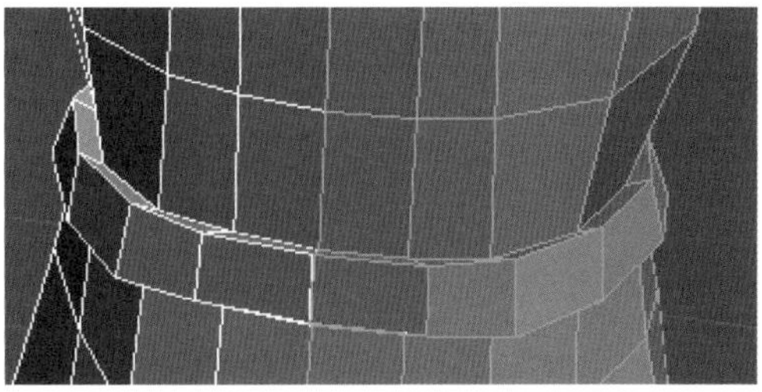

图 11-49　调整腰带形状

27．使用“插入”命令和“挤出”命令制作腰带细节，效果如图 11-50 所示。

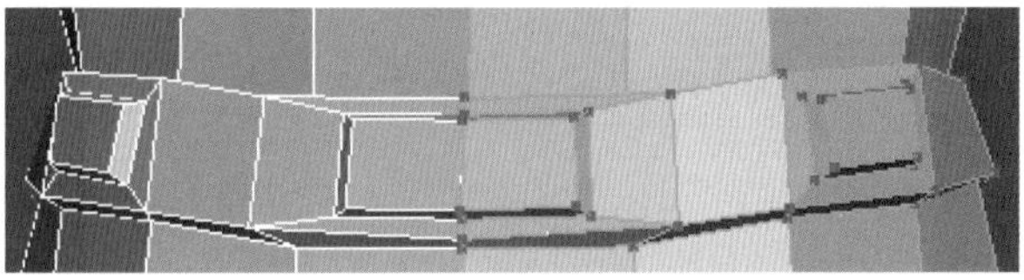

图 11-50　调整腰带细节

11.1.4　手部建模

1．在顶视图中绘制一个长方体，设置长度为 0.1m，宽度为 0.1m，高度为 0.04m，长度分段为 5，宽度分段为 4，高度分段为 2，如图 11-51 所示。

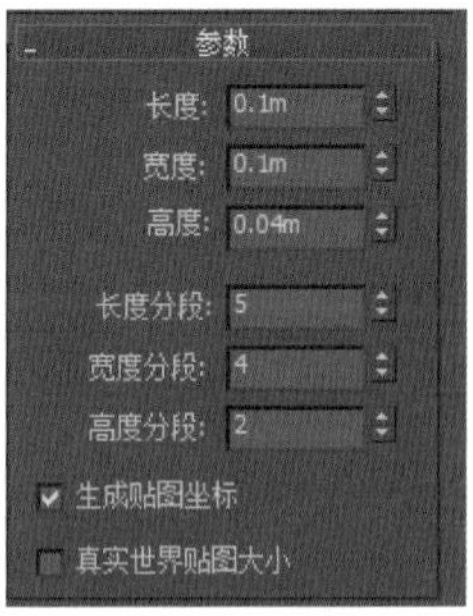

图 11-51　绘制长方体

2．将长方体转换为可编辑多边形，进入多边形层级，分别挤出 5 根手指部分，如图 11-52 所示。

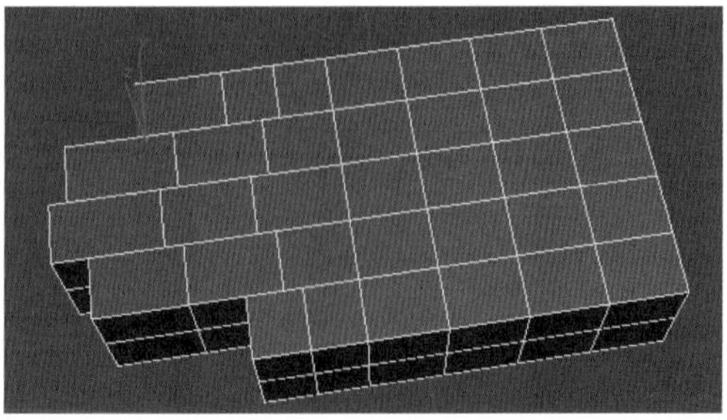

图 11-52　制作手指部分轮廓

3．进入顶点层级，调整各个手指和指节位置，效果如图 11-53 所示。

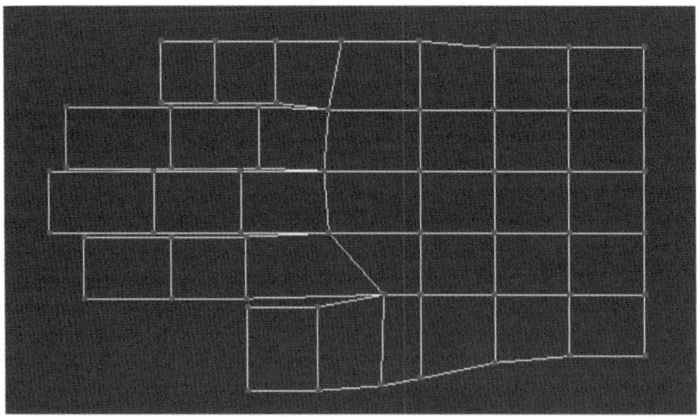

图 11-53 调整手指

4．进入边层级，分别选择 5 个手指的竖向分段，通过“连接”加线，如图 11-54 所示。

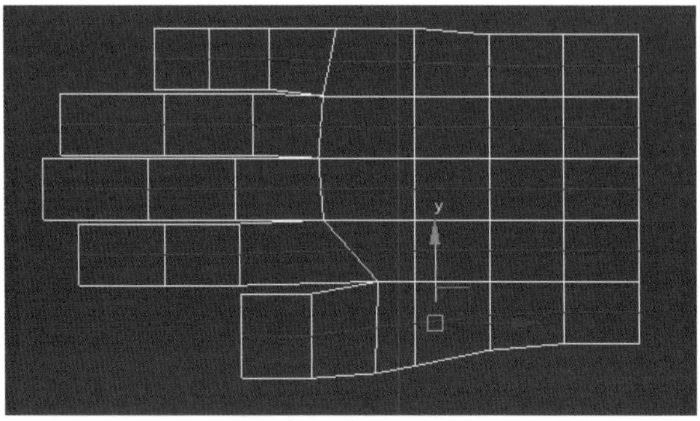

图 11-54 增加分段

5．进入顶点层级，调整手指形状，如图 11-55 所示。

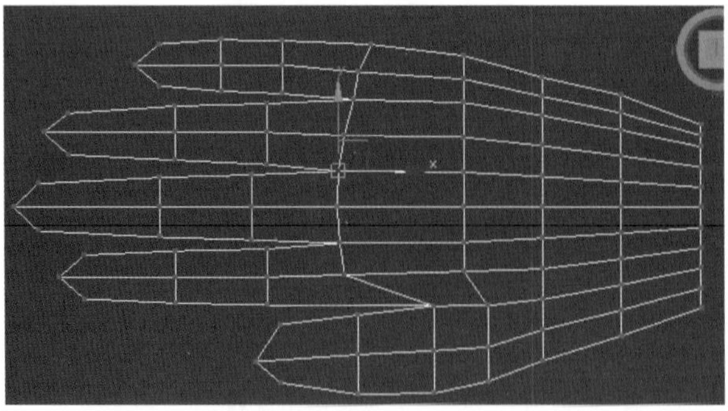

图 11-55 调整手指形状

6．继续调整手指细节，分段不够的可以通过切割加线再调整，如图 11-56 所示。

7．为最顶端的指节加线，用于制作指甲壳的部分，如图 11-57 所示。

8．进入顶点层级，调整指甲形状，如图 11-58 所示。

9．使用“切割”命令加线，继续调整指甲细节，如图 11-59 所示。

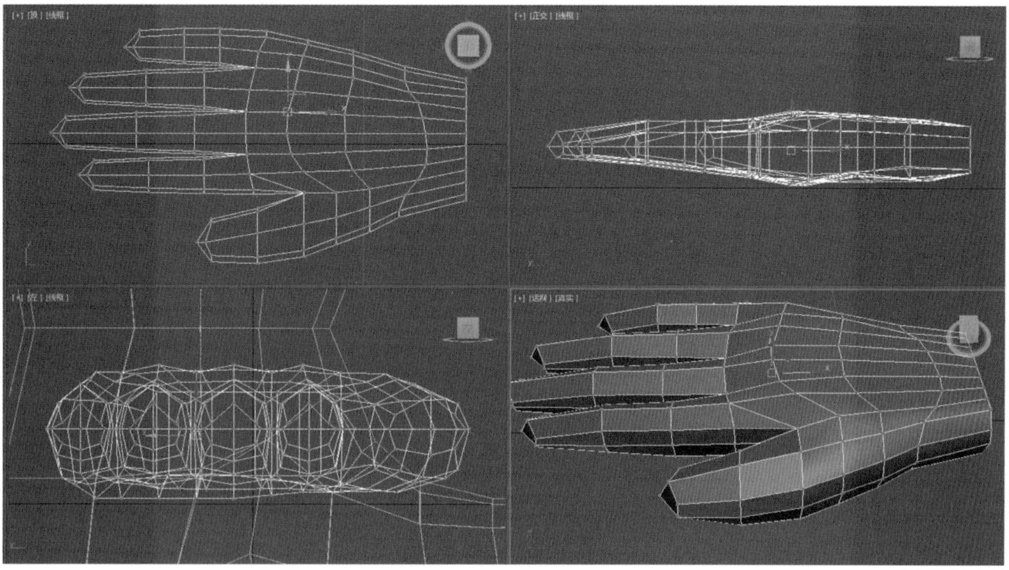

图 11-56　调整手指细节

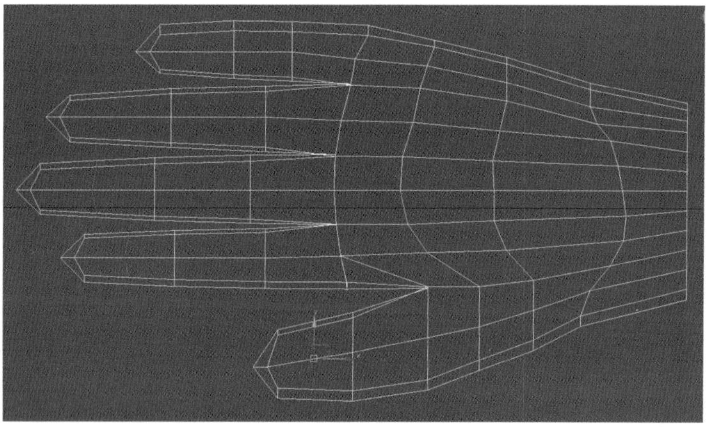

图 11-57　顶端指节加线

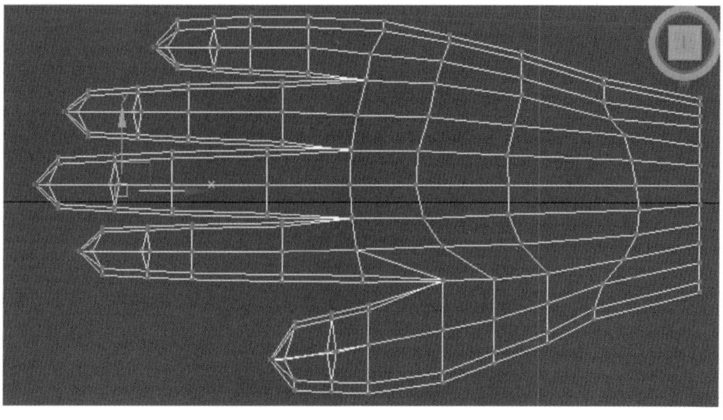

图 11-58　调整指甲形状

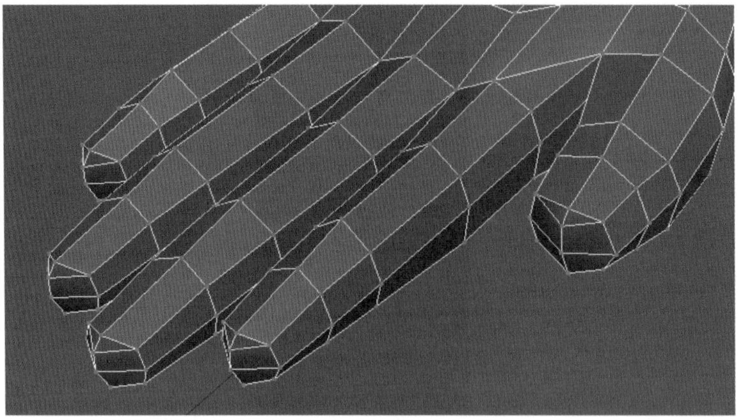

图 11-59　调整指甲细节

10．在大拇指指甲的部分加线，如图 11-60 所示。

11．继续调整大拇指细节，效果如图 11-61 所示。

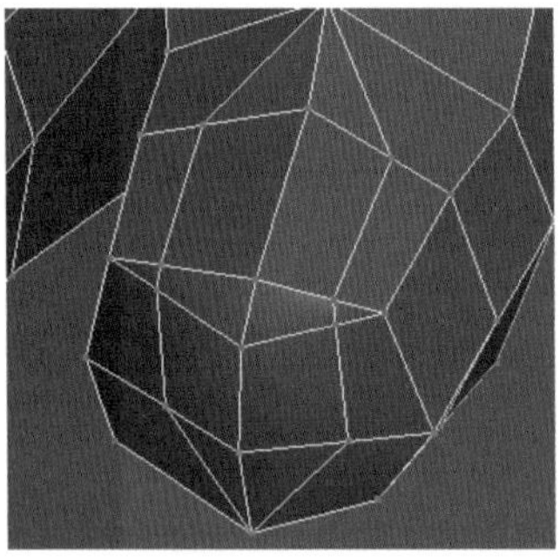

图 11-60　加线

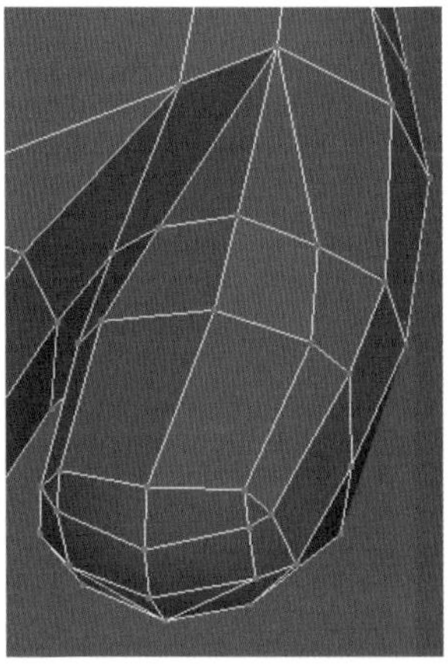

图 11-61　调整大拇指细节

12．按照调整大拇指的方法调整其他 4 个指甲，得到如图 11-62 所示的效果。

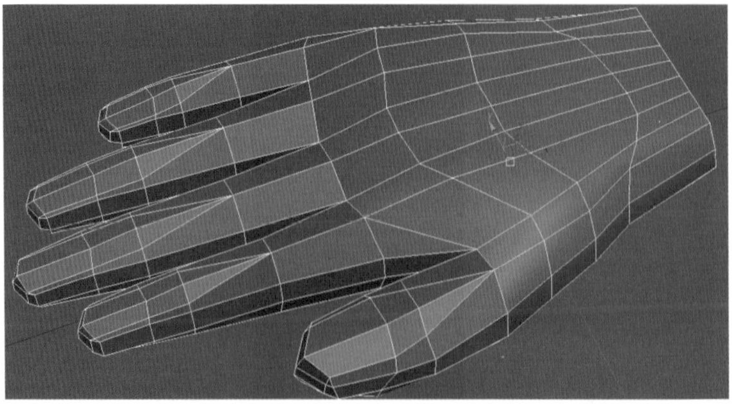

图 11-62　手指效果

13．进入多边形层级，挤出手腕部分，得到如图 11-63 所示的效果。

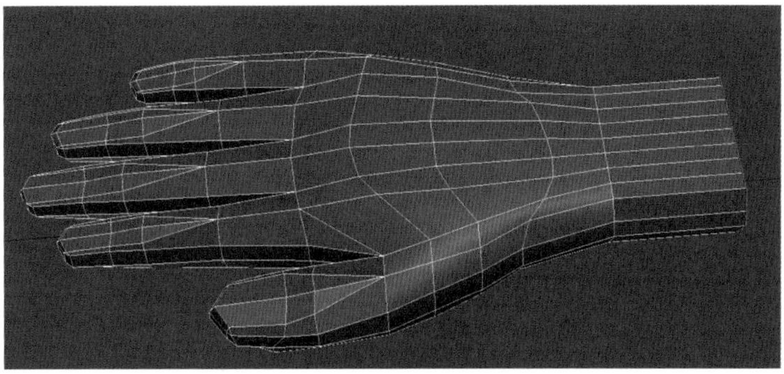

图 11-63　挤出手腕

14．删除手腕和衣服连接的面，调整手腕轮廓，如图 11-64 所示。

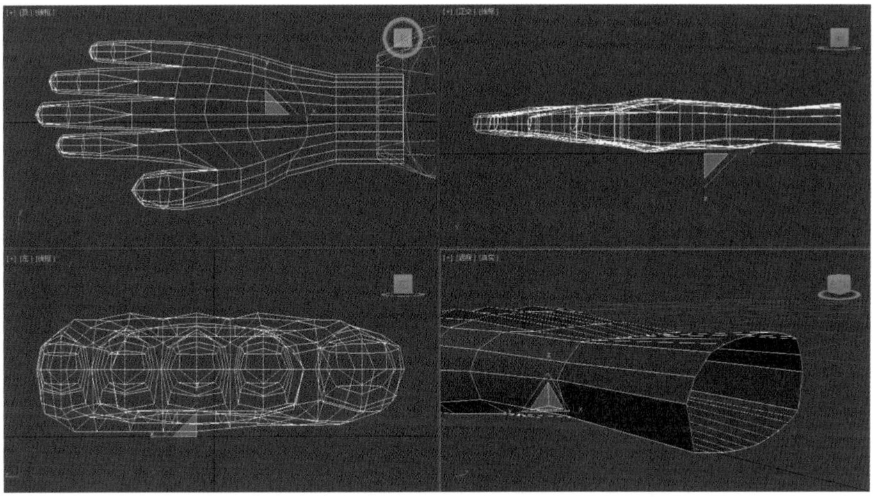

图 11-64　调整手腕轮廓

15．将手的部分调整到衣袖的位置，效果如图 11-65 所示。

16．将手的部分附加到衣服上，效果如图 11-66 所示。

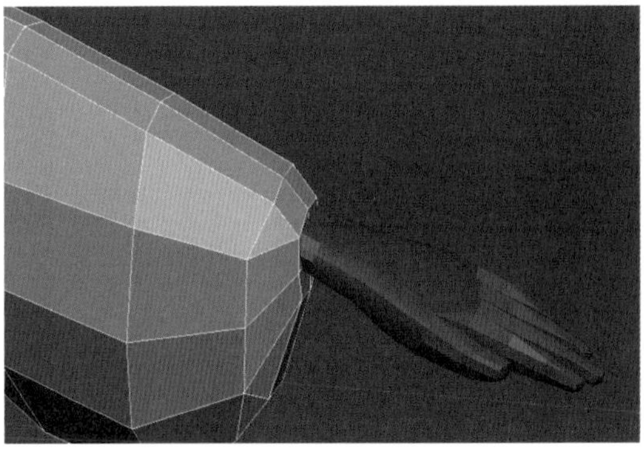

图 11-65　调整手的位置

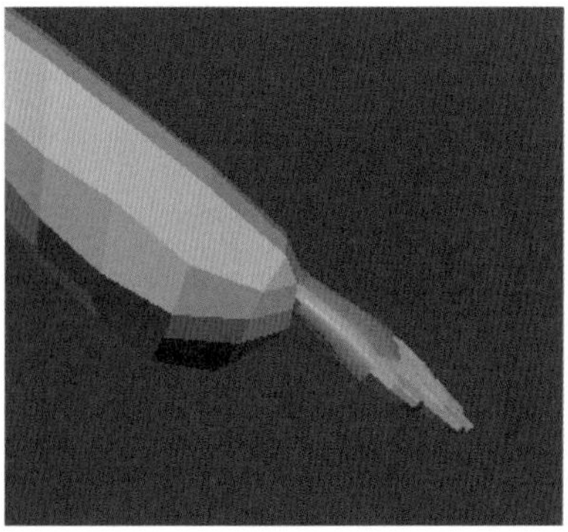

图 11-66　附加手的部分

17. 将角色模型的各个部分附加在一起，对称之后得到一个完整的角色，如图 11-67 所示。

图 11-67　完整模型效果

11.1.5　角色模型调整

1. 进入边层级，选择衣领、腰带、衣袖边缘的边，使用“切角”命令增加细节，设置切角量为 0.002m，效果如图 11-68 所示。

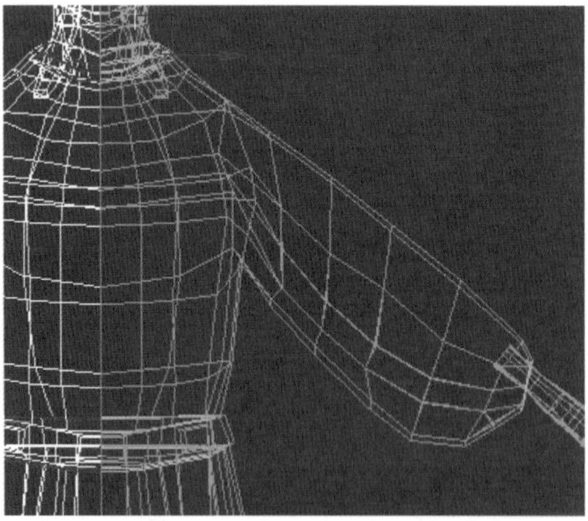

图 11-68　增加衣领、腰带、衣袖细节

2. 选择幞头部分需要增加细节的地方，使用“切角”命令增加细节，效果如图 11-69 所示。

3．选择头发边缘部分，继续使用“切角”命令增加细节，效果如图 11-70 所示。

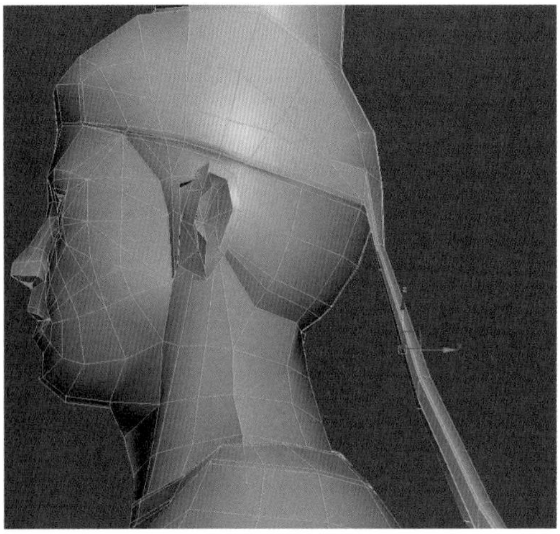

图 11-69 增加幞头细节

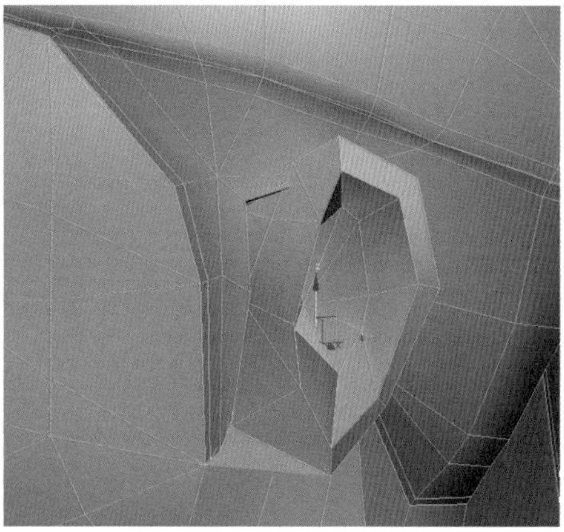

图 11-70 调整头部细节

4．塌陷模型为可编辑多边形，进入顶点层级，选择对称中心的点进行焊接。

5．按 Ctrl+V 组合键原地以复制的方式克隆角色模型，两个模型一个用于制作高精度模型，一个用于制作低精度模型。

6．隐藏低精度模型，选择高精度模型，添加网格平滑修改器，设置迭代量为 2，如图 11-71 所示。

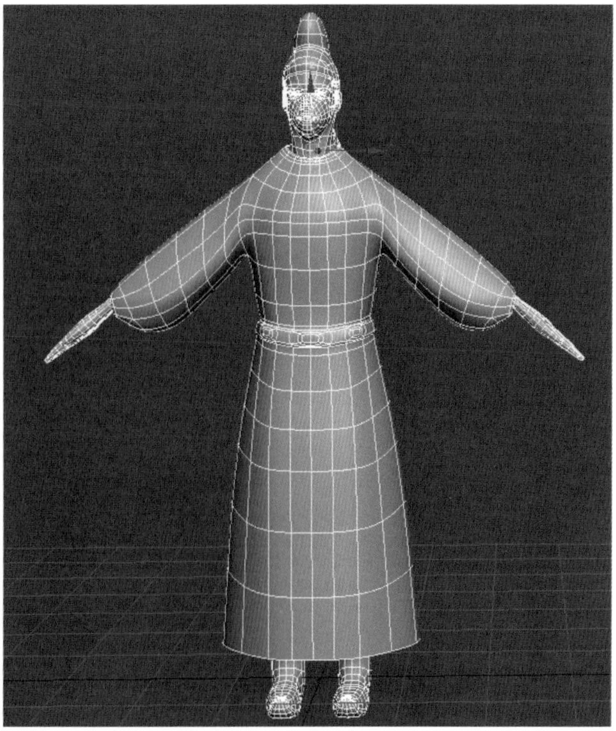

图 11-71 添加网格平滑修改器

7．塌陷全部，将模型转换为可编辑多边形，效果如图 11-72 所示。

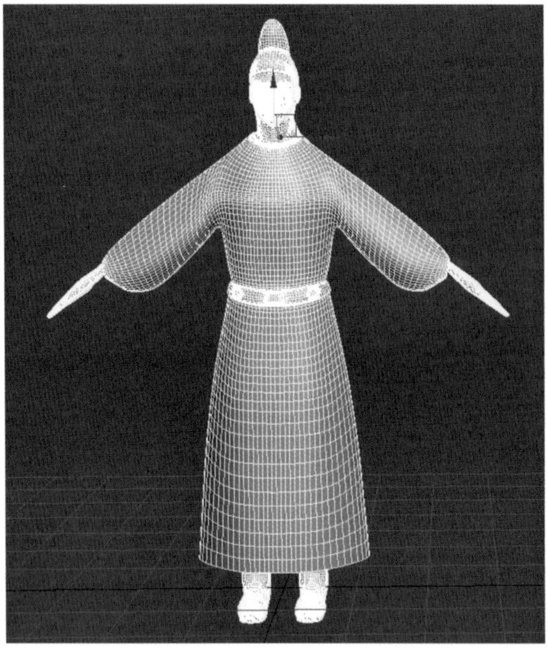

图 11-72　塌陷高精度模型

8．将低精度模型的角色模型显示出来，修改颜色，得到如图 11-73 所示的效果。

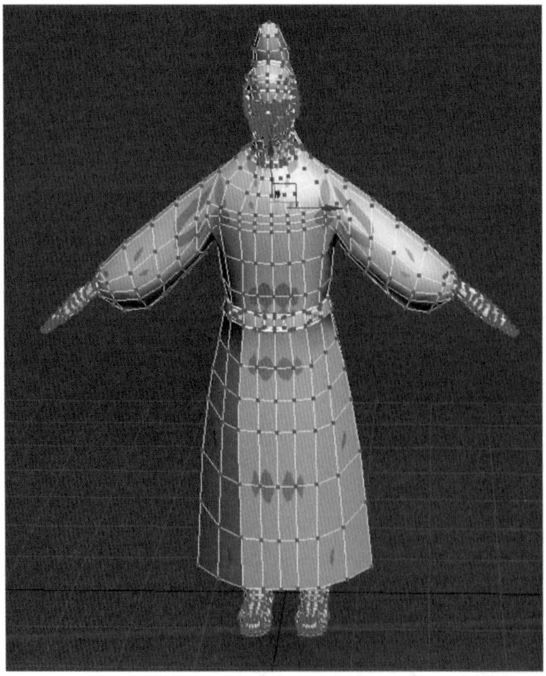

图 11-73　显示低精度模型

9．逐步调整低精度模型中一半的顶点，调整顶点位置，使得没有完全包裹住高精度模型部分的多边形包裹住高精度模型，并尽量减少多边形的数量，效果如图 11-74 所示。

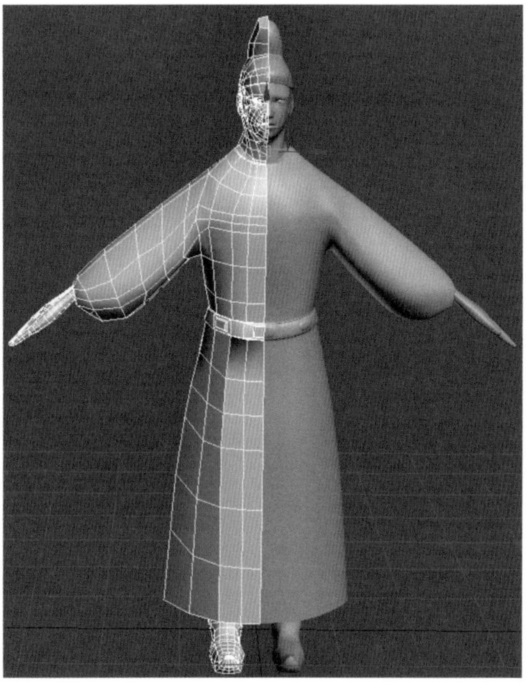

图 11-74　调整低精度模型包裹高精度模型

10．对称模型，塌陷为可编辑多边形，得到如图 11-75 所示的效果。

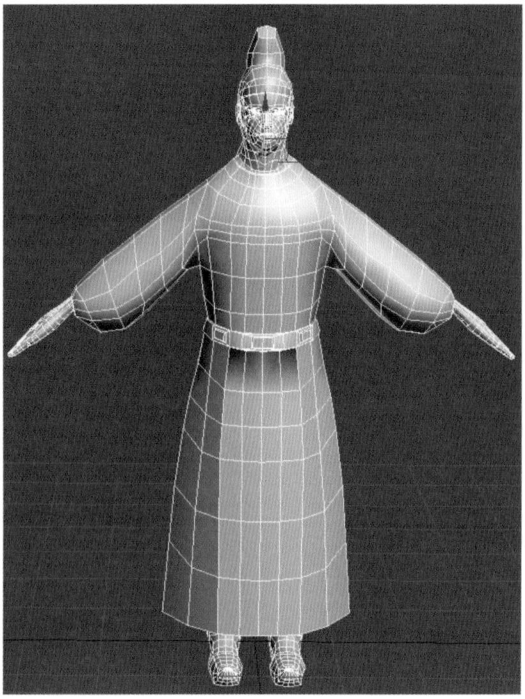

图 11-75　包裹完成之后的效果

11．进入顶点层级，选择对称中心的顶点并焊接，低精度模型部分制作完成，完整的模型如图 11-76 所示。

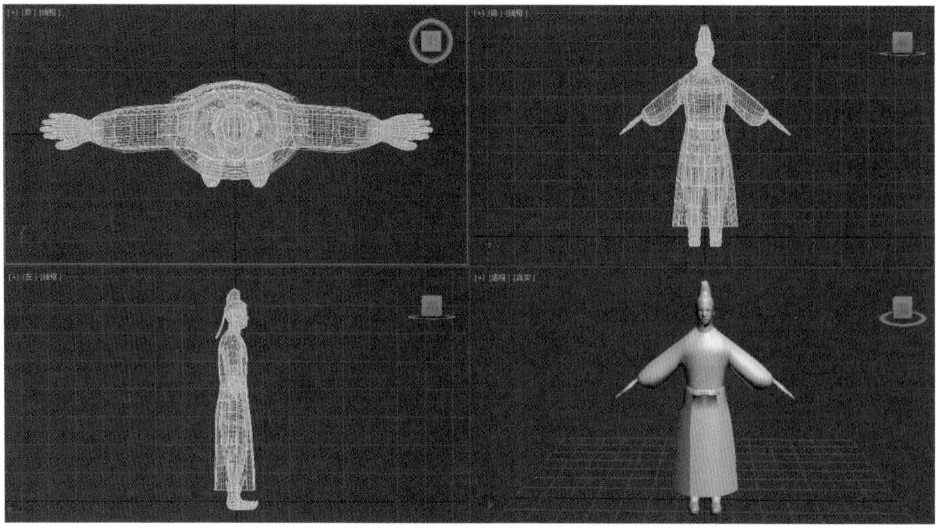

图 11-76　低精度模型效果

11.2　使者模型 UV 展开

模型完成后，需要对模型进行 UV 展开，除了衣服部分，整个模型的结构都是对称的，因此对于对称的部分可以删除一半的模型进行 UV 展开。

1．删除一半的模型，衣服部分除外，效果如图 11-77 所示。

2．进入元素层级，分别选中不同的元素添加 UVW 展开修改器，对头部、衣服、裤子、靴子和手的部分进行 UV 展开，使者头部的 UV 效果如图 11-78 所示。

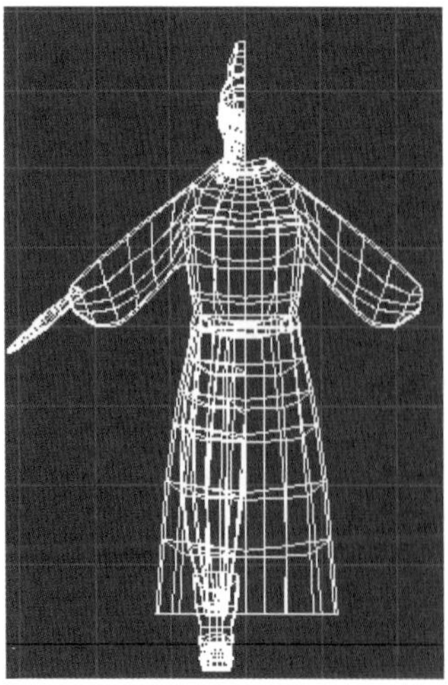

图 11-77　删除一半模型

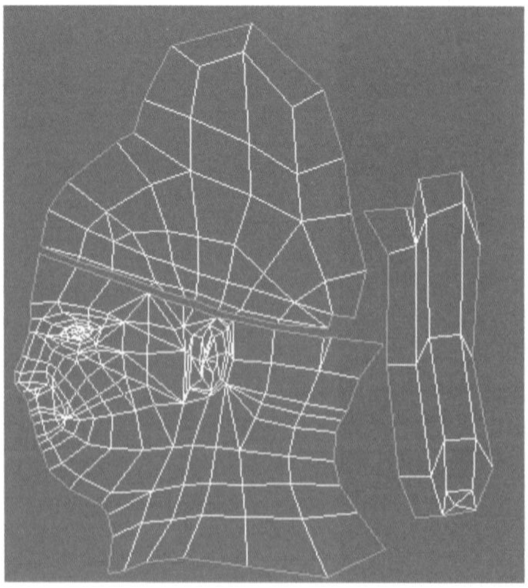

图 11-78　头部 UV 效果

使者衣服部分的 UV 效果如图 11-79 所示。

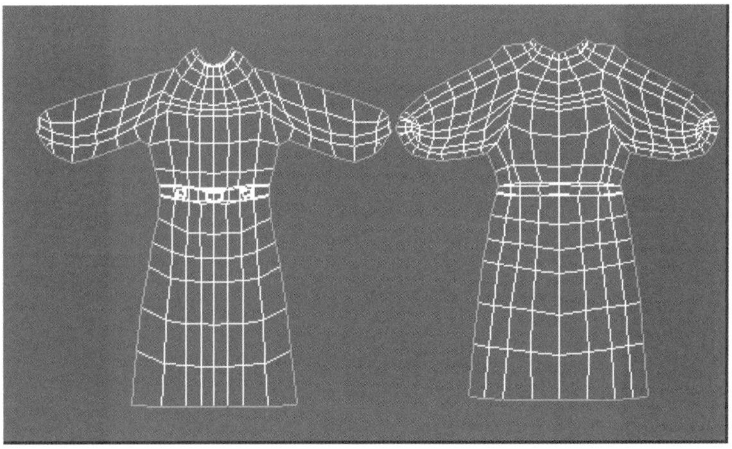

图 11-79　衣服 UV 效果

使者裤子部分的 UV 效果如图 11-80 所示。

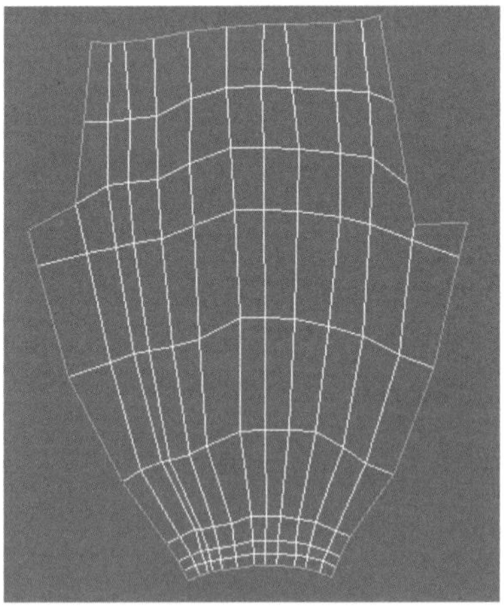

图 11-80　裤子 UV 效果

靴子部分的 UV 效果如图 11-81 所示。

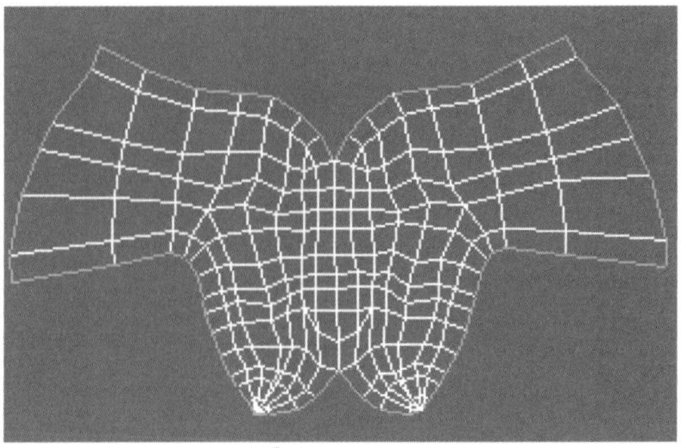

图 11-81　靴子 UV 效果

手部分的 UV 效果如图 11-82 所示。

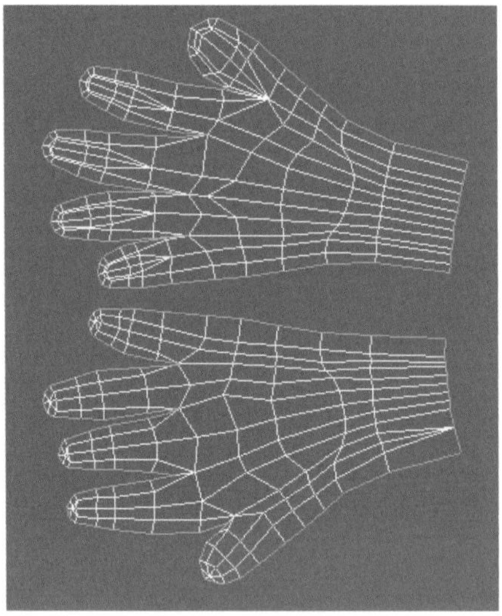

图 11-82　手部 UV 效果

整个模型的 UV 效果如图 11-83 所示。

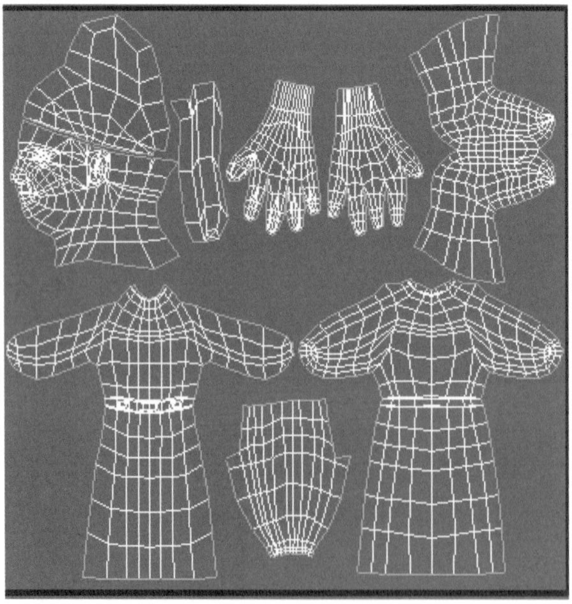

图 11-83　模型的完整 UV 效果

11.3　使者模型贴图绘制

UV 展开完成后，在进行贴图绘制之前，必须将模型镜像对称并塌陷为一个完整的多边形模型，不能只烘焙一半的模型，否则烘焙后的法线贴图会出现严重的错误。模型对称并塌陷后，首先需要烘焙出法线贴图，然后在生成的法线贴图上再来绘制固有色贴图、高光贴图等。

1．将模型除身体外的部分对称并塌陷，对对称部分的顶点进行焊接，模型及 UV 效果如图 11-84 所示。

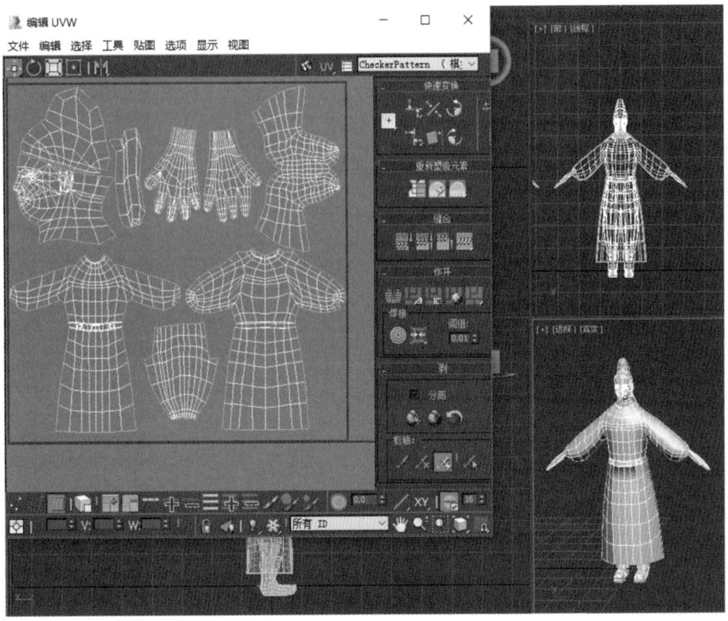

图 11-84　调整使者模型

2．将高精度模型和低精度模型完全重合在一起，所有的模型结构和部位要尽可能地贴合，效果如图 11-85 所示。

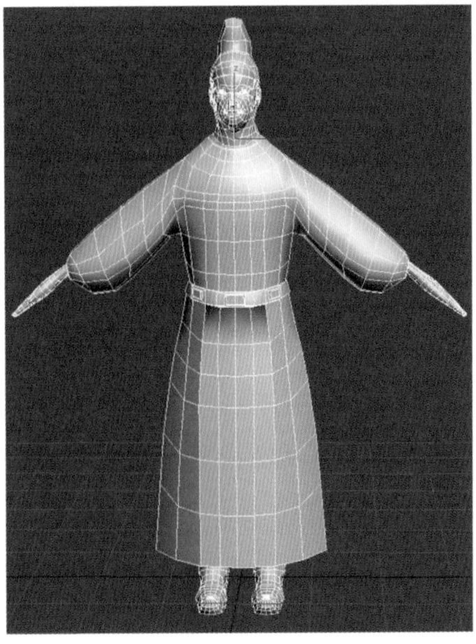

图 11-85　重合高低精度模型

3. 选中低精度模型，单击“渲染”→“渲染到纹理”命令，如图 11-86 所示。

4. 在弹出的“渲染到纹理”对话框中设置路径和渲染器，渲染器设置为 mental.ray.no.gi，如图 11-87 所示。

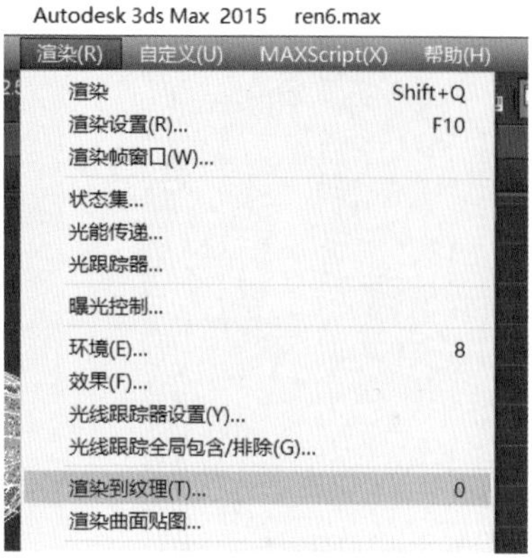

图 11-86 使用“渲染到纹理”菜单命令

图 11-87 设置渲染器

5. 单击“设置”按钮弹出“渲染设置”对话框，如图 11-88 所示，每像素采样最小 64，最大 256，过滤器类型为长方体。

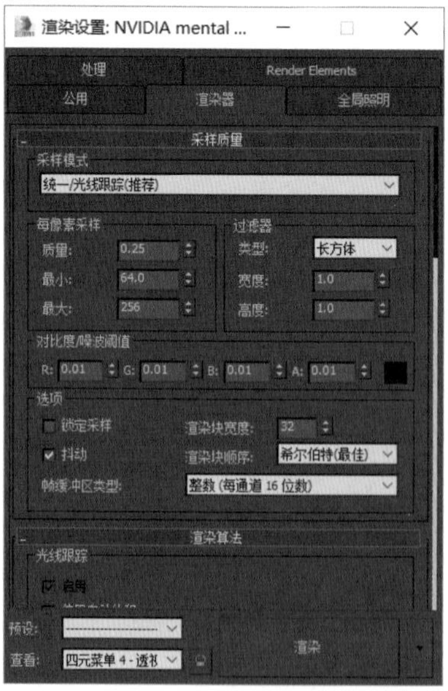

图 11-88 “渲染设置”对话框

6. 返回到“渲染到纹理”对话框，激活投影贴图并选择高精度模型，如图 11-89 所示，此时视图中高精度模型和低精度模型外面会笼罩上一个不规则的线框，如图 11-90 所示。

图 11-89 激活投影贴图

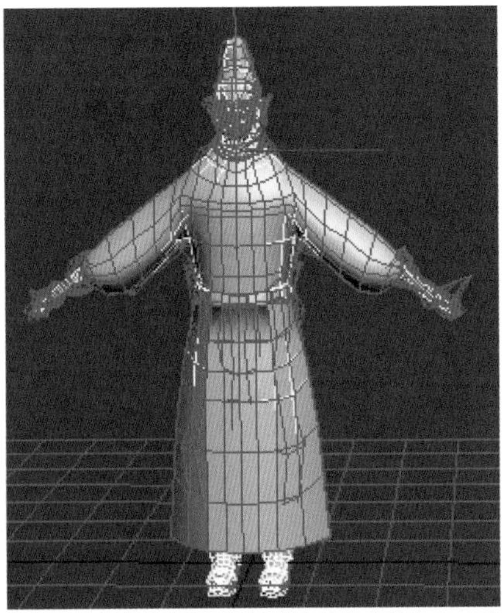

图 11-90　默认效果

7. 此时在修改器列表中会自动添加一个投影修改器，在“设置”面板中首先单击“重置”按钮，将包裹线框和模型表面完全重合，设置如图 11-91 所示，效果如图 11-92 所示。

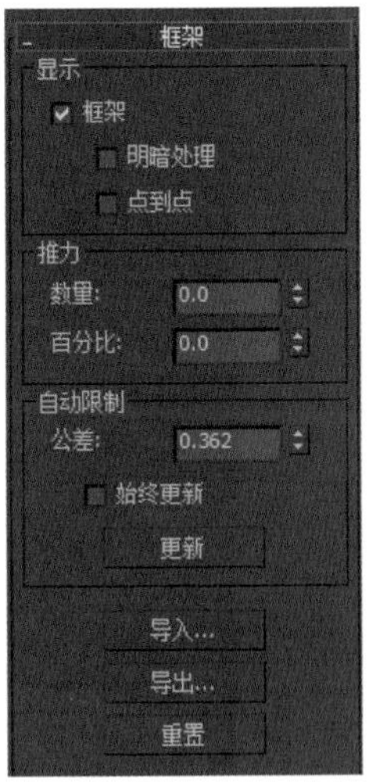

图 11-91　投影修改器

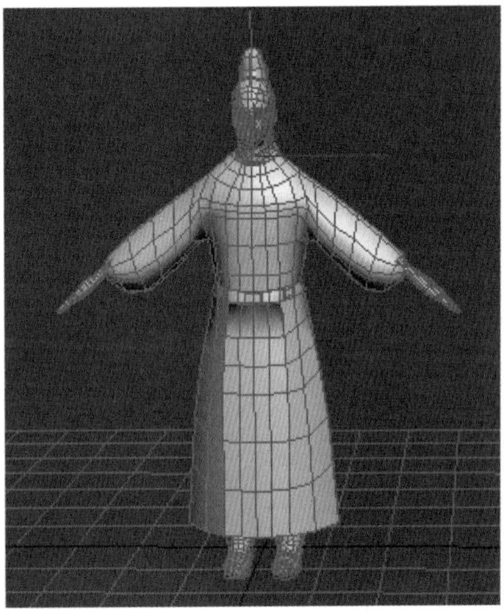

图 11-92　重置投影

8. 调整面板中的推力参数，调整包裹线框的缩放范围，通过单击右侧的向上箭头按钮慢慢增加推力的参数值，然后观察视图中模型外面的包裹线框，要保证线框将高精度模型和低精度模型全都包裹住，而且线框本身尽量不出现交叉，如图 11-93 所示。

9. 将贴图坐标的对象和通道均设置为使用现有通道，即通道 1，如图 11-94 所示。

10. 在“输出”面板中通过单击“添加”按钮来添加烘焙渲染的贴图模式，首先添加 NormalsMap 选项，如图 11-95 所示，设置贴图的文件名和贴图文件格式，设置“目标贴图位置”为凹凸，同时设置贴图尺寸为 1024×1024，如图 11-96 所示。

11. 单击“渲染到纹理”对话框下方的“渲染”按钮进行贴图的烘焙渲染与输出，效果如图 11-97 所示。

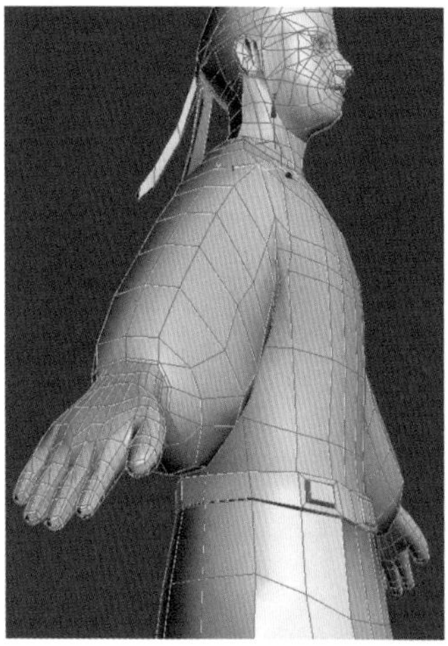

图 11-93　调整投影包裹线框

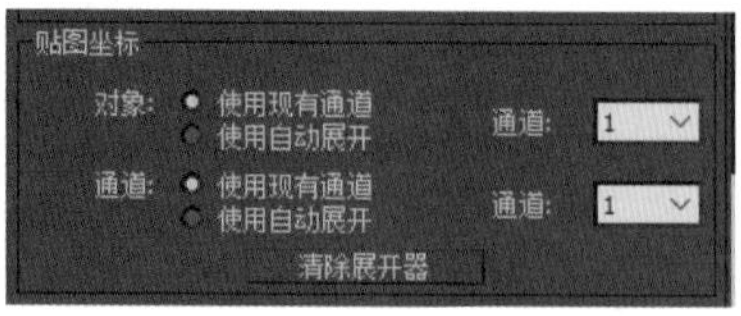

图 11-94　设置贴图坐标

图 11-95　设置纹理元素

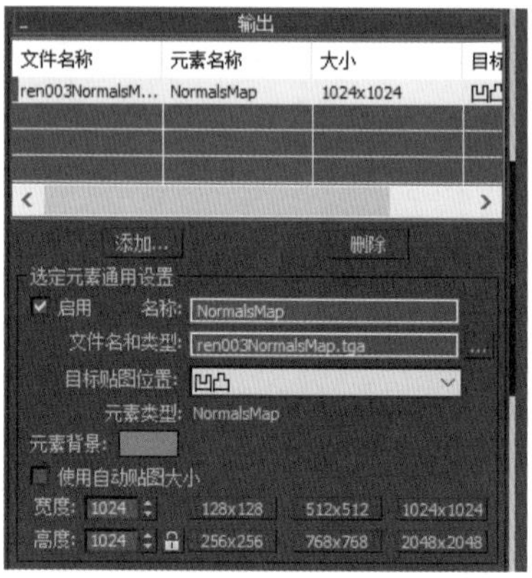

图 11-96　设置贴图属性

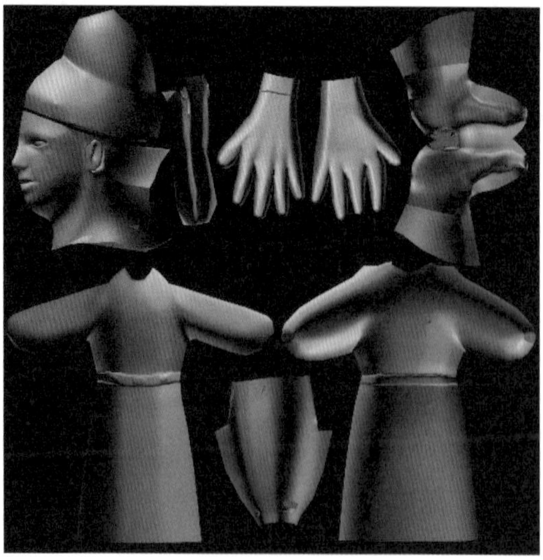

图 11-97　贴图烘焙效果

12. 启动 Photoshop，打开渲染出的文件，效果如图 11-98 所示。

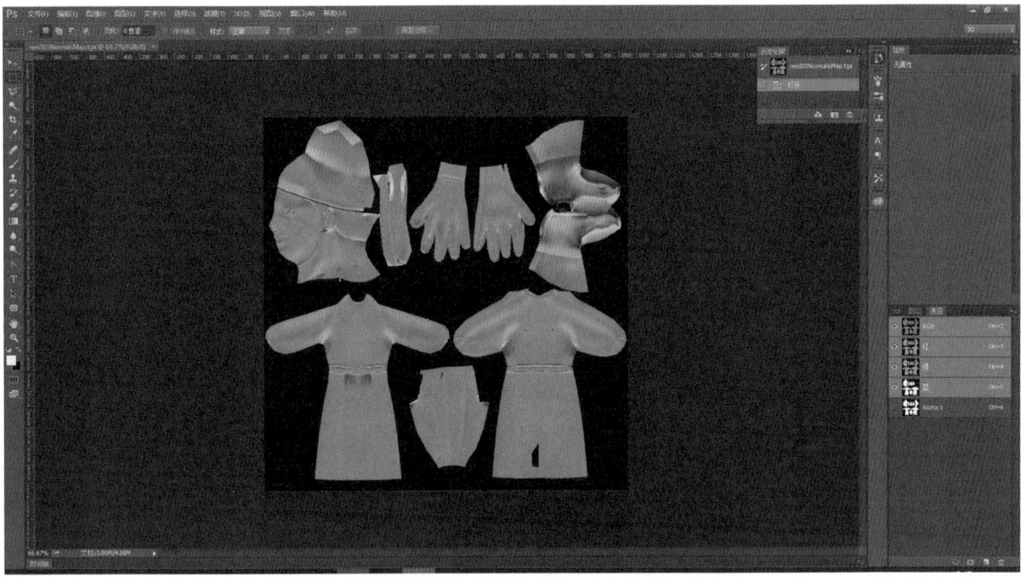

图 11-98　启动 Photoshop 并打开渲染出的文件

13. 对贴图细节进行修改、绘制和调整，尽量不让贴图中存在红色区域，效果如图 11-99 所示。

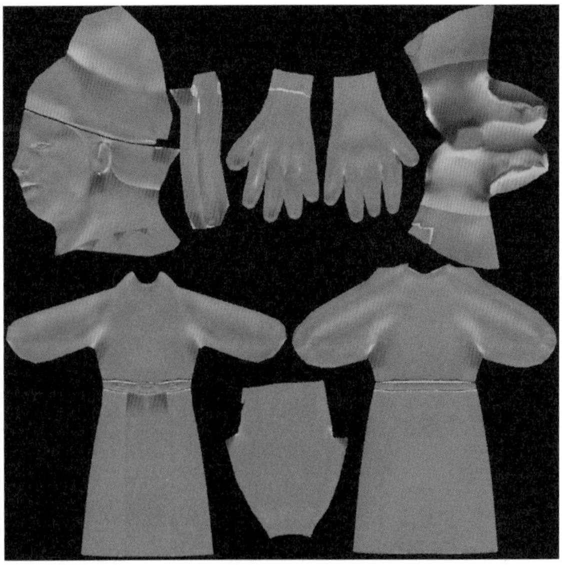

图 11-99　调整法线贴图

14. 导出 UV 线框图，绘制角色的固有色贴图，如图 11-100 所示。

15. 启动 CrazyBump，通过固有色贴图导出高光贴图，如图 11-101 所示。

16. 返回 3ds Max，将固有色贴图、高光贴图、法线贴图分别设置到漫反射、高光级别和凹凸贴图部分，效果如图 11-102 所示。

图 11-100　绘制固有色贴图

图 11-101　导出高光贴图

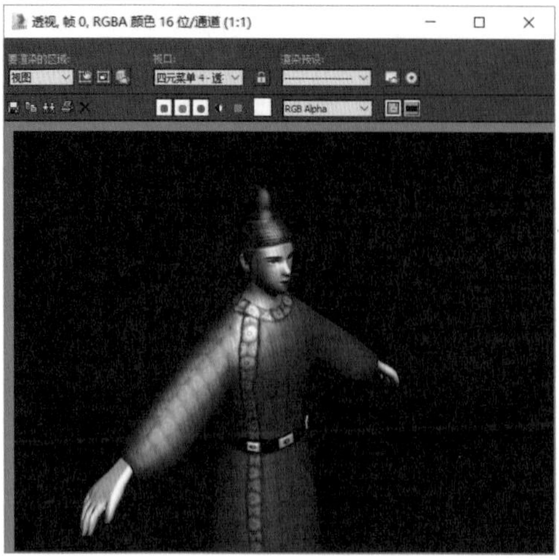

图 11-102　贴图效果

17. 将模型导出为 FBX 格式，保存路径设置为 Unity\Assets，启动 Unity，修改位置和角度参数，最终角色的效果如图 11-103 所示。

图 11-103　U3D 中的效果

11.4　拓展任务

根据本章所学知识完成场景中所需角色模型的建模，如将军、舞女、侍女等模型。

本章小结

本章通过介绍使者模型各个部分的建模以及调整方法、使者模型的 UV 展开、使用 Photoshop 和 Body Paint 3D 软件配合绘制使者模型贴图，对虚拟现实建模中角色模型的建模方法进行了详细讲解。

VR 角色模型制作的重点更多的时候是放在贴图的制作和表现上，尤其是法线贴图的制作。在制作模型时需要根据角色设计制作高精度角色模型，用于烘焙法线贴图。

高精度模型和低精度模型都是通过多边形编辑命令制作出来的，低精度模型在编辑完成后即可直接导入引擎进行应用，而高精度模型在完成多边形编辑后，还需要对模型整体添加平滑命令，将模型整体进行圆滑和更加精细的细分处理。

本章中需要着重掌握多边形建模方法、低精度角色模型制作、高精度角色模型制作、角色模型 UV 展开、Body Paint 3D 绘制模型贴图。

参考文献

[1] 火星时代．3ds Max 网络游戏模型贴图火星课堂．北京：人民邮电出版社，2014.

[2] 陈锋，闫启文，雷光．3ds Max 角色设计实例教程．北京：中国铁道出版社，2017.

[3] 李瑞森，王星儒，鲍艳宇．网络游戏角色设计与制作实战．北京：电子工业出版社，2016.

[4] 李瑞森，张卫亮，王星儒．网络游戏场景设计与制作实战．北京：电子工业出版社，2015.